교통안전공단 주관·시행

2027 개정최신판

버스운전 자격시험

버스운전자격시험 연구팀

- 체계적인 핵심 이론 요약정리
- 출제 기준에 맞춘 실전 모의고사 수록

버스운전 자격시험

버스운전 자격시험 안내

1 버스운전 자격시험 응시자격 및 결격사유 등

1. 응시자격
① 운전면허/연령: 운전면허 소지자(제1종 보통 이상)/만 20세 이상일 것
② 운전경력: 운전경력 1년 이상(운전면허 보유기간 기준이며 취소·정지 기간은 제외하며 버스운전자 양성교육 이수자, 군 추천자는 경력을 갖춘 것으로 봄)

2. 결격사유: 여객자동차 운수사업법 제24조제3항 준용

3. 필기시험: 응시 수수료(11,500원)

시험과목	교통·운수 관련법규 및 교통사고 유형	자동차 관리요령	안전운행 요령	운송 서비스	계
문항수	25문항	15문항	25문항	15문항	80문항
배점	문항당 1.25점				100점

4. 합격자 결정: 총점의 60% 이상(총 80문항 중 48점 이상)을 얻은 사람

2 버스운전 자격시험 접수 안내

1. 시험 접수
① 인터넷: 국가자격시험 홈페이지(http://lic.kotsa.or.kr)
② 방문: 응시하고자하는 시험장
③ 인터넷·방문접수 시작일: 각 시험일 2개월 전 09:00 ~ 시험일 1일 전 18:00 / 선착순 접수

2. 시험 시작일: 2026년 1월 2일(금)~

3. 시험 장소(주차시설 부족으로 대중교통 이용을 권장)
① 시험당일 준비물: 운전면허증, 사진(원서접수 시 미제출한 자에 한함)
② CBT(컴퓨터를 활용한 필기 시험)운영

자격시험 입실시간	CBT 필기시험 장소(공휴일·토요일 제외)		
	서울구로, 수원, 대전, 대구, 부산, 광주, 인천, 춘천, 전주, 창원, 울산	서울노원, 서울성산, 서울송파, 의정부, 청주, 제주, 화성	서울송파, 홍성, 상주
시작 20분전	매일 4회 (오전 2회, 오후 2회)	매주 화요일, 목요일 각 2~4회	매주 수요일 각 1~2회

※ 시험장 사정에 따라 시험일정 및 인원 등은 변경될 수 있음, 변동사항은 버스 자격시험 홈페이지 안내

4. 합격자 발표: 시험 종료 직후 합격자 발표

5. 자격증 발급 방법 및 장소
- 인터넷: 국가자격시험 홈페이지(https://lic.kotsa.or.kr)
- 방문: 한국교통안전공단 전국 시험장 또는 7개 검사소 방문 신청(공휴일·토요일 제외)요일 제외)
  ※ 7개 검사소: 홍성, 포항, 안동, 목포, 강릉, 충주, 진주
- 준비물: 운전면허증, 자격증 발급신청서 1부, 자격증 교부 수수료(10,000원/등기수수료별도)

3 기타사항

1. 문의 전화 : 1577-0990(고객콜센터)

2. 환불기준 안내
시험 1일 전 18:00까지 응시 수수료 전액(이후 환불 불가)

3. 결격사유
① 화물자동차운수사업법을 위반하여 징역이상의 실형을 선고받고 그 집행이 끝나거나(집행이 끝난 것으로 보는 경우를 포함한다) 집행이 면제된 날부터 2년이 지나지 아니한 자
② 화물자동차운수사업법을 위반하여 징역이상의 형의 집행유예를 선고받고 그 유예기간 중에 있는 자
③ 화물자동차운수사업법 제23조 제1항 제1호부터 제6호의까지의 규정에 따라 화물운송종사 자격이 취소 된 날부터 2년이 경과되지 아니한 자
④ 자격시험일 전 또는 교통안전체험교육일 전 5년간 다음 각 목의 어느 하나에 해당하는 사람(2017.7.18 이후 발생한 건만 해당됨)
  - 도로교통법 제93조제1항제1호부터 제4호까지에 해당하여 운전면허가 취소된 사람
  - 도로교통법 제43조를 위반하여 운전면허를 받지 아니하거나 운전면허의 효력이 정지된 상태로 같은 법 제2조제21호에 따른 자동차등을 운전하여 벌금형 이상의 형을 선고받거나 같은 법 제93조제1항제19호에 따라 운전면허가 취소된 사람이다. 운전 중 고의 또는 과실로 3명 이상이 사망 (사고발생일부터 30일 이내에 사망한 경우를 포함한다)하거나 20명 이상의 사상자가 발생한 교통사고를 일으켜 도로교통법 제93조제1항제10호에 따라 운전면허가 취소된 사람
  - 운전 중 고의 또는 과실로 3명 이상이 사망(사고발생일부터 30일 이내에 사망한 경우를 포함한다)하거나 20명 이상의 사상자가 발생한 교통사고를 일으켜 도로교통법 제93조제1항제10호에 따라 운전면허가 취소된 사람
⑤ 자격시험일 전 또는 교통안전체험교육일 전 3년간 도로교통법 제93조제1항제5호 및 제5호의2에 해당하여 운전면허가 취소된 사람 (2017.7.18 이후 발생한 건만 해당됨)

4 시험장소

1. 상시 CBT 필기시험장
① (12개 지역) 전용 상시 CBT 필기시험장 (주차시설 없으므로 대중교통 이용 필수)

시험장소	주 소	안내전화
서울본부(구로)	서울 구로구 경인로 113 (오류동)	02)372-5347
경기남부본부(수원)	경기 수원시 권선구 수인로 24(서둔동)	031)297-9123
인천본부	인천 남동구 백범로 357한국교직원공제회(간석동)	032)830-5930
대전충남본부	대전 대덕구 대덕대로 1417번길 31 (문평동)	042)933-4328
대구경북본부	대구 수성구 노변로 33(노변동)	053)794-3816
부산본부	부산 사상구 학장로 256(주례3동)	051)315-1421
광주전남본부	광주 남구 송암로 96(송하동)	062)606-7634
전북본부(전주)	전북 전주시 덕진구 신행로 44 (팔복동3가)	063)212-4743
울산본부	울산 남구 번영로 90-17동	052)256-9373
경남본부(창원)	경남 창원시 의창구 차룡로 48번길 44,(팔용동) 창원 스마트업타워 2층	055)270-0550
강원본부(춘천)	강원 춘천시 동내로 10(석사동)	033)240-0101
화성드론자격센터	경기 화성시 송산면 삼존로 200(삼존리)안내전화	031)646-2100

② (8개 지역)운전정밀검사장 활용 CBT 시험장 (주차시설 없으므로 대중교통 이용 필수)

시험장소	주 소	안내전화
서울본부(성산)	서울 마포구 월드컵로 220(성산동)	02)375-1271
서울본부(노원)	서울 노원구 공릉로 62길 41 (하계동 252) 노원자동차검사소 내 2층	02)973-0586
서울본부(송파)	서울 송파구 올림픽로 319, 교통회관 1층	02)423-0269
경기북부본부(의정부)	경기 의정부시 평화로 285 (호원동)	031)837-7602
홍성검사소	충남 홍성군 충서로 1207(남장리 217)	041)632-4328
충북본부(청주)	충북 청주시 흥덕구 사운로 386번길 21(신봉동)	043)266-5400
제주본부	제주시 삼봉로 79(도련2동)	064)723-3111
상주체험교육센터	경북 상주시 청리면 마공공단로 80-15(마공리)	054)530-0100

차 례

제1편 교통·운수관련 법규 및 교통사고 유형

제1장 여객자동차 운수사업법령
제1절	목적 및 정의	6
제2절	여객자동차운송사업	6
제3절	운수종사자의 자격요건 및 운전자격의 관리	9
제4절	보칙 및 벌칙	12

제2장 도로교통법령
제1절	총칙	17
제2절	보행자의 통행방법	20
제3절	차마의 통행방법	20
제4절	운전자 및 고용주 등의 의무	25
제5절	고속도로 및 자동차전용도로에서의 특례	29
제6절	특별 교통안전교육	29
제7절	운전면허	30
제8절	범칙행위 및 범칙금액	38
제9절	안전표지	39

제3장 교통사고처리특례법령
제1절	특례의 적용	42
제2절	중대 교통사고 유형 및 대처방법	43
제3절	교통사고 처리의 이해	49

제4장 주요 교통사고유형
제1절	안전거리 미확보 사고	51
제2절	진로변경(급차로 병경) 사고	51
제3절	후진사고	51
제4절	교차로 통행방법위반 사고	52
제5절	신호등 없는 교차로 사고	52
제6절	서행·일시정지 위반 사고	53
제7절	안전운전 불이행 사고	54

제2편 자동차관리요령

제1장 자동차 관리
제1절	자동차 점검	57
제2절	주행 전·후 안전수칙	58
제3절	자동차 관리 요령	59
제4절	압축천연가스(CNG) 자동차	60
제5절	운행 시 자동차 조작 요령	61

제2장 자동차장치 사용 요령
제1절	자동차 키 및 도어	64
제2절	운전석 및 안전장치	65
제3절	계기판	65
제4절	스위치	66

제3장 자동차 응급조치 요령
제1절	상황별 응급조치	67
제2절	장치별 응급조치	68

제4장 자동차의 구조 및 특성
제1절	동력전달장치	70
제2절	완충(현가)장치	71
제3절	조향장치	72
제4절	제동장치	73

제5장 자동차 검사 및 보험
제1절	자동차 검사	75
제2절	자동차 보험 및 공제	78

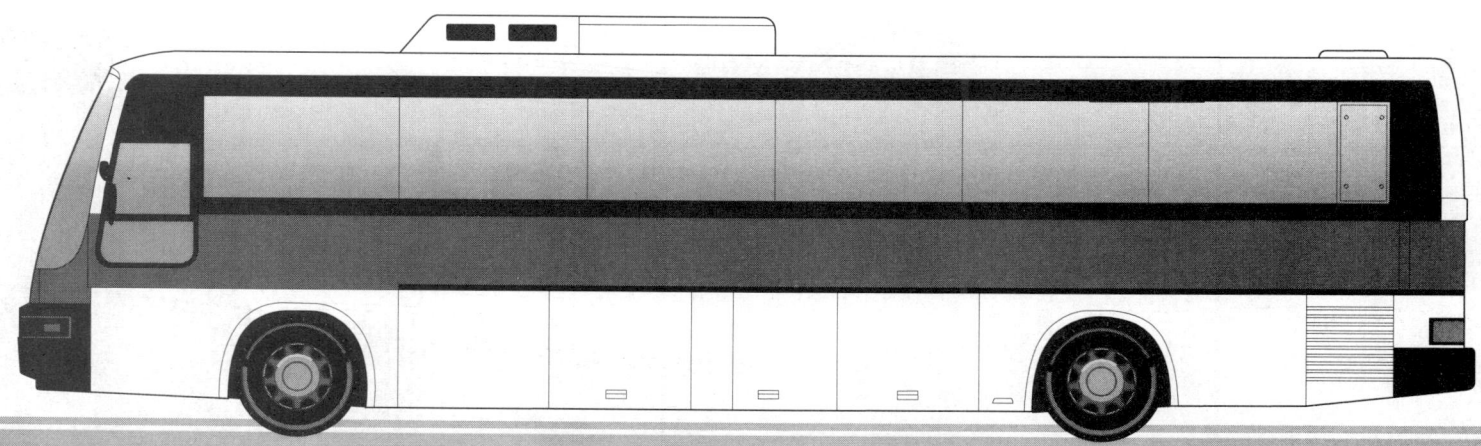

CONTENTS

제3편

차례

제1장 교통사고와 운전자의 자세
- 제1장 운전자 자세 ... 82
- 제2장 바른 교통사고의 주요원인 ... 82
- 제3장 바른 운전자들 사이의 기본 자세 ... 82

제2장 공격자적인과 운전행동
- 제1장 시각과 운전 ... 83
- 제2장 안전 운행처리 감지 ... 84
- 제3장 교통약자 등과의 교통 운전 ... 86
- 제4장 사용운전자 이외공간행동과 특성 ... 89

제3장 가족주의적인과 운전행동
- 제1장 운전자의 몸과 마음 준비 ... 91
- 제2장 자동차의 점검하기 ... 93

제4장 도로환경과 인지반응
- 제1장 운전 중의 자극 요소 ... 94
- 제2장 도로의 상황과 교통사고 ... 95
- 제3장 도로의 형태고 교통사고 ... 95
- 제4장 최저교차로 ... 96
- 제5장 도로와 안전시설 ... 96
- 제6장 도로의 수대시설 ... 97

제5장 안전운전의 기동
- 제1장 인지, 판단의 기동 ... 99
- 제2장 안전운전의 5가지 기본 기동 ... 99
- 제3장 완전안정의 기본 기동 ... 100
- 제4장 시가지 도로에서의 안전 운전 ... 101
- 제5장 지방 도로에서의 안전 운전 ... 102
- 제6장 고속도로에서의 안전 운전 ... 104
- 제7장 안전거리 ... 105
- 제8장 야간, 야간상거리의 운전 ... 105
- 제9장 경제운전 ... 107
- 제10장 간편한 수치 ... 108
- 제11장 계절별 안전운전 ... 109
- 제12장 고속도로 운전 교통안전 ... 113

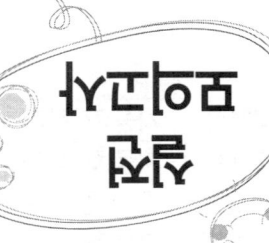
제4편
안전운행

제1장 차례
- 제1장 차례의 개념과 특성 ... 117
- 제2장 순환이동 ... 117
- 제3장 주행동력 요구 성장표 등 ... 118

제2장 공격자자 공사사랑 및 공사예정
- 제1장 공격자사랑 공사사랑 ... 121
- 제2장 공격사사랑 공사사랑 ... 122
- 제3장 공사예정 ... 123
- 제4장 공장자 주의사랑 ... 124

제3장 교통사고에 대한 이해
- 제1장 바스운영자지 ... 125
- 제2장 바스고장자체 ... 126
- 제3장 산간정행한 바스체제 ... 126
- 제4장 바스정사사랑 및 바스운행관리지체 ... 127
- 제5장 바스운전소 ... 128
- 제6장 교통지도시스템 ... 129

제4장 공주중사자가 알아야 할 응급처치방법 등
- 제1장 응급자 상식 ... 131
- 제2장 응급조치방법 ... 132
- 제3장 응급상황 대처요령 ... 133

제1회
- 1교시 ... 137
- 2교시 ... 141

제2회
- 1교시 ... 145
- 2교시 ... 149

제3회
- 1교시 ... 153
- 2교시 ... 157

제4회
- 1교시 ... 161
- 2교시 ... 165

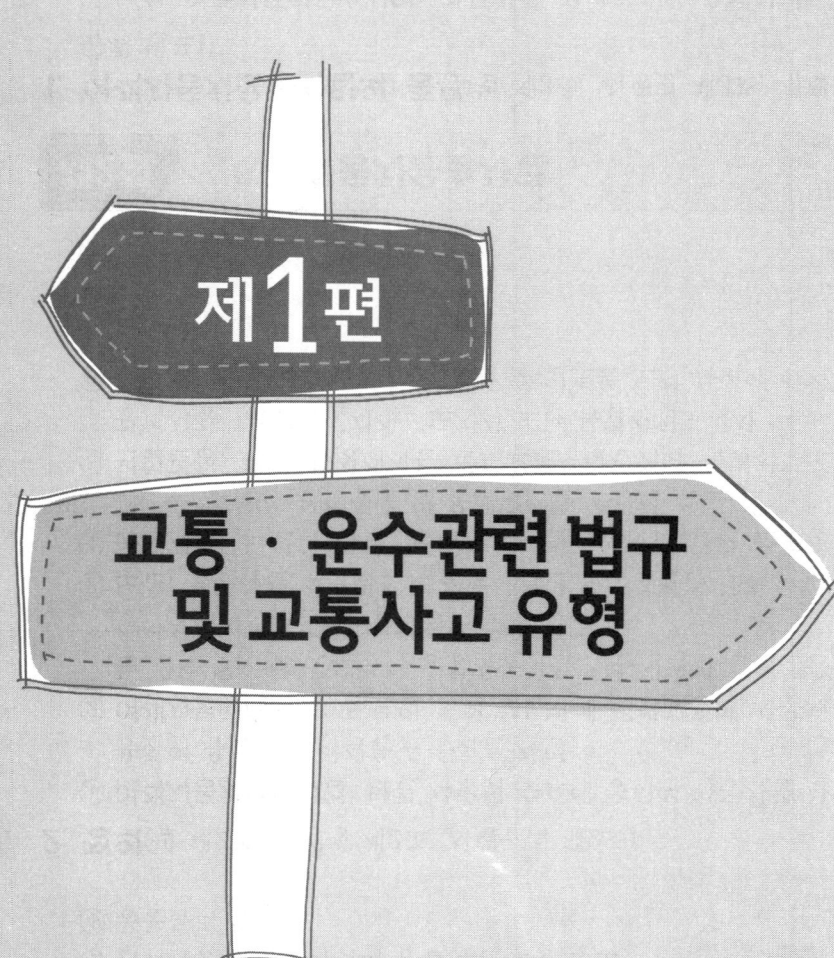

제1편 교통·운수관련 법규 및 교통사고 유형

제1장 여객자동차 운수사업법령
- 제1절 목적 및 정의
- 제2절 여객자동차운송사업
- 제3절 운수종사자의 자격요건 및 운전자격의 관리
- 제4절 보칙 및 벌칙

제2장 도로교통법령
- 제1절 총칙
- 제2절 보행자의 통행방법
- 제3절 차마의 통행방법
- 제4절 운전자 및 고용주 등의 의무
- 제5절 고속도로 및 자동차전용도로에서의 특례
- 제6절 특별 교통안전교육
- 제7절 운전면허
- 제8절 범칙행위 및 범칙금액
- 제9절 안전표지

제3장 교통사고처리특례법령
- 제1절 특례의 적용
- 제2절 중대 교통사고 유형 및 대처방법
- 제3절 교통사고 처리의 이해

제4장 주요 교통사고유형
- 제1절 안전거리 미확보 사고
- 제2절 진로변경(급차로 변경) 사고
- 제3절 후진사고
- 제4절 교차로 통행방법위반 사고
- 제5절 신호등 없는 교차로 사고
- 제6절 서행·일시정지 위반 사고
- 제7절 안전운전 불이행 사고

제1편

교통관련 법규 및 교통사고 유형

제1장 여객자동차 운수사업령

제1절 목적 및 정의

1. 목적
① 여객자동차 운수사업에 관한 질서 확립
② 여객의 원활한 운송
③ 여객자동차 운수사업의 종합적인 발달 도모
④ 공공복리 증진

2. 정의(법 제2조, 시행령 제2조, 시행규칙 제2조)
① 여객자동차운송사업: 다른 사람의 수요에 응하여 자동차를 사용하여 유상으로 여객을 운송하는 사업
② 여객자동차터미널: 도로의 노면, 그 밖에 일반교통에 사용되는 장소가 아닌 곳으로서 승합자동차를 정류시키거나 여객을 승하차시키기 위하여 설치된 시설과 장소
③ 노선: 자동차를 정기적으로 운행하거나 운행하려는 구간
④ 운행계통: 노선의 기점·종점과 그 기점·종점 간의 운행경로·운행거리·운행횟수 및 운행대수를 총칭한 것
⑤ 관할관청: 관할이 정해지는 국토교통부장관이나 특별시장·광역시장·특별자치시장·도지사 또는 특별자치도지사
⑥ 정류소: 여객이 승차 또는 하차할 수 있도록 노선 사이에 설치한 장소

제2절 여객자동차운송사업

1. 여객자동차운송사업의 종류(법 제3조, 시행령 제3조, 시행규칙 별표1)
① 노선 여객자동차운송사업: 자동차를 정기적으로 운행하려는 구간을 정하여 여객을 운송하는 사업
　㉠ 시내버스운송사업: 주로 특별시·광역시·특별자치시 또는 시의 단일 행정구역에서 운행계통을 정하고 국토교통부령으로 정하는 자동차를 사용하여 여객을 운송하는 사업으로 운행형태에 따라 광역급행형·직행좌석형·좌석형 및 일반형 등으로 구분
　㉡ 농어촌버스운송사업: 주로 군(광역시의 군은 제외)의 단일 행정구역에서 운행계통을 정하고 국토교통부령으로 정하는 자동차를 사용하여 여객을 운송하는 사업으로 운행형태에 따라 직행좌석형·좌석형 및 일반형 등으로 구분

국토교통부령으로 정하는 시내버스운송사업 및 농어촌버스운송사업 자동차

- 자동차의 종류: 중형 이상의 승합자동차(관할관청이 필요하다고 인정하는 경우 농어촌버스운송사업에 대해서는 소형 이상의 승합자동차)
- 운행형태에 따른 자동차의 종류
① 시내좌석버스: 광역급행형, 직행좌석형, 좌석형에 사용되는 것으로 좌석이 설치된 것
② 시내일반버스: 일반형에 사용되는 것으로서 좌석과 입석이 혼용 설치된 것

　㉢ 마을버스운송사업: 주로 시·군·구의 단일 행정구역에서 기점·종점의 특수성이나 사용되는 자동차의 특수성 등으로 인하여 다른 노선 여객자동차운송사업자가 운행하기 어려운 구간을 대상으로 국토교통부령으로 정하는 기준에 따라 운행계통을 정하고 국토교통부령으로 정하는 자동차를 사용하여 여객을 운송하는 사업

국토교통부령으로 정하는 마을버스운송사업 자동차

- 자동차의 종류: 중형승합자동차
- 다만, 관할관청이 필요하다고 인정하는 경우에는 소형 또는 대형 승합자동차 가능

　㉣ 시외버스운송사업: 운행계통을 정하고 국토교통부령으로 정하는 자동차를 사용하여 여객을 운송하는 사업으로 시내버스운송사업, 농어촌버스운송사업, 마을버스운송사업에 속하지 아니하는 사업으로 운행형태에 따라 고속형·직행형 및 일반형 등으로 구분

국토교통부령으로 정하는 시외버스운송사업 자동차

- 자동차의 종류: 중형 또는 대형승합자동차
- 운행형태에 따른 자동차의 종류
① 시외우등고속버스: 고속형에 사용되는 것으로서 원동기 출력이 자동차 총 중량 1톤당 20마력 이상이고 승차정원이 29인승 이하인 대형승합자동차
② 시외고속버스: 고속형에 사용되는 것으로서 원동기 출력이 자동차 총 중량 1톤당 20마력 이상이고 승차정원이 30인승 이상인 대형승합자동차
③ 시외직행 및 시외일반버스: 직행형과 일반형에 사용되는 중형 이상의 승합자동차

---

② 구역 여객자동차운송사업: 사업구역을 정하여 그 사업 구역 안에서 여객을 운송하는 사업
　㉠ 전세버스운송사업: 운행계통을 정하지 아니하고 전국을

제1편 교통관련 법규 및 교통사고 유형

사업구역으로 정하여 1개의 운송 계약에 따라 국토교통부령으로 정하는 자동차를 사용하여 여객을 운송하는 사업. 다만, 다음 어느 하나에 해당하는 기관 또는 시설 등의 장과 1개의 운송계약(운임의 수령주체와 관계없이 개별 탑승자로부터 현금이나 회수권 또는 카드결제 등의 방식으로 운임을 받는 경우는 제외)에 따라 그 소속원[「산업입지 및 개발에 관한 법률」에 따른 산업단지, 준산업단지 및 공장입지 유도지구(이하 이 조에서 "산업단지등"이라 한다) 관리기관의 경우 해당 산업단지등의 입주기업체 소속원을 포함한다]만의 통근·통학목적으로 자동차를 운행하는 경우에는 운행계통을 정하지 아니한 것으로 본다.
- ⓐ 정부기관·지방자치단체와 그 출연기관·연구기관 등 공법인
- ⓑ 회사·학교·유치원·「영유아보육법」에 따른 어린이집·학교교과교습학원 또는 체육시설
- ⓒ '산업집적활성화 및 공장설립에 관한 법률'에 따른 산업단지 중 국토교통부장관 또는 특별시장·광역시장·특별자치시장·도지사·특별자치도지사가 정하여 고시하는 산업단지의 관리기관

ⓒ 특수여객자동차운송사업: 운행계통을 정하지 아니하고 전국을 사업구역으로 하여 1개의 운송계약에 따른 특수형 승합자동차 또는 승용자동차(일반장의자동차 및 운구전용장의 자동차로 구분)를 사용하여 장례에 참여하는 자와 시체(유골을 포함한다)를 운송하는 사업

③ 수요응답형 여객자동차운송사업: 다음 각 목의 어느 하나에 해당하는 경우로서 운행계통·운행시간·운행횟수를 여객의 요청에 따라 탄력적으로 운영하여 여객을 운송하는 사업
- ㉠ 「농업·농촌 및 식품산업 기본법」 제3조제5호에 따른 농촌과 「수산업·어촌 발전 기본법」 제3조제6호에 따른 어촌을 기점 또는 종점으로 하는 경우
- ㉡ 신도시, 심야시간대 등 대중교통수단이 부족하여 교통불편이 발생하는 경우로서 대통령령으로 정하는 경우
- ㉢ 「스마트도시 조성 및 산업진흥 등에 관한 법률」이나 그 밖에 다른 법률에 따라 수요응답형 여객자동차운송사업 면허의 규제특례를 받아 운행 등 실증과정을 거친 지역에서 특별시장·광역시장·특별자치시장·도지사·특별자치도지사(이하 "시·도지사"라 한다)가 필요하다고 인정하는 경우

2. 여객자동차운송사업의 운행형태 등(시행규칙 제8조)

① 시내버스운송사업 및 농어촌버스운송사업의 노선구역
- ㉠ 시내버스운송사업과 농어촌버스운송사업은 특별시·광역시·특별자치시·시 또는 군의 단일 행정구역을 운행하는 사업
- ㉡ 광역급행형 시내버스운송사업은 기점 행정구역의 경계로부터 50킬로미터를 초과하지 않는 범위에서 「대도시권 광역교통관리에 관한 특별법 시행령」 별표1에 따른 대도시권역 내 둘 이상의 시·도를 운행하는 사업
- ㉢ 위에도 불구하고 관할관청은 다음 각 호의 기준에 따라 시내버스운송사업자 또는 농어촌버스운송사업자의 신청이나 직권에 의하여 해당 행정구역 밖의 지역까지 노선을 연장하여 운행하게 할 수 있다.
  - ⓐ 관할관청이 지역주민의 편의 또는 지역 여건상 특히 필요하다고 인정하는 경우: 해당 행정구역의 경계로부터 30킬로미터를 초과하지 아니하는 범위
  - ⓑ 국제공항·관광단지·신도시 등 지역의 특수성을 고려하여 국토교통부장관이 고시하는 지역을 운행하는 경우: 해당 행정구역의 경계로부터 50킬로미터를 초과하지 아니하는 범위
  - ⓒ 직행좌석형 시내버스운송사업으로서 기점·종점이 모두 「대도시권 광역교통관리에 관한 특별법 시행령」 별표1에 따른 대도시권역 내에 위치한 노선 중 관할관청이 출퇴근 등 교통편의를 위하여 필요하다고 인정하는 경우: 해당 행정구역의 경계로부터 50킬로미터를 초과하지 아니하는 범위
- ㉣ 관할 도지사는 지역주민의 편의 또는 지역 여건상 특히 필요하다고 인정되는 경우에는 '㉠'에도 불구하고 둘 이상의 시·군지역을 하나의 운행계통에 따라 운행하게 할 수 있다.

② 시내버스운송사업 및 농어촌버스운송사업의 운행형태
- ㉠ 광역급행형: 시내좌석버스를 사용하고 주로 고속국도, 도시고속도로 또는 주간선도로를 이용하여 기점 및 종점으로부터 5km 이내의 지점에 위치한 각각 4개 이내의 정류소에서만 정차하면서 운행하는 형태. 다만, 관할관청은 도로상황 등 지역의 특수성과 주민편의를 고려하여 필요하다고 인정하는 경우에는 기점 및 종점으로부터 7.5킬로미터 이내에 위치한 각각 6개 이내의 정류소에 정차하면서 운행하게 할 수 있고, 법 제7조에 따른 운송개시 후 지역여건 등이 변경되어 정류소를 추가할 필요가 있는 경우에는 국토교통부장관이 정하여 고시하는 기준에 따라 기점으로부터 7.5킬로미터 이내에 위치한 2개까지의 정류소에 추가로 정차하면서 운행하게 할 수 있다.
- ㉡ 직행좌석형: 시내좌석버스를 사용하여 각 정류소에 정차하되, 둘 이상의 시·도에 걸쳐 노선이 연장되는 경우 지역주민의 편의, 지역 여건 등을 고려하여 정류구간을 조정하고 해당 노선 좌석형의 총 정류소 수의 2분의1 이내의 범위에서 정류소 수를 조정하여 운행하는 형태
- ㉢ 좌석형: 시내좌석버스를 사용하여 각 정류소에 정차하면서 운행하는 형태
- ㉣ 일반형: 시내일반버스를 주로 사용하여 각 정류소에 정차하면서 운행하는 형태

③ 마을버스운송사업의 운행형태 및 노선구간
- ㉠ 고지대 마을, 외지 마을, 아파트단지, 산업단지, 학교, 종교단체의 소재지 등을 기점 또는 종점으로 하여 특별한 사유가 없으면 그 마을 등과 가장 가까운 철도역(도시철도역 포함) 또는 노선버스 정류소(시내버스, 농어촌버스, 시외버스의 정류소) 사이를 운행하는 사업
- ㉡ 관할관청은 지역주민의 편의 또는 지역 여건상 특히 필요하다고 인정되는 경우에는 해당 행정구역의 경계로부터 5km의 범위에서 연장하여 운행하게 할 수 있다.

④ 시외버스운송사업의 운행형태
- ㉠ 고속형: 시외고속버스 또는 시외우등고속버스를 사용하여 운행거리가 100km 이상이고, 운행구간 60% 이상을 고속국도로 운행하며, 기점과 종점의 중간에서 정차하지 아니하는 운행형태. 다만 고속국도 주변이용자의 편의를 위하여 고속국도변의 정류소에 중간정차하는 경우, 국토교통

제1편
교통관련 법규 및 교통사고 유형

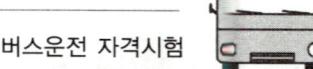

버스운전 자격시험

부장관이 이용자의 교통편의를 위하여 필요하다고 인정하여 기점 또는 종점이 있는 특별시·광역시·특별자치시 또는 시·군의 행정구역 안의 각 1개소에만 중간정차하는 경우(특별시·광역시 또는 시·군의 행정구역 안의 중간정차지와 기점 간 또는 중간정차지와 종점 간의 이용승객은 승·하차시킬 수 없다), 고속국도 휴게소의 환승정류소에서 중간 정차하는 경우에는 운행계통의 종점의 중간에서 정차할 수 있다.

ⓒ **직행형**: 시외(우등)직행버스를 사용하여 기점 또는 종점이 있는 특별시·광역시·특별자치시 또는 시·군의 행정구역이 아닌 다른 행정구역에 있는 1개소 이상의 정류소에 정차하면서 운행하는 형태. 다만, 운행거리가 100km 미만인 경우와 운행구간의 60% 미만을 고속국도로 운행하는 경우에는 정류소에 정차하지 않고 운행할 수 있다.

ⓒ **일반형**: 시외(우등)일반버스를 사용하여 각 정류소를 정차하면서 운행하는 형태

> 정류소의 소재지를 관할하는 시·도지사는 다른 시·도지사의 면허를 받은 노선 여객자동차운송사업자(이하 노선운송사업자라 한다)가 원할 경우에는 시내버스운송사업, 농어촌버스운송사업 및 시외버스운송사업의 업종별로 자신이 면허를 한 노선 여객자동차운송사업자의 버스가 정차하는 정류소에 같이 정차할 수 있도록 하여야 한다.

3. 노선 여객자동차운송사업의 한정면허(시행규칙 제17조)

① 여객의 특수성 또는 수요의 불규칙성 등으로 인하여 노선버스를 운행하기 어려운 경우로서 다음의 어느 하나에 해당하는 경우
  ㉠ 공항, 도심공항터미널 또는 국제여객선터미널을 기점 또는 종점으로 하는 경우로서 공항, 도심공항터미널 또는 국제여객터미널 이용자의 교통불편을 해소하기 필요하다고 인정되는 경우
  ㉡ 관광지를 기점 또는 종점으로 하는 경우로서 관광의 편의를 제공하기 위하여 필요하다고 인정되는 경우
  ㉢ 고속철도 정차역을 기점 또는 종점으로 하는 경우로서 고속철도 이용자의 교통편의를 위하여 필요하다고 인정되는 경우
  ㉣ 국토교통부장관이 정하여 고시하는 출퇴근 또는 심야 시간대에 대중교통이용자의 교통불편을 해소하기 위하여 필요하다고 인정되는 경우
  ㉤ '산업집적활성화 및 공장설립에 관한 법률'에 따른 산업단지 또는 관할관청이 정하는 공장밀집지역을 기점 또는 종점으로 하는 경우로서 산업단지 또는 공장밀집지역의 접근성 향상을 위하여 필요하다고 인정되는 경우
② 수익성이 없어 노선운송사업자가 운행을 기피하는 노선으로 관할관청이 보조금을 지급하려는 경우
③ 버스전용차로의 설치 및 운행계통의 신설 등 버스교통체계 개선을 위하여 시·도의 조례로 정하는 경우
④ 신규노선에 대하여 운행형태가 광역급행형인 시내버스운송사업을 경영하려는 자의 경우
⑤ 수요응답형 여객자동차운송사업을 경영하려는 경우
⑥ 국토교통부장관이 정하여 고시하는 운송사업자가 국토교통부장관이 정하여 고시하는 심야 시간대에 승차정원이 11인승 이상의 승합자동차를 이용하여 여객의 요청에 따라 탄력적으로

여객을 운송하는 구역 여객자동차운송사업을 경영하려는 경우

4. 자동차 표시(법 제17조, 시행규칙 제39조)

① 자동차 표시 위치: 자동차의 바깥쪽
  ㉠ 외부에서 알아보기 쉽도록 차체 면에 인쇄하는 등 항구적인 방법으로 표시
  ㉡ 구체적인 표시 및 위치 등은 관할관청이 정한다.
② 자동차 표시 내용: 운송사업자의 명칭, 기호 및 그 밖의 표시 내용은 다음과 같다.
  ㉠ 시외버스의 경우: 시외우등고속버스("우등고속") 시외고속버스("고속"), 시외우등직행버스("우등직행"), 시외직행버스("직행"), 시외우등일반버스("우등일반"), 시외일반버스("일반")
  ㉡ 전세버스운송사업용 자동차: "전세"
  ㉢ 한정면허를 받은 여객자동차 운송사업용 자동차: "한정"
  ㉣ 특수여객자동차운송사업용 자동차: "장의"
  ㉤ 마을버스운송사업용 자동차: "마을버스"

5. 교통사고 시의 조치 등(법 제19조, 시행령 제11조, 시행규칙 제41조)

① 운송사업자는 사업용 자동차의 고장, 교통사고 또는 천재지변으로 다음 각 호의 어느 하나에 해당하는 상황이 발생하는 경우 국토교통부령으로 정하는 바에 따라 같은 호에 따른 조치를 하여야 한다.
  ㉠ 사상자가 발생하는 경우: 신속하게 유류품을 관리할 것
  ㉡ 사업용 자동차의 운행을 재개할 수 없는 경우: 대체 운송수단을 확보하여 여객에게 제공하는 등 필요한 조치를 할 것. 다만, 여객이 동의하는 경우에는 그러하지 아니하다.

> **국토교통부령으로 정하는 바에 따른 조치**
> - 신속한 응급수송수단의 마련
> - 가족이나 그 밖의 연고자에 대한 신속한 통지
> - 유류품의 보관
> - 목적지까지 여객을 운송하기 위한 대체운수단의 확보와 여객에 대한 편의의 제공
> - 그 밖에 사상자의 보호 등 필요한 조치

② 운송사업자는 그 사업용 자동차에 다음 각 호의 어느 하나에 해당하는 사고(중대한 교통사고)가 발생한 경우 지체 없이 국토교통부장관 또는 시·도지사에게 보고하여야 한다.
  ㉠ 전복사고
  ㉡ 화재가 발생한 사고
  ㉢ 사망자가 2명 이상, 사망자 1명과 중상자 3명 이상, 중상자 6명 이상의 사람이 죽거나 다친 사고
③ 운송사업자는 중대한 교통사고가 발생하였을 때에는 24시간 이내에 사고의 일시·장소 및 피해사항 등 사고의 개략적인 상황을 관할 시·도지사에게 보고한 후 72시간 이내에 사고보고서를 작성하여 관할 시·도지사에게 제출하여야 한다.

6. 운송종사자 등의 현황 통보(법 제22조, 시행규칙 제45조)

① 운송사업자는 운수종사자(운전업무 종사자격을 갖추고 여객

제1편 교통관련 법규 및 교통사고 유형

버스운전 자격시험

자동차운송사업의 운전 업무에 종사하는 자)에 대한 다음 각 호의 사항을 각각의 기준에 따라 시·도지사에게 알려야 한다.
- ㉠ 신규 채용하거나 퇴직한 운수종사자의 명단(신규 채용한 운수종사자의 경우에는 보유하고 있는 운전면허의 종류와 취득 일자를 포함): 신규 채용일이나 퇴직일부터 7일 이내
- ㉡ 전월 말일 현재의 운수종사자 현황: 매월 10일까지
- ㉢ 전월 각 운수종사자에 대한 휴식시간 보장내역: 매월 10일까지
② 조합은 소속 운송사업자를 대신하여 소속 운송사업자의 운수종사자 현황을 취합·통보할 수 있다.
③ 시·도지사는 통보받은 운수종사자 현황을 취합하여 한국교통안전공단에 통보하여야 한다.
④ 운송사업자는 새로 채용한 운수종사자(사업용 자동차를 운전하다 퇴직한 후 2년 이내에 다시 채용된 자는 제외)에 대하여 운전업무를 시작하기 전에 여객에 대한 서비스의 질을 높이기 위한 교육을 받게 하여야 하며, 운수종사자 교육을 실시한 운수종사자 연수기관 등은 교육을 받은 운수종사자 현황을 매월 10일까지 국토교통부 장관에게 보고하여야 한다.

제3절 운수종사자의 자격요건 및 운전자격의 관리

1. 버스운전업무 종사자격(법 제24조, 시행규칙 제49조)

① 여객자동차운송사업(중 버스)의 운전업무에 종사하려는 사람은 다음 각 호의 요건을 모두 갖추어야 한다.
- ㉠ 사업용 자동차를 운전하기에 적합한 운전면허를 보유하고 있을 것
- ㉡ 20세 이상으로서 다음 각 목의 어느 하나에 해당하는 요건을 갖출 것
  - ⓐ 해당 사업용 자동차 운전경력이 1년 이상일 것
  - ⓑ 국토교통부장관 또는 지방자치단체의 장이 지정하여 고시하는 버스운전자 양성기관에서 교육과정을 이수할 것
  - ⓒ 운전을 직무로 하는 군인이나 의무경찰대원으로서 다음의 요건을 모두 갖출 것
    - 해당 사업용 자동차에 해당하는 차량의 운전경력 등 국토교통부장관이 정하여 고시하는 요건을 갖출 것
    - 소속 기관의 장의 추천을 받을 것
- ㉢ 국토교통부장관이 정하는 운전 적성에 대한 정밀검사 기준에 적합할 것
- ㉣ ㉠~㉢의 요건을 갖춘 사람이 한국교통안전공단이 시행하는 버스운전 자격시험에 합격한 후 제55조(운전자격의 등록 등)에 따라 자격증을 취득할 것
- ㉤ ㉠~㉢의 요건을 갖춘 사람이 교통안전체험에 관한 연구·교육시설에서 안전체험, 교통사고 대응요령 및 여객자동차 운수사업법령등에 관하여 실시하는 이론 및 실기교육을 이수하고 시행규칙 제55조(운전자격의 등록 등)에 따라 자격증을 취득할 것
  ※ ㉢~㉤은 국토교통부장관이 교통안전공단에 업무 위탁

② 운전자격을 취득할 수 없는 사람
- ㉠ 다음 각 목의 어느 하나에 해당하는 죄를 범하여 금고 이상의 실형을 선고받고 그 집행이 끝나거나(집행이 끝난 것으로 보는 경우를 포함) 면제된 날부터 2년이 지나지 아니한 사람
  - ⓐ '특정강력범죄의 처벌에 관한 특례법' 제2조제1항 각 호에 따른 죄
  - ⓑ '특정범죄 가중처벌 등에 관한 법률' 제5조의2부터 제5조의5까지, 제5조의8, 제5조의9 및 제11조에 따른 죄
  - ⓒ '마약류관리에 관한 법률'에 따른 죄
  - ⓓ '형법' 제332조(제329조부터 제331조까지의 상습범으로 한정한다.), 제341조에 따른 죄 또는 그 각 미수죄, 제363조에 따른 죄
- ㉡ ㉠각 목의 어느 하나에 해당하는 죄를 범하여 금고 이상의 형의 집행유예를 선고받고 그 집행유예기간 중에 있는 사람
- ㉢ 자격시험일 전 5년간 다음 각 목의 어느 하나에 해당하는 사람
  - ⓐ '도로교통법' 제93조제1항제1호부터 제4호까지에 해당하여 운전면허가 취소된 사람
  - ⓑ '도로교통법' 제43조를 위반하여 운전면허를 받지 아니하거나 운전면허의 효력이 정지된 상태로 같은 법 제2조제21호에 따른 자동차등을 운전하여 벌금형 이상의 형을 선고받거나 같은 법 제93조제1항제19호에 따라 운전면허가 취소된 사람
  - ⓒ 운전 중 고의 또는 과실로 3명 이상이 사망(사고발생일로부터 30일 이내에 사망한 경우를 포함한다)하거나 20명 이상의 사상자가 발생한 교통사고를 일으켜 '도로교통법' 제93조제1항제10호에 따라 운전면허가 취소된 사람
- ㉣ 자격시험일 전 3년간 「도로교통법」제93조제1항제5호 및 제5호의2에 해당하여 운전면허가 취소된 사람
  ※ 국토교통부 장관 또는 시·도지사는 운전경력 및 'ⓑ항'에 해당하는 범죄경력을 확인하기 위하여 필요한 정보에 한하여 경찰청장에게 운전경력 및 범죄경력 자료의 조회를 요청할 수 있다.

③ 운전적성정밀검사의 종류
- ㉠ 신규검사
  - ⓐ 신규로 여객자동차 운송사업용 자동차를 운전하려는 자
  - ⓑ 여객자동차 운송사업용 자동차 또는 '화물자동차 운수사업법'에 따른 화물자동차 운송사업용 자동차의 운전 업무에 종사하다가 퇴직한 자로서 신규검사를 받은 날부터 3년이 지난 후 재취업하려는 자. 다만, 재취업일까지 무사고 운전한 경우는 제외
  - ⓒ 신규검사의 적합판정을 받은 자로서 운전적성정밀검사를 받은 날부터 3년 이내에 취업하지 아니한 자. 다만, 신규검사를 받은 날부터 취업일까지 무사고로 운전한 사람은 제외한다.
- ㉡ 특별검사
  - ⓐ 중상 이상의 사상사고를 일으킨 자
  - ⓑ 과거 1년간 '도로교통법 시행규칙'에 따른 운전면허 행정처분기준에 따라 계산한 누산점수가 81점 이상인 자
  - ⓒ 질병, 과로, 그 밖의 사유로 안전운전을 할 수 없다고 인정되는 자인지 알기 위하여 운송사업자가 신청한 자
- ㉢ 자격유지검사
  - ⓐ 65세 이상 70세 미만인 사람(자격유지검사의 적합판정을 받고 3년이 지나지 아니한 사람은 제외한다)
  - ⓑ 70세 이상인 사람(자격유지검사의 적합판정을 받고 1

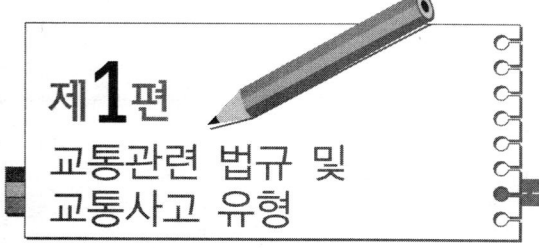

년이 지나지 아니한 사람은 제외한다)

2. 버스운전 자격시험 취득(법 제24조, 시행규칙 제52조~제55조)

① 버스운전 자격시험
  ㉠ 자격시험은 필기시험으로 하되 총점의 6할 이상을 얻은 사람을 합격자로 한다.
  ㉡ 버스운전 자격의 필기시험 과목
    ⓐ 교통 및 운수관련법규, 교통사고 유형
    ⓑ 자동차 관리 요령
    ⓒ 안전운행 요령
    ⓓ 운송서비스(버스운전자의 예절에 관한 사항을 포함)

② 교통안전체험교육
  ㉠ 교통안전체험교육을 신청하려는 사람은 한국교통안전공단이 정하는 신청서와 운전적성정밀검사를 받은 사실을 증명할 수 있는 서류를 첨부하여 한국교통안전공단에 제출하여야 한다.
  ㉡ 이 경우 신청을 받은 한국교통안전공단은 「전자정부법」 제36조제1항에 따른 행정정보의 공동이용을 통하여 신청인의 자동차운전면허증과 운전경력증명서를 확인하여야 하며, 신청인이 확인에 동의하지 아니하는 경우에는 그 서류를 첨부하도록 하여야 한다.
  ㉢ 교통안전체험교육의 실시방법(시행규칙 제54조의4, 별표 4의2)
    ⓐ 교통안전체험교육은 집합교육으로 실시하며, 교육시간은 24시간으로 한다.

교육과정	교육과목	교육시간
1. 이론교육	소양교육	8시간
2. 실기교육	가. 차량점검 및 기초주행	3시간
	나. 목표제동 및 제동거리	1시간
	다. 미끄럼 주행	1시간
	라. 인지반응 및 위험 회피	1시간
	마. 차량점검 및 응급조치 요령	1시간
	바. 도로유형별 안전운행	3시간
	사. 정속주행	2시간
3. 종합평가	필기시험, 기능시험, 주행시험	4시간
총계		24시간

    ⓓ 이론교육은 교육생이 여객자동차 운송과 관련된 지식을 얻을 수 있도록 강의식으로 진행하는 교육을 말한다.
    ⓑ 실기교육은 실외의 체험교육시설과 도로에서 진행하는 교육으로서 자동차를 직접 운전하면서 교통사고의 발생 원리를 체험하는 교육을 말한다.
    ⓒ 종합평가는 이론 교육 후 필기 평가와 실기 교육 후 자동차를 직접 운전하여 여객을 효율적·안정적으로 운송이 가능한 기능 및 주행 평가를 말한다.
    ⓔ 종합평가의 합격기준은 총점의 60퍼센트 이상 득점으로 말한다.
    ⓕ 수험생이 이론교육 및 실기교육을 모두 이수하고 종합평가에 합격한 경우 교육과정을 수료한 것으로 인정한다.
    ㉣ 한국교통안전공단은 교통안전체험교육을 수료한 사람에게 수료증을 발급하여야 한다.

③ 시험시행기관은 운전자격시험을 실시한 날부터 15일 이내에 해당 시험 시행기관의 인터넷 홈페이지에 합격자를 공고하여야 한다.

④ 운전자격시험에 합격한 사람 또는 교통안전체험교육을 수료한 사람은 합격자 발표일 또는 교육 수료일로부터 30일 이내에 운전자격증 발급신청서(전자문서를 포함한다)에 사진 2장을 첨부하여 해당 시험시행기관에 운전자격증의 발급을 신청하여야 하고, 신청을 받은 시험시행기관은 운전면허증을 발급하여야 한다.

3. 운송사업자의 운전자격증명 관리(법 제24조의2, 시행규칙 제55조~제57조)

① 운송사업자 또는 운수종사자로부터 운전업무 종사자격을 증명하는 증표의 발급신청을 받은 한국교통안전공단 또는 운전자격증명 발급기관은 운전자격증명을 발급받아야 한다.

② 운전자격증 또는 운전자격증명의 기록사항에 착오가 있거나 변경된 내용이 있어 정정을 받으려는 경우와 운전자격증 등을 잃어버리거나 헐어 못 쓰게 되어 재발급을 받으려는 사람은 지체 없이 해당 서류를 첨부하여 한국교통안전공단 또는 운전자격증명 발급기관에 신청하여야 한다.

③ 여객자동차운송사업용 운수종사자는 해당 사업용 자동차안에 본인의 운전자격증명을 항상 게시하여야 한다.

④ 운수종사자가 퇴직하는 경우에는 본인의 운전자격증명을 운송사업자에게 반납하여야하며, 운송사업자는 지체없이 해당 운전자격증명 발급기관에 그 운전자격증명을 제출하여야 한다.

⑤ 운송사업자에 대한 행정처분 또는 과징금
  ㉠ 행정처분(시행령 별표3)

위반내용	1차 위반	2차 위반
운송사업자가 차내에 운전자격증명을 항상 게시하지 아니한 경우	운행정지(5일)	
운수종사자의 자격요건을 갖추지 아니한 사람을 운전업무에 종사하게 한 경우	감차명령	노선 폐지 명령

  ㉡ 과징금(시행령 별표5)

위반내용	시내버스 농어촌버스 마을버스	시외버스	전세버스	특수여객
운송사업자가 차내에 운전자격증명을 항상 게시하지 아니한 경우	10만원	10만원	10만원	10만원
운수종사자의 자격요건을 갖추지 않은 사람을 운전업무에 종사하게 한 경우	500만원 (1,000만원)	500만원 (1,000만원)	500만원 (1,000만원)	60만원 (120만원)

※ 괄호: 2차 위반시

4. 운전자격의 취소 및 효력정지(법 제87조, 시행규칙 제59조)

① 운전자격의 취소 및 효력정지의 처분기준(시행규칙 별표5)
  ㉠ 일반기준
    ⓐ 위반행위가 둘 이상인 경우로서 그에 해당하는 각각의 처분기준이 다른 경우에는 그 중 무거운 처분기준에 따른다. 다만, 둘 이상의 처분기준이 모두 자격정지인 경우에는 각 처분기준을 합산한 기간을 넘지 아니하는 범위에서 무거운 처분기준의 2분의 1 범위에서 가중할 수 있다. 이 경우 그 가중한 기간을 합산한 기간은 6개월을 초과할 수 없다.

ⓑ 위반행위의 횟수에 따른 행정처분의 기준은 최근 1년 간 같은 위반행위로 행정처분을 받은 경우에 해당한다. 이 경우 행정처분의 기준의 적용은 같은 위반행위에 대한 행정처분일과 그 처분 후의 위반행위가 다시 적발된 날을 기준으로 한다.

ⓒ 처분관할청은 자격정지처분을 받은 사람이 다음의 어느 하나에 해당하는 경우에는 ⓐ목 및 ⓑ목에 따른 처분을 2분의 1 범위에서 늘리거나 줄일 수 있다. 이 경우 늘리는 경우에도 그 늘리는 기간은 6개월을 초과할 수 없다.
    (1) 가중사유
        (가) 위반행위가 사소한 부주의나 오류가 아닌 고의나 중대한 과실에 의한 것으로 인정되는 경우
        (나) 위반의 내용정도가 중대하여 이용객에게 미치는 피해가 크다고 안정되는 경우
    (2) 감경사유
        (가) 위반행위가 고의나 중대한 과실이 아닌 사소한 부주의나 오류로 인한 것으로 인정되는 경우
        (나) 위반의 내용정도가 경미하여 이용객에게 미치는 피해가 적다고 인정되는 경우
        (다) 위반행위를 한 사람이 처음 해당 위반행위를 한 경우로서 최근 5년 이상 해당 여객자동차운송사업의 모범적인 운수종사자로서 근무한 사실이 인정되는 경우
        (라) 그 밖에 여객자동차운수사업에 대한 정부 정책상 필요하다고 인정되는 경우

ⓓ 처분관할청은 자격정지처분을 받은 사람이 정당한 사유 없이 기일 내에 운전자격증을 반납하지 아니할 때에는 해당 처분을 2분의 1의 범위에서 가중하여 처분하고, 가중처분을 받은 사람이 기일 내에 운전자격증을 반납하지 아니할 때에는 자격취소처분을 한다.

ⓛ 개별기준(버스운전자격 관련, 법 87조 및 시행규칙 별표5)

위반사항	처분기준
1) 법 제6조제1호부터 제4호까지의 어느 하나에 해당하게 된 경우	자격취소
2) 부정한 방법으로 법 제24조제1항에 따른 버스운전자격을 취득한 경우	자격취소
3) 법 제24조제3항에 해당하게 된 경우	자격취소
4) 전세버스운송사업의 운수종사자가 대열운행(같은 계약에 따라 같은 목적지로 이동하는 2대 이상의 차량이 고속도로, 자동차전용도로 등에서 도로교통법 제19조에 따른 안전거리를 확보하지 않고 줄지어 운행하는 것을 말한다)을 한 경우	자격정지 15일
5) 법 제26조제1항에 따른 금지행위로 1년간 세 번의 과태료 처분을 받은 사람이 같은 위반행위를 한 경우	자격취소
6) 법 제26조제4항을 위반하여 운행기록증을 식별하기 어렵게 하거나, 그러한 자동차를 운행한 경우	자격정지 5일
7) 교통사고로 다음의 어느 하나에 해당하는 수의 사람을 죽거나 다치게 한 경우	
가) 사망자 2명 이상	자격정지 60일
나) 사망자 1명 및 중상자 3명 이상	자격정지 50일
다) 중상자 6명 이상	자격정지 40일
8) 교통사고와 관련하여 거짓이나 그 밖의 부정한 방법으로 보험금을 청구하여 금고 이상의 형을 선고받고 그 형이 확정된 경우	자격취소
9) 운전업무와 관련하여 버스운전자격증을 타인에게 대여한 경우	자격취소
10) 정당한 사유 없이 법 제25조에 따른 교육을 받지 않은 경우	자격정지 5일
11) 도로교통법위반으로 사업용 자동차를 운전할 수 있는 운전면허가 취소된 경우	자격취소

② 관할관청은 처분기준을 적용할 때 위반행위의 동기 및 횟수 등을 고려하여 처분기준의 2분의 1의 범위에서 경감하거나 가중할 수 있다.

③ 관할관청은 처분을 하였을 때에는 그 사실을 처분대상자, 해당 시험기관에 통지하고 처분대상자에게 운전자격증 등을 반납하게 하여야 한다.

④ 관할관청은 운전자격증 등을 반납 받은 경우 운전자격 취소처분을 받은 자가 반납한 운전자격증 등은 폐기하고, 운전자격정지처분을 받은 사람이 반납한 운전자격증 등은 보관한 후 자격정지기간이 지난 후에 돌려주어야 한다.

⑤ 관할관청이 운전자격증 등을 폐기한 경우 해당 시험시행기관은 운전자격등록을 말소하고 운전자격 등록대장에 그 사실을 적어야 한다.

5. 운수종사자의 교육(법 제25조, 시행규칙 제58조)

① 운수종사자는 국토교통부령으로 정하는 바에 따라 운전업무를 시작하기 전에 다음 각 호의 사항에 관한 교육을 받아야 한다.
    ㉠ 교육의 종류

구분	교육대상자	교육시간	교육주기
가. 신규교육	새로 채용한 운수종사자(사업용자동차를 운전하다가 퇴직한 후 2년 이내에 다시 채용된 사람은 제외한다.)	16	
나. 보수교육	무사고·무벌점 기간이 5년 이상 10년 미만인 운수종사자	4	격년
	무사고·무벌점 기간이 5년 미만인 운수종사자	4	매년
	법령위반 운수종사자	8	수시
다. 수시교육	국제행사 등에 대비한 서비스 및 교통안전 증진 등을 위하여 국토교통부장관 또는 시·도지사가 교육을 받을 필요가 있다고 인정하는 운수종사자	4	필요 시

ⓐ 무사고·무벌점이란 「도로교통법」에 따른 교통사고와 같은 법에 따른 교통법규 위반 사실이 모두 없는 것을 말한다.

ⓑ 보수교육을 대상자 선정을 위한 무사고·무벌점 기간은 10월 말을 기준으로 산정한다.

ⓒ 법령위반 운수종사자는 법 제26조제1항의 운수종사자 준수사항을 위반하여 과태료 처분을 받은 자(개인택시 운송업자는 법 제21조제5항을 위반하여 과징금 또는 사업정지처분을 받은 경우를 포함한다)와 이 규칙 제

49조제3항제2호가목 및 나목에 해당되어 특별검사 대상이 된 자를 말한다.

ⓓ 법령위반 운수종사자(제49조제3항제2호가목 및 나목에 해당되어 특별검사 대상이 된 자는 제외한다)에 대한 보수교육은 해당 운수종사자가 과태료, 과징금 또는 사업정지처분을 받은 날부터 3개월 이내에 실시하여야 한다.

ⓔ 새로 채용된 운수종사자가 「교통안전법 시행규칙」 별표 7 제2호에 따른 심화교육과정을 이수한 경우에는 신규교육을 면제한다.

ⓕ 해당 연도의 신규교육 또는 수시교육을 이수한 운수종사자(제3호에 따른 법령위반 운수종사자는 제외한다)는 해당 연도의 보수교육을 면제한다.

ⓛ 교육과목
 ⓐ 여객자동차 운수사업 관계 법령 및 도로교통 관계 법령
 ⓑ 서비스의 자세 및 운송질서의 확립
 ⓒ 교통안전수칙(신규교육의 경우에는 대열운행, 졸음운전, 운전 중 휴대폰 사용 등 교통사고 요인과 관련된 교통안전수칙을 포함한다)
 ⓓ 응급처치 방법
 ⓔ 그 밖에 운전업무에 필요한 사항

② 운수종사자에 대한 교육은 운수종사자 연수기관, 한국교통안전공단, 연합회 또는 조합이 한다.

③ 운송사업자는 그의 운수종사자에 대한 교육계획의 수립, 교육의 시행 및 일상의 교육훈련업무를 위하여 종업원 중에서 교육훈련 담당자를 선임하여야 한다. 다만, 자동차면허 대수가 20대 미만인 운송사업자의 경우에는 교육훈련 담당자를 선임하지 아니할 수 있다.

④ 교육실시기관은 매년 11월 말까지 조합과 협의하여 다음 해의 교육계획을 수립하여 시·도지사 및 조합에 보고하거나 통보하여야 하며, 그 해의 교육결과를 다음 해 1월 말까지 시·도지사 및 조합에 보고하거나 통보하여야 한다.

제4절 보칙 및 벌칙

1. 자가용자동차의 유상운송 등

① 자가용자동차를 유상 운송용으로 제공 또는 임대하거나 이를 알선할 수 있는 경우(법 제81조, 시행규칙 제103조)

 ㉠ 출·퇴근시간대(오전 7시부터 오전 9시까지 및 오후 6시부터 오후 8시까지를 말하며, 토요일, 일요일 및 공휴일인 경우는 제외한다) 승용자동차를 함께 타는 경우

 ㉡ 천재지변, 긴급 수송, 교육 목적을 위한 운행, 그 밖에 국토교통부령으로 정하는 사유에 해당되는 경우로서 특별자치시장·특별자치도지사·시장·군수·구청장(자치구의 구청장)의 허가를 받는 경우

  ⓐ 천재지변이나 그 밖에 이에 준하는 비상사태로 인하여 수송력 공급의 증가가 긴급히 필요한 경우

  ⓑ 사업용 자동차 및 철도 등 대중교통수단의 운행이 불가능하여 이를 일시적으로 대체하기 위한 수송력 공급이 긴급히 필요한 경우

  ⓒ 휴일이 연속되는 경우 등 수송수요가 수송력 공급을 크게 초과하여 일시적으로 수송력 공급의 증가가 필요한 경우

  ⓓ 학생의 등·하교나 그 밖의 교육목적을 위하여 다음의 요건을 갖춘 자동차를 운행하는 경우

   (1) '초·중등교육법' 제2조에 따른 초등학교·중학교·고등학교와 '고등교육법' 제2조에 따른 대학교에서 직접 소유하여 운영하는 26인승 이상의 승합자동차 일 것

   (2) '초·중등교육법' 제2조에 따른 초등학교·중학교·고등학교와 '고등교육법' 제2조에 따른 대학의 통합버스일 것

   (3) 제103조의2에 따른 차령(처음 허가를 신청하는 경우에는 6년)을 초과하지 아니할 것
   *학생의 등·하교를 위해 유상 운송 허가를 받은 자가용 자동차의 차령은 9년으로 한다.

  ⓔ 어린이(13세 미만의 사람을 말한다)의 통학이나 시설이용을 위하여 다음의 조건을 갖춘 자동차를 운행하는 경우

   (1) '유아교육법' 제2조제2호에 따른 유치원, '영유아교육법' 제10조에 따른 어린이집, '학원의 설립운영 및 과외교습에 관한 법률' 제2조의2제1호에 따른 학교교과교습학원 또는 '체육시설의 설치·이용에 관한 법률' 제3조에 따른 체육시설에서 직접 소유하여 운영하는 9인승 이상의 승용자동차 또는 승합자동차일 것. 다만, 9인승 이상의 승용자동차 또는 승합자동차로 출고되었으나 장애아동의 승·하차 편의를 위하여 '자동차관리법' 제34조에 따라 차량구조 변경이 승인된 차량의 경우에는 9인승 이하의 자동차를 포함한다.

   (2) 유치원, 어린이집, 학원 또는 체육시설의 통학이나 시설이용에 이용되는 자동차일 것. 다만, 「유통산업발전법」 제2조제3호에 따른 대규모점포에 부설된 체육시설의 이용자를 위하여 운행하는 자동차는 제외한다.

   (3) 제103조의2에 따른 차령(처음 허가를 신청하는 경우에는 6년)을 초과하지 아니할 것
   *학생의 등·하교를 위해 유상 운송 허가를 받은 자가용 자동차의 차령은 9년으로 한다.

  ⓕ 국가 또는 지방자치단체 소유의 자동차로서 장애인 등의 교통편의를 위하여 운행하는 경우

② 자가용자동차가 노선을 정하여 운행하거나 이를 알선할 수 있는 경우(법 제82조, 시행령 제39조)

 ㉠ 학교, 학원, 유치원, '영유아보육법'에 따른 어린이집, 호텔, 교육·문화·예술·체육시설('유통산업발전법'에 따른 대규모점포에 부설된 시설은 제외), 종교시설, 금융기관 또는 병원 이용자를 위하여 운행하는 경우

 ㉡ 대중교통수단이 없는 지역 등 대통령령으로 정하는 사유에 해당하는 경우로서 특별자치시장·특별자치도지사·시장·군수·구청장(자치구의 구청장)의 허가를 받은 경우

제1편 교통관련 법규 및 교통사고 유형

대통령령으로 정하는 사유
- 노선버스 및 철도(도시철도 포함) 등 대중교통수단이 운행되지 아니하거나 그 접근이 극히 불편한 지역의 고객을 수송하는 경우
- 공사 등으로 대중교통수단의 운행이 불가능한 지역의 고객을 일시적으로 수송하는 경우
- 해당 시설의 소재지가 대중교통수단이 없거나 그 접근이 극히 불편한 지역인 경우(운행구간: 해당시설로부터 가장 가까운 정류소 또는 철도역 사이의 구간)

③ 자가용자동차 사용의 제한 또는 금지(법 제83조)
특별자치시장·특별자치도지사·시장·군수·구청장(자치구의 구청장)은 자가용자동차를 사용하는 자가 다음 어느 하나에 해당하면 6개월 이내에 기간을 정하여 그 자동차의 사용을 제한하거나 금지할 수 있다.
㉠ 자가용자동차를 사용하여 여객자동차운송사업을 경영한 경우
㉡ 허가를 받지 아니하고 자가용자동차를 유상으로 운송에 사용하거나 임대한 경우

2. 여객자동차 운수사업에 사용되는 자동차의 차령 등
(법 제84조, 시행령 제40조, 시행령 별표2, 시행규칙 제107조)
① 여객자동차 운수사업에 사용되는 자동차는 여객자동차 운수사업의 종류에 따라 대통령령으로 정하는 연한(차령) 및 운행거리를 넘겨 운행하지 못한다.

사업의 구분에 따른 자동차의 차령과 그 연장요건

- 사업별 차령 등

차종	사업의 구분		차령
승용자동차	특수여객자동차 운송사업용	경형·중형·소형	6년
		대형	10년
승합자동차	특수여객자동차운송사업용		10년6월
	그 밖의 사업장		9년

- 시·도지사가 해당 시·도의 자동차 운행 여건 등을 고려하여 해당 시·도의 공보에 차령 연장 등에 관한 고시를 한 경우 다음 각 목의 요건을 충족한 자동차의 차령은 해당 고시에서 정한 기간을 더한 기간만큼 연장된다. 다만, 그 기간을 2년을 초과하지 못한다.
  • 위 표에서 정한 차령 기간이 만료되기 전 2개월 이내 및 연장된 차령 기간에 승용자동차는 1년마다 승합자동차는 6개월마다 자동차관리법에 따른 임시검사를 받아 검사기준에 적합할 것
  • 법 제21조제12항에 따른 운송사업자의 준수 사항 중 자동차의 장치 및 설비 등에 관한 준수 사항에 위반되지 않는다고 판정될 것
- 시·도지사는 자동차의 제작·조립이 중단되거나 출고가 지연되는 등 부득이한 사유로 자동차를 공급하는 것이 현저히 곤란하다고 인정하면 6개월의 범위에서 차령을 초과하여 운행하게 할 수 있다.

② 대폐차(차령이 만료되거나 운행거리를 초과한 차량 등을 다른 차량으로 대체하는 것)에 충당되는 자동차
㉠ 차량충당연한: 승용자동차는 1년, 승합자동차는 3년
㉡ 차량충당연한의 기산일
  ⓐ 제작연도에 등록된 자동차: 최초의 신규등록일
  ⓑ 제작연도에 등록되지 아니한 자동차: 제작연도의 말일
㉢ 차량충당연한 예외사항
  ⓐ 노선 여객자동차운송사업의 면허를 받거나 등록을 한 자가 보유 차량으로 노선 여객자동차운송사업 범위에서 업종 변경을 위하여 면허를 받거나 등록을 하는 경우
  ⓑ 대통령령으로 정하는 노선 여객자동차운송사업자 및 구역 여객자동차운송사업자가 대폐차하는 경우에는 기존의 자동차보다 차령이 낮은 자동차로서 그 차령이 6년 이내인 여객자동차운송사업용 자동차로 충당하는 경우

대통령령으로 정하는 노선 여객자동차운송사업자
- 시내버스운송사업의 면허를 받은 자, 농어촌버스운송사업의 면허를 받은 자, 마을버스운송사업의 등록을 한 자, 시외버스운송사업의 면허를 받은 자, 전세버스운송사업의 등록을 한 자 및 특수여객자동차운송사업의 등록을 한 자

  ⓒ 여객자동차 운수사업에 사용되는 자동차의 도난 또는 횡령당한 경우로 말소등록이 된 자동차를 여객자동차운수사업자가 '자동차관리법'에 따른 임시검사에 합격한 후 다시 등록하는 경우. 다만, 차령을 초과한 자동차는 제외한다.
  ⓓ 「환경친화적 자동차의 개발 및 보급 촉진에 관한 법률」 제2조제3호에 따른 전기자동차 또는 같은 법 제2조제6호에 따른 연료전지자동차의 배터리를 신규로 교체한 경우. 다만, 차령을 초과한 자동차는 제외한다.

③ 차령연장(버스에 한함)
㉠ 자동차의 차령을 연장하려는 여객자동차 운수사업자는 '자동차관리법'에 따른 임시검사를 받은 후 검사기준을 충족한다고 판정된 자동차에만 사업용자동차 차령조정 신청서에 '자동차관리법'에 따른 자동차검사대행자 또는 지정정비사업자가 발행하는 사업용자동차 임시검사 합격통지서를 첨부하여 관할관청에 제출
㉡ '자동차관리법'에 따른 자동차검사대행자 또는 지정정비사업자는 여객자동차 운수사업자의 신청을 받으면 사업용자동차 임시검사 합격통지서를 발급하여야 한다.

3. 과징금(법 제88조, 시행령 제46조 및 제48조, 시행령 별표5)
① 과징금 부과기준: 국토교통부장관 또는 시·도지사는 여객자동차 운수사업자가 제49조의6제1항 또는 85조제1항 각 호의 어느 하나에 해당하여 사업정지 처분을 하여야 하는 경우에 그 사업정지 처분이 그 여객자동차 운수사업을 이용하는 사람에게 심한 불편을 주거나 공익을 해칠 우려가 있는 때에는 그 사업정지 처분을 갈음하여 5천만원 이하의 과징금을 부과·징수할 수 있다.
② 과징금의 용도
㉠ 벽지노선이나 그 밖에 수익성이 없는 노선으로서 대통령령으로 정하는 노선을 운행하여서 생긴 손실의 보전

대통령령으로 정하는 노선
- 노선의 연장 또는 변경의 명령을 받고 버스를 운행함으로써 결손이 발생한 노선
- 개선명령을 받은 노선 등(벽지노선 등)
- 수요응답형 여객자동차운송사업의 노선 중 수익성이 없는 노선
- 그 밖의 수익성이 없는 노선 중 지역주민의 교통불편과 결손액의 정도를 고려하여 시·도지사가 정한 노선

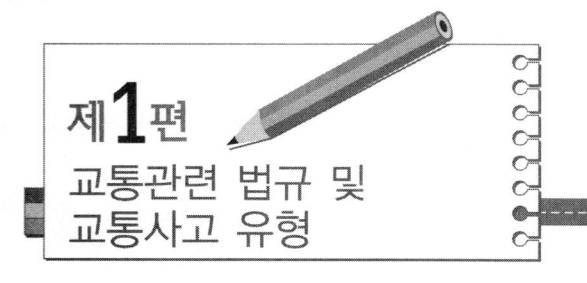

제1편
교통관련 법규 및
교통사고 유형

버스운전 자격시험

ⓛ 운수종사자의 양성, 교육훈련, 그 밖의 자질 향상을 위한 시설과 운수종사자에 대한 지도 업무를 수행하기 위한 시설의 건설 및 운영
ⓒ 지방자치단체가 설치하는 터미널을 건설하는 데에 필요한 자금의 지원
ⓔ 터미널 시설의 정비 · 확충
ⓜ 여객자동차 운수사업의 경영 개선이나 그 밖에 여객자동차 운수사업의 발전을 위하여 필요한 사업

그 밖에 여객자동차 운수사업의 발전을 위하여 필요한 사업

- 여객자동차 운수사업 경영개선에 관한 연구를 주목적으로 설립된 연구기관 중 국토교통부장관이 지정하는 연구기관의 운영
- 연합회나 조합이 국토교통부장관 또는 시 · 도지사로부터 권한을 위탁받아 수행하는 사업

ⓑ ⓖ내지 ⓜ까지의 내용 중 어느 하나의 목적을 위한 보조나 융자
ⓢ 이 법을 위반하는 행위를 예방 또는 근절하기 위하여 지방자치단체가 추진하는 사업

③ 여객자동차운송사업 업종별 · 위반내용별 과징금 부과기준(시행령 별표 5)

(단위: 만원)

위반내용	시내버스 농어촌버스 마을버스	시외 버스	전세 버스	특수 여객
1) 면허를 받거나 등록한 차고지를 이용하지 아니하고 차고지가 아닌 곳에서 밤샘주차를 한 경우. 다만, 다음의 어느 하나에 해당하는 경우는 제외				
- 노선 여객자동차 운송사업자가 그 사업에 사용하는 자동차를 등록한 차고자와 인접한 자기 소유의 주차장에 밤샘주차하는 경우				
- 전세버스운송사업에 사용하는 저동차를 영업 중에 주차장에 밤샘 주차하는 경우				
- 등록관청이 밤샘주차를 할 수 있도록 지정한 공영주차장에 밤샘주차가 허용된 관할 전세버승운송사업자가 그 사업에 사용하는 자동차를 지정된 구역에 밤샘주차 하는 경우				
- 대여사업에 사용하는 자동차가 대여 중인 경우				
가) 1차 위반 시	10	10	20	20
나) 2차 위반 시	15	15	30	30
2) 신고한 운임 및 요금 등 외에 부당한 요금을 받은 경우				
가) 1차 위반 시	20	20	–	–
나) 2차 위반 시	30	30		
다) 3차 이상 위반 시	60	60		
3) 1년에 3회 이상 6세 미만인 아이의 무상운송을 거절한 경우	10	10	–	–

위반내용	시내버스 농어촌버스 마을버스	시외 버스	전세 버스	특수 여객
4) 임의로 다음 각 목의 어느 하나에 해당하는 행위를 하여 사업계획을 위반한 경우 가) 결행 나) 도중 회차 다) 노선 또는 운행계통의 단축 또는 연장 운행 라) 감회 또는 증회 운행	100 (2차 150)	100 (2차 150)	–	–
5) 주사무소 또는 영업소 외의 지역에서 상시 주차시켜 영업한 경우				
가) 1차 위반 시	–	–	120	120
나) 2차 위반 시			180	180
다) 3차 이상 위반 시			360	360
6) 노후차에 대체 등 자동차의 변경으로 인한 자동차 말소등록 이후 6개월 이내에 자동차를 충당하지 못한 경우. 다만, 부득이한 사유로 자동차의 공급이 현저히 곤란한 경우는 제외				
가) 1차 위반 시	120	120	120	120
나) 2차 위반 시	240	240	240	240
7) 운행시간에 대하여 사업계획 변경의 인가를 받지 않거나 등록 또는 신고를 하지 않고 미리 운행하거나 임의로 운행시간을 준수하지 않은 경우			–	–
가) 1차 위반 시	20	20		
나) 2차 위반 시	40	40		
8) 사업용 자동차의 바깥쪽에 운송사업자의 명칭, 기호, 그 밖에 국토교통부령으로 정하는 사항을 위반하여 1년에 3회 이상 표시하지 아니한 경우	20	20	20	20
9) 운송할 수 있는 소화물이 아닌 소화물을 운송한 경우				
가) 1차 위반 시	–	60		
나) 2차 위반 시		120		
다) 3차 이상 위반 시		180		
10) 소화물 운송의 금지명령을 따르지 않은 경우				
가) 1차 위반 시	–	180	–	–
나) 2차 위반 시		360		
다) 3차 이상 위반 시		540		
11) 운수종사자의 자격요건을 갖추지 않은 사람을 운전업무에 종사하게 한 경우				
가) 1차 위반 시	500	500	500	360
나) 2차 위반 시	1,000	1,000	1,000	720
12) 운임 또는 요금을 받고 승차권이나 영수증을 발급하지 않은 경우(시내버스, 농어촌버스 및 마을버스의 경우와 승차권의 판매를 위탁한 자는 제외)하며, 수요응답형 여객자동차운송사업의 경우는 여객의 요구가 있는 경우만 해당한다)	–			
가) 1차 위반 시		10	10	10
나) 2차 위반 시		15	15	15
13) 관할관청이 단독으로 실시하거나 관할관청과 조합이 합동으로 실시하는 청결상태 등의 검사에 대한 확인을 거부하는 경우	40	40	40	40

14

제1편 교통관련 법규 및 교통사고 유형

버스운전 자격시험

위반내용	시내버스 농어촌버스 마을버스	시외버스	전세버스	특수여객
14) 자동차 안에 게시하여야 할 사항을 게시하지 아니한 경우				
가) 1차 위반 시	20	20	20	20
나) 2차 위반 시	40	40	40	40
15) 정류소에서 주차 또는 정차 질서를 문란하게 한 경우				
가) 1차 위반 시	20	20	20	20
나) 2차 위반 시	40	40	40	40
16) 속도제한장치 또는 운행기록계가 장착된 운송사업용 자동차를 해당 장치 또는 기기가 정상적으로 작동되지 않은 상태에서 운행한 경우				
가) 1차 위반 시	60	60	60	60
나) 2차 위반 시	120	120	120	120
다) 3차 이상 위반 시	180	180	180	180
17) 하차문이 있는 노선버스(시외직행, 시외고속 및 시외우등고속은 제외한다) 및 수요응답형 여객자동차에 압력감지기 또는 전자감응장치, 가속페달 잠금장치를 설치하지 않거나 작동되지 않은 상태에서 운행한 경우			–	–
가) 1차 위반 시	360	360		
나) 2차 위반 시	720	720		
다) 3차 이상 위반 시	1,080	1,080		
18) 차실에 냉방·난방장치를 설치하여야 할 자동차에 이를 설치하지 않고 여객을 운송한 경우				–
가) 1차 위반 시	60	60	60	
나) 2차 위반 시	120	120	120	
다) 3차 이상 위반 시	180	180	180	
19) 차 안에 안내방송장치 및 정차신호용 버저를 작동시킬 수 있는 스위치를 설치하여야 하는 자동차에 이를 설치하지 않은 경우			–	–
가) 1차 위반 시	100	100		
나) 2차 위반 시	200	200		
20) 차내 안내방송 실시 상태가 불량한 경우			–	–
가) 1차 위반 시	10	10		
나) 2차 위반 시	15	15		
21) 버스의 앞바퀴에 재생 타이어를 사용한 경우				
가) 1차 위반 시	360	360	360	360
나) 2차 위반 시	720	720	720	720
다) 3차 이상 위반 시	1,080	1,080	1,080	1,080
22) 앞바퀴에 튜브리스타이어를 사용하여야 할 자동차에 이를 사용하지 않은 경우				
가) 1차 위반 시	–	360	360	
나) 2차 위반 시		720	720	
다) 3차 이상 위반 시		1,080	1,080	
23) 원동기의 출력기준에 맞지 않은 자동차를 운행한 경우				–
가) 1차 위반 시	120	120	120	
나) 2차 위반 시	240	240	240	
다) 3차 이상 위반 시	360	360	360	
24) 운전자를 보호할 수 있는 구조의 격벽시설을 설치하지 않은 경우		–	–	–
가) 1차 위반 시	180			
나) 2차 위반 시	360			
다) 3차 이상 위반 시	540			
25) 그 밖의 설비기준에 적합하지 않은 자동차를 이용하여 운송한 경우				
가) 1차 위반 시	20	20	20	20
나) 2차 위반 시	30	30	30	30
26) 운행하기 전에 점검 및 확인을 하지 않은 경우				
가) 1차 위반 시	10	10	10	10
나) 2차 위반 시	15	15	15	15
27) 천연가스 연료를 사용하는 자동차의 점검에 대한 준수사항을 위반한 경우				
가) 1차 위반 시	60	60	60	60
나) 2차 위반 시	120	120	120	120
다) 3차 이상 위반 시	180	180	180	180
28) 운송사업자가 차내에 운전자격증명을 항상 게시하지 않은 경우	10	10	10	10
29) 운수종사자의 교육에 필요한 조치를 하지 않은 경우				
가) 1차 위반 시	30	30	30	30
나) 2차 위반 시	60	60	60	60
다) 3차 이상 위반 시	90	90	90	90
30) 국토교통부장관 또는 시·도지사는 필요하다고 인정하면 소속공무원으로 하여금 여객자동차 운수사업자 또는 운수종사자의 장부·서류, 그 밖의 물건을 검사하게 하거나 관계인에게 질문하게 할 수 있으나 이를 거부·방해 또는 기피하거나 질문에 응하지않거나 거짓으로 진술을 한 경우				
가) 검사를 거부·방해 또는 기피한 경우				
(1) 1차 위반 시	60	60	60	60
(2) 2차 위반 시	120	120	120	120
(3) 3차 이상 위반 시	180	180	180	180
나) 질문에 응하지 않거나 거짓으로 진출을 한 경우				
(1) 1차 위반 시	40	40	40	40
(2) 2차 위반 시	80	80	80	80
31) 법 제84조에 따른 차령 또는 운행거리를 초과하여 운행한 경우. 다만, 같은 조 제3항에 따라 차령을 초과하여 운행하는 경우는 제외한다.				
가) 1차 위반 시	180	180	180	180
나) 2차 위반 시	360	360	360	360

※ 국토교통부장관 또는 시·도지사는 여객자동차 운수사업자의 사업규모, 사업지역의 특수성, 운전자 과실의 정도와 위반행위의 내용 및 횟수 등을 고려하여 과징금 액수의 2분의 1의 범위에서 가중하거나 경감할 수 있다. 다만, 가중하는 경우에도 과징금의 총액은 5천 만원을 초과할 수 없다. (시행령 46조 2항)

4. 과태료(시행령 제49조 및 별표6)

① 위반행위별 과태료 부과기준

(단위: 만원)

위반행위	과태료 금액(만원)		
	1회	2회	3회
1) 여객이 동반하는 6세 미만인 어린아이 1명은 운임이나 요금을 받지 아니하고 운송하여야 한다는 규정을 위반하여 어린아이의 운임을 받은 운송사업자	5	10	10
2) 여객자동차운송사업에 사용되는 자동차의 바깥쪽에 운송사업자의 명칭, 기호 등 사업용 자동차의 표시를 하지 않은 경우	10	15	20
3) 중대한 사고 시의 조치 또는 보고를 하지 아니하거나 거짓보고를 한 경우			
가) 사고 시의 조치를 하지 않은 경우	50	75	100
나) 보고를 하지 않거나 거짓 보고를 한 경우	20	30	50
4) 여객이 착용하는 좌석안전띠가 정상적으로 작동될 수 있는 상태를 유지하지 않은 경우	20	30	50
5) 운송사업자가 운수종사자에게 여객의 좌석안전띠 착용에 관한 교육을 실시하지 않은 경우	20	30	50
6) 운수종사자 취업현황을 알리지 않은 경우	50	75	100
7) 휴식시간 보장내역을 알리지 않거나 거짓으로 알린 경우	50	75	100
8) 운수종사자의 요건(나이, 운전경력, 운전적성정밀검사 등)을 갖추지 아니하고 여객자동차운송사업의 운전업무에 종사한 경우	50	50	50
9) 다음 각 목의 운수종사자 준수사항을 위반한 경우			
가) 정당한 사유 없이 여객의 승차를 거부하거나 여객을 중도에 내리게 하는 행위	20	20	20
나) 부당한 운임 또는 요금을 받는 행위			
다) 일정한 장소에 오랜 시간 정차하여 여객을 유치하는 행위			
라) 문을 완전히 닫지 아니한 상태에서 자동차를 출발시키거나 운행하는 행위			
10) 다음 각 목의 운수종사자 준수사항을 위반한 경우			
가) 여객이 승하차하기 전에 자동차를 출발시키거나 승하차할 여객이 있는데도 정차하지 아니하고 정류소를 지나치는 행위	10	10	10
나) 안내방송을 하지 아니하는 행위			
다) 여객자동차운송사업용 자동차 안에서 흡연하는 행위			
라) 휴식시간을 준수하지 아니하고 운행하는 행위			
마) 그 밖에 안전운행과 여객의 편의를 위하여 운수종사자가 지키도록 국토교통부령으로 정하는 사항을 위반하는 행위			
11) 운수종사자가 차량의 출발 전에 여객이 좌석안전띠를 착용하도록 안내하지 않은 경우	3	5	10
12) 국토교통부장관 또는 시·도지사는 필요하다고 인정하면 소속 공무원으로 하여금 여객자동차 운수사업자 또는 운수종사자의 장부·서류, 그 밖의 물건을 검사하게 하거나 관계인에게 질문하게 할 수 있으나 이에 불응하거나 방해 또는 기피한 경우	50	75	100

※ 해당 위반행위의 정도, 위반행위의 동기와 그 결과 등을 고려하여 과태료 금액의 2분의1의 범위에서 가중하거나 경감할 수 있으며, 가중하는 경우에는 법 제94조에 따른 과태료 금액의 상한(1천만원)을 넘을 수 없다.

제2장 도로교통법령

제1편 교통관련 법규 및 교통사고 유형

제1절 총칙

1. 정의(법 제2조, 시행령 제2조)

① 도로
  ㉠ 도로법에 따른 도로
  ㉡ 유료도로법에 따른 유료도로
  ㉢ 농어촌도로 정비법에 따른 농어촌도로
  ㉣ 그 밖에 현실적으로 불특정 다수의 사람 또는 차마가 통행할 수 있도록 공개된 장소로서 안전하고 원활한 교통을 확보할 필요가 있는 장소

② **자동차전용도로**: 자동차만이 다닐 수 있도록 설치된 도로

③ **고속도로**: 자동차의 고속 운행에만 사용하기 위하여 지정된 도로

④ **차도**: 연석선(차도와 보도를 구분하는 돌 등으로 이어진 선), 안전표지나 그와 비슷한 인공구조물을 이용하여 경계를 표시하여 모든 차가 통행할 수 있도록 설치된 도로의 부분

⑤ **중앙선**: 차마의 통행 방향을 명확하게 구분하기 위하여 도로에 황색 실선 또는 황색 점선 등의 안전표지로 표시한 선 또는 중앙분리대나 울타리 등으로 설치한 시설물, 가변차로가 설치된 경우에는 신호기가 지시하는 진행방향의 가장 왼쪽에 있는 황색 점선

⑥ **차로**: 차마가 한 줄로 도로의 정하여진 부분을 통행하도록 차선으로 구분한 도로의 부분

⑦ **차선**: 차로와 차로를 구분하기 위하여 그 경계지점을 안전표지로 표시한 선

⑧ **자전거도로**: 안전표지, 위험방지용 울타리나 그와 비슷한 인공구조물로 경계를 표시하여 자전거가 통행할 수 있도록 설치된 자전거 전용도로, 자전거·보행자겸용도로, 자전거전용차로, 자전거 우선도로

> **자전거전용도로, 자전거보행자겸용도로, 자전거전용차로, 자전거우선도로**
> - **자전거 전용도로**: 자전거만 통행할 수 있도록 분리대, 경계석 그 밖에 이와 유사한 시설물에 의하여 차도 및 보도와 구분하여 설치된 자전거도로
> - **자전거·보행자겸용도로**: 자전거 외에 보행자도 통행할 수 있도록 분리대, 경계석 그 밖에 이와 유사한 시설물에 의하여 차도와 구분하거나 별도로 설치된 자전거도로
> - **자전거전용차로**: 차도의 일정 부분을 자전거만 통행하도록 차선 및 안전표지나 노면표시로 다른 차가 통행하는 차로와 구분한 차로
> - **자전거우선도로**: 자동차의 통행량이 대통령령으로 정하는 기준보다 적은 도로의 일부 구간 및 차로를 정하여 자전거와 다른 차가 상호 안전하게 통행할 수 있도록 도로에 노면표시로 설치한 자전거도로

⑨ **자전거횡단도**: 자전거가 일반도로를 횡단할 수 있도록 안전표지로 표시한 도로의 부분

⑩ **보도**: 연석선, 안전표지나 그와 비슷한 인공구조물로 경계를 표시하여 보행자(유모차, 보행보조용 의자차, 노약자용 보행기 등 행정안전부령으로 정하는 기구·장치를 이용하여 통행하는 사람 및 제21호의3에 따른 실외이동로봇을 포함한다. 이하 같다)가 통행할 수 있도록 한 도로의 부분

⑪ **길가장자리구역**: 보도와 차도가 구분되지 아니한 도로에서 보행자의 안전을 확보하기 위하여 안전표지 등으로 경계를 표시한 도로의 가장자리 부분

⑫ **횡단보도**: 보행자가 도로를 횡단할 수 있도록 안전표지로써 표시한 도로의 부분

⑬ **교차로**: +자로, T자로나 그 밖에 둘 이상의 도로(보도와 차도가 구분되어 있는 도로에서는 차도)가 교차하는 부분

⑭ **안전지대**: 도로를 횡단하는 보행자나 통행하는 차마의 안전을 위하여 안전표지나 그와 비슷한 인공구조물로 표시한 도로의 부분

⑮ **신호기**: 도로교통에 관하여 문자·기호 또는 등화를 사용하여 진행·정지·방향전환·주의 등의 신호를 표시하기 위하여 사람이나 전기의 힘으로 조작하는 장치

⑯ **안전표지**: 교통안전에 필요한 주의·규제·지시 등을 표시하는 표지판이나 도로의 바닥에 표시하는 기호·문자 또는 선 등

⑰ **차마**: 다음 각 목의 차와 우마
  ㉠ 차: 자동차, 건설기계, 원동기장치자전거, 자전거, 사람 또는 가축의 힘이나 그 밖의 동력으로 도로에서 운전되는 것. 다만, 철길이나 가설된 선을 이용하여 운전되는 것, 유모차와 보행보조용 의자차는 제외
  ㉡ 우마: 교통이나 운수에 사용되는 가축

⑱ **자동차**: 철길이나 가설된 선을 이용하지 아니하고 원동기를 사용하여 운전되는 차(견인되는 자동차도 자동차의 일부로 봄)로서 다음 각 목의 차
  ㉠ "자동차관리법 제3조"에 따른 승용자동차, 승합자동차, 화물자동차, 특수자동차, 이륜자동차(다만, 원동기장치자전거 제외)
  ㉡ "건설기계관리법"에 따른 덤프트럭, 아스팔트살포기, 노상안정기, 콘크리트믹서트럭, 콘크리트펌프, 천공기(트럭적재식) 등

⑲ **노면전차**: 「도시철도법」 제2조제2호에 다른 노면전차로서 도로에서 궤도를 이용하여 운행되는 차

⑳ **원동기장치자전거**: 다음 각 목의 어느 하나에 해당하는 차
  ㉠ "자동차관리법"에 따른 이륜자동차 가운데 배기량 125cc 이하의 이륜자동차
  ㉡ 배기량 50cc 미만(전기를 동력으로 하는 경우에는 정격출력 0.59kW 미만)의 원동기를 단 차

제1편 교통관련 법규 및 교통사고 유형

버스운전 자격시험

㉑ **자전거**: 「자전거 이용 활성화에 관한 법률」제2조제1호 및 제1호의2에 따른 자전거 및 전기자전거

㉒ **긴급자동차**: 다음 각 목의 자동차로서 그 본래의 긴급한 용도로 사용되고 있는 자동차
  ㉠ 소방차
  ㉡ 구급차
  ㉢ 혈액 공급차량
  ㉣ 경찰용 자동차 중 범죄수사 · 교통단속 그 밖에 긴급한 경찰업무수행에 사용되는 자동차
  ㉤ 국군 및 주한국제연합국용 자동차 중 군 내부의 질서유지나 부대의 질서있는 이동을 유도하는데 사용되는 자동차
  ㉥ 수사기관의 자동차 중 범죄수사를 위하여 사용되는 자동차
  ㉦ 교도소 · 소년교도소 · 구치소, 소년원 또는 소년분류심사원, 보호관찰소의 자동차 중 도주자의 체포 또는 수용자 · 보호관찰대상자의 호송 · 경비를 위하여 사용되는 자동차
  ㉧ 국내외 요인에 대한 경호업무 수행에 공무로서 사용되는 자동차
  ㉨ 다음 각 목의 자동차는 이를 사용하는 사람 또는 기관 등의 신청에 의하여 시 · 도경찰청장이 지정하는 경우
    ⓐ 전기사업 · 가스사업 그 밖의 공익사업을 하는 기관에서 위험 방지를 위한 응급작업에 사용되는 자동차
    ⓑ 민방위업무를 수행하는 기관에서 긴급예방 또는 복구를 위한 출동에 사용되는 자동차
    ⓒ 도로관리를 위하여 사용되는 자동차 중 도로상의 위험을 방지하기 위한 응급작업에 사용되거나 운행이 제한되는 자동차를 단속하기 위하여 사용되는 자동차
    ⓓ 전신 · 전화의 수리공사 등 응급작업에 사용되는 자동차
    ⓔ 긴급한 우편물의 운송에 사용되는 자동차
    ⓕ 전파감시업무에 사용되는 자동차
  ㉩ 경찰용 긴급자동차에 의하여 유도되고 있는 자동차
  ㉪ 국군 및 주한국제연합국용의 긴급자동차에 의하여 유도되고 있는 국군 및 주한국제연합군의 자동차
  ㉫ 생명이 위급한 환자 또는 부상자나 수혈을 위한 혈액을 운반 중인 자동차

㉓ **어린이통학버스**: 다음 각 목의 시설 가운데 어린이(13세 미만인 사람)를 교육 대상으로 하는 시설에서 어린이의 통학 등에 이용되는 자동차와 「여객자동차 운수사업법」제4조제3항에 따른 여객자동차운송사업의 한정면허를 받아 어린이를 여객 대상으로 하여 운행되는 운송사업용 자동차
  ㉠ '유아교육법'에 따른 유치원, '초 · 중등교육법'에 따른 초등학교 및 특수학교
  ㉡ '영유아보육법'에 따른 어린이집
  ㉢ '학원의 설립 · 운영 및 과외교습에 관한 법률'에 따라 설립된 학원
  ㉣ '체육시설의 설치 · 이용에 관한 법률'에 따라 설립된 체육시설

㉔ **주차**: 운전자가 승객을 기다리거나 화물을 싣거나 차가 고장나거나 그 밖의 사유로 차를 계속하여 정지 상태에 두는 것 또는 운전자가 차에서 떠나서 즉시 그 차를 운전할 수 없는 상태에 두는 것

㉕ **정차**: 운전자가 5분을 초과하지 아니하고 차를 정지시키는 것으로서 주차 외의 정지 상태

㉖ **운전**: 도로(술에 취한 상태에서의 운전금지, 과로한 때 등의 운전금지, 사고발생시의 조치 등은 도로 외의 곳을 포함)에서 차마 또는 노면전차를 그 본래의 사용방법에 따라 사용하는 것(조종을 포함)

㉗ **서행**: 운전자가 차 또는 노면전차를 즉시 정지시킬 수 있는 정도의 느린 속도로 진행하는 것

㉘ **앞지르기**: 차의 운전자가 앞서가는 다른 차의 옆을 지나서 그 차의 앞으로 나가는 것

㉙ **일시정지**: 차 또는 노면전차의 운전자가 그 차의 바퀴를 일시적으로 완전히 정지시키는 것

㉚ **모범운전자**: 무사고운전자 또는 유공운전자의 표시장을 받거나 2년 이상 사업용 자동차 운전에 종사하면서 교통사고를 일으킨 전력이 없는 사람으로서 경찰청장이 정하는 바에 따라 선발되어 교통안전 봉사활동에 종사하는 사람

2. 교통안전시설

① 도로를 통행하는 보행자와 차마 또는 노면전차의 운전자는 교통안전시설이 표시하는 신호 또는 지시와 다음 각 호의 어느 하나에 해당하는 사람의 신호나 지시를 따라야 한다. 다만, 교통안전시설이 표시하는 신호 또는 지시와 교통정리를 위한 국가경찰공무원 · 자치경찰공무원 또는 경찰보조자(이하 "경찰공무원 등" 이라 한다)의 신호 또는 지시가 서로 다른 경우에는 경찰공무원 등의 신호 또는 지시에 따라야 한다.(법 제5조, 시행령 제6조)
  ㉠ 교통정리를 하는 국가경찰공무원
  ㉡ 제주특별자치도의 자치경찰공무원
  ㉢ 국가경찰공무원 및 자치경찰공무원을 보조하는 사람(이하 "경찰보조자" 라 한다)
    ⓐ 모범운전자
    ⓑ 군사훈련 및 작전에 동원되는 부대의 이동을 유도하는 헌병
    ⓒ 본래의 긴급한 용도로 운행하는 소방차 · 구급차를 유도하는 소방공무원

② 신호기가 표시하는 신호의 종류 및 신호의 뜻(시행규칙 제6조, 별표2)

구 분	신호의 종류	신호의 뜻
차 량 신호등	녹색의 등화 (원형등화)	1. 차마는 직진 또는 우회전할 수 있다. 2. 비보호좌회전표지 또는 비보호좌회전표시가 있는 곳에서는 좌회전할 수 있다.
	황색의 등화 (원형등화)	1. 차마는 정지선이 있거나 횡단보도가 있을 때에는 그 직전이나 교차로의 직전에 정지하여야 하며, 이미 교차로에 차마의 일부라도 진입한 경우에는 신속히 교차로 밖으로 진행하여야 한다. 2. 차마는 우회전할 수 있고 우회전하는 경우에는 보행자의 횡단을 방해하지 못한다.
	적색의 등화 (원형등화)	차마는 정지선, 횡단보도 및 교차로의 직전에서 정지하여야 한다. 다만, 신호에 따라 진행하는 다른 차마의 교통을 방해하지 아니하고 우회전할 수 있다.

제1편 교통관련 법규 및 교통사고 유형

구 분	신호의 종류	신호의 뜻
차량 신호등	황색등화의 점멸 (원형등화)	차마는 다른 교통 또는 안전표지의 표시에 주의하면서 진행할 수 있다.
	적색등화의 점멸 (원형등화)	차마는 정지선이나 횡단보도가 있는 때에는 그 직전이나 교차로의 직전에 일시정지한 후 다른 교통에 주의하면서 진행할 수 있다.
	녹색화살표의 등화 (화살표등화)	차마는 화살표 방향으로 진행할 수 있다.
	황색화살표의 등화 (화살표등화)	화살표시 방향으로 진행하려는 차마는 정지선이 있거나 횡단보도가 있을 때에는 그 직전이나 교차로의 직전에 정지하여야 하며, 이미 교차로에 차마의 일부라도 진입한 경우에는 신속히 교차로 밖으로 진행하여야 한다.
	적색화살표의 등화 (화살표등화)	화살표시 방향으로 진행하려는 차마는 정지선, 횡단보도 및 교차로의 직전에서 정지하여야 한다.
	황색화살표등화의 점멸 (화살표등화)	차마는 다른 교통 또는 안전표지의 표시에 주의하면서 화살표시 방향으로 진행할 수 있다.
	적색화살표등화의 점멸 (화살표등화)	차마는 정지선이나 횡단보도가 있을 때에는 그 직전이나 교차로의 직전에 일시정지한 후 다른 교통에 주의하면서 화살표시 방향으로 진행할 수 있다.
	녹색화살표의 등화(하향) (사각형등화)	차마는 화살표로 지정한 차로로 진행할 수 있다.
	적색×표 표시 등화 (사각형등화)	차마는 ×표가 있는 차로로 진행할 수 없다.
	적색×표 표시 등화의 점멸 (사각형등화)	차마는 ×표가 있는 차로로 진입할 수 없고, 이미 차로의 일부라도 진입한 경우에는 신속히 그 차로 밖으로 진로를 변경하여야 한다.
보행 신호등	녹색의 등화	보행자는 횡단보도를 횡단할 수 있다.
	녹색등화의 점멸	보행자는 횡단을 시작하여서는 아니 되고, 횡단하고 있는 보행자는 신속하게 횡단을 완료하거나 그 횡단을 중지하고 보도로 되돌아와야 한다.
	적색의 등화	보행자는 횡단보도를 횡단하여서는 아니 된다.

구 분	신호의 종류	신호의 뜻
자전거 신호등	녹색의 등화 (자전거주행신호등)	자전거는 직진 또는 우회전할 수 있다.
	황색의 등화 (자전거주행신호등)	1. 자전거는 정지선이 있거나 횡단보도가 있을 때에는 그 직전이나 교차로의 직전에 정지하여야 하며, 이미 교차로에 차마의 일부라도 진입한 경우에는 신속히 교차로 밖으로 진행하여야 한다. 2. 자전거는 우회전을 할 수 있고, 우회전하는 경우에는 보행자의 횡단을 방해하지 못한다.
	적색의 등화 (자전거주행신호등)	자전거는 정지선, 횡단보도 및 교차로의 직전에서 정지하여야 한다. 다만, 신호에 따라 진행하는 다른 차마의 교통을 방해하지 아니하고 우회전할 수 있다.
	황색등화의 점멸 (자전거주행신호등)	자전거는 다른 교통 또는 안전표지의 표시에 주의하면서 진행할 수 있다.
	적색등화의 점멸 (자전거주행신호등)	자전거는 정지선이나 횡단보도가 있는 때에는 그 직전이나 교차로의 직전에 일시정지한 후 다른 교통에 주의하면서 진행할 수 있다.
	녹색의 등화 (자전거횡단신호등)	자전거는 자전거횡단도를 횡단할 수 있다.
	녹색등화의 점멸 (자전거횡단신호등)	자전거는 횡단을 시작하여서는 아니 되고, 횡단하고 있는 자전거는 신속하게 횡단을 종료하거나 그 횡단을 중지하고 진행하던 차도 또는 자전거도로로 되돌아와야 한다.
	적색의 등화 (자전거횡단신호등)	자전거는 자전거횡단도를 횡단하여서는 아니 된다.
버스 신호등	녹색의 등화	버스전용차로에 차마는 직진할 수 있다.
	황색의 등화	버스전용차로에 있는 차마는 정지선이 있거나 횡단보도가 있을 때에는 그 직전이나 교차로의 직전에 정차하여야 하며, 이미 교차로에 차마의 일부라도 진입한 경우에는 신속히 교차로 밖으로 진행하여야 한다.
	적색의 등화	버스전용차로에 있는 차마는 정지선, 횡단보도 및 교차로의 직전에서 정지하여야 한다.
	황색등화의 점멸	버스전용차로에 있는 차마는 다른 교통 또는 안전표지의 표시에 주의하면서 진행할 수 있다.
	적색등화의 점멸	버스전용차로에 있는 차마는 정지선이나 횡단보도가 있을 때에는 그 직전이나 교차로의 직전에 일시정지한 후 다른 교통에 주의하면서 진행할 수 있다.

제1편
교통관련 법규 및 교통사고 유형

버스운전 자격시험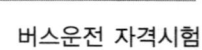

③ 안전표지(시행규칙 제8조)
  ㉠ **주의표지**: 도로상태가 위험하거나 도로 또는 그 부근에 위험물이 있는 경우에 필요한 안전조치를 할 수 있도록 이를 도로사용자에게 알리는 표지
  ㉡ **규제표지**: 도로교통의 안전을 위하여 각종 제한·금지 등의 규제를 하는 경우에 이를 도로사용자에게 알리는 표지
  ㉢ **지시표지**: 도로의 통행방법·통행구분 등 도로교통의 안전을 위하여 필요한 지시를 하는 경우에 도로사용자가 이를 따르도록 알리는 표지
  ㉣ **보조표지**: 주의표지·규제표지 또는 지시표지의 주기능을 보충하여 도로사용자에게 알리는 표지
  ㉤ **노면표시**: 도로교통의 안전을 위하여 각종 주의·규제·지시 등의 내용을 노면에 기호·문자 또는 선으로 도로사용자에게 알리는 표지

제2절 보행자의 통행방법

1. 보행자의 통행(법 제8조)

① 보행자는 보도와 차도가 구분된 도로에서는 언제나 보도로 통행하여야 한다. 다만, 차도를 횡단하는 경우, 도로공사 등으로 보도의 통행이 금지된 경우나 그 밖의 부득이한 경우에는 그러하지 아니하다.
② 보행자는 보도와 차도가 구분되지 아니한 도로에서는 차마와 마주보는 방향의 길가장자리 또는 길가장자리구역으로 통행하여야 한다. 다만, 도로의 통행방향이 일방통행인 경우에는 차마를 마주보지 아니하고 통행할 수 있다.
③ 보행자는 보도에서는 우측통행을 원칙으로 한다.

2. 차도를 통행할 수 있는 사람 또는 행렬(법 제9조제1항, 시행령 제7조)

① 학생의 대열과 그 밖에 보행자의 통행에 지장을 줄 우려가 있다고 인정되는 경우에는 차도를 통행할 수 있다. 이 경우 행렬 등은 차도의 우측으로 통행하여야 한다.
② 차도를 통행할 수 있는 사람 또는 행렬
  ㉠ 말·소 등의 큰 동물을 몰고 가는 사람
  ㉡ 사다리·목재 그 밖에 보행자의 통행에 지장을 줄 우려가 있는 물건을 운반 중인 사람
  ㉢ 도로에서 청소나 보수 등 작업을 하고 있는 사람
  ㉣ 군부대나 그 밖에 이에 준하는 단체의 행렬
  ㉤ 기 또는 현수막 등을 휴대한 행렬
  ㉥ 장의 행렬

3. 보행자의 도로횡단(법 제10조)

① 시·도경찰청장은 도로를 횡단하는 보행자의 안전을 위하여 행정안전부령으로 정하는 기준에 따라 횡단보도를 설치할 수 있다.
② 보행자는 '①항'에 따른 횡단보도, 지하도·육교나 그 밖의 도로 횡단시설이 설치되어 있는 도로에서는 그 곳으로 횡단하여야 한다. 다만, 지하도나 육교 등의 도로 횡단시설을 이용할

수 없는 지체장애인의 경우에는 다른 교통에 방해가 되지 아니하는 방법으로 도로 횡단시설을 이용하지 아니하고 도로를 횡단할 수 있다.
③ 보행자는 '①항'에 따른 횡단보도가 설치되어 있지 아니한 도로에서는 가장 짧은 거리로 횡단하여야 한다.
④ 보행자는 모든 차와 노면전차의 바로 앞이나 뒤로 횡단하여서는 아니 된다. 다만, 횡단보도를 횡단하거나 신호기 또는 경찰공무원등의 신호나 지시에 따라 도로를 횡단하는 경우에는 그러하지 아니하다.
⑤ 보행자는 안전표지 등에 의하여 횡단이 금지되어 있는 도로의 부분에서는 그 도로를 횡단하여서는 아니 된다.

제3절 차마의 통행방법

1. 차마의 통행(법 제13조)

① 차마의 운전자는 보도와 차도가 구분된 도로에서는 차도를 통행하여야 한다. 다만, 도로 외의 곳으로 출입할 때에는 보도를 횡단하여 통행할 수 있다.
② 도로 외의 곳으로 출입할 때 차마의 운전자는 보도를 횡단하기 직전에 일시정지하여 좌측 및 우측 부분 등을 살핀 후 보행자의 통행을 방해하지 아니하도록 횡단하여야 한다.
③ 차마의 운전자는 도로(보도와 차도가 구분된 도로에서는 차도)의 중앙(중앙선이 설치되어 있는 경우에는 그 중앙선) 우측 부분을 통행하여야 한다.
④ 차마의 운전자는 다음 각 호의 어느 하나에 해당하는 경우에는 도로의 중앙이나 좌측 부분을 통행할 수 있다.
  ㉠ 도로가 일방통행인 경우
  ㉡ 도로의 파손, 도로공사나 그 밖의 장애 등으로 도로의 우측 부분을 통행할 수 없는 경우
  ㉢ 도로의 우측 부분의 폭이 6미터가 되지 아니하는 도로에서 다른 차를 앞지르려는 경우. 다만, 도로의 좌측부분을 확인할 수 없는 경우, 반대 방향의 교통을 방해할 우려가 있는 경우, 안전표지 등으로 앞지르기를 금지하거나 제한하고 있는 경우에는 그러하지 아니하다.
  ㉣ 도로 우측 부분의 폭이 차마의 통행에 충분하지 아니한 경우
  ㉤ 가파른 비탈길의 구부러진 곳에서 교통의 위험을 방지하기 위하여 시·도경찰청장이 필요하다고 인정하여 구간 및 통행방법을 지정하고 있는 경우에 그 지정에 따라 통행하는 경우
⑤ 차마의 운전자는 안전지대 등 안전표지에 의하여 진입이 금지된 장소에 들어가서는 아니 된다.
⑥ 차마(자전거는 제외)의 운전자는 안전표지로 통행이 허용된 장소를 제외하고는 자전거도로 또는 길가장자리구역으로 통행하여서는 아니 된다. 다만, 「자전거 이용 활성화에 관한 법률」제3조제4호에 따른 자전거 우선도로의 경우에는 그러하지 아니하다.

제1편 교통관련 법규 및 교통사고 유형

2. 차로에 따른 통행구분(시행규칙 제16조, 별표 9)

① 차로가 설치되어 있는 경우 그 도로의 중앙에서 오른쪽으로 2 이상의 차로(전용차로가 설치되어 운용되고 있는 도로에서는 전용차로를 제외)가 설치된 도로 및 일방통행도로에 있어서 그 차로에 따른 통행차의 기준은 다음과 같다.

도 로	차로구분	통행할 수 있는 차종
고속도로 외의 도로	왼쪽 차로	• 승용자동차 및 경형·소형·중형 승합자동차
	오른쪽 차로	• 대형승합자동차, 화물자동차, 특수자동차, 법 제2조제18호나목에 따른 건설기계, 이륜자동차, 원동기장치자전거
고속도로	편도 2차로	1차로	• 앞지르기를 하려는 모든 자동차. 다만, 차량통행량 증가 등 도로상황으로 인하여 부득이하게 시속 80킬로미터 미만으로 통행할 수밖에 없는 경우에는 앞지르기를 하는 경우가 아니라도 통행할 수 있다.
		2차로	• 모든 자동차
	편도 3차로 이상	1차로	• 앞지르기를 하려는 승용자동차 및 앞지르기를 하려는 경형·소형·중형 승합자동차. 다만, 차량통행 증가 등 도로상황으로 인하여 부득이하게 시속 80킬로미터 미만으로 통행할 수밖에 없는 경우에는 앞지르기를 하는 경우가 아니라도 통행할 수 있다.
		왼쪽 차로	• 승용자동차 및 경형·소형·중형 승합자동차
		오른쪽 차로	• 대형 승합자동차, 화물자동차, 특수자동차, 법 제2조제18호나목에 따른 건설기계

※ 비고
1) 위 표에서 사용하는 용어의 뜻은 다음 각 목과 같다.
   (가) "왼쪽 차로"란 다음에 해당하는 차로를 말한다.
      (1) 고속도로 외의 도로의 경우: 차로를 반으로 나누어 1차로에 가까운 부분의 차로. 다만, 차로수가 홀수인 경우 가운데 차로는 제외
      (2) 고속도로의 경우: 1차로를 제외한 차로를 반으로 나누어 그 중 1차로에 가까운 부분의 차로. 다만, 1차로를 제외한 차로의 수가 홀수인 경우 그 중 가운데 차로는 제외한다.
   (나) "오른쪽 차로"란 다음에 해당하는 차로를 말한다.
      (1) 고속도로 외의 도로의 경우: 왼쪽 차로를 제외한 나머지 차로
      (2) 고속도로의 경우: 1차로와 왼쪽 차로를 제외한 나머지 차로
2) 모든 차는 위 표에서 지정된 차로 보다 오른쪽에 있는 차로로 통행할 수 있다.
3) 앞지르기를 할 때에는 위 표에서 지정된 차로의 바로 옆 왼쪽 차로로 통행할 수 있다.
4) 도로의 진·출입 부분에서 진·출입하는 때와 정차 또는 주차한 후 출발하는 때의 상당한 거리 동안은 이 표에서 정하는 기준에 따르지 아니할 수 있다.
5) 이 표 중 승합자동차의 차종 구분은 '자동차관리법 시행규칙' 별표1에 따른다.
6) 다음 각 목의 차마는 도로의 가장 오른쪽에 있는 차로로 통행하여야 한다.
   (가) 자전거
   (나) 우마
   (다) 법 제2조제18호 나목에 따른 건설기계 이외의 건설기계
   (라) 다음의 위험물 등을 운반하는 자동차
      (1) '위험물안전관리법'에 따른 지정수량 이상의 위험물
      (2) '총포·도검·화약류 등 단속법'에 따른 화약류
      (3) '유해화학물질 관리법'에 따른 유독물질
      (4) '폐기물관리법'에 따른 지정폐기물과 의료폐기물
      (5) '고압가스 안전관리법'에 따른 고압가스
      (6) '액화석유가스의 안전관리 및 사업법'에 따른 액화석유가스
      (7) '원자력법' 제2조제5호 및 '방사선안전관리 등의 기술기준에 관한 규칙'에 따른 방사성물질또는 그에 따라 오염된 물질
      (8) '산업안전보건법'에 따른 제조 등의 금지 유해물질과 「산업안전보건법」에 따른 허가대상 유해물질
      (9) '농약관리법'에 따른 유독성원제
   (마) 그 밖에 사람 또는 가축의 힘이나 그 밖의 동력으로 도로에서 운행되는 것
7) 좌회전 차로가 2개 이상 설치된 교차로에서 좌회전하고자 하는 차는 그 설치된 좌회전 차로 내에서 위 표 중 고속도로 외의 도로에서의 차로 구분에 따라 좌회전하여야 한다.

② 모든 차의 운전자는 통행하고 있는 차로에서 느린 속도로 진행하여 다른 차의 정상적인 통행을 방해할 우려가 있는 때에는 그 통행하던 차로의 오른쪽 차로로 통행하여야 한다.
③ 차로의 순위는 도로의 중앙선쪽에 있는 차로부터 1차로로 한다. 다만, 일방통행도로에서는 도로의 왼쪽부터 1차로로 한다.

3. 전용차로의 종류 및 통행할수 있는 차(시행령 제9조, 별표 1)

전용차로의 종류	통행할 수 있는 차	
	고속도로	고속도로외의 도로
버스 전용차로	9인승 이상 승용자동차 및 승합자동차(승용자동차 또는 12인승 이하의 승합자동차는 6명 이상이 승차한 경우로 한정한다)	가. '자동차관리법' 제3조에 따른 36인승 이상의 대형승합자동차 나. '여객자동차 운수사업법' 제3조 및 같은 법 시행령 제3조제1호에 따른 36인승 미만의 사업용 승합자동차 다. 법 제52조에 따라 증명서를 발급받아 어린이를 운송할 목적으로 운행 중인 어린이통학버스 라. 가목부터 다목까지 규정한 차 외의 차로서 도로에서의 원활한 통행을 위하여 시·도경찰청장이 지정한 다음의 어느 하나에 해당하는 승합자동차 1) 노선을 지정하여 운행하는 통학·통근용 승합자동차중 16인승이상 승합자동차 2) 국제행사 참가인원 수송 등 특히 필요하다고 인정되는 승합자동차(시·도경찰청장이 정한 기간 이내로 한정한다) 3) '관광진흥법' 제3조제1항제2호에 따른 관광숙박업자 또는 '여객자동차 운수사업법 시행령' 제3조제2호가목에 따른 전세버스운송사업자가 운행하는 25인승 이상의 외국인 관광객 수송용 승합자동차(외국인 관광객이 승차한 경우만 해당한다)
다인승 전용차로	3인 이상 승차한 승용·승합자동차(다인승전용차로와 버스전용차로가 동시에 설치되는 경우에는 버스전용차로를 통행할 수 있는 차를 제외한다)	
자전거 전용차로	자전거	

비고:
1. 경찰청장은 설날·추석 등의 특별교통관리기간 중 특히 필요하다고 인정하는 때에는 고속도로 버스전용차로를 통행할 수 있는 차를 따로 정하여 고시할 수

제1편 교통관련 법규 및 교통사고 유형

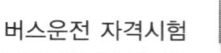

있다.

2. 시장 등은 고속도로 버스전용차로와 연결되는 고속도로 외의 도로에 버스전용차로를 설치하는 경우에는 교통의 안전과 원활한 소통을 위하여 그 버스전용차로를 통행할 수 있는 차의 종류, 설치구간 및 시행시기 등을 따로 정하여 고시할 수 있다.

3. 시장 등은 차도의 일부 차로를 구간과 기간 및 통행시간 등을 정하여 자전거 전용차로로 운영할 수 있다.

4. 자동차의 속도(시행규칙 제19조)

① 자동차의 속도

도로 구분		최고속도	최저속도
일반 도로	편도 1차로	• 매시 60km 이내	없음
	편도 2차로 이상	• 매시 80km 이내	
고속 도로	편도 1차로	• 매시 80km	매시 50km
	편도 2차로 이상 / 고속도로	• 매시 100km • 매시 80km(적재중량 1.5톤을 초과하는 화물자동차, 특수자동차, 위험물운반자동차, 건설기계)	매시 50km
	편도 2차로 이상 / 지정·고시한 노선 또는 구간의 고속도로	• 매시 120km 이내 • 매시 90km(적재중량 1.5톤을 초과하는 화물자동차, 특수자동차, 위험물운반자동차, 건설기계)	
자동차 전용도로		• 매시 90km	매시 30km

② 비·안개·눈 등으로 인한 악천후 시 감속운행

최고속도의 100분의 20을 줄인 속도로 운행하여야 하는 경우	최고속도의 100분의 50을 줄인 속도로 운행하여야 하는 경우
① 비가 내려 노면이 젖어있는 경우 ② 눈이 20mm 미만 쌓인 경우	① 폭우·폭설·안개 등으로 가시거리가 100m 이내인 경우 ② 노면이 얼어붙은 경우 ③ 눈이 20mm 이상 쌓인 경우

※ 경찰청장 또는 시·도경찰청장이 가변형 속도제한표지로 최고속도를 정한 경우에는 이에 따라야 하며, 가변형 속도제한표지로 정한 최고속도와 그 밖의 안전표지로 정한 최고속도가 다를 때에는 가변형 속도제한표지에 따라야 한다.

5. 안전거리 확보 등(법 제19조)

① 모든 차의 운전자는 같은 방향으로 가고 있는 앞차의 뒤를 따르는 경우에는 앞차가 갑자기 정지하게 되는 경우 그 앞차와의 충돌을 피할 수 있는 필요한 거리를 확보하여야 한다.

② 자동차등의 운전자는 같은 방향으로 가고 있는 자전거 운전자에 주의하여야 하며, 그 옆을 지날 때에는 자전거와의 충돌을 피할 수 있는 필요한 거리를 확보하여야 한다.

③ 모든 차의 운전자는 차의 진로를 변경하려는 경우에 그 변경하려는 방향으로 오고 있는 다른 차의 정상적인 통행에 장애를 줄 우려가 있을 때에는 진로를 변경하여서는 아니 된다.

④ 모든 차의 운전자는 위험방지를 위한 경우와 그 밖의 부득이한 경우가 아니면 운전하는 차를 갑자기 정지시키거나 속도를 줄이는 등의 급제동을 하여서는 아니 된다.

6. 진로 양보의 의무(법 제20조)

① 모든 차(긴급자동차는 제외한다)의 운전자는 뒤에서 따라오는 차보다 느린 속도로 가려는 경우에는 도로의 우측 가장자리로 피하여 진로를 양보하여야 한다. 다만, 통행 구분이 설치된 도로의 경우에는 그러하지 아니하다.

② 좁은 도로에서 긴급자동차 외의 자동차가 서로 마주보고 진행할 때에는 다음 각 호의 구분에 따른 자동차가 도로의 우측 가장자리로 피하여 진로를 양보하여야 한다.

ⓐ 비탈진 좁은 도로에서 자동차가 서로 마주보고 진행하는 경우에는 올라가는 자동차

ⓑ 비탈진 좁은 도로 외의 좁은 도로에서 사람을 태웠거나 물건을 실은 자동차와 동승자가 없고 물건을 싣지 아니한 자동차가 서로 마주보고 진행하는 경우에는 동승자가 없고 물건을 싣지 아니한 자동차

7. 앞지르기 방법 등(법 제21조부터 제23조까지)

① 모든 차의 운전자는 다른 차를 앞지르려면 앞차의 좌측으로 통행하여야 한다. 다만, 자전거의 운전자는 서행하거나 정지한 다른 차를 앞지르려면 앞차의 우측으로 통행할 수 있다. 이 경우 자전거의 운전자는 정지한 차에서 승차하거나 하차하는 사람의 안전에 유의하여 서행하거나 필요한 경우 일시정지하여야 한다.

② 앞지르려고 하는 모든 차의 운전자는 반대방향의 교통과 앞차 앞쪽의 교통에도 주의를 충분히 기울여야 하며, 앞차의 속도·진로와 그 밖의 도로상황에 따라 방향지시기·등화 또는 경음기를 사용하는 등 안전한 속도와 방법으로 앞지르기를 하여야 한다.

③ 모든 차의 운전자는 '①항' 부터 '②항' 까지 또는 고속도로에서 방향지시기, 등화 또는 경음기를 사용하여 앞지르기를 하는 차가 있을 때에는 속도를 높여 경쟁하거나 그 차의 앞을 가로막는 등의 방법으로 앞지르기를 방해하여서는 아니 된다.

④ 모든 차의 운전자는 다음 각 호의 어느 하나에 해당하는 경우에는 앞차를 앞지르지 못한다.

ⓐ 앞차의 좌측에 다른 차가 앞차와 나란히 가고 있는 경우

ⓑ 앞차가 다른 차를 앞지르고 있거나 앞지르려고 하는 경우

⑤ 모든 차의 운전자는 다음 각 호의 어느 하나에 해당하는 다른 차를 앞지르지 못하며, 앞으로 끼어들지 못한다.

ⓐ 도로교통법이나 이 법에 따른 명령에 따라 정지하거나 서행하고 있는 차

ⓑ 경찰공무원의 지시에 따라 정지하거나 서행하고 있는 차

ⓒ 위험을 방지하기 위하여 정지하거나 서행하고 있는 차

⑥ 모든 차의 운전자는 다음 각 호의 어느 하나에 해당하는 곳에서는 다른 차를 앞지르지 못한다.

ⓐ 교차로

ⓑ 터널 안

ⓒ 다리 위

ⓓ 도로의 구부러진 곳, 비탈길의 고갯마루 부근 또는 가파른 비탈길의 내리막 등 시·도경찰청장이 도로에서의 위험을 방지하고 교통의 안전과 원활한 소통을 확보하기 위하여 필요하다고 인정하는 곳으로서 안전표지로 지정한 곳

8. 철길 건널목 통과(법 제24조)

① 모든 차 또는 노면전차의 운전자는 철길 건널목(이하 "건널목"이라 한다)을 통과하려는 경우에는 건널목 앞에서 일시정지하여 안전한지 확인한 후에 통과하여야 한다. 다만, 신호기 등이

표시하는 신호에 따르는 경우에는 정지하지 아니하고 통과할 수 있다.
② 모든 차 또는 노면전차의 운전자는 건널목의 차단기가 내려져 있거나 내려지려고 하는 경우 또는 건널목의 경보기가 울리고 있는 동안에는 그 건널목으로 들어가서는 아니 된다.
③ 모든 차 또는 노면전차의 운전자는 건널목을 통과하다가 고장 등의 사유로 건널목 안에서 차 또는 노면전차를 운행할 수 없게 된 경우에는 즉시 승객을 대피시키고 비상신호기 등을 사용하거나 그 밖의 방법으로 철도공무원 또는 경찰공무원에게 그 사실을 알려야 한다.

9. 교차로 통행방법 등(법 제25조부터 제27조까지)
① 교차로 통행방법
  ㉠ 모든 차의 운전자는 교차로에서 우회전을 하려는 경우에는 미리 도로의 우측 가장자리를 서행하면서 우회전하여야 한다. 이 경우 우회전하는 차의 운전자는 신호에 따라 정지하거나 진행하는 보행자 또는 자전거에 주의하여야 한다.
  ㉡ 모든 차의 운전자는 교차로에서 좌회전을 하려는 경우에는 미리 도로의 중앙선을 따라 서행하면서 교차로의 중심 안쪽을 이용하여 좌회전하여야 한다. 다만, 시·도경찰청장이 교차로의 상황에 따라 특히 필요하다고 인정하여 지정한 곳에서는 교차로의 중심 바깥쪽을 통과할 수 있다.
  ㉢ 우회전이나 좌회전을 하기 위하여 손이나 방향지시기 또는 등화로써 신호를 하는 차가 있는 경우에 그 뒤차의 운전자는 신호를 한 앞차의 진행을 방해하여서는 아니 된다.
  ㉣ 모든 차 또는 노면전차의 운전자는 신호기로 교통정리를 하고 있는 교차로에 들어가려는 경우에는 진행하려는 진로의 앞쪽에 있는 차의 상황에 따라 교차로(정지선이 설치되어 있는 경우에는 그 정지선을 넘은 부분)에 정지하게 되어 다른 차의 통행에 방해가 될 우려가 있는 경우에는 그 교차로에 들어가서는 아니 된다.
  ㉤ 모든 차의 운전자는 교통정리를 하고 있지 아니하고 일시정지 또는 양보를 표시하는 안전표지가 설치되어 있는 교차로에 들어가려고 할 때에는 다른 차의 진행을 방해하지 아니하도록 일시정지하거나 양보하여야 한다.
② 교통정리가 없는 교차로에서의 양보운전
  ㉠ 교통정리를 하고 있지 아니하는 교차로에 들어가려고 하는 차의 운전자는 이미 교차로에 들어가 있는 다른 차가 있을 때에는 그 차에 진로를 양보하여야 한다.
  ㉡ 교통정리를 하고 있지 아니하는 교차로에 들어가려고 하는 차의 운전자는 그 차가 통행하고 있는 도로의 폭보다 교차하는 도로의 폭이 넓은 경우에는 서행하여야 하며, 폭이 넓은 도로로부터 교차로에 들어가려고 하는 다른 차가 있을 때에는 그 차에 진로를 양보하여야 한다.
  ㉢ 교통정리를 하고 있지 아니하는 교차로에 동시에 들어가려고 하는 차의 운전자는 우측도로의 차에 진로를 양보하여야 한다.
  ㉣ 교통정리를 하고 있지 아니하는 교차로에서 좌회전하려고 하는 차의 운전자는 그 교차로에서 직진하거나 우회전하려는 다른 차가 있을 때에는 그 차에 진로를 양보하여야 한다.
③ 보행자의 보호
  ㉠ 모든 차 또는 노면전차의 운전자는 보행자(자전거에서 내려 자전거를 끌고 통행하는 자전거운전자를 포함)가 횡단보도를 통행하고 있을 때에는 보행자의 횡단을 방해하거나 위험을 주지 아니하도록 그 횡단보도 앞(정지선이 설치되어 있는 곳에서는 그 정지선)에서 일시정지하여야 한다.
  ㉡ 모든 차 또는 노면전차의 운전자는 교통정리를 하고 있는 교차로에서 좌회전 또는 우회전을 하려는 경우에는 신호기 또는 경찰공무원 등의 신호 또는 지시에 따라 도로를 횡단하는 보행자의 통행을 방해하여서는 아니 된다.
  ㉢ 모든 차의 운전자는 교통정리를 하고 있지 아니하는 교차로 또는 그 부근의 도로를 횡단하는 보행자의 통행을 방해하여서는 아니 된다.
  ㉣ 모든 차의 운전자는 도로에 설치된 안전지대에 보행자가 있는 경우와 차로가 설치되지 아니한 좁은 도로에서 보행자의 옆을 지나는 경우에는 안전한 거리를 두고 서행하여야 한다.
  ㉤ 모든 차 또는 노면전차의 운전자는 보행자가 횡단보도가 설치되어 있지 아니한 도로를 횡단하고 있을 때에는 안전거리를 두고 일시정지하여 보행자가 안전하게 횡단할 수 있도록 하여야 한다.

10. 긴급자동차의 우선 통행 등(법 제29조부터 제30조까지)
① 긴급자동차의 우선 통행
  ㉠ 긴급자동차는 긴급하고 부득이한 경우에는 도로의 중앙이나 좌측 부분을 통행할 수 있다.
  ㉡ 긴급자동차는 도로교통법이나 이 법에 따른 명령에 따라 정지하여야 하는 경우에도 불구하고 긴급하고 부득이한 경우에는 정지하지 아니할 수 있다.
  ㉢ 긴급자동차의 운전자는 긴급하고 부득이한 경우에 교통안전에 특히 주의하면서 통행하여야 한다.
  ㉣ 모든 차와 노면전차의 운전자는 제4항에 따른 곳 외의 곳에서 긴급자동차가 접근한 경우에는 긴급자동차가 우선통행할 수 있도록 진로를 양보하여야 한다.
  ㉤ 모든 차 또는 노면전차의 운전자는 교차로나 그 부근 외의 곳에서 긴급자동차가 접근한 경우에는 긴급자동차가 우선 통행할 수 있도록 진로를 양보하여야 한다
  ㉥ 소방차·구급차·혈액 공급차량등의 자동차 운전자는 해당 자동차를 그 본래의 긴급한 용도로 운행하지 아니하는 경우에는 「자동차관리법」에 따라 설치된 경광등을 켜거나 사이렌을 작동하여서는 아니 된다. 다만, 대통령령으로 정하는 바에 따라 범죄 및 화재 예방 등을 위한 순찰·훈련 등을 실시하는 경우에는 그러하지 아니하다.
② 긴급자동차에 대한 특례: 긴급자동차에 대하여는 다음 각 호의 사항을 적용하지 아니한다.
  ㉠ 자동차의 속도 제한. 다만, 긴급자동차에 대하여 속도를 제한한 경우에는 속도제한 규정을 적용한다.(법 제17조)
  ㉡ 앞지르기의 금지(법 제22조)
  ㉢ 끼어들기의 금지(법 제23조)

11. 서행 또는 일시정지할 장소(법 제31조)
① 모든 차 또는 노면전차의 운전자는 다음 각 호의 어느 하나에 해당하는 곳에서는 서행하여야 한다.
  ㉠ 교통정리를 하고 있지 아니하는 교차로
  ㉡ 도로가 구부러진 부근

제1편
교통관련 법규 및 교통사고 유형

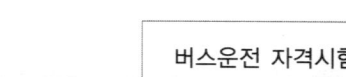

ⓒ 비탈길의 고갯마루 부근

ⓔ 가파른 비탈길의 내리막

ⓜ 시·도경찰청장이 도로에서의 위험을 방지하고 교통의 안전과 원활한 소통을 확보하기 위하여 필요하다고 인정하여 안전표지로 지정한 곳

② 모든 차 또는 노면전차의 운전자는 다음 각 호의 어느 하나에 해당하는 곳에서는 일시정지하여야 한다.

㉠ 교통정리를 하고 있지 아니하고 좌우를 확인할 수 없거나 교통이 빈번한 교차로

㉡ 시·도경찰청장이 도로에서의 위험을 방지하고 교통의 안전과 원활한 소통을 확보하기 위하여 필요하다고 인정하여 안전표지로 지정한 곳

12. 정차 및 주차의 금지 등(법 제32조부터 제33조까지)

① 정차 및 주차의 금지: 모든 차의 운전자는 다음 각 호의 어느 하나에 해당하는 곳에서는 차를 정차하거나 주차하여서는 아니 된다. 다만, 도로교통법이나 이 법에 따른 명령 또는 경찰 공무원의 지시를 따르는 경우와 위험방지를 위하여 일시정지하는 경우에는 그러하지 아니하다.

㉠ 교차로·횡단보도·건널목이나 보도와 차도가 구분된 도로의 보도(주차장법에 따라 차도와 보도에 걸쳐서 설치된 노상주차장은 제외한다)

㉡ 교차로의 가장자리 또는 도로의 모퉁이로부터 5m 이내인 곳

㉢ 안전지대가 설치된 도로에서는 그 안전지대의 사방으로부터 각각 10m 이내인 곳

㉣ 버스여객자동차의 정류지임을 표시하는 기둥이나 표지판 또는 선이 설치된 곳으로부터 10m 이내인 곳. 다만, 버스여객자동차의 운전자가 그 버스여객자동차의 운행시간 중에 운행노선에 따르는 정류장에서 승객을 태우거나 내리기 위하여 차를 정차하거나 주차하는 경우에는 그러하지 아니하다.

㉤ 건널목의 가장자리 또는 횡단보도로부터 10m 이내인 곳

㉥ 다음 각 목의 곳으로부터 5m 이내인 곳

ⓐ 「소방기본법」제10조에 따른 소방용수시설 또는 비상소화장치가 설치된 곳

ⓑ 「화재예방, 소화시설 설치 ·유지 및 안전관리에 관한 법률」제2조제1항제1호에 따른 소방시설로 대통령령으로 정하는 시설이 설치된 곳

대통령령으로 정하는 시설

1. 「화재예방, 소방시설 설치·유지 및 안전관리에 관한 법률 시행령」별표1제1호 다목부터 마목까지의 규정에 따른 옥내소화전설비(호스릴옥내소화전설비를 포함)·스프링쿨러설비 등·물분무등소화설비의 송수구

2. 「화재예방, 소방시설 설치·유지 및 안전관리에 관한 법률 시행령」별표 1 제4호에 따른 소화용수설비

3. 「화재예방, 소방시설 설치·유지 및 안전관리에 관한 법률 시행령」별표 1 제5호나목·다목·바목에 따른 연결송수관설비·연결살수설비·연소방지설비의 송수구 및 같은 호 마목에 따른 무선통신보조설비의 무선기기접속단자

㉦ 시·도경찰청장이 도로에서의 위험을 방지하고 교통의 안전과 원활한 소통을 확보하기 위하여 필요하다고 인정하여 지정한 곳

ⓞ 시장등이 제12조제1항에 따라 지정한 어린이 보호구역

② 주차금지의 장소: 모든 차의 운전자는 다음 각 호의 어느 하나에 해당하는 곳에서 차를 주차하여서는 아니 된다.

㉠ 터널 안 및 다리 위

㉡ 다음 각 목의 곳으로부터 5m 이내인 곳

ⓐ 도로공사를 하고 있는 경우에는 그 공사 구역의 양쪽 가장자리

ⓑ 「다중이용업소의 안전관리에 관한 특별법」에 따른 다중이용업소의 영업장이 속한 건축물로 소방본부장의 요청에 의하여 시·도경찰청장이 지정한 곳

㉢ 시·도경찰청장이 도로에서의 위험을 방지하고 교통의 안전과 원활한 소통을 확보하기 위하여 필요하다고 인정하여 지정한 곳

③ 경사진 곳에 정차하거나 주차(도로 외의 경사진 곳에서 정차하거나 주차하는 경우를 포함한다)하려는 자동차의 운전자는 고임목을 설치하거나 조향장치를 도로의 가장자리 방향으로 틀려놓는 등 미끄럼 사고의 발생을 방지하기 위한 조치를 취하여야 한다.

13. 차와 노면전차의 등화(법 제37조, 시행령 제19조부터 제20조까지)

① 모든 차 또는 노면전차의 운전자는 다음 각 호의 어느 하나에 해당하는 경우에는 대통령령으로 정하는 바에 따라 전조등·차폭등·미등과 그 밖의 등화를 켜야 한다.

대통령령으로 정하는 바에 따라 켜야 하는 등화

- 도로에서 차 또는 노면전차를 운행하는 경우

① 자동차는 자동차안전기준에서 정하는 전조등·차폭등·미등·번호등과 실내조명등. 단, 실내조명등은 승합자동차와 여객자동차 운수사업법에 따른 여객자동차 운송사업용 승용자동차만 해당

② 원동기장치자전거는 전조등 및 미등

③ 견인되는 차는 미등·차폭등 및 번호등

④ 노면전차: 전조등, 차폭등, 미등 및 실내조명등

⑤ ①~③ 까지의 규정 이외의 자동차: 시·도경찰청장이 정하여 고시하는 등화

- 도로에서 정차 또는 주차하는 경우

① 자동차(이륜자동차 제외)는 자동차안전기준에서 정하는 미등 및 차폭등

② 이륜자동차(원동기장치자전거 포함)는 미등(후부반사기를 포함)

③ 노면전차: 차폭등 및 미등

④ ①~③ 까지의 규정 이외의 자동차: 시·도경찰청장이 정하여 고시하는 등화

㉠ 밤(해가 진 후부터 해가 뜨기 전까지)에 도로에서 차 또는 노면전차를 운행하거나 고장이나 그 밖의 부득이한 사유로 도로에서 차 또는 노면전차를 정차 또는 주차시키는 경우

㉡ 안개가 끼거나 비 또는 눈이 올 때에 도로에서 차 또는 노면전차를 운행하거나 고장이나 그 밖의 부득이한 사유로 도로에서 차 또는 노면전차를 정차 또는 주차하는 경우

㉢ 터널 안을 운행하거나 고장 또는 그 밖의 부득이한 사유로 터널 안 도로에서 차 또는 노면전차를 정차 또는 주차하는 경우

② 모든 차 또는 노면전차의 운전자는 밤에 차가 서로 마주보고 진행하거나 앞차의 바로 뒤를 따라가는 경우에는 대통령령으로 정하는 바에 따라 등화의 밝기를 줄이거나 잠시 등화를 끄는 등의 필요한 조작을 하여야 한다.

제1편 교통관련 법규 및 교통사고 유형

대통령령으로 정하는 바에 따라 등화의 조작
- 서로 마주보고 진행하는 때에는 전조등의 밝기를 줄이거나 불빛의 방향을 아래로 향하게 하거나 잠시 전조등을 끌 것. 다만, 도로의 상황으로 보아 마주보고 진행하는 차 또는 노면전차의 교통을 방해할 우려가 없는 경우에는 그러하지 아니하다.
- 앞차의 바로 뒤를 따라가는 때에는 전조등 불빛의 방향을 아래로 향하게 하고, 전조등 불빛의 밝기를 함부로 조작하여 앞의 차 또는 노면전차의 운전을 방해하지 아니할 것.
- 모든 차 또는 노면전차의 운전자는 교통이 빈번한 곳에서 운행하는 때에는 전조등의 불빛의 방향을 계속 아래로 유지하여야 한다. 다만, 시·도경찰청장이 교통의 안전과 원활한 소통을 확보하기 위하여 필요하다고 인정하여 지정한 지역에서는 그러하지 아니하다.

14. 승차의 방법과 제한(법 제39조, 시행령 제22조)

① 모든 차의 운전자는 승차 인원에 관하여 대통령령으로 정하는 운행상의 안전기준을 넘어서 승차시켜서는 아니 된다. 다만, 출발지를 관할하는 경찰서장의 허가를 받은 경우에는 그러하지 아니하다.

대통령령으로 정하는 운행상의 안전기준
- 자동차(고속버스 운송사업용 자동차 및 화물자동차는 제외)의 승차인원은 승차정원의 110% 이내일 것. 다만, 고속도로에서는 승차정원을 넘어서 운행할 수 없다.
- 고속버스 운송사업용 및 화물자동차의 승차인원은 승차정원 이내일 것.

② 모든 차 또는 노면전차의 운전자는 운전 중 타고 있는 사람 또는 타고 내리는 사람이 떨어지지 아니하도록 하기 위하여 문을 정확히 여닫는 등 필요한 조치를 하여야 한다.
③ 모든 차의 운전자는 운전 중 실은 화물이 떨어지지 아니하도록 덮개를 씌우거나 묶는 등 확실하게 고정될 수 있도록 필요한 조치를 하여야 한다.
④ 모든 차의 운전자는 영유아나 동물을 안고 운전 장치를 조작하거나 운전석 주위에 물건을 싣는 등 안전에 지장을 줄 우려가 있는 상태로 운전하여서는 아니 된다.
⑤ 모든 차의 사용자, 정비책임자 또는 운전자는 '자동차관리법', '건설기계관리법' 이나 그 법에 따른 명령에 의한 장치가 정비되어 있지 아니한 차(이하 "정비불량차"라 한다)를 운전하도록 시키거나 운전하여서는 아니 된다.

제4절 운전자 및 고용주 등의 의무

1. 운전 등의 금지(법 제43조부터 제45조까지)

① 무면허운전 등의 금지: 누구든지 시·도경찰청장으로부터 운전면허를 받지 아니하거나 운전면허의 효력이 정지된 경우에는 자동차 등을 운전하여서는 아니 된다.
② 술에 취한 상태에서의 운전 금지
  ㉠ 누구든지 술에 취한 상태(혈중알코올농도가 0.03% 이상)에서 자동차 등(건설기계관리법 제26조제1항 단서에 따른 건설기계 외의 건설기계를 포함), 노면전차 또는 자전거를 운전하여서는 아니 된다.
  ㉡ 경찰공무원은 교통의 안전과 위험방지를 위하여 필요하다고 인정하거나, 술에 취한 상태에서 자동차등, 노면전차 또는 자전거를 운전하였다고 인정할 만한 상당한 이유가 있는 경우에는 운전자가 술에 취하였는지를 호흡조사로 측정할 수 있다. 이 경우 운전자는 경찰공무원의 측정에 응하여야 한다.
  ㉢ 경찰공무원이 술에 취하였는지를 측정한 호흡조사 결과에 불복하는 운전자에 대하여는 그 운전자의 동의를 받아 혈액 채취 등의 방법으로 다시 측정할 수 있다.
③ 과로한 때 등의 운전 금지: 자동차등 또는 노면전차의 운전자는 ②항에 따른 술에 취한 상태 외에 과로, 질병 또는 약물(마약, 대마 및 향정신성의약품과 그 밖에 행정안전부령으로 정하는 것)의 영향과 그 밖의 사유로 정상적으로 운전하지 못할 우려가 있는 상태에서 자동차등 또는 노면전차를 운전하여서는 아니 된다.

행정안전부령으로 정하는 운전이 금지되는 약물의 종류
- 흥분·환각 또는 마취의 작용을 일으키는 유해화학물질로서 '화학물질관리법 시행령' 제11조에 따른 환각물질
- 환각물질
  ① 톨루엔, 초산에틸 또는 메틸알코올
  ② 톨루엔, 초산에틸 또는 메틸알코올이 들어 있는 시너(도료의 점도를 감소시키기 위하여 사용되는 유기용제), 접착제, 풍선류 또는 도료
  ③ 부탄가스
  ④ 이산화질소(의료용으로 사용되는 경우는 제외)

④ 공동 위험행위의 금지
  ㉠ 자동차등의 운전자는 도로에서 2명 이상이 공동으로 2대 이상의 자동차등을 정당한 사유 없이 앞뒤로 또는 좌우로 줄지어 통행하면서 다른 사람에게 위해(危害)를 끼치거나 교통상의 위험을 발생하게 하여서는 아니 된다.
⑤ 난폭운전 금지: 자동차등의 운전자는 도로교통법 제46조의3 각 호에 따른 행위를 연달아 하거나, 하나의 행위를 지속 또는 반복하여 다른 사람에게 위협 또는 위해를 가하거나 교통상의 위험을 발생하게 하여서는 아니 된다.

2. 모든 운전자의 준수사항 등(법 제46조, 법 제49조, 시행령 제28조 내지 제29조, 시행규칙 제29조)

① 물이 고인 곳을 운행할 때에는 고인 물을 튀게 하여 다른 사람에게 피해를 주는 일이 없도록 할 것
② 다음 각 목의 어느 하나에 해당하는 경우에는 일시정지할 것
  ㉠ 어린이가 보호자 없이 도로를 횡단하는 때, 어린이가 도로에서 앉아 있거나 서 있을 때 또는 어린이가 도로에서 놀이를 할 때 등 어린이에 대한 교통사고의 위험이 있는 것을 발견한 경우
  ㉡ 앞을 보지 못하는 사람이 흰색 지팡이를 가지거나 장애인 보조견을 동반하는 등의 조치를 하고 도로를 횡단하고 있는 경우
  ㉢ 지하도나 육교 등 도로 횡단시설을 이용할 수 없는 지체장

제1편
교통관련 법규 및 교통사고 유형

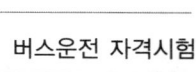

버스운전 자격시험

애인이나 노인 등이 도로를 횡단하고 있는 경우
③ 자동차의 앞면 창유리와 운전석 좌우 옆면 창유리의 가시광선의 투과율이 대통령령으로 정하는 기준보다 낮아 교통안전 등에 지장을 줄 수 있는 차를 운전하지 아니할 것. 다만, 요인경호용, 구급용 및 장의용 자동차는 제외

대통령령이 정하는 운전이 금지되는 자동차 창유리 가시광선 투과율의 기준

- 앞면 창유리: 70% 미만
- 운전석 좌우 옆면 창유리: 40% 미만
---

④ 교통단속용 장비의 기능을 방해하는 장치를 한 차나 그 밖에 안전운전에 지장을 줄 수 있는 것으로서 행정안전부령으로 정하는 기준에 적합하지 아니한 장치를 한 차를 운전하지 아니할 것. 다만, 「자동차관리법」제2조제1호의3에 따른 자율주행자동차의 신기술 개발을 위한 장치를 장착하는 경우는 제외

행정안전부령으로 정하는 기준에 적합하지 아니한 장치

- 경찰관서에서 사용하는 무전기와 동일한 주파수의 무전기
- 긴급자동차가 아닌 자동차에 부착된 경광등, 사이렌 또는 비상등
- 자동차 및 자동차 부품의 성능과 기준에 관한 규칙에서 정하지 아니한 것으로서 안전운전에 현저히 장애가 될 정도의 장치
---

⑤ 도로에서 자동차등 또는 노면전차를 세워둔 채 시비·다툼 등의 행위를 하여 다른 차마의 통행을 방해하지 아니할 것
⑥ 운전자가 차 또는 노면전차를 떠나는 경우에는 교통사고를 방지하고 다른 사람이 함부로 운전하지 못하도록 필요한 조치를 할 것
⑦ 운전자는 안전을 확인하지 아니하고 차 또는 노면전차의 문을 열거나 내려서는 아니 되며, 동승자가 교통의 위험을 일으키지 아니하도록 필요한 조치를 할 것
⑧ 운전자는 정당한 사유 없이 다음 각 목의 어느 하나에 해당하는 행위를 하여 다른 사람에게 피해를 주는 소음을 발생시키지 아니할 것
 ㉠ 자동차등을 급히 출발시키거나 속도를 급격히 높이는 행위
 ㉡ 자동차의 원동기의 동력을 차의 바퀴에 전달시키지 아니하고 원동기의 회전수를 증가시키는 행위
 ㉢ 반복적이거나 연속적으로 경음기를 울리는 행위
⑨ 운전자는 승객이 차 안에서 안전운전에 현저히 장해가 될 정도로 춤을 추는 등 소란행위를 하도록 내버려두고 차를 운행하지 아니할 것
⑩ 운전자는 자동차등 또는 노면전차의 운전 중에는 휴대용 전화(자동차용 전화를 포함)를 사용하지 아니할 것. 다만, 다음 각 목의 어느 하나에 해당하는 경우에는 그러하지 아니하다.
 ㉠ 자동차등이 정지하고 있는 경우
 ㉡ 긴급자동차를 운전하는 경우
 ㉢ 각종 범죄 및 재해 신고 등 긴급한 필요가 있는 경우
 ㉣ 안전운전에 장애를 주지 아니하는 장치로서 손으로 잡지 아니하고도 휴대용 전화(자동차용 전화를 포함)를 사용할 수 있도록 해 주는 장치를 이용하는 경우
⑪ 자동차등 또는 노면전차의 운전중에는 방송 등 영상물을 수신하거나 재생하는 장치(운전자가 휴대하는 것을 포함하며, 이하 "영상표시장치"라 한다.)를 통하여 운전자가 운전 중 볼 수

있는 위치에 영상이 표시되지 아니하도록 할 것. 다만 다음 각 목의 어느 하나에 해당하는 경우 그러하지 아니하다.
 ㉠ 자동차등 또는 노면전차가 정지하고 있는 경우
 ㉡ 자동차등 또는 노면전차에 장착하거나 거치하여 놓은 영상표시장치에 다음의 영상이 표시되는 경우
  ⓐ 지리안내 영상 또는 교통정보안내 영상
  ⓑ 국가비상사태·재난상황 등 긴급한 상황을 안내하는 영상
  ⓒ 운전을 할 때 자동차등 또는 노면전차의 좌우 또는 전후방을 볼 수 있도록 도움을 주는 영상
⑫ 자동차등 또는 노면전차의 운전 중(자동차등이 정지하고 있는 경우는 제외 한다.)에는 영상표시장치를 조작하지 아니할 것. 다만, 자동차등과 노면전차가 정지하고 있는 경우 또는 노면전차 운전자가 운전에 필요한 영상표시장치를 조작하는 경우는 제외
⑬ 운전자는 자동차의 화물 적재함에 사람을 태우고 운행하지 아니할 것
⑭ 그 밖에 시·도경찰청장이 교통안전과 교통질서 유지에 필요하다고 인정하여 지정·공고한 사항에 따를 것

3. 특정 운전자의 준수사항(법 제50조, 시행규칙 제31즈)
① 자동차(이륜자동차는 제외한다)의 운전자는 자동차를 운전하는 때에는 좌석안전띠를 매어야 하며, 모든 좌석의 동승자에게도 좌석안전띠(영유아인 경우에는 유아보호용 장구를 장착한 후의 좌석안전띠)를 매도록 하여야 한다. 다만, 질병 등으로 인하여 좌석안전띠를 매는 것이 곤란하거나 행정안전부령으로 정하는 사유가 있는 경우에는 그러하지 아니하다

행정안전부령으로 정하는 사유(좌석안전띠를 매지 아니하거나 동승자에게 좌석안전띠를 매도록 하지 아니하여도 되는 경우)

- 부상·질병·장애 또는 임신 등으로 인하여 좌석안전띠의 착용이 적당하지 아니하다고 인정되는 자가 자동차를 운전하거나 승차하는 때
- 자동차를 후진시키기 위하여 운전하는 때
- 신장·비만, 그 밖의 신체의 상태에 의하여 좌석안전띠의 착용이 적당하지 아니하다고 인정되는 자가 자동차를 운전하거나 승차하는 때
- 긴급자동차가 그 본래의 용도로 운행되고 있는 때
- 경호 등을 위한 경찰용 자동차에 의하여 호위되거나 유도되고 있는 자동차를 운전하거나 승차하는 때
- '국민투표법' 및 공직선거관계법령에 의하여 국민투표운동 선거운동 및 국민투표·선거관리업무에 사용되는 자동차를 운전하거나 승차하는 때
- 우편물의 집배, 폐기물의 수집 그 밖에 빈번히 승강하는 것을 필요로 하는 업무에 종사하는 자가 해당업무를 위하여 자동차를 운전하거나 승차하는 때
- 여객자동차 운수사업법에 의한 여객자동차 운송사업용 자동차의 운전자가 승객의 주취·약물복용 등으로 좌석안전띠를 매도록 할 수 없거나 승객에게 좌석안전띠 착용을 안내하였음에도 불구하고 승객이 착용하지 않는 때
---

② 운송사업용 자동차, 화물자동차 및 노면전차 등으로서 행정안전부령으로 정하는 자동차 또는 노면전차의 운전자는 다음 각 호의 어느 하나에 해당하는 행위를 하여서는 아니 된다

제1편 교통관련 법규 및 교통사고 유형

(다만, ⓒ은 사업용 승용자동차와 노면전차의 운전자에 한정)
　㉠ 운행기록계가 설치되어 있지 아니하거나 고장 등으로 사용할 수 없는 운행기록계가 설치된 자동차를 운전하는 행위
　㉡ 운행기록계를 원래의 목적대로 사용하지 아니하고 자동차를 운전하는 행위
　㉢ 승차를 거부하는 행위
③ 사업용 승용자동차의 운전자는 합승행위 또는 승차거부를 하거나 신고한 요금을 초과하는 요금을 받아서는 아니 된다.

4. 어린이통학버스 (법 제51조~제53조의3, 시행령 제31조, 시행규칙 제34조)

① 어린이통학버스의 특별보호
　㉠ 어린이통학버스가 도로에 정차하여 어린이나 유아가 타고 내리는 중임을 표시하는 점멸등 등의 장치를 작동 중일 때에는 어린이통학버스가 정차한 차로와 그 차로의 바로 옆 차로로 통행하는 차의 운전자는 어린이통학버스에 이르기 전에 일시정지하여 안전을 확인한 후 서행하여야 한다.
　㉡ 중앙선이 설치되지 아니한 도로와 편도 1차로인 도로에서는 반대방향에서 진행하는 차의 운전자도 어린이통학버스에 이르기 전에 일시정지하여 안전을 확인한 후 서행하여야 한다.
　㉢ 모든 차의 운전자는 어린이나 영유아를 태우고 있다는 표시를 한 상태로 도로를 통행하는 어린이통학버스를 앞지르지 못한다.

② 어린이통학버스의 신고 등
　㉠ 어린이통학버스(「여객자동차 운수사업법」제4조제3항에 따른 한정면허를 받아 어린이를 여객대상으로 하여 운행되는 운송사업용 자동차는 제외)를 운영하는 자는 미리 관할 경찰서장에게 신고하고 신고증명서를 발급 받아야하며, 발급받은 신고증명서를 어린이통학버스 안에 항상 갖추어야 한다.
　㉡ 어린이통학버스로 신고하여 사용할 수 있는 자동차: 승차정원 9인승(어린이 1명을 승차정원 1명으로 봄) 이상의 자동차에 한하되, 그 자동차는 도색·표지, 보험가입, 소유관계 등 대통령령으로 정하는 요건을 갖추어야 한다.
　㉢ 누구든지 어린이통학버스의 신고를 하지 아니하거나 「여객자동차 운수사업법」제4조제3항에 따라 어린이를 여객대상으로 하는 한정면허를 받지 아니하고 어린이통학버스와 비슷한 도색 및 표지를 하거나 이러한 도색 및 표지를 한 자동차를 운전하여서는 아니 된다.

대통령령으로 정하는 요건

- 어린이운송용 승합자동차의 색상은 황색
- 좌석안전띠는 어린이의 신체구조에 적합하게 조절될 수 있는 구조
- 어린이 승하차를 위한 승강구
　① 제1단의 발판 높이는 30cm 이하, 발판 윗면은 가로의 경우 승강구 유효넓이의 80%이상, 세로의 경우 20cm 이상
　② 제2단 이상의 발판의 높이는 20cm 이하. 다만, 15인승 이하의 자동차는 25cm 이하로 할 수 있음
　③ 승하차 시에만 돌출되도록 작동하는 보조발판은 위에서 보아 두 모서리가 만나는 꼭짓점 부분의 곡률반경이 20mm 이상이고, 나머지 각 모서리 부분은 곡률반경이 2.5mm 이상이 되도록 둥글게 처리하고 고무 등의 부드러운 재료로 마감할 것
　④ 보조발판은 자동 돌출 등 작동 시 어린이 등의 신체에 상해를 주지 아니하도록 작동되는 구조일 것
　⑤ 각 단의 발판은 표면을 거친 면으로 하거나 미끄러지지 아니하도록 마감할 것
- 표시등 설치
　① 앞면과 뒷면에는 분당 60회 이상 120회 이하로 점멸되는 각각 2개의 적색표시등과 2개의 황색표시등 또는 호박색표시등을 설치할 것
　② 적색표시등은 바깥쪽에, 황색표시등은 안쪽에 설치하되, 차량중심선으로부터 좌·우 대칭이 되도록 설치할 것
　③ 앞면표시등은 앞면창유리 위로 앞에서 가능한 한 높게 하고, 뒷면표시등의 렌즈 하단부는 뒷면 옆창문 개구부의 상단선보다 높게 하되, 좌·우의 높이가 같게 설치할 것
　④ 각 표시등의 발광면적은 120cm² 이상일 것
　⑤ 도로에 정지하려는 때에는 황색표시등 또는 호박색표시등이 점멸되도록 운전자가 조작할 수 있어야 할 것, 어린이의 승하차를 위한 승강구가 열릴 때에는 자동으로 적색표시등이 점멸될 것, 출발하기 위하여 승강구가 닫혔을 때에는 다시 자동으로 황색표시등 또는 호박색표시등의 점멸 될 것, 황색표시등 또는 호박색 표시등의 점멸 시 적색표시등과 황색표시등 또는 호박색표시등이 동시에 점멸되지 아니할 것
- 차체 바로 앞에 있는 장애물을 확인할 수 있는 장치를 설치할 수 있다.
- 어린이통학버스 앞면 창유리 우측상단과 뒷면 창유리 중앙하단의 보기 쉬운 곳에 어린이 보호표지를 부착할 것
- 교통사고로 인한 피해를 전액 배상할 수 있도록 보험업법에 따른 보험 또는 여객자동운수사업법에 따른 공제조합에 가입되어 있을 것
- 자동차등록령에 따른 등록원부에 유치원·학교 또는 어린이집·학원·체육시설의 인가를 받거나 등록 또는 신고를 한 자의 명의로 등록되어 있는 자동차 또는 여객자동차 운수사업법시행령에 따라 학교 또는 영유아보육법에 따른 어린이집의 원장이 전세버스운송사업자와 운송계약을 맺은 자동차일 것
- 어린이 통학버스를 운영하는 자는 어린이 통학버스 안에 행정안전부령으로 정하는 신고증명서를 발급 받아 어린이통학버스 안에 항상 갖추어 두어야 한다.

③ 어린이통학버스 운전사 및 운영자 등의 의무사항
　㉠ 어린이나 영유아가 타고 내리는 경우에만 점멸등 등의 장치를 작동하여야 하며, 어린이나 영유아를 태우고 운행 중인 경우에만 어린이 또는 영유아를 태우고 운행 중임 표시하여야 한다.
　㉡ 어린이통학버스를 운전하는 사람은 어린이나 영유아가 어린이통학버스를 탈 때에는 승차한 모든 어린이나 영유아가 좌석안전띠(어린이나 영유아의 신체구조에 따라 적합하게 조절될 수 있는 안전띠)를 매도록 한 후에 출발하여야 하며, 내릴 때에는 보도나 길가장자리구역 등 자동차로부터 안전한 장소에 도착한 것을 확인한 후에 출발하여야 한다. 다만, 좌석안전띠 착용과 관련하여 질병 등으로 인하여 좌석안전띠를 매는 것이 곤란하거나 행정안전부령으로 정하는 사유가 있는 경우에는 그러하지 아니하다.
　㉢ 어린이나 영유아를 태울 때에는 다음 각 호에 해당하는 보호자를 함께 태우고 운행하여야 하며, 동승한 보호자는 어

린이나 영유아가 승차 또는 하차하는 때에는 자동차에서 내려서 어린이나 영유아가 안전하게 승하차하는 것을 확인하고 운행 중에는 어린이나 영유아가 좌석에 앉아 좌석안전띠를 매고 있도록 하는 등 어린이 보호에 필요한 조치를 하여야 한다.

ⓔ 어린이의 승차 또는 하차를 도와주는 보호자를 태우지 아니한 어린이통학버스를 운전하는 사람은 어린이가 승차 또는 하차하는 때에 자동차에서 내려서 어린이나 영유아가 안전하게 승하차하는 것은 확인하여야 한다.

ⓜ 어린이통학버스를 운전하는 사람은 어린이통학버스 운행을 마친 후 어린이나 영유아가 모두 하차하였는지를 확인하여야 한다.

ⓗ 어린이통학버스를 운전하는 사람이 ⓜ에 따라 어린이나 영유아의 하차 여부를 확인할 때에는 어린이 하차확인장치를 작동하여야 한다.

④ 어린이통학버스 운영자 등에 대한 안전교육

ⓐ 어린이통학버스를 운영하는 사람과 운전하는 사람은 도로교통공단 또는 어린이 교육시설을 관리하는 주무기관의 장이 실시하는 어린이통학버스의 안전운행 등에 관한 교육(이하 "어린이통학버스 안전교육"이라 한다)을 받아야 한다.

ⓑ 어린이통학버스 안전교육은 다음 각 호의 구분에 따라 실시한다.
   ⓐ 신규 안전교육: 어린이통학버스를 운영하려는 사람과 운전하려는 사람을 대상으로 그 운영 또는 운전을 하기 전에 실시하는 교육
   ⓑ 정기 안전교육: 어린이통학버스를 계속하여 운영하는 사람과 운전하는 사람을 대상으로 2년마다 정기적으로 실시하는 교육

ⓒ 어린이통학버스를 운영하거나 운전하는 사람은 직전에 어린이통학버스 안전교육을 받은 날부터 기산하여 2년이 되는 날이 속하는 해의 1월 1일부터 12월 31일 사이에 정기 안전교육을 받아야 한다.

ⓓ 어린이통학버스를 운영하려는 사람은 어린이통학버스 안전교육을 받지 아니한 사람에게 어린이통학버스를 운전하게 하여서는 아니 된다.

ⓔ 어린이통학버스 안전교육은 다음 각 호의 사항에 대하여 강의·시청각교육 등의 방법으로 3시간 이상 실시한다.
   ⓐ 교통안전을 위한 어린이 행동특성
   ⓑ 어린이통학버스의 운영 등과 관련된 법령
   ⓒ 어린이통학버스의 주요 사고 사례 분석
   ⓓ 그 밖에 운전 및 승차·하차 중 어린이 보호를 위하여 필요한 사항

ⓕ 어린이통학버스 안전교육을 실시한 기관의 장은 어린이통학버스 안전교육을 이수한 사람에게 행정안전부령으로 정하는 교육확인증을 발급받아야 한다.

ⓖ 어린이통학버스 등의 운영자와 운전자는 발급받은 교육확인증을 다음 각 호의 구분에 따라 비치하여야 한다.
   ⓐ 운영자 교육확인증: 어린이교육시설 내부의 잘 보이는 곳
   ⓑ 운전자 교육확인증: 어린이통학버스 내부

5. 사고발생 시의 조치(법 제54조, 시행령 제32조)

① 차 또는 노면전차의 운전 등 교통으로 인하여 사람을 사상하거

나 물건을 손괴(이하 "교통사고"라고 한다)한 경우에는 그 차 또는 노면전차의 운전자나 그 밖의 승무원(이하 운전자 등"이라고 한다)은 즉시 정차하여 다음 각 호의 조치를 하여야 한다.
   ㉠ 사상자를 구호하는 등 필요한 조치
   ㉡ 피해자에게 인적 사항(성명·전화번호·주소 등) 제공

② 교통사고가 발생한 차 또는 노면전차의 운전자등은 경찰공무원이 현장에 있을 때에는 그 경찰공무원에게, 경찰공무원이 현장에 없을 때에는 가장 가까운 국가경찰관서(지구대·파출소 및 출장소를 포함)에 다음 각 호의 사항을 지체 없이 신고하여야 한다. 다만, 차 또는 노면전차만 손괴된 것이 분명하고 도로에서의 위험방지와 원활한 소통을 위하여 필요한 조치를 한 경우에는 그러하지 아니하다.
   ㉠ 사고가 일어난 곳
   ㉡ 사상자 수 및 부상 정도
   ㉢ 손괴한 물건 및 손괴 정도
   ㉣ 그 밖의 조치사항 등

③ 교통사고 신고를 받은 국가경찰관서의 경찰공무원은 부상자의 구호와 그 밖의 교통위험 방지를 위하여 필요하다고 인정하면 경찰공무원(자치경찰공무원은 제외)이 현장에 도착할 때까지 신고한 운전자 등에게 현장에서 대기할 것을 명할 수 있다.

④ 경찰공무원은 교통사고를 낸 차 또는 노면전차의 운전자등에 대하여 그 현장에서 부상자의 구호와 교통안전을 위하여 필요한 지시를 명할 수 있다.

⑤ 긴급자동차, 부상자를 운반 중인 차, 우편물자동차 및 노면전차 등의 운전자는 긴급한 경우에는 동승자로 하여금 사상자 구호 조치나 신고를 하게하고 운전을 계속할 수 있다.

⑥ 경찰공무원(자치경찰공무원은 제외)은 교통사고가 발생한 경우에는 대통령령으로 정하는 바에 따라 필요한 조치를 하여야 한다.

대통령령으로 정하는 바에 따라 취하는 필요한 조치

- 국가경찰공무원은 교통사고가 발생한 때에는 다음 각 호의 사항을 조사하여야 한다. 다만, ①부터 ④까지의 사항에 대한 조사 결과 사람이 죽거나 다치지 아니한 교통사고로서 교통사고처리 특례법 제3조제2항(처벌의 특례) 또는 제4조제1항(보험 등에 가입된 경우의 특례)에 따라 공소를 제기할 수 없는 경우에는 ⑤부터 ⑦까지의 사항에 대한 조사를 생략할 수 있다.
  ① 교통사고 발생일시 및 장소
  ② 교통사고 피해상황
  ③ 교통사고 관련자, 차량등록 및 보험가입 여부
  ④ 운전면허의 유효 여부, 술에 취하거나 약물을 투여한 상태에서의 운전 여부 및 부상자에 대한 구호조치 등 필요한 조치의 이행 여부
  ⑤ 운전자의 과실 유무
  ⑥ 교통사고 현장상황
  ⑦ 그 밖에 차량 또는 교통안전시설의 결함 등 교통사고 유발 요인 및 운행기록장치 등 증거의 수집 등과 관련하여 필요한 사항

6. 사고발생 시 조치에 대한 방해의 금지(법 제55조)

① 교통사고가 일어난 경우에는 누구든지 5. 사고발생 시의 조치 중 '①'항 및 '②'항에 따른 운전자등의 조치 또는 신고행위를 방해하여서는 아니 된다.

제1편 교통관련 법규 및 교통사고 유형

제5절 고속도로 및 자동차전용도로에서의 특례

1. 갓길 통행금지 등(법 제60조)

① 자동차의 운전자는 고속도로등에서 자동차의 고장 등 부득이한 사정이 있는 경우를 제외하고는 행전안전부령으로 정하는 차로에 따라 통행하여야 하며, 갓길('도로법'에 따른 길어깨를 말한다)로 통행하여서는 아니 된다. 다만, 다음 각 호의 어느 하나에 해당하는 경우에는 그러하지 아니하다.
  ㉠ 긴급자동차와 고속도로등의 보수·유지 등의 작업을 하는 자동차를 운전하는 경우
  ㉡ 차량정체 시 신호기 또는 경찰공무원등의 신호나 지시에 따라 갓길에서 자동차를 운전하는 경우

② 자동차의 운전자는 고속도로에서 다른 차를 앞지르려면 방향지시기, 등화 또는 경음기를 사용하여 행정안전부령으로 정하는 차로로 안전하게 통행하여야 한다.

2. 횡단·통행 등의 금지 등(법 제62조 내지 제63조)

① 자동차의 운전자는 그 차를 운전하여 고속도로 또는 자동차전용도로를 횡단하거나 유턴 또는 후진하여서는 아니 된다. 다만, 긴급자동차 또는 도로의 보수·유지 등의 작업을 하는 자동차 가운데 고속도로 또는 자동차전용도로에서 위험을 방지·제거하거나 교통사고에 대한 응급조치작업을 위한 자동차로서 그 목적을 위하여 반드시 필요한 경우에는 그러하지 아니하다.

② 자동차(이륜자동차는 긴급자동차만 해당) 외의 차마의 운전자 또는 보행자는 고속도로 또는 자동차전용도로를 통행하거나 횡단하여서는 아니 된다.

3. 고속도로 등에서의 정차 및 주차의 금지(법 제64조)

① 자동차의 운전자는 고속도로 또는 자동차전용도로에서 차를 정차하거나 주차시켜서는 아니 된다. 다만, 다음 각 호의 어느 하나에 해당하는 경우에는 그러하지 아니하다.
  ㉠ 법령의 규정 또는 경찰공무원(자치경찰공무원은 제외)의 지시에 따르거나 위험을 방지하기 위하여 일시 정차 또는 주차시키는 경우
  ㉡ 정차 또는 주차할 수 있도록 안전표지를 설치한 곳이나 정류장에서 정차 또는 주차시키는 경우
  ㉢ 고장이나 그 밖의 부득이한 사유로 길가장자리구역(갓길을 포함)에 정차 또는 주차시키는 경우
  ㉣ 통행료를 내기 위하여 통행료를 받는 곳에서 정차하는 경우
  ㉤ 도로의 관리자가 고속도로 또는 자동차전용도로를 보수·유지 또는 순회하기 위하여 정차 또는 주차시키는 경우
  ㉥ 경찰용 긴급자동차가 고속도로 또는 자동차전용도로에서 범죄수사, 교통단속이나 그 밖의 경찰임무를 수행하기 위하여 정차 또는 주차시키는 경우
  ㉦ 교통이 밀리거나 그 밖의 부득이한 사유로 움직일 수 없을 때에 고속도로 또는 자동차전용도로의 차로에 일시 정차 또는 주차시키는 경우

4. 고장 등의 조치(법 제66조, 시행규칙 제40조)

① 자동차의 운전자는 고장이나 그 밖의 사유로 고속도로등에서 자동차를 운행할 수 없게 되었을 때에는 고장자동차의 표지를 설치하여야 하며, 그 자동차를 고속도로등이 아닌 다른곳으로 옮겨 놓는 등의 필요한 조치를 하여야 한다.

② 자동차의 운전자는 고장자동차의 표지를 설치하는 경우 그 자동차의 후방에서 접근하는 자동차의 운전자가 확인할 수 있는 위치에 설치하여야 한다.

③ 밤에는 고장자동차의 표지와 함께 사방 500m 지점에서 식별할 수 있는 적색의 섬광 신호·전기제등 또는 불꽃신호를 추가로 설치하여야 한다.

5. 운전자의 고속도로 등에서의 준수사항(법 제67조, 시행규칙 제41조)

① 고속도로등을 운행하는 자동차의 운전자는 교통의 안전과 원활한 소통을 확보하기 위하여 고장자동차의 표지를 항상 비치하며, 고장이나 그 밖의 부득이한 사유로 자동차를 운행할 수 없게 되었을 때에는 자동차를 도로의 우측 가장자리에 정지시키고 행정안전부령으로 정하는 바에 따라 그 표지를 설치하여야 한다.

제6절 특별교통안전교육

1. 특별교통안전 의무교육(법 제73조, 시행령 제38조)

① 다음 각 호의 어느 하나에 해당하는 사람은 특별교통안전 의무교육을 받아야 한다.
  ㉠ 운전면허 취소처분을 받은 사람으로서 운전면허를 다시 받으려는 사람
    ⓐ 다음에 해당하는 사람은 제외한다.
      (1) 적성검사를 받지 아니하거나 그 적성검사를 불합격한 사람
      (2) 운전면허를 받은 사람이 자신의 운전면허를 실효시킬 목적으로 시·도경찰청장에게 자진하여 운전면허를 반납하는 경우. 다만, 실효시키려는 운전면허가 취소처분 또는 정지처분의 대상이거나 효력정지 기간 중인 경우는 제외한다.
  ㉡ 제93조제1항제1호·제5호·제5의2·제10호 및 제10호의2(술에 취한 상태에서의 운전, 공동위험행위, 난폭운전, 운전 중 고의 또는 과실로 교통사고를 일으킨 경우, 자동차등을 이용하여 특수상해, 특수폭행, 특수협박 또는 특수손괴를 위반하는 행위)에 해당하여 운전면허효력 정지처분을 받게 되거나 받은 사람으로서 그 정지기간이 끝나지 아니한 사람
  ㉢ 운전면허 취소처분 또는 운전면허효력 정지처분(제93조제1항제1호·제5호·제5의2·제10호 및 제10호의2에 해당하여 운전면허효력 정지처분 대상인 경우로 한정)이 면제된 사람으로서 면제된 날부터 1개월이 지나지 아니한 사람
  ㉣ 운전면허효력 정지처분을 받게 되거나 받은 초보운전자로서 그 정지기간이 끝나지 아니한 사람

② ① ㉡~㉣까지에 해당하는 사람이 다음 각 호의 어느 하나에 해당하는 사유로 특별교통안전 의무교육을 받을 수 없는 경우에는 행정안전부령으로 정하는 특별교통안전 의무교육 연기

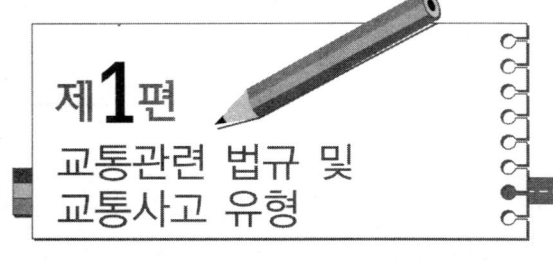

제1편
교통관련 법규 및 교통사고 유형

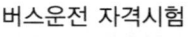
버스운전 자격시험

신청서에 그 연기 사유를 증명할 수 있는 서류를 첨부하여 경찰서장에서 제출하여야 한다. 이 경우 특별교통안전 의무교육을 연기받은 사람은 그 사유가 없어진 날부터 30일 이내에 특별교통안전 의무교육을 받아야 한다.

㉠ 질병이나 부상을 입어 거동이 불가능한 경우
㉡ 법령에 따라 신체의 자유를 구속당한 경우
㉢ 그 밖에 부득이한 사유라고 인정할 만한 상당한 이유가 있는 경우

2. 특별교통안전 권장교육(법 제73조, 시행령 제38조)

① 다음 각 호의 어느 하나에 해당하는 사람이 시ㆍ도경찰청장에게 신청하는 경우에는 대통령령으로 정하는 바에 따라 특별교통안전 권장교육을 받을 수 있다. 이 경우 권장교육을 받기 전 1년 이내에 해당 교육을 받지 아니한 사람에 한정한다.

㉠ 교통법규 위반 등 ① ㉡~㉣ 까지 사유 외의 사유로 인하여 운전면허효력 정지처분을 받게 되거나 받은 사람
㉡ 교통법규 위반 등으로 인하여 운전면허효력 정지처분을 받을 가능성이 있는 사람
㉢ ① ㉡~㉣ 까지 사유 외의 사유로 특별교통안전 의무교육을 받은 사람
㉣ 운전면허를 받은 사람 중 교육을 받으려는 날에 65세 이상인 사람

3. 특별교통안전교육(시행령 제38조)

① 특별교통안전 의무교육 및 특별교통안전 권장교육은 다음 각 호의 사항에 대하여 강의ㆍ시청각교육 또는 현장체험교육 등의 방법으로 3시간 이상 16시간 이하로 각각 실시한다.

㉠ 교통질서
㉡ 교통사고와 그 예방
㉢ 안전운전의 기초
㉣ 교통법규와 안전
㉤ 운전면허 및 자동차관리
㉥ 그 밖에 교통안전의 확보를 위하여 필요한 사항

제7절 운전면허

1. 운전면허

① 운전면허 종별 운전할 수 있는 차의 종류(법 제80조, 시행규칙 별표18)

운전면허 종별	구분	운전할 수 있는 차량
제1종	대형면허	• 승용자동차 • 승합자동차 • 화물자동차 • 건설기계 – 덤프트럭, 아스팔트살포기, 노상안정기 – 콘크리트믹서트럭, 콘크리트펌프, 천공기(트럭적재식) – 콘크리트믹서트레일러, 아스팔트콘크리트재생기 – 도로보수트럭, 3톤 미만의 지게차 • 특수자동차[대형견인차, 소형견인차 및 구난차(이하 "구난차등"이라 한다)는 제외] • 원동기장치자전거
	보통면허	• 승용자동차 • 승차정원 15인 이하의 승합자동차 • 적재중량 12톤 미만의 화물자동차 • 건설기계(도로를 운행하는 3톤 미만의 지게차에 한정) • 총중량 10톤 미만의 특수자동차(구난차 등은 제외) • 원동기장치자전거
	소형면허	• 3륜화물자동차 • 3륜승용자동차 • 원동기장치자전거
	특수면허	**대형견인차** – 견인형 특수자동차 – 제2종 보통면허로 운전할 수 있는 차량 **소형견인차** – 총중량 3.5톤 이하의 견인형 특수자동차 – 제2종 보통면허로 운전할 수 있는 차량 **구난차** – 구난형 특수자동차 – 제2종 보통면허로 운전할 수 있는 차량
제2종	보통면허	• 승용자동차 • 승차정원 10인 이하의 승합자동차 • 적재중량 4톤 이하 화물자동차 • 총중량 3.5톤 이하의 특수자동차(구난차 등은 제외) • 원동기장치자전거
	소형면허	• 이륜자동차(측차부를 포함) • 원동기장치자전거

※ 자동차관리법 제30조에 따라 자동차의 형식이 변경승인되거나, 같은법 제34조에 따라 자동차의 구조 또는 장치가 변경승인된 경우에는 다음의 구분에 의한 기준에 따라 이 표를 적용한다.

1. 자동차의 형식이 변경된 경우: 다음의 구분에 따른 정원 또는 중량 기준
   ① 차종이 변경되거나 승차정원 또는 적재중량이 증가한 경우: 변경승인 후의 차종이나 승차정원 또는 적재중량
   ② 차종의 변경없이 승차정원 또는 적재중량이 감소된 경우: 변경승인 전 승차정원 또는 적재중량

제1편 교통관련 법규 및 교통사고 유형

2. 자동차의 구조 또는 장치가 변경된 경우: 변경승인 전의 승차정원 또는 적재중량

② 운전면허를 받을 수 없는 사람(법 제82조제1항, 시행령 제42조)
  ㉠ 18세 미만(원동기장치자전거의 경우에는 16세 미만) 인 사람
  ㉡ 교통상의 위험과 장해를 일으킬 수 있는 정신질환자 또는 뇌전증환자로서 치매, 정신분열병, 분열형정동장애, 양극성 정동장애, 재발성 우울장애 등의 정신질환 또는 정신발육지연, 뇌전증 등으로 인하여 정상적인 운전을 할 수 없다고 해당 분야 전문의가 인정하는 사람
  ㉢ 듣지 못하는 사람(제1종 운전면허 중 대형면허·특수면허만 해당), 앞을 보지 못하는 사람(한쪽 눈만 보지 못하는 사람의 경우에는 제1종 운전면허 중 대형면허·특수면허만 해당)이나 다리·머리·척추나 그 밖의 신체장애로 인하여 앉아 있을 수 없는 사람 다만, 신체장애 정도에 적합하게 제작·승인된 자동차를 사용하여 정상적인 운전을 할 수 있는 경우는 제외
  ㉣ 양쪽 팔의 팔꿈치관절 이상을 잃은 사람이나 양쪽 팔을 전혀 쓸 수 없는 사람. 다만, 본인의 신체장애 정도에 적합하게 제작된 자동차를 이용하여 정상적인 운전을 할 수 있는 경우에는 그러하지 아니하다.
  ㉤ 교통상의 위험과 장해를 일으킬 수 있는 마약·대마, 향정신성의약품 또는 알코올 중독자로서 마약·대마·향정신성의약품 또는 알코올 관련 장애 등으로 인하여 정상적인 운전을 할 수 없다고 해당 분야 전문의가 인정하는 사람
  ㉥ 제1종 대형면허 또는 제1종 특수면허를 받으려는 경우로서 19세 미만이거나 자동차(이륜자동차는 제외)의 운전경험이 1년 미만인 사람

③ 다음 각 호에 해당하는 사람은 규정된 기간이 지나지 아니하면 운전면허를 받을 수 없다.(법 제82조제2항)
  ㉠ 무면허운전 등의 금지 또는 국제운전면허증에 의한 자동차등의 운전 금지(이하 "무면허 운전 금지 등)를 위반하여 자동차와 원동기장치자전거를 운전한 경우에는 그 위반한 날(운전면허효력 정지기간에 운전하여 취소된 경우에는 그 취소된 날)부터 1년(원동기장치자전거면허를 받으려는 경우에는 6개월, 공동 위험행위의 금지를 위반한 경우에는 그 위반한 날부터 1년), 다만, 사람을 사상한 후 필요한 조치 및 신고를 하지 아니한 경우에는 그 위반한 날부터 5년
  ㉡ 무면허운전 금지 등의 규정을 3회 이상 위반하여 자동차와 원동기장치자전거를 운전한 경우에는 그 위반한 날부터 2년
  ㉢ 다음 각 목의 경우에는 운전면허가 취소된 날(무면허운전 금지 등을 위반한 경우 그 위반한 날)부터 5년
    ⓐ 음주운전의 금지, 과로·질병·약물의 영향과 그 밖의 사유로 정상적으로 운전하지 못할 우려가 있는 상태에서의 운전금지, 공동위험행위의 금지를 위반(무면허운전 금지 등 위반포함)하여 사람을 사상한 후 필요한 조치 및 신고를 하지 아니한 경우
    ⓑ 음주운전의 금지를 위반(무면허운전 금지 등 위반 포함)하여 운전을 하다가 사람을 사망에 이르게 한 경우
  ㉣ 무면허운전 금지 등, 술에 취한 상태에서의 운전금지, 과로한 때 등의 운전금지, 공동 위험행위의 금지 규정에 따른 사유가 아닌 다른 사유로 사람을 사상한 후 사상자 구호조치 및 경찰 공무원 또는 국가경찰관서에 사고 신고의무를 위반한 경우에는 운전면허가 취소된 날부터 4년
  ㉤ 음주운전 또는 경찰공무원의 음주측정을 위반하여 운전을 하다가 2회 이상 교통사고를 일으킨 경우에는 운전면허가 취소된 날부터 3년, 자동차 및 원동기장치자전거를 이용하여 범죄행위를 하거나 다른 사람의 자동차 및 원동기장치자전거를 훔치거나 빼앗은 사람이 무면허운전 금지 규정을 위반하여 그 자동차 및 원동기장치자전거를 운전한 경우에는 그 위반한 날부터 3년
  ㉥ 다음 각 목의 경우에는 운전면허가 취소된 날(무면허운전 금지 등을 위반한 경우 그 위반한 날)부터 2년
    ⓐ 음주운전 또는 경찰공무원의 음주측정을 2회 이상 위반(무면허운전 금지 등 위반 포함)한 경우
    ⓑ 음주운전 또는 경찰공무원의 음주측정을 위반(무면허운전 금지 등 위반 포함)하여 교통사고를 일으킨 경우
    ⓒ 공동 위험행위의 금지를 2회 이상 위반(무면허운전 금지 등 위반 포함)한 경우
    ⓓ 운전면허를 받을 자격이 없는 사람이 운전면허를 받거나, 거짓이나 그 밖의 부정한 수단으로 운전면허를 받는 경우 또는 운전면허효력의 정지기간 중 운전면허증 또는 운전면허증을 갈음하는 증명서를 발급받은 사실이 드러난 경우
    ⓔ 다른 사람의 자동차 등을 훔치거나 빼앗은 경우
    ⓕ 다른 사람이 부정하게 운전면허를 받도록 하기 위하여 운전면허시험에 대신 응시한 경우
  ㉦ ㉠부터 ㉥까지의 내용에 따른 경우가 아닌 다른 사유로 운전면허가 취소된 경우에는 운전면허가 취소된 날부터 1년(원동기장치자전거면허를 받으려는 경우에는 6개월, 공동 위험행위의 금지 규정을 위반하여 운전면허가 취소된 경우에는 1년). 다만, 적성검사를 받지 아니하거나 그 적성검사에 불합격하여 운전면허가 취소된 사람 또는 제1종 운전면허를 받은 사람이 적성검사에 불합격되어 다시 제2종 운전면허를 받으려는 경우에는 그러하지 아니하다.
  ㉧ 운전면허효력 정지처분을 받고 있는 경우에는 그 정지기간

④ 다음 각 호의 규정에 따라 운전면허 취소처분을 받은 사람은 "③" 항에 따른 운전면허 결격기간이 끝났다 하여도 그 취소처분을 받은 이후에 특별교통안전 의무교육을 받지 아니하면 운전면허를 받을 수 없다.(법 제82조제3항, 법 제93조)
  ⓐ 술에 취한 상태에서 자동차 등을 운전한 경우
  ⓑ 술에 취한 상태에서의 운전금지 또는 경찰공무원의 음주측정 거부금지 규정을 위반(자동차등을 운전한 경우로 한정)한 사람이 다시 술에 취한 상태에서의 운전금지 규정을 위반하여 운전면허 정지 사유에 해당된 경우

ⓒ 술에 취한 상태에 있다고 인정할 만한 상당한 이유가 있음에도 불구하고 경찰공무원의 측정에 응하지 아니한 경우

ⓓ 약물의 영향으로 인하여 정상적으로 운전하지 못할 우려가 있는 상태에서 자동차와 원동기장치자전거를 운전한 경우

ⓔ 공동 위험행위, 난폭운전을 한 경우

ⓕ 교통사고로 사람을 사상한 후 사상자 구호조치, 경찰공무원 또는 국가경찰관서에 사고 신고의무 규정에 따른 필요한 조치 또는 신고를 하지 아니한 경우

ⓖ ②항 ㉡~㉤까지의 규정에 따른 운전면허를 받을 수 없는 사람에 해당된 경우

ⓗ 운전면허를 받을 수 없는 사람이 운전면허를 받거나 거짓이나 그 밖의 부정한 수단으로 운전면허를 받은 경우 또는 운전면허효력의 정지기간 중 운전면허증 또는 운전면허증을 갈음하는 증명서를 발급받은 사실이 드러난 경우

ⓘ 적성검사를 받지 아니하거나 그 적성검사에 불합격한 경우

ⓙ 운전 중 고의 또는 과실로 교통사고를 일으킨 경우

ⓚ 운전면허를 받은 사람이 자동차등을 이용하여 '형법' 특수상해, 특수폭행, 특수협박, 특수손괴를 위반하는 행위를 한 경우

ⓛ 운전면허를 받은 사람이 자동차등을 범죄의 도구나 장소로 이용하여 다음 각 목의 어느 하나의 죄를 범한 경우
가. 「국가보안법」중 제4조부터 제9조까지의 죄 및 같은 법 제12조 중 증거를 날조·인멸·은닉한 죄
나. 「형법」중 다음 어느 하나의 범죄
(1) 살인·사체유기 또는 방화
(2) 강도·강간 또는 강제추행
(3) 약취·유인 또는 감금
(4) 상습절도(절취한 물건을 운반한 경우에 한정한다)
(5) 교통방해(단체 또는 다중의 위력으로써 위반한 경우에 한정한다)

ⓜ 다른 사람의 자동차 등을 훔치거나 빼앗은 경우

ⓝ 다른 사람이 부정하게 운전면허를 받도록 하기 위하여 운전면허시험에 대신 응시한 경우

ⓞ 교통단속 임무를 수행하는 경찰공무원 및 시·군공무원을 폭행한 경우

ⓟ 운전면허증을 다른 사람에게 빌려주어 운전하게 하거나 다른 사람의 운전면허증을 빌려서 사용한 경우

ⓠ '자동차관리법'에 따라 등록되지 아니하거나 임시운행허가를 받지 아니한 자동차(이륜자동차 제외)를 운전한 경우

ⓡ 제1종 보통면허 및 제2종 보통면허를 받기 전에 연습운전면허의 취소 사유가 있었던 경우

ⓢ 다른 법률에 따라 관계 행정기관의 장이 운전면허의 취소처분 또는 정지처분을 요청한 경우

ⓣ 승차 또는 적재의 방법과 제한을 위반하여 화물자동차를 운전한 경우

ⓤ 도로교통법이나 이 법에 따른 명령 또는 처분을 위반한 경우

ⓥ 운전면허를 받은 사람이 자신의 운전면허를 실효시킬 목적으로 시·도경찰청장에게 자진하여 운전면허를 반납하는 경우. 다만, 실효시키려는 운전면허가 취소처분 또는 정지처분의 대상이거나 효력정지 기간 중인 경우는 제외한다.

2. 자동차 운전에 필요한 적성의 기준(시행령 제45조)

① 시력(교정시력을 포함)
㉠ 제1종 운전면허: 두 눈을 동시에 뜨고 잰 시력이 0.8 이상이고, 두 눈의 시력이 각각 0.5 이상일 것. 다만, 한쪽 눈을 보지 못하는 사람이 보통면허를 취득하려는 경우에는 다른 쪽 눈의 시력이 0.8이상이고, 수평시야가 120도 이상이며, 수직시야가 20도 이상이고, 중심시야 20도 내 암점 또는 반맹이 없어야 한다.
㉡ 제2종 운전면허: 두 눈을 동시에 뜨고 잰 시력이 0.5 이상일 것. 다만, 한쪽 눈을 보지 못하는 사람은 다른 쪽 눈의 시력이 0.6 이상일 것

② 붉은색·녹색 및 노란색을 구별할 수 있을 것

③ 55데시벨(보청기를 사용하는 사람은 40데시벨)의 소리를 들을 수 있을 것: 제1종 운전면허 중 대형면허 또는 특수면허를 취득하려는 경우에만 적용

④ 조향장치나 그 밖의 장치를 뜻대로 조작할 수 없는 등 정상적인 운전을 할 수 없다고 인정되는 신체상 또는 정신상의 장애가 없을 것. 다만, 보조수단이나 신체장애 정도에 따라 적합하게 제작·승인된 자동차를 사용하여 정상적인 운전을 할 수 있다고 인정되는 경우는 그러하지 아니하다.

3. 운전면허의 정지·취소처분 기준(시행규칙 제91조, 별표 28)

① 일반기준
㉠ 용어의 정의
ⓐ "벌점"이라 함은, 행정처분의 기초자료로 활용하기 위하여 법규위반 또는 사고야기에 대하여 그 위반의 경중, 피해의 정도 등에 따라 배점되는 점수를 말한다.
ⓑ "누산점수"라 함은 위반·사고시의 벌점을 누적하여 합산한 점수에서 상계치(무위반·무사고 기간 경과 시에 부여되는 점수 등)를 뺀 점수를 말한다. 다만, '㉢ 정지처분 개별기준'의 7란(출석기간 또는 범칙금 납부기간 만료일부터 60일이 경과될 때까지 즉결심판을 받지 아니한 때)에 의한 벌점은 누산점수에 이를 산입하지 아니하되, 범칙금 미납 벌점을 받은 날을 기준으로 과거 3년간 2회 이상 범칙금을 납부하지 아니하여 벌점을 받은 사실이 있는 경우에는 누산점수에 산입한다.
[누산점수=매 위반·사고 시 벌점의 누적 합산치-상계치]
ⓒ "처분벌점"이라 함은, 구체적인 법규위반·사고야기에 대하여 앞으로 정지처분기준을 적용하는데 필요한 벌점으로서, 누산점수에서 이미 정지처분이 집행된 벌점의 합계치를 뺀 점수를 말한다.
처분벌점=누산점수-이미 처분이 집행된 벌점의 합계치
=매 위반·사고 시 벌점의 누적 합산치-상계치-이미 처분이 집행된 벌점의 합계치

ⓒ 벌점의 종합관리
  ⓐ 누산점수의 관리
    법규위반 또는 교통사고로 인한 벌점은 행정처분기준을 적용하고자 하는 당해 위반 또는 사고가 있었던 날을 기준으로 하여 과거 3년간의 모든 벌점을 누산하여 관리한다.
  ⓑ 무위반·무사고기간 경과로 벌점 소멸
    처분벌점이 40점 미만인 경우에, 최종의 위반일 또는 사고일로부터 위반 및 사고 없이 1년이 경과한 때에는 그 처분벌점은 소멸한다.
  ⓒ 벌점 공제
    • 인적 피해 있는 교통사고를 야기하고 도주한 차량의 운전자를 검거하거나 신고하여 검거하게 한 운전자(교통사고의 피해자가 아닌 경우로 한정한다)에게는 검거 또는 신고할 때마다 40점의 특혜점수를 부여하여 기간에 관계없이 그 운전자가 정지 또는 취소처분을 받게 될 경우 누산점수에서 이를 공제한다. 이 경우 공제되는 점수는 40점 단위로 한다.
    • 경찰청장이 정하여 고시하는 바에 따라 무위반·무사고 서약을 하고 1년간 이를 실천한 운전자에게는 실천할 때마다 10점의 특혜점수를 부여하여 기간에 관계없이 그 운전자가 정지처분을 받게 될 경우 누산점수에서 이를 공제하되, 공제되는 점수는 10점 단위로 한다. 다만, 교통사고로 사람을 사망에 이르게 하거나 법 제93조제1항제1호·제5호의2 및 제10호의2 중 어느 하나에 해당하는 사유로 정지처분을 받게 될 경우에는 공제할 수 없다.
  ⓓ 개별기준 적용에 있어서의 벌점 합산(법규위반으로 교통사고를 야기한 경우)
    법규위반으로 교통사고를 야기한 경우에는 '③. 정지처분 개별기준' 중 다음의 각 벌점을 모두 합산한다.
    (1) 1) 도로교통법이나 이 법에 의한 명령을 위반한 때 (교통사고의 원인이 된 법규위반이 둘 이상인 경우에는 그 중 가장 중한 것 하나만 적용한다.)
    (2) 2) 교통사고를 일으킨 때 (가) 사고결과에 따른 벌점
    (3) 2) 교통사고를 일으킨 때 (나) 조치 등 불이행에 따른 벌점
  ⓔ 정지처분 대상자의 임시운전 증명서
    경찰서장은 면허 정지처분 대상자가 면허증을 반납한 경우에는 본인이 희망하는 기간을 참작하여 40일 이내의 유효기간을 정하여 별지 제79호서식의 임시운전 증명서를 발급하고, 동 증명서의 유효기간 만료일 다음 날부터 소정의 정지처분을 집행하며, 당해 면허정지처분 대상자가 정지처분을 즉시 받고자 하는 경우에는 임시운전 증명서를 발급하지 않고 즉시 운전면허 정지처분을 집행할 수 있다.

ⓒ 벌점 등 초과로 인한 운전면허의 취소·정지
  ⓐ 벌점·누산점수 초과로 인한 면허 취소
    1회의 위반·사고로 인한 벌점 또는 연간 누산점수가 다음 표의 벌점 또는 누산점수에 도달한 때에는 그 운전면허를 취소한다.

기간	벌점 또는 누산점수
1년간	121점 이상
2년간	201점 이상
3년간	271점 이상

  ⓑ 벌점·처분벌점 초과로 인한 면허 정지
    운전면허 정지처분은 1회의 위반·사고로 인한 벌점 또는 처분벌점이 40점 이상이 된 때부터 결정하여 집행하되, 원칙적으로 1점을 1일로 계산하여 집행한다.
  ⓓ 처분벌점 및 정지처분 집행일수의 감경
    ⓐ 특별교통안전교육에 따른 처분벌점 및 정지처분집행일수의 감경
      (1) 처분벌점이 40점 미만인 사람이 특별교통안전 권장교육 중 벌점감경교육을 마친 경우에는 경찰서장에게 교육필증을 제출한 날부터 처분벌점에서 20점을 감경한다.
      (2) 운전면허 정지처분을 받게 되거나 받은 사람이 특별교통안전 의무교육이나 특별교통안전 권장교육 중 법규준수교육(권장)을 마친 경우에는 경찰서장에게 교육필증을 제출한 날부터 정지처분기간에서 20일을 감경한다. 다만, 해당 위반행위에 대하여 운전면허행정처분 이의심의위원회의 심의를 거치거나 행정심판 또는 행정소송을 통하여 행정처분이 감경된 경우에는 정지처분 기간을 추가로 감경하지 아니하고, 정지처분이 감경된 때에 한정하여 누산점수를 20점 감경한다.
      (3) 운전면허 정지처분을 받게 되거나 받은 사람이 특별교통안전 의무교육이나 특별교통안전 권장교육 중 법규준수교육(권장)을 마친 후에 특별교통안전 권장교육 중 현장참여교육을 마친 경우에는 경찰서장에게 교육필증을 제출한 날부터 정지처분기간에서 30일을 추가로 감경한다. 다만, 해당 위반행위에 대하여 운전면허행정처분 이의심의위원회의 심의를 거치거나 행정심판 또는 행정소송을 통하여 행정처분이 감경된 경우에는 그러하지 아니하다.
    ⓑ 모범운전자에 대한 처분집행일수 감경
      모범운전자에 대하여는 면허 정지처분의 집행기간을 2분의 1로 감경한다. 다만, 처분벌점에 교통사고 야기로 인한 벌점이 포함된 경우에는 감경하지 아니한다.
    ⓒ 정지처분 집행일수의 계산에 있어서 단수의 불산입 등: 정지처분 집행일수의 계산에 있어서 단수는 이를 산입하지 아니하며, 본래의 정지처분 기간과 가산일

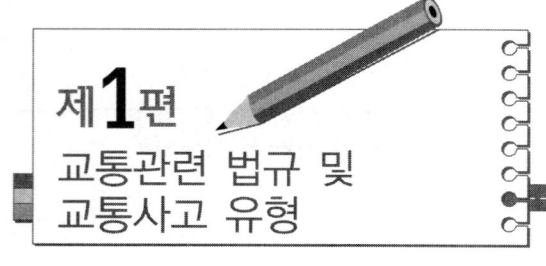

제1편
교통관련 법규 및 교통사고 유형

버스운전 자격시험

수의 합계는 1년을 초과할 수 없다.

ⓔ 행정처분의 취소

교통사고(법규위반을 포함한다)가 법원의 판결로 무죄확정(혐의가 없거나 죄가 되지 아니하여 불기소처분된 경우를 포함한다. 이하 이 목에서 같다)된 경우에는 즉시 그 운전면허 행정처분을 취소하고 당해 사고 또는 위반으로 인한 벌점을 삭제한다. 다만, 법 제82조제1항제2호(운전면허 결격사유 중 교통상의 위험과 장애를 일으킬 수 있는 정신질환자 또는 뇌전증환자로서 대통령령으로 정하는 사람) 또는 제5호(운전면허 결격사유 중 교통상의 위험과 장애를 일으킬 수 있는 마약·대마·향정신성의약품 또는 알코올 중독자로서 대통령령으로 정하는 사람)에 따른 사유로 무죄가 확정된 경우에는 그러하지 아니하다.

ⓑ 처분기준의 감경

ⓐ 감경사유

(1) 음주운전으로 운전면허 취소처분 또는 정지처분을 받은 경우

운전이 가족의 생계를 유지할 중요한 수단이 되거나, 모범운전자로서 처분당시 3년 이상 교통봉사활동에 종사하고 있거나, 교통사고를 일으키고 도주한 운전자를 검거하여 경찰서장 이상의 표창을 받은 사람으로서 다음의 어느 하나에 해당되는 경우가 없어야 한다.

(가) 혈중알콜농도가 0.1퍼센트를 초과하여 운전한 경우

(나) 음주운전 중 인적피해 교통사고를 일으킨 경우

(다) 경찰관의 음주측정요구에 불응하거나 도주한 때 또는 단속경찰관을 폭행한 경우

(라) 과거 5년 이내에 3회 이상의 인적피해 교통사고의 전력이 있는 경우

(마) 과거 5년 이내에 음주운전의 전력이 있는 경우

(2) 벌점·누산점수 초과로 인하여 운전면허 취소처분을 받은 경우

운전이 가족의 생계를 유지할 중요한 수단이 되거나, 모범운전자로서 처분당시 3년 이상 교통봉사활동에 종사하고 있거나, 교통사고를 일으키고 도주한 운전자를 검거하여 경찰서장 이상의 표창을 받은 사람으로서 다음의 어느 하나에 해당되는 경우가 없어야 한다.

(가) 과거 5년 이내에 운전면허 취소처분을 받은 전력이 있는 경우

(나) 과거 5년 이내에 3회 이상 인적피해 교통사고를 일으킨 경우

(다) 과거 5년 이내에 3회 이상 운전면허 정지처분을 받은 전력이 있는 경우

(라) 과거 5년 이내에 운전면허행정처분 이의심의위원회의 심의를 거치거나 행정심판 또는 행정소송을 통하여 행정처분이 감경된 경우

(3) 그 밖에 정기적성검사 또는 운전면허증 갱신교부에 대한 연기신청을 할 수 없었던 불가피한 사유가 있는 등으로 취소처분 개별기준 및 정지처분 개별기준을 적용하는 것이 현저히 불합리하다고 인정되는 경우

ⓑ 감경기준

위반행위에 대한 처분기준이 운전면허의 취소처분에 해당하는 경우에는 해당 위반행위에 대한 처분벌점을 110점으로 하고, 운전면허의 정지처분에 해당하는 경우에는 그 처분기준의 2분의 1로 감경한다. 다만, ⓒ의 ⓐ에 따른 벌점·누산점수 초과로 인한 면허취소에 해당하는 경우에는 면허가 취소되기 전의 누산점수 및 처분벌점을 모두 합산하여 처분벌점을 110점으로 한다.

ⓒ 처리절차

ⓐ의 감경사유에 해당하는 사람은 행정처분을 받은 날(정기적성검사를 받지 아니하여 운전면허가 취소된 경우에는 행정처분이 있음을 안 날)부터 60일 이내에 그 행정처분에 관하여 주소지를 관할하는 시·도경찰청장에게 이의신청을 하여야 하며, 이의신청을 받은 시·도경찰청장은 도로교통법 시행규칙 제96조에 따른 운전면허행정처분 이의심의위원회의 심의·의결을 거쳐 처분을 감경할 수 있다.

② 취소처분 개별기준

일련번호	위반사항	내용
1	교통사고를 일으키고 구호조치를 하지 아니한 때	• 교통사고로 사람을 죽게 하거나 다치게 하고, 구호조치를 아니 한 때
2	술에 취한 상태에서 운전 한 때	• 술에 취한 상태의 기준(혈중알크올농도 0.03%이상)을 넘어서 운전을 하다가 교통사고로 사람을 죽게 하거나 다치게 한 때 • 혈중알코올농도 0.08% 이상의 상태에서 운전한 때 • 술에 취한 상태의 기준을 넘어 운전하거나 술에 취한 상태의 측정에 불응한 사람이 다시 술에 취한 상태(혈중알코올농도 0.03%이상)에서 운전한 때

제1편 교통관련 법규 및 교통사고 유형

일련번호	위반사항	내용
3	술에 취한 상태의 측정에 불응할 때	• 술에 취한 상태에서 운전하거나 술에 취한 상태에서 운전하였다고 인정할 만한 상당한 이유가 있음에도 불구하고 경찰공무원의 측정요구에 불응한 때
4	다른 사람에게 운전면허증 대여 (도난, 분실 제외)	• 면허증 소지자가 다른 사람에게 면허증을 대여하여 운전하게 한 때 • 면허 취득자가 다른 사람의 면허증을 대여 받거나 그 밖에 부정한 방법으로 입수한 면허증으로 운전한 때
5	결격사유에 해당	• 교통상의 위험과 장해를 일으킬 수 있는 정신질환자 또는 뇌전증환자로서 영 제42조제1항에 해당하는 사람 • 앞을 보지 못하는 사람, 한쪽 눈만 보지 못하는 사람의 경우에는 제1종 운전면허 중 대형면허·특수면허로 한정 • 듣지 못하는 사람(제1종 운전면허 중 대형면허·특수면허로 한정) • 양 팔의 팔꿈치 관절 이상을 잃은 사람, 또는 양팔을 전혀 쓸 수 없는 사람. 다만, 본인의 신체장애 정도에 적합하게 제작된 자동차를 이용하여 정상적으로 운전할 수 있는 경우에는 그러하지 아니하다. • 다리, 머리, 척추 그 밖의 신체장애로 인하여 앉아 있을 수 없는 사람 • 교통상의 위험과 장해를 일으킬 수 있는 마약, 대마, 향정신성 의약품 또는 알코올중독자로서 영 제42조제3항에 해당하는 사람
6	약물을 사용한 상태에서 자동차 등을 운전한 때	• 약물(마약·대마·향정신성의약품 및 '유해화학물질 관리법 시행령' 제25조에 따른 환각물질)의 투약·흡연·섭취·주사 등으로 정상적인 운전을 하지 못할 염려가 있는 상태에서 자동차 등을 운전한 때
6의2	공동위험행위	• 도로교통법 제64조제1항을 위반하여 공동위험행위로 구속된 때
6의3	난폭운전	• 도로교통법 제46조의3을 위반하여 난폭운전으로 구속된 때
7	정기적성검사 불합격 또는 정기적성검사 기간 1년 경과	• 정기적성검사에 불합격하거나 적성검사기간 만료일 다음 날부터 적성검사를 받지 아니하고 1년을 초과한 때
8	수시적성검사 불합격 또는 수시적성검사 기간 경과	• 수시 적성검사에 불합격하거나 수시 적성검사 기간을 초과한 때
10	운전면허 행정처분기간중 운전행위	• 운전면허 행정처분 기간 중에 운전한 때
11	허위 또는 부정한 수단으로 운전면허를 받는 경우	• 허위·부정한 수단으로 운전면허를 받은 때 • 도로교통법 제82조에 따른 결격사유에 해당하여 운전면허를 받을 자격이 없는 사람이 운전면허를 받은 때 • 운전면허 효력의 정지기간 중에 면허증 또는 운전면허증에 갈음하는 증명서를 교부받은 사실이 드러난 때
12	등록 또는 임시운행 허가를 받지 아니한 자동차를 운전할 때	• '자동차관리법'에 따라 등록되지 아니하거나 임시운행 허가를 받지 아니한 자동차(이륜자동차를 제외한다)를 운전한 때
12의2	자동차 등을 이용하여 형법상 특수상해 등을 행한 때(보복운전)	• 자동차 등을 이용하여 형법상 특수상해, 특수폭행, 특수협박, 특수손괴를 행하여 구속된 때
13	삭제〈2018. 9. 28〉	
14	삭제〈2018. 9. 28〉	
15	다른 사람을 위하여 운전면허시험에 응시할 때	• 운전면허를 가진 사람이 다른 사람을 부정하게 합격시키기 위하여 운전면허시험에 응시한 때
16	운전자가 단속 경찰공무원 등에 대한 폭행	• 단속하는 경찰공무원 등 및 시·군·구 공무원을 폭행하여 형사입건된 때
17	연습면허 취소사유가 있었던 경우	• 제1종 보통 및 제2종 보통면허를 받기 이전에 연습면허의 취소사유가 있었던 때(연습면허에 대한 취소절차진행 중 제1종 보통 및 제2종 보통면허를 받은 경우를 포함한다)

③ 정지처분 개별기준
　㉠ 도로교통법이나 도로교통법에 의한 명령을 위반한 때

범칙행위	벌점
2. 술에 취한 상태의 기준을 넘어서 운전한 때(혈중 알콜농도 0.03% 이상 0.08% 미만)-제44조제1항 위반	100
2의2. 자동차 등을 이용하여 형법상 특수상해 등(보복운전)을 하여 입건된 때-제93조	
3. 속도위반(60km/h 초과)-제17조제3항	60
4. 정차·주차위반에 대한 조치불응(단체에 소속되거나 다수인에 포함되어 경찰공무원의 3회 이상의 이동명령에 따르지 아니하고 교통을 방해한 경우에 한한다)-제35조제1항 위반	40
4의2. 공동위험행위로 형사입건된 때-제46조제1항 위반	
4의3. 난폭운전으로 형사입건된 때-제46조의3	
5. 안전운전의무위반(단체에 소속되거나 다수인에 포함되어 경찰공무원의 3회 이상의 안전운전 지시에 따르지 아니하고 타인에게 위험과 장해를 주는 속도나 방법으로 운전한 경우)-제48조 위반	
6. 승객의 차내 소란행위 방치 운전-제49조제1항제9조 위반	
7. 출석기간 또는 범칙금 납부기간 만료일부터 60일이 경과될 때까지 즉결심판을 받지 아니한 때-제138조및 제165조 위반	

제1절 교통관련 법규 및 교통사고 유형

범칙행위 및 범칙금액

범칙행위	범칙금
8. 통행구분 위반(중앙선 침범에 한함)—제13조제3항	
9. 속도위반(40km/h 초과 60km/h 이하)—제17조제3항	
10. 횡단보행자 통행방해—제27조	
10의2. 어린이통학버스 특별보호 위반—제51조	
10의3. 어린이통학버스 운전자의 의무위반(좌석안전띠를 매도록 하지 아니한 운전자는 제외한다.)—제53조제1항·제2항·제4항 및 제53조	30
11. 고속도로·자동차전용도로 갓길통행—제60조제1항	
12. 고속도로버스전용차로·다인승전용차로 통행위반—제61조제2항	
13. 운전면허증 등의 제시의무위반 또는 운전자 신원확인을 위한 경찰공무원의 질문에 불응—제92조제2항	
14. 신호·지시위반—제5조	
15. 속도위반(20km/h 초과 40km/h 이하)—제17조제3항	
15의2. 속도위반(어린이보호구역 안에서 오전 8시부터 오후 8시까지 사이에 제한속도를 20km/h 이내에서 초과한 경우에 한정한다)—제17조제3항	
16. 앞지르기 금지시기·장소위반—제22조	
16의2. 적재 제한 위반 또는 적재물 추락 방지 위반—제39조제1항·제4항	15
17. 운전 중 휴대용 전화 사용—제49조제1항제10호	
17의2. 운전 중 운전자가 볼 수 있는 위치에 영상 표시—제49조제1항제11호	
17의3. 운전 중 영상표시장치 조작—제49조제1항제11호의2	
18. 운행기록계 미설치 자동차 운전금지 등의 위반—제50조제5항	
20. 통행금지·제한 위반—제6조제1항·제2항 및 제4항, 또는 통행방법 위반—제13조·제14조	
21. 일반도로 전용차로(자전거전용도로 포함) 통행위반—제15조제3항	
14제2항등, 제60조제1항	
22. 안전거리 미확보(진로변경 방법 위반 포함)—제19조	
23. 앞지르기 방법(자전거 통행방법 포함)—제19조·제3항 또는 제21조제1항·제3항	10
24. 보행자 보호 불이행—제12조제1항·제2항, 제60조제1항 등	
25. 승객차 안 등 불켜기—제37조(끼어들기 포함) 한다	
26. 승객의 차 안 소란행위 방치운전—제49조제1항제3호의 한다	
27. 안전운전 의무 위반—제48조	
28. 노상시비·다툼 등으로 차마의 통행 방해행위—제49조제1항제5호 한다	
30. 돌·유리병·쇳조각 그 밖에 도로에 있는 사람이나 차마를 손상시킬 우려가 있는 물건을 던지거나 발사하는 행위—제68조제3항제2호	
31. 도로를 통행하고 있는 차마에서 밖으로 물건을 던지는 행위—제68조제3항제5호	

주:
1. 범칙금 납부기간 만료일부터 60일이 경과되기까지 즉결심판을 받지 아니하여 범칙금이 대상자가 되었거나, 즉결심판을 받고 범칙금이 아닌 기간 중에 범칙금이 납부하지 않고 그 100분의 50을 더한 금액을 납부하고 즉결심판을 취소하지 않은 경우이거나 그 즉결심판에서 면제되었다가, 다만, 즉결심판을 받지 아니하여 범칙금이 대상자가 되었으나 그 납부기간 이내에 납부한 경우에는 대상에 포함되지 아니한다.

㉠ 자동차등의 운전 중 교통사고를 일으킨 때

구분	벌점	내용
인적피해 교통사고	90	사망 1명마다 사고발생 시로부터 72시간 내에 사망한 때
	15	중상 1명마다 3주 이상의 치료를 요하는 의사의 진단이 있는 사고
	5	경상 1명마다 3주 미만 5일 이상의 치료를 요하는 의사의 진단이 있는 사고
	2	부상신고 1명마다 5일 미만의 치료를 요하는 의사의 진단이 있는 사고

비고

1. 교통사고 발생 원인이 불가항력이거나 피해자의 명백한 과실인 때에는 행정처분을 하지 아니한다.
2. 자동차등 대 사람 교통사고의 경우 쌍방과실인 때에는 그 벌점을 2분의 1로 감경한다.
3. 자동차등 대 자동차등 교통사고의 경우에는 그 사고원인 중 중한 위반행위를 한 운전자만 적용한다.
4. 교통사고로 인한 벌점산정에 있어서 처분 받을 운전자 본인의 피해에 대해서는 벌점을 산정하지 아니한다.

㉡ 조치 등 불이행에 따른 벌점기준

불이행사항	적용법조 (도로교통법)	벌점	내용
교통사고 야기 시 조치불이행	제54조 제1항	15	1. 물적 피해가 발생한 교통사고를 일으킨 후 도주한 때
		30	2. 교통사고를 일으킨 즉시(그때, 그 자리에서 곧)사상자를 구호하는 등의 조치를 하지 아니하였으나 그 후 자진신고를 한 때 가. 고속도로, 특별시·광역시 및 시의 관할구역과 군(광역시의 군을 제외한다)의 관할구역 중 경찰관서가 위치하는 리 또는 동 지역에서 3시간(그 밖의 지역에서는 12시간) 이내에 자진신고를 한 때
		60	나. 가.에 따른 시간 후 48시간 이내에 자진신고를 한 때

버스운전 자격시험

제1편 교통관련 법규 및 교통사고 유형

④ 자동차 등 이용 범죄 및 자동차 등 강도·절도 시의 운전면허 행정처분 기준

(취소처분 기준)

일련번호	위반사항	적용법조 (도로교통법)	내용
1	자동차 등을 다음 범죄의 도구나 장소로 이용한 경우 • 「국가보안법」중 제4조부터 제9조까지의 죄 및 같은 법 제12조 중 증거를 날조·인멸·은닉한 죄 • 「형법」중 다음 어느 하나의 범죄 – 살인, 사체유기, 방화 – 강도, 강간, 강제추행 – 약취·유인·감금 – 상습절도(절취한 물건을 운반한 경우에 한정한다) – 교통방해(단체 또는 다중의 위력으로써 위반한 경우에 한정한다)	제93조 제1항제11호	• 자동차 등을 법정형 상한이 유기징역 10년을 초과하는 범죄의 도구나 장소로 이용한 경우 • 자동차 등을 범죄의 도구나 장소로 이용하여 운전면허 취소·정지 처분을 받은 사실이 있는 사람이 다시 자동차 등을 범죄의 도구나 장소로 이용한 경우. 다만, 일반 교통방해죄의 경우는 제외한다.
2	다른 사람의 자동차 등을 훔치거나 빼앗은 경우	제93조 제1항제12호	• 다른 사람의 자동차 등을 빼앗아 이를 운전한 경우 • 다른 사람의 자동차 등을 훔치거나 빼앗아 이를 운전하여 운전면허 취소·정지 처분을 받은 사실이 있는 사람이 다시 자동차 등을 훔치고 이를 운전한 경우

(정지처분 기준)

일련번호	위반사항	적용법조 (도로교통법)	내용	벌점
1	자동차 등을 다음 범죄의 도구나 장소로 이용한 경우 • 「국가보안법」중 제5조, 제6조, 제8조, 제9조 및 같은 법 제12조 중 증거를 날조·인멸·은닉한 죄 • 「형법」중 다음 어느 하나의 범죄 – 살인, 사체유기, 방화 – 강간·강제추행 – 약취·유인·감금 – 상습절도(절취한 물건을 운반한 경우에 한정한다) – 교통방해(단체 또는 다중의 위력으로써 위반한 경우에 한정한다)	제93조 제1항제11호	• 자동차 등을 법정형상한이 유기징역 10년 이하인 범죄의 도구나 장소로 이용한 경우	100
2	다른 사람의 자동차 등을 훔친 경우	제93조 제1항제12호	• 다른 사람의 자동차 등을 훔치고 이를 운전한 경우	100

1. 행정처분의 대상이 되는 범죄행위가 2개 이상의 죄에 해당하는 경우, 실체적 경합관계에 있으면 각각의 범죄행위의 법정형 상한을 기준으로 행정처분을 하고, 상상적 경합관계에 있으면 가장 중한 죄에서 정한 법정형 상한을 기준으로 행정처분을 한다.
2. 범죄행위가 예비·음모에 그치거나 과실로 인한 경우에는 행정처분을 하지 아니한다.
3. 범죄행위가 미수에 그친 경우 위반행위에 대한 처분기준이 운전면허의 취소처분에 해당하면 해당 위반행위에 대한 처분벌점을 110점으로 하고, 운전면허의 정지처분에 해당하면 처분 집행일수의 2분의 1로 감경한다.

제1장 교통관련 법규 및 교통사고 유형

제8절 범칙행위 및 범칙금액(승용자동차 등)

1. 운전자에게 부과되는 범칙행위 및 범칙금액 (시행령별표8)

범칙금액	범칙행위 (승용자동차 등)
13만원	1. 속도위반(60km/h 초과) 1의2. 어린이통학버스 운전자의 의무위반(좌석안전띠를 매도록 하지 않은 경우 등은 제외) 1의4. 인적사항 제공의무 위반(주·정차된 차만 손괴한 것이 분명한 경우에 한정한다)
10만원	2. 속도위반(40km/h 초과 60km/h 이하) 3. 승객의 차 안 소란행위 방치 운전 3의2. 어린이통학버스 특별보호 위반 4. 인명보호장구 미착용 5. 통행구분 위반 5의2. 자전거횡단도 앞 일시정지 의무 위반 6. 속도위반(20km/h 초과 40km/h 이하) 7. 횡단·유턴·후진 위반 8. 앞지르기 방법 위반 9. 앞지르기 금지시기·장소위반 10. 철길건널목 통과방법 위반 11. 회전교차로 통행방법 위반(통행 방향에 따라 회전하지 않는 경우 포함) 12. 횡단보도 보행자 횡단 방해(신호 또는 지시에 따라 도로를 횡단하는 보행자의 통행 방해를 포함) 12의2. 신호·지시 위반 12의3. 신호·지시 위반
7만원	12의3. 신호위반에 따른 긴급자동차에 대한 양보·일시정지 위반 13. 주차금지위반 등 긴급자동차에 대한 피양의무 불이행 14. 어린이·앞을 보지 못하는 사람 등의 보호 위반 15. 운전 중 휴대용 전화 사용 15의2. 운전 중 운전자가 볼 수 있는 위치에 영상 표시 15의3. 운전 중 영상표시장치 조작 16. 운행기록계 미설치 자동차 운전금지 등의 위반 19. 고속도로·자동차전용도로 갓길통행 20. 고속도로버스전용차로·다인승전용차로 통행위반 21. 통행금지·제한위반 22. 일반도로 전용차로 통행위반 22의2. 노면전차 전용로 통행위반 23. 고속도로·자동차전용도로 안전거리 미확보 24. 앞지르기의 방해금지위반 25. 교차로 통행방법위반 25의2. 회전교차로 진입·진행방법 위반 26. 교차로에서의 양보운전위반 27. 보행자의 통행방해 또는 보호 불이행 29. 정차·주차금지 위반(제10조의3제2항에 따라 안전표지가 설치된 곳에서의 정차·주차금지 위반은 제외) 30. 주차금지위반 31. 정차·주차방법 위반 31의2. 경사진 곳에서의 정차·주차방법 위반 32. 정차·주차 위반에 대한 조치 불응 33. 적재제한 위반, 적재물 추락방지 위반 또는 영유아나 동물을 안고 운전하는 행위
5만원	34. 안전운전의무위반 35. 도로에서의 시비·다툼 등으로 차마의 통행을 방해하는 행위 36. 급발진, 급가속, 엔진 공회전 또는 반복적·연속적인 경음기 울림으로 소음발생행위 37. 화물 적재함에의 승객 탑승 운행 행위 38. 개인형 이동장치 인명보호 장구 미착용 38의3. 자동등화장치 미작동 운전자의 인명보호 장구 착용의무 위반 39. 고속도로 지정차로 통행위반 40. 고속도로·자동차전용도로 횡단·유턴·후진위반 41. 고속도로·자동차전용도로 정차·주차금지 위반 42. 고속도로 진입위반 43. 고속도로·자동차전용도로에서의 고장 등의 경우 조치 불이행
3만원	44. 혼잡 완화조치위반 45. 차로통행 준수의무 위반, 지정차로 통행위반, 차로 너비보다 넓은 차 통행금지 위반(진로 변경 금지 장소에서의 진로 변경을 포함) 46. 속도위반(20km/h 이하) 47. 진로 변경방법위반 48. 급제동 금지 위반 49. 끼어들기 금지 위반 50. 서행의무 위반 51. 일시정지 위반 52. 방향전환·진로변경 시 신호 불이행 53. 운전석 이탈 시 안전확보 불이행 54. 동승자 등의 안전을 위한 조치 위반 55. 시·도경찰청 지정·공고 사항 위반 56. 좌석안전띠 미착용 57. 이륜자동차·원동기장치자전거(개인형 이동장치는 제외) 인명보호 장구 미착용 58. 어린이통학버스와 비슷한 도색·표지 금지 위반
2만원	59. 최저속도 위반 60. 일반도로 안전거리 미확보 61. 등화 점등·조작 불이행(안개가 끼거나 비 또는 눈이 올 때는 제외) 62. 불법부착장치 차(교통단속용장비의 기능을 방해하는 장치를 한 차의 운전은 제외) 62의2. 사업용 승합자동차의 승차 거부 63. 택시의 합승(장기 주차·주정차하여 승객을 유치하는 경우로 한정)·승차거부·부당요금징수행위 65. 운전이 금지된 술에 취한 상태에서 자전거 등을 운전
5만원	66. 술에 취한 상태에 있다고 인정할 만한 상당한 이유가 있는 자전거 등의 운전자가 경찰공무원의 호흡조사 측정에 불응 67. 돌, 유리병, 쇳조각이나 그 밖에 도로에 있는 사람이나 차마를 손상시킬 우려가 있는 물건을 던지거나 발사하는 행위
6만원	68. 도로를 통행하고 있는 차마에서 밖으로 물건을 던지는 행위
4만원	나. 기타 위의 경우 등
3만원	

※ '승용자동차등'에는 승용자동차, 4륜 구동 화물자동차, 특수자동차, 긴 설기계를 말한다.
※ 승합자동차, 이륜자동차, 자전거 등은 위 표와 범칙금액이 상이함.

범죄인 자동차량

제1편 교통관련 법규 및 교통사고 유형

2. 어린이보호구역 및 노인·장애인보호구역에서의 과태료 부과기준(시행령 별표7)

범칙행위	범칙금액 (승합자동차등)
1. 신호 또는 지시를 따르지 않은 차 또는 노면전차의 고용주 등	14만원
2. 제한속도를 준수하지 않은 차 또는 노면전차의 고용주 등	
가. 60km/h 초과	17만원
나. 40km/h 초과 60km/h 이하	14만원
다. 20km/h 초과 40km/h 이하	11만원
라. 20km/h 이하	7만원
3. 다음 각 호의 규정을 위반하여 정차 또는 주차를 한 차의 고용주등 ○ 정차 및 주차의 금지 ○ 주차금지의 장소 ○ 정차 또는 주차의 방법 및 시간의 제한	9만원(10만원)

※ 과태료금액에서 괄호 안의 것은 같은 장소에서 2시간 이상 정차 또는 주차위반을 하는 경우에 적용한다.
※ '승합자동차등'이란 승합자동차, 4톤 초과 화물자동차, 특수자동차, 건설기계 및 노면전차를 말한다.
※ 승용자동차, 이륜자동차, 자전거 등은 위 표와 범칙금액이 상이함.

3. 어린이보호구역 및 노인·장애인보호구역에서의 범칙금액 부과기준(시행령 별표10)

범칙행위	범칙금액 (승합자동차등)
1. 신호·지시 위반 2. 횡단보도 보행자 횡단 방해	13만원
3. 속도위반	
가. 60km/h 초과	16만원
나. 40km/h 초과 60km/h 이하	13만원
다. 20km/h 초과 40km/h 이하	10만원
라. 20km/h 이하	6만원
4. 통행 금지·제한 위반 5. 보행자 통행 방해 또는 보호 불이행 6. 정차·주차 금지 위반 7. 주차금지 위반 8. 정차·주차방법 위반 9. 정차·주차 위반에 대한 조치 불응	9만원

※ '승합자동차등' 이란 승합자동차, 4톤 초과 화물자동차, 특수자동차, 건설기계 및 노면전차를 말한다.
※ 승용자동차, 이륜자동차, 자전거 등은 위 표와 범칙금이 상이함.
※ 제3호 가목을 위반하여 범칙금 납부 통고를 받은 운전자가 통고처분을 이행하지 않아 통고처분불이행자에 대한 즉결심판 청구에 따라 가산금을 더할 경우 범칙금의 최대 부과금액은 20만원으로 한다.

제9절 안전표지(시행규칙 제8조, 별표6)

안전표지란 도로교통의 안전을 위하여 각종 주의·규제·지시 또는 보조사항을 표지판이나 도로의 노면에 표시하는 문자·기호 또는 선으로 도로사용자에게 알리는 표지를 말한다.

1. **발광형 안전표지 설치 장소**: 안개 잦은 곳, 야간교통사고가 많이 발생하거나 발생가능성이 높은 곳, 도로의 구조로 인하여 가시거리가 충분히 확보되지 않은 곳 등

2. **가변형 속도제한표지 설치 장소**: 비·안개·눈 등 악천후가 잦아 교통사고가 많이 발생하거나 발생 가능성이 높은 곳, 교통혼잡이 잦은 곳 등

1. 주의표지

도로상태가 위험하거나 도로 또는 그 부근에 위험물이 있는 경우에 필요한 안전조치를 할 수 있도록 이를 도로사용자에게 알리는 표지

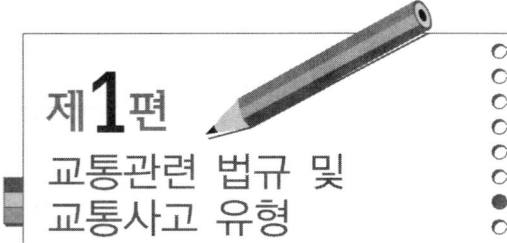

제1편
교통관련 법규 및
교통사고 유형

버스운전 자격시험

횡단보도	어린이보호	자전거	도로공사중	비행기
횡풍	터널	야생동물보호	위험	

2. 규제표지

도로교통의 안전을 위하여 각종 제한·금지 등의 규제를 하는 경우에 이를 도로사용자에게 알리는 표지

통행금지	자동차통행금지	화물자동차통행금지	승합자동차통행금지	이륜자동차및원동기장치자전거통행금지
자동차·이륜자동차및원동기장치자전거통행금지	경운기·트랙터및손수레통행금지	자전거통행금지	진입금지	직진금지
우회전금지	좌회전금지	유턴금지	앞지르기금지	정차·주차금지
주차금지	차중량제한	차높이제한	차폭제한	차간거리확보
최고속도제한	최저속도제한	서행	일시정지	양보
보행자보행금지	위험물적재차량통행금지			

3. 지시표지

도로의 통행방법·통행구분 등 도로교통의 안전을 위하여 필요한 지시를 하는 경우에 도로사용자가 이를 따르도록 알리는 표지

자동차전용도로	자전거전용도로	자전거및보행자겸용도로	회전교차로	직진
우회전	좌회전	직진및우회전	직진및좌회전	조우회전
유턴	양측방통행	우측면통행	좌측면통행	진행방향별통행구분
우회로	자전거및보행자통행구분	자전거전용차로	주차장	자전거주차장
보행자전용도로	횡단보도	노인보호(노인보호구역안)	어린이보호(어린이보호구역안)	자전거횡단도
일방통행	일방통행	일방통행	비보호좌회전	버스전용차로
다인승차량전용차로	통행우선			

제1편 교통관련 법규 및 교통사고 유형

4. 보조표지

주의표지·규제표지 또는 지시표지의 주기능을 보충하여 도로사용자에게 알리는 표지

100m 앞 부터	여기부터500m	시 내 전 역	일요일·공휴일제외	08:00~20:00
거리	거리	구역	일자	시간
1시간이내 차둘수있음	적신호시	앞에 우선도로	안전속도 30	안개지역
시간	신호등화상태	전방우선도로	안전속도	기상상태
☃☂	차로엄수	건너가지마시오	승용차에 한함	속도를줄이시오
노면상태	교통규제	통행규제	차량한정	통행주의
터널길이 258m	구간시작 200m	구간내 400m	구간끝 600m	→
표지설명	구간시작	구간내	구간끝	우방향
←	↑ 전방 50M	3.5t	▶ 3.5m	100m
좌방향	전방	중량	노폭	거리
해제	견인지역			

5. 노면표시

① 도로교통의 안전을 위하여 각종 주의·규제·지시 등의 내용을 노면에 기호·문자 또는 선으로 도로사용자에게 알리는 표시
② 노면표시에 사용되는 각종 선에서 점선은 허용, 실선은 제한, 복선은 의미의 강조를 나타낸다.
③ 노면표시의 색채의 기준
　㉠ 황색: 중앙선표시, 노상장애물 중 도로중앙장애물표시, 주차금지표시, 정차·주차금지 표시 및 안전지대표시(반대방향의 교통류분리 또는 도로이용의 제한 및 지시)
　㉡ 청색: 버스전용차로표시 및 다인승차량 전용차선표시(지정방향의 교통류 분리 표시)
　㉢ 적색: 어린이보호구역 또는 주거지역 안에 설치하는 속도제한표시의 테두리선 및 소방시설 주변 정차·주차금지표시
　㉣ 백색: ㉠내지 ㉢에서 지정된 외의 표시(동일방향의 교통류 분리 및 경계표시)

제3장 교통사고처리특례법령

제1편 교통관련 법규 및 교통사고 유형

버스운전 자격시험

제1절 특례의 적용

1. 정의

① 교통사고처리특례법은 차의 교통으로 인한 사고가 발생하여 운전자를 형사 처벌하여야 하는 경우에 적용되는 법으로 인적 피해를 야기한 경우에는 형법 제268조에 따른 업무상과실·중과실 치사상죄를 적용하고, 물적피해를 야기한 경우에는 도로교통법 제151조의 과실재물손괴죄를 적용한다.

　㉠ 형법 제268조(업무상과실·중과실 치사상죄): 업무상 과실 또는 중대한 과실로 인하여 사람을 사상에 이르게 한 자는 5년 이하의 금고 또는 2천 만원 이하의 벌금에 처한다.

　㉡ 도로교통법 제151조(벌칙): 차의 운전자가 업무상 필요한 주의를 게을리하거나 중대한 과실로 다른 사람의 건조물이나 그 밖의 재물을 손괴한 경우에는 2년 이하의 금고나 500만원 이하의 벌금에 처한다.

② 용어의 정의

　㉠ "차"란 '도로교통법' 제2조제17가목에 따른 차와 '건설기계관리법' 제2조제1항제1호에 따른 건설기계를 말한다.

> **도로교통법 제2조제17가목에 따른 차**
>
> 자동차, 건설기계, 원동기장치자전거, 자전거, 사람 또는 가축의 힘이나 그 밖의 동력에 의하여 도로에서 운전되는 것(다만, 철길이나 가설된 선을 이용하여 운전되는 것, 유모차와 보행보조용 의자차는 제외)
>
> 건설기계관리법 제2조제1항제1호에 따른 차: 덤프트럭, 아스팔트살포기, 노상안정기, 콘크리트믹서트럭, 콘크리트펌프, 천공기(트럭적재식) 등 포함

　㉡ "교통사고"란 차의 교통으로 인하여 사람을 사상하거나 물건을 손괴하는 것을 말한다.

　　ⓐ 교통사고의 조건
　　　(1) 차에 의한 사고
　　　(2) 피해의 결과 발생(사람 사상 또는 물건 손괴 등)
　　　(3) 교통으로 인하여 발생한 사고

　　ⓑ 교통사고로 처리되지 않는 경우
　　　(1) 명백한 자살이라고 인정되는 경우
　　　(2) 확정적인 고의 범죄에 의해 타인을 사상하거나 물건을 손괴한 경우
　　　(3) 건조물 등이 떨어져 운전자 또는 동승자가 사상한 경우
　　　(4) 축대 등이 무너져 도로를 진행 중인 차량이 손괴되는 경우
　　　(5) 사람이 건물, 육교 등에서 추락하여 운행 중인 차량과 충돌 또는 접촉하여 사상한 경우
　　　(6) 기타 안전사고로 인정되는 경우

2. 특례적용

① 교통사고처리특례법상 특례 적용(법 제3조제2항): 차의 교통으로 업무상과실치상죄 또는 중과실치상죄와 다른 사람의 건조물이나 그 밖의 재물을 손괴한 죄를 범한 운전자에 대하여는 피해자의 명시적인 의사에 반하여 공소를 제기할 수 없다. 다만, 차의 운전자가 제1항의 죄 중 업무상과실치상죄 또는 중과실치상죄를 범하고도 피해자를 구호하는 등 '도로교통법' 제54조제1항에 따른 조치를 하지 아니하고 도주하거나 피해자를 사고 장소로부터 옮겨 유기하고 도주한 경우, 같은 죄를 범하고 '도로교통법' 제44조제2항을 위반하여 음주측정 요구에 따르지 아니한 경우(운전자가 채혈 측정을 요청하거나 동의한 경우는 제외한다)와 다음 각 호의 어느 하나에 해당하는 행위로 인하여 같은 죄를 범한 경우에는 그러하지 아니하다.

② 보험 또는 공제에 가입된 경우의 특례 적용(법 제4조)

　㉠ 교통사고를 일으킨 차가 보험 또는 공제에 가입된 경우에는 교통사고처리특례법상의 특례 적용 사고가 발생한 경우에 운전자에 대하여 공소를 제기할 수 없다.

　㉡ 다만, 다음 각 호의 어느 하나에 해당하는 경우에는 공소를 제기할 수 있다.

　　ⓐ "교통사고처리특례법상 특례 적용이 배제되는 사고"에 해당하는 경우

　　ⓑ 피해자가 신체의 상해로 인하여 생명에 대한 위험이 발생하거나 불구 또는 불치나 난치의 질병이 생긴 경우

　　ⓒ 보험계약 또는 공제계약이 무효로 되거나 해지되거나 계약상의 면책 규정 등으로 인하여 보험회사, 공제조합 또는 공제사업자의 보험금 또는 공제금 지급의무가 없어진 경우

③ "보험 또는 공제"라 함은 교통사고의 경우 보험업법에 따른 보험회사나 여객자동차 운수사업법에 따른 공제조합 또는 공제사업자가 인가된 보험약관 또는 승인된 공제약관에 따라 피보험자 또는 공제조합원과 피해자간의 손해배상에 관한 합의 여부와 상관없이 피보험자 또는 공제조합원에 갈음하여 피해자의 치료비에 관하여는 통상비용의 전액을, 그 밖의 손해에 관하여는 보험약관 또는 공제약관에서 정한 지급기준금액을 대통령령이 정하는 바에 의하여 우선 지급하되, 종국적으로는 확정판결 기타 이에 준하는 집행권원상 피보험자 또는 공제조합원의 교통사고로 인한 손해배상금 전액을 보상하는 보험 또는 공제를 말한다.

④ 보험 또는 공제에 가입된 사실은 보험공사, 공제조합 또는 공제사업자가 작성한 서면에 의하여 증명되어야 한다.

⑤ 사고운전자가 형사처벌 대상이 되는 경우(법 제3조제2항의 단서조항)

　ⓐ 사망사고

　ⓑ 차의 교통으로 업무상과실치상죄 또는 중과실치상죄를 범하고 피해자를 구호하는 등의 조치를 하지 아니하고 도주하거나, 피해자를 사고장소로부터 옮겨 유기하고 도주한 경우

　ⓒ 차의 교통으로 업무상과실치상죄 또는 중과실치상죄를 범

제1편 교통관련 법규 및 교통사고 유형

하고 음주측정 요구에 불응한 경우(운전자가 채혈 측정을 요청하거나 동의한 경우는 제외)
  ⓓ 신호·지시 위반 사고
  ⓔ 중앙선침범 사고, 횡단, 유턴 또는 후진중 사고
  ⓕ 과속(20km/h 초과) 사고
  ⓖ 앞지르기의 방법·금지시기·금지장소 또는 끼어들기의 금지 위반하거나 고속도로에서의 앞지르기 방법 위반 사고
  ⓗ 철길건널목 통과방법 위반 사고
  ⓘ 횡단보도에서 보행자 보호의무 위반 사고
  ⓙ 무면허 운전중 사고
  ⓚ 주취·약물복용 운전중 사고
  ⓛ 보도침범, 통행방법 위반 사고
  ⓜ 승객추락방지의무 위반 사고
  ⓝ 어린이 보호구역내 어린이 보호의무 위반 사고
  ⓞ 자동차의 화물이 떨어지지 아니하도록 필요한 조치를 하지 아니하고 운전한 경우
  ⓟ 민사상 손해배상을 하지 않은 경우
  ⓠ 중상해 사고를 유발하고 형사상 합의가 안 된 경우

> **중상해의 범위**
> 1. 생명에 대한 위험: 생명유지에 불가결한 뇌 또는 주요장기에 중대한 손상
> 2. 불구: 사지절단 등 신체 중요부분의 상실·중대변형 또는 시각·청각·언어·생식기능 등 중요한 신체기능의 영구적 상실
> 3. 불치나 난치의 질병: 사고 후유증으로 중증의 정신장애·하반신 마비 등 완치 가능성이 없거나 희박한 중대질병

 ⑥ 사고운전자 가중처벌(특정범죄 가중처벌 등에 관한 법률 제5조의3, 제5조의11)
  ㉠ 사고운전자가 피해자를 구호하는 등의 조치를 하지 아니하고 도주한 경우
   ⓐ 피해자를 사망에 이르게 하고 도주하거나, 도주 후에 피해자가 사망한 경우에는 무기 또는 5년 이상의 징역
   ⓑ 피해자를 상해에 이르게 한 경우에는 1년 이상의 유기징역 또는 500만원 이상 3천 만원 이하의 벌금
  ㉡ 사고운전자가 피해자를 사고 장소로부터 옮겨 유기하고 도주한 경우
   ⓐ 피해자를 사망에 이르게 하고 도주하거나, 도주 후에 피해자가 사망한 경우에는 사형, 무기 또는 5년 이상의 징역
   ⓑ 피해자를 상해에 이르게 한 경우에는 3년 이상의 유기징역
  ㉢ 위험운전 치사상의 경우
   ⓐ 음주 또는 약물의 영향으로 정상적인 운전이 곤란한 상태에서 자동차(원동기장치자전거를 포함한다)를 운전하여 사람을 상해에 이르게 한 사람은 1년 이상의 유기징역
   ⓑ 음주 또는 약물의 영향으로 정상적인 운전이 곤란한 상태에서 자동차(원동기장치자전거 포함)를 운전하여 사람을 상해에 이르게 한 경우 10년 이하의 징역 또는 500만원 이상 3천만원 이하의 벌금

제2절 중대 교통사고 유형 및 대처방법

1. 사망사고

 ① 사망사고의 정의
  ㉠ 교통안전법 시행령 별표 3의2에서 규정된 교통사고에 의한 사망은 교통사고가 주된 원인이 되어 교통사고 발생 시부터 30일 이내에 사람이 사망한 사고를 말한다.
  ㉡ 도로교통법상 교통사고 발생 후 72시간내 사망하면 벌점 90점이 부과되며, 교통사고처리특례법상 형사적 책임이 부과된다.
 ② 사망사고 성립요건

항목	내용	예외사항
1. 장소적 요건	• 모든장소 (도로교통법–도로상으로 한정) (교통사고처리특례법–모든 장소로확대)	–
2. 운전자 과실	• 운전자로서 요구되는 업무상 주의의무를 소홀히 한 과실	• 자동차 본래의 운행목적이 아닌 작업 중 과실로 피해자가 사망한 경우(안전사고) • 운전자의 과실을 논할 수 없는 경우
3. 피해자 요건	• 운행중인 자동차에 충격되어 사망한 경우	• 피해자의 자살 등 고의 사고 • 운행목적이 아닌 작업과실로 피해자가 사망한 경우(안전사고)

2. 도주(뺑소니) 사고

 ① 도주(뺑소니)인 경우
  ㉠ 피해자 사상 사실을 인식하거나 예견됨에도 가버린 경우
  ㉡ 피해자를 사고현장에 방치한 채 가버린 경우
  ㉢ 현장에 도착한 경찰관에게 거짓으로 진술한 경우
  ㉣ 사고운전자를 바꿔치기 하여 신고한 경우
  ㉤ 사고운전자가 연락처를 거짓으로 알려준 경우
  ㉥ 피해자가 이미 사망하였다고 사체 안치 후송 등의 조치 없이 가버린 경우
  ㉦ 피해자를 병원까지만 후송하고 계속 치료를 받을 수 있는 조치 없이 가버린 경우
  ㉧ 쌍방 업무상 과실이 있는 경우에 발생한 사고로 과실이 적은 차량이 도주한 경우
  ㉨ 자신의 의사를 제대로 표시하지 못하는 나이 어린 피해자가 '괜찮다' 라고 하여 조치 없이 가버린 경우
 ② 도주(뺑소니)가 아닌 경우
  ㉠ 피해자가 부상사실이 없거나 극히 경미하여 구호조치가 필요하지 않아 연락처를 제공하고 떠난 경우
  ㉡ 사고운전자가 심한 부상을 입어 타인에게 의뢰하여 피해자를 후송 조치한 경우
  ㉢ 사고 장소가 혼잡하여 불가피하게 일부 진행 후 정지하고 되돌아와 조치한 경우
  ㉣ 사고운전자가 급한 용무로 인해 동료에게 사고처리를 위임하고 가버린 후 동료가 사고 처리한 후
  ㉤ 피해자 일행의 구타·폭언·폭행이 두려워 현장을 이탈한 경우
  ㉥ 사고운전자가 자기 차량 사고에 대한 조치 없이 가버린 경우

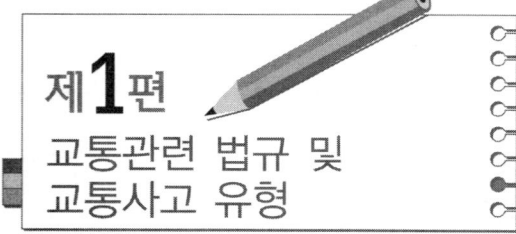

제1편
교통관련 법규 및 교통사고 유형

버스운전 자격시험

3. 신호 · 지시위반 사고

① 신호 · 지시위반 사고 사례
- ㉠ 신호위반 사고 사례
  - ⓐ 신호가 변경되기 전에 출발하여 인적피해를 야기한 경우
  - ⓑ 황색 주의신호 교차로에 진입하여 인적피해를 야기한 경우
  - ⓒ 신호내용을 위반하고 진행하여 인적피해를 야기한 경우
  - ⓓ 적색 차량신호에 진행하다 정지선과 횡단보도 사이에서 보행자를 충격한 경우
- ㉡ 지시위반 사고 사례: 아래 규제표지를 위반한 경우

통행금지	진입금지	일시정지	자동차 통행금지	화물자동차 통행금지

② 신호 · 지시위반 사고의 성립요건

항목	내용	예외사항
1. 장소적 요건	• 신호기가 설치되어 있는 교차로나 횡단보도 • 경찰공무원 등의 수신호 지역 • 규제표지가 설치된 구역(통행금지, 진입금지, 일시정지)	• 진행방향에 신호기가 설치되어 있지 아니한 경우 • 신호기의 고장이나, 황색, 점멸신호등의 경우 • 규제표지 외의 표지판이 설치된 구역
2. 피해자 요건	• 신호 · 지시위반 차량에 충돌되어 인적 피해를 입은 경우	• 대물피해만 입은 경우
3. 운전자 과실	• 고의적 과실 • 의도적 과실 • 부주의에 의한 과실	• 불가항력적 과실 • 만부득이한 과실
4. 시설물의 설치요건	• 특별시장 · 광역시장 · 제주특별자치도지사 또는 시장 · 군수(광역시의 군수 제외)가 설치한 신호기나 교통안전표지	• 아파트 단지 등 특정구역 내부의 소통과 안전을 목적으로 자체적으로 설치된 경우는 제외(설치권한이 없는 자가 설치)

③ 신호 · 지시위반 사고에 따른 행정처분

항목	(승합자동차의) 범칙금	벌점
신호 · 지시 위반	7만원	15점

4. 중앙선침범 사고

① 중앙선침범 개념 및 적용
- ㉠ 중앙선침범: 중앙선을 넘어서거나 차체가 걸린 상태에서 운전한 경우
- ㉡ 중앙선침범을 적용하는 경우(현저한 부주의)
  - ⓐ 커브 길에서 과속으로 인한 중앙선침범의 경우
  - ⓑ 빗길에서 과속으로 인한 중앙선침범의 경우
  - ⓒ 졸다가 뒤늦은 제동으로 중앙선을 침범한 경우
  - ⓓ 차내 잡담 또는 휴대폰 통화 등의 부주의로 중앙선을 침범한 경우
- ㉢ 중앙선침범을 적용할 수 없는 경우(만부득이한 경우)
  - ⓐ 사고를 피하기 위해 급제동하다 중앙선을 침범한 경우
  - ⓑ 위험을 회피하기 위해 중앙선을 침범한 경우
  - ⓒ 빙판길 또는 빗길에서 미끄러져 중앙선을 침범한 경우(제한속도 준수)

② 중앙선침범 사고의 성립요건

항목	내용	예외사항
1. 장소적 요건	• 황색실선이나 점선의 중앙선이 설치되어 있는 도로 • 자동차전용도로나 고속도로에서의 횡단 · 유턴 · 후진	• 중앙선이 설치되어 있지 않은 경우 • 아파트 단지 내나 군부대 내의 사설 중앙선 • 일반도로에서의 횡단 · 유턴 · 후진
2. 피해자 요건	• 중앙선침범 차량에 충돌되어 인적피해를 입는 경우 • 자동차전용도로나 고속도로에서의 횡단 · 유턴 · 후진차량에 충돌되어 인적피해를 입는 경우	• 대물피해만 입은 경우
3. 운전자 과실	• 고의적 과실 • 의도적 과실 • 현저한 부주의에 의한 과실	• 신호위반 차량에 충돌되어 피해를 입은 경우
4. 시설물의 설치요건	• 도로교통법 제13조에 따라 시 · 도경찰청장이 설치한 중앙선	• 아파트 단지 내 또는 군부대 등 특정구역 내부의 소통과 안전을 목적으로 설치된 경우 제외

③ 중앙선침범 사고에 따른 행정처분

항목	(승합자동차의) 범칙금	벌점
중앙선침범	7만원	30점
고속도로 · 자동차전용도로 횡단 유턴 · 후진위반	5만원	–

5. 과속(20km/h 초과) 사고

① 속도에 대한 정의
- ㉠ 규제속도: 법정속도(도로교통법에 따른 도로별 최고 · 최저속도)와 제한속도(시 · 도경찰청장에 의한 지정속도)
- ㉡ 설계속도: 도로설계의 기초가 되는 자동차의 속도
- ㉢ 주행속도: 정지시간을 제외한 실제 주행거리의 평균 주행속도
- ㉣ 구간속도: 정지시간을 포함한 주행거리의 평균 주행속도

② 과속사고의 성립요건

항목	내용	예외사항
1. 장소적 요건	• 도로법에 따른 도로, 유료도로법에 따른 도로, 농어촌도로 정비법에 따른 농어촌도로, 그 밖에 현실적으로 불특정 다수의 사람 또는 차마의 통행을 위하여 공개된 장소로서 안전하고 원활한 교통을 확보할 필요가 있는 장소	• 불특정 다수의 사람 또는 차마의 통행을 위하여 공개된 장소가 아닌 곳에서의 사고

제1편 교통관련 법규 및 교통사고 유형

항목	내용	예외사항
2. 피해자 요건	• 과속 차량(20km/h 초과)에 충돌되어 인적 피해를 입은 경우	• 제한 속도 20km/h 이하 과속 차량에 충돌되어 인적피해를 입은 경우 • 제한 속도 20km/h 초과 차량에 충돌되어 대물 피해만 입은 경우
3. 운전자 과실	• 제한 속도 20km/h를 초과하여 과속으로 운행 중에 사고가 발생한 경우 - 고속도로나 자동차 전용도로에서 법정 속도 20km/h를 초과한 경우 - 일반도로 법정속도 매시 60km, 편도 2차로 이상의 도로에서는 매시 80km에서 20km/h를 초과한 경우 - 속도제한 표지판 설치구간에서 제한 속도 20km/h를 초과한 경우 - 비가 내려 노면이 젖어있는 경우, 눈이 20mm 미만 쌓인 경우 최고 속도의 100분의 20을 줄인 속도에서 20km/h를 초과한 경우 - 폭우·폭설·안개 등으로 가시거리가 100m 이내인 경우, 노면이 얼어 붙은 경우, 눈이 20mm 이상 쌓인 경우 최고속의 100분의 50을 줄인 속도에서 20km/h를 초과한 경우 - 가변형 속도제한 표지에 따른 최고 속도에서 20km/h를 초과한 경우 - 총중량 2,000kg 미만인 자동차를 총 중량이 그의 3배 이상인 자동차로 견인하는 경우에는 매시 30km에서 20km/h 초과한 경우 - 총중량 2,000kg 미만인 자동차를 총중량이 그의 3배 미만인 자동차로 견인하는 경우와 이륜자동차가 견인하는 경우 매시 25km에서 20km/h 초과한 경우	• 제한 속도 20km/h 이하로 과속하여 운행중 사고를 야기한 경우 • 제한속도 20km/h 초과하여 과속 운행중 대물피해만 입힌 경우
4. 시설물의 설치 요건	• 시·도경찰청장이 설치한 안전표지 중 - 규제표지 224(최고속도제한표지) - 노면표시517(속도제한표시), 518(어린이보호구역안 속도제한표시)	• 과속(20km/h)이 적용되지 않는 표지 - 규제표지 226(서행표지) - 보조표지 409(안전속도표지) - 노면표시 519(서행표시), 520(서행표시)

③ 비·안개·눈 등으로 인한 악천후 시 감속운행속도

정상 날씨 제한속도	60km/h	70km/h	80km/h	90km/h	100km/h
• 최고속도의 100분의 20을 줄인 속도로 운행하여야 하는 경우 -비가 내려 노면이 젖어있는 경우 -눈이 20mm 미만 쌓인 경우	48km/h	56km/h	64km/h	72km/h	80km/h
• 최고속도의 100분의 50을 줄인 속도로 운행하여야 하는 경우 -폭우·폭설·안개 등으로 가시거리가 100m 이내인 경우 -노면이 얼어붙은 경우 -눈이 20mm 이상 쌓인 경우	30km/h	35km/h	40km/h	45km/h	50km/h

④ 과속사고에 따른 행정처분

항목	(승합자동차의) 범칙금			
	60km/h 초과	40km/h 초과 60km/h 이하	20km/h 초과 40km/h 이하	20km/h 이하
범칙금	13만원	10만원	7만원	3만원
벌점	60점	30점	15점	-

6. 앞지르기 방법·금지위반 사고

① 앞지르기 방법·금지위반 사고적용 법규
 ㉠ 도로교통법 제21조(앞지르기 방법)
  모든 차의 운전자는 다른 차를 앞지르고자 하는 때에는 앞차의 좌측으로 통행하여야 한다.
 ㉡ 도로교통법 제22조(앞지르기 금지의 시기 및 장소)
  ⓐ 모든 차의 운전자는 다음 각 호의 어느 하나에 해당하는 경우에는 앞차를 앞지르지 못한다.
   (1) 앞차의 좌측에 다른 차가 앞차와 나란히 가고 있는 경우
   (2) 앞차가 다른 차를 앞지르고 있거나 앞지르고자 하는 경우
  ⓑ 모든 차의 운전자는 이 법이나 이 법에 의한 명령 또는 경찰공무원의 지시를 따르거나 위험을 방지하기 위하여 정지하거나 서행하고 있는 다른 차를 앞지르지 못한다.
  ⓒ 모든 차의 운전자는 다음 각 호의 어느 하나에 해당하는 곳에서는 다른 차를 앞지르지 못한다.
   (1) 교차로
   (2) 터널 안
   (3) 다리 위
   (4) 도로의 구부러진 곳, 비탈길의 고갯마루 부근 또는 가파른 비탈길의 내리막 등 시·도경찰청장이 도로에서의 위험을 방지하고 교통의 안전과 원활한 소통을 확보하기 위하여 필요하다고 인정하는 곳으로서 안전표지로 지정한 곳

제1편 교통법규 번칙 및 교통사고 처벌

도로교통법 제23조(끼어들기의 금지)
모든 차의 운전자는 도로교통법이나 이 법에 따른 명령 또는 경찰공무원의 지시에 따르거나 위험을 방지하기 위하여 정지하거나 서행하고 있는 다른 차 앞으로 끼어들지 못한다.

ⓒ 도로교통법 제60조(갓길 통행금지 등)
자동차의 운전자는 고속도로에서 다른 차를 앞지르려면 방향지시기, 등화 또는 경음기를 사용하여 행정안전부령으로 정하는 차로로 안전하게 통행하여야 한다.

② 앞지르기 방법·금지 위반에 따른 결정지침

항목	내용	예의사항
1. 정지	• 앞지르기 금지 장소	
2. 피해자	• 앞지르기 방법 금지 위반 차량에 충돌되어 피해를 입은 경우	• 앞지르기 금지 장소 위반
3. 공소권	• 앞지르기 방법 금지 위반 차량에 충돌되어 상해에 이른 경우	– 앞지르기 금지 시기, 장소에서 앞지르기하고 있는 차량 – 앞지르기 방법(좌측, 우측, 다른 차 앞 등)으로 앞지르기 – 앞지르기 방해금지 위반 차량 – 연속 앞지르기 금지 위반 – 진로양보의 위반 ※교통사고처리특례법 제3조 제2항 단서 7호(앞지르기의 방법·금지 시기·장소 또는 끼어들기의 금지 위반 사항)

③ 앞지르기 방법·금지 위반 사고에 따른 결정지침

항목	범칙금(승용자동차)	범칙점
앞지르기 방법 위반	7만원	10점
앞지르기 금지 시기·장소위반	7만원	15점
앞지르기 방해금지위반	5만원	–

7. 철길건널목 통과방법위반 사고

① 철길건널목의 종류

종별	내용
1종 건널목	차단기, 건널목경보기 및 교통안전표지가 설치되어 있는 경우
2종 건널목	건널목경보기 및 교통안전표지가 설치되어 있는 경우
3종 건널목	교통안전표지만 설치되어 있는 경우

8. 보행자 보호의무위반 사고

① 보행자로 인정되는 경우와 아닌 경우
ⓐ 보행자로 인정되는 경우
ⓑ 도로를 걷고 있는 사람
ⓒ 횡단보도에서 자전거나 오토바이를 타고 가다 이를 세우고 한 발을 페달에, 한 발을 노면에 딛고 서 있는 사람
ⓓ 자전거를 타고 가다 멈추고 한 발을 페달에, 한 발을 노면에 딛고 서 있는 사람
ⓔ 보행자로 인정되지 아니하는 경우
ⓕ 횡단보도에서 서서 택시를 잡고 있는 사람
ⓖ 횡단보도에서 화물 하역 작업을 하고 있는 사람
ⓗ 보도에 서 있다가 차도로 뛰어든 사람
ⓘ 보행자로 인정되는 경우와 아닌 경우의 구별
ⓙ 횡단보도에서 원동기장치자전거를 타고 가는 경우
ⓚ 횡단보도에서 원동기장치자전거를 끌고 가는 경우
ⓛ 횡단보도에서 원동기장치자전거를 타고 가다가 이를 세우고 한 발을 페달에, 한 발은 노면에 딛고 있는 경우
ⓜ 세발자전거를 타고 횡단보도를 건너는 어린이의 경우

② 보행자 보호의무위반 사고의 결정지침

항목	내용	예의사항
1. 정지	• 어떠한 보행자 보호의무위반 사고	
2. 피해자	• 보행자 보호의무위반 사고로 대물 피해만 입은 경우	• 보행자 보호의무위반 사고 – 횡단보도에서의 보행자 보호의무 등 위반사고
3. 공소권	• 보행자 보호의무위반 사고로 대인피해를 입은 경우	※신호기 등이 표시하는 신호에 따르고 있는 경우는 제외된다.

③ 보행자 보호의무위반 사고에 따른 결정지침

항목	범칙금(승용자동차)	범칙점
보행자 보호의무위반	7만원	30점

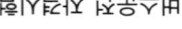
비신호 교차로 사고

③ 보행자 보호의무위반 사고의 성립요건

항목	내용	예외사항
1. 장소적 요건	• 횡단보도 내	• 보행자신호가 적색등화일 때의 횡단보도
2. 피해자 요건	• 횡단보도를 횡단하고 있는 보행자가 충돌되어 인적 피해를 입은 경우	• 보행자신호가 적색등화일 때 횡단을 시작하던 보행자를 충돌한 경우 • 횡단보도를 건너는 것이 아니라 횡단보도 내에 누워 있거나, 교통정리를 하거나, 싸우고 있거나, 택시를 잡고 있거나 등 보행의 경우가 아닌 때에 충돌한 경우
3. 운전자 과실	• 횡단보도를 건너고 있는 보행자를 충돌한 경우 • 횡단보도 전에 정지한 차량을 추돌하여 추돌된 차량이 밀려나가 보행자를 충돌한 경우 • 보행신호가 녹색등화일 때 횡단보도를 진입하여 건너고 있는 보행자를 보행신호가 녹색등화의 점멸 또는 적색등화로 변경된 상태에서 충돌한 경우	• 적색등화에 횡단보도를 진입하여 건너고 있던 보행자를 충돌한 경우 • 횡단보도를 건너다가 신호가 변경되어 중앙선에 서 있는 보행자를 충돌한 경우 • 횡단보도를 건너고 있을 때 보행신호가 적색등화로 변경되어 되돌아가고 있는 보행자를 충돌한 경우 • 녹색등화가 점멸되고 있는 횡단보도를 진입하여 건너고 있는 보행자를 적색등화에 충돌한 경우
4. 시설물의 설치요건	• 시·도경찰청장이 설치한 횡단보도 - 횡단보도에는 횡단보도표시와 횡단보도표지판을 설치할 것 - 횡단보도를 설치하고자 하는 장소에 횡단보행자용 신호기가 설치되어 있는 경우에는 횡단보도표시를 설치할 것 - 횡단보도를 설치하고자 하는 도로의 표면이 포장이 되지 아니하여 횡단보도표시를 할 수 없는 때에는 횡단보도표지판을 설치할 것. 이 경우 그 횡단보도표지판에 횡단보도의 너비를 표시하는 보조표지를 설치할 것 - 횡단보도는 육교·지하도 및 다른 횡단보도로부터 200m 이내에는 설치하지 아니할 것. 어린이 보호구역, 노인보호구역 또는 장애인보호구역 지정된 구간인 경우 보행자의 안전이나 통행을 위하여 특히 필요하다고 인정되는 경우에는 그러하지 아니하다.	• 아파트 단지나 학교, 군부대 등 특정구역 내부의 소통과 안전을 목적으로 권한이 없는 자에 의해 설치된 경우는 제외

④ 보행자 보호의무위반 사고에 따른 행정처분

항목	(승합자동차의) 범칙금	벌점
횡단보도 보행자 횡단 방해	7만원	10점

9. 무면허 운전의 개념

① 무면허 운전의 개념
  ㉠ 무면허 운전의 정의
    ⓐ 정의: 도로에서 운전면허를 받지 아니하고 운전하는 행위
  ㉡ 무면허 운전의 유형
    ⓐ 운전면허를 취득하지 않고 운전하는 행위
    ⓑ 운전면허 적성검사기간 만료일로부터 1년간의 취소유예기간이 지난 면허증으로 운전하는 행위
    ⓒ 운전면허 취소처분을 받은 후에 운전하는 행위
    ⓓ 운전면허 정지 기간 중에 운전하는 행위
    ⓔ 제2종 운전면허로 제1종 운전면허를 필요로 하는 자동차를 운전하는 행위
    ⓕ 제1종 대형면허로 특수면허가 필요한 자동차를 운전하는 행위
    ⓖ 운전면허시험에 합격한 후 운전면허증을 발급받기 전에 운전하는 행위

② 무면허 운전 중 사고의 성립요건

항목	내용	예외사항
1. 장소적 요건	• 도로나 그 밖에 현실적으로 불특정 다수의 사람 또는 차마의 통행을 위하여 공개된 장소로서 안전하고 원활한 교통을 확보할 필요가 있는 장소(불특정 다수인이 출입하는 공개된 장소로 경찰권이 미치는 곳)	• 불특정 다수의 사람 또는 차마가 사용되는 곳이 아닌 장소(특정인만이 출입하는 통제·관리되는 경찰권이 미치지 않는 곳)
2. 피해자 요건	• 무면허로 운전하는 자동차에 충돌되어 인적피해를 입은 경우 • 무면허로 운전하는 자동차에 충돌되어 대물피해를 입은 경우로 보험면책으로 합의되지 않으면 공소권 없음	• 무면허로 운전하는 자동차에 충돌되어 대물피해를 입은 경우
3. 운전자 과실	• 무면허 상태에서 운전하는 경우 - 면허를 취득하지 않고 운전 - 유효기간이 지난 면허증으로 운전 - 취소처분을 받은 후 운전 - 면허정지 기간 중에 운전 - 면허증 발급 전에 운전 - 면허종별 외에 차량 운전	• 운전면허 취소사유가 발생한 상태이지만 취소처분을 받기 전에 운전하는 경우

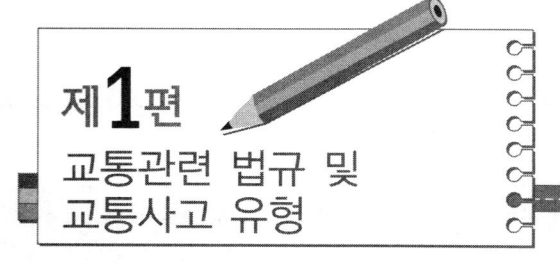

제1편
교통관련 법규 및 교통사고 유형

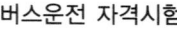
버스운전 자격시험

10. 주취·약물복용 운전 중 사고

① 음주운전의 경우와 아닌 경우
  ㉠ 불특정 다수인이 이용하는 도로와 특정인이 이용하는 주차장 또는 학교 경내 등에서의 음주운전도 형사처벌 대상. 단 특정인만이 이용하는 장소에서의 음주운전으로 인한 운전면허 행정처분은 불가
    ⓐ 공개되지 않은 통행로에서의 음주운전도 처벌 대상: 공장이나 관공서, 학교, 사기업 등의 정문 안쪽 통행로와 같이 문, 차단기에 의해 도로와 차단되고 별도로 관리되는 장소의 통행로에서의 음주운전도 처벌 대상
    ⓑ 술을 마시고 주차장(주차선 안 포함)에서 음주운전 하여도 처벌 대상
    ⓒ 호텔, 백화점, 고층건물, 아파트 내 주차장 안의 통행로뿐만 아니라 주차선 안에서 음주운전하여도 처벌 대상
  ㉡ 혈중알코올농도 0.03% 미만에서의 음주운전은 처벌 불가

② 주취·약물복용 운전중 사고의 성립요건

항목	내용	예외사항
1. 장소적 요건	• 도로나 그 밖에 현실적으로 불특정 다수의 사람 또는 차마의 통행을 위하여 공개된 장소로서 안전하고 원활한 교통을 확보할 필요가 있는 장소 • 공개되지 않은 통행로로 문, 차단기에 의해 도로와 차단되고 별도로 관리되는 장소 • 주차장 또는 주차선 안	-
2. 피해자 요건	• 음주운전 자동차에 충돌되어 인적피해를 입은 경우	• 음주운전 자동차에 충돌되어 대물 피해를 입은 경우(보험에 가입되어 있다면 공소권 없음으로 처리)
3. 운전자 과실	• 음주한 상태에서 자동차를 운전하여 일정거리 운행한 경우 • 혈중알코올농도가 0.03% 이상인 상태에서 음주측정에 불응한 경우 • 주차장 또는 주차선 안에서 운전하는 경우	• 혈중알코올농도가 0.03% 미만인 상태에서 음주측정에 불응한 경우

11. 보도침범, 보도횡단방법위반 사고

① 보도의 개념
  ㉠ 보도: 차와 사람의 통행을 분리시켜 보행자의 안전을 확보하기 위해 연석이나 방호울타리 등으로 차도와 분리하여 설치된 도로의 일부분으로 차도와 대응되는 개념이다.
  ㉡ 보도침범 사고: 보도에 차마가 들어서는 과정, 보도에 차마의 차체가 걸치는 과정, 보도에 주차시킨 차량을 전진 또는 후진시키는 과정에서 통행중인 보행자와 충돌한 경우
  ㉢ 보도횡단방법 위반 사고: 차마의 운전자는 도로에서 도로 외의 곳에 출입하기 위해서는 보도를 횡단하기 직전에 일시 정지하여 보행자의 통행을 방해하지 아니하도록 되어 있으나 이를 위반하여 보행자와 충돌하여 인적피해를 야기한 경우

② 보도침범, 보도횡단방법위반 사고의 성립요건

항목	내용	예외사항
1. 장소적 요건	• 보도와 차도가 구분된 도로에서 보도내 사고	• 보도와 차도의 구분이 없는 도로는 제외
2. 피해자 요건	• 보도 내에서 보행중 사고	• 피해자가 자전거 또는 원동기장치자전거를 타고 가던중 사고는 제차로 간주되어 적용 제외
3. 운전자 과실	• 고의적 과실 • 의도적 과실 • 현저한 부주의 과실	• 불가항력적 과실 • 만부득이한 과실 • 단순 부주의 과실
4. 시설물의 설치요건	• 보도설치권한이 있는 행정관서에서 설치하여 관리하는 보도	• 학교·아파트단지 등 특정 구역 내부의 소통과 안전을 목적으로 설치된 보도

③ 보도침범, 횡단방법위반 사고에 따른 행정처분

항목	(승합자동차의) 범칙금	벌점
통행구분위반 (보도침범, 보도 횡단방법 위반)	7만원	10점

12. 승객추락방지의무위반 사고

① 승객추락방지의무에 해당하는 경우와 아닌 경우
  ㉠ 승객추락방지의무에 해당하는 경우
    ⓐ 문을 연 상태에서 출발하여 타고 있는 승객이 추락한 경우
    ⓑ 승객이 타거나 또는 내리고 있을 때 갑자기 문을 닫아 문에 충격된 승객이 추락한 경우
    ⓒ 버스 운전사가 개·폐 안전장치인 전자감응장치가 고장난 상태에서 운행 중에 승객이 내리고 있을 때 출발하여 승객이 추락한 경우
  ㉡ 승객추락방지의무에 해당되지 않는 경우
    ⓐ 승객이 임의로 차문을 열고 상체를 내밀어 차밖으로 추락한 경우
    ⓑ 운전자가 사고방지를 위해 취한 급제동으로 승객이 차밖으로 추락한 경우
    ⓒ 화물자동차 적재함에 사람을 태우고 운행 중에 운전자의 급가속 또는 급제동으로 피해자가 추락한 경우

② 승객추락방지의무위반 사고의 성립요건

항목	내용	예외사항
1. 장소적 요건	• 승용, 승합, 화물, 건설기계 등 자동차에만 적용	• 이륜자동차 및 자전거는 제외
2. 피해자 요건	• 탑승 승객이 개문되어 있는 상태로 출발한 차량에서 추락하여 피해를 입은 경우	• 적재되어 있는 화물이 추락 사고는 제외
3. 운전자 과실	• 차의 문이 열려 있는 상태로 출발하는 행위	• 차량이 정지하고 있는 상태에서의 추락은 제외

③ 승객추락방지의무위반 사고에 따른 행정처분

항목	(승합자동차의) 범칙금	벌점
승객 또는 승하차자 추락방지조치위반	7만원	10점

제1편 교통관련 법규 및 교통사고 유형

13. 어린이 보호구역내 어린이 보호의무위반 사고
① 어린이 보호구역으로 지정될 수 있는 장소
  ㉠ 유아교육법에 따른 유치원, 초·중등교육법에 따른 초등학교 또는 특수학교
  ㉡ 영유아교육법에 따른 보육시설 중 정원 100명 이상의 보육시설(관할 경찰서장과 협의된 경우에는 정원이 100명 미만의 보육시설 주변도로에 대해서도 지정 가능)
  ㉢ 학원의 설립·운영 및 과외교습에 관한 법률에 따른 학원 중 학원 수강생이 100명 이상인 학원(관할 경찰서장과 협의된 경우에는 정원이 100명 미만의 학원 주변도로에 대해서도 지정 가능)
  ㉣ 초·중등교육법에 따른 외국인학교 또는 대안학교, 제주특별자치도 설치 및 국제자유도시 조성을 위한 특별법에 따른 국제학교 및 경제자유구역 및 제주국제자유도시의 외국교육기관 설립·운영에 관한 특별법에 따른 외국교육기관 중 유치원·초등학교 교과과정이 있는 학교
② 어린이 보호의무위반 사고의 성립요건

항목	내용	예외사항
1. 장소적 요건	• 어린이 보호구역으로 지정된 장소	• 어린이 보호구역이 아닌 장소
2. 피해자 요건	• 어린이가 상해를 입은 경우	• 성인이 상해를 입은 경우
3. 운전자 과실	• 어린이에게 상해를 입힌 경우	• 성인에게 상해를 입힌 경우

제3절 교통사고 처리의 이해

1. 용어의 정의(교통사고조사규칙 제2조)
① 교통: 차를 운전하여 사람 또는 화물을 이동시키거나 운반하는 등 차를 그 본래의 용법에 따라 사용하는 것
② 교통사고: 차의 교통으로 인하여 사람을 사상하거나 물건을 손괴한 것
③ 대형사고: 3명 이상이 사망(교통사고 발생일부터 30일 이내에 사망)하거나 20명 이상의 사상자가 발생한 사고
④ 교통조사관: 교통사고를 조사하여 검찰에 송치하는 등 교통사고 조사업무를 처리하는 경찰공무원
⑤ 스키드마크(Skid mark): 차의 급제동으로 인하여 타이어의 회전이 정지된 상태에서 노면에 미끄러져 생긴 타이어 마모흔적 또는 활주흔적
⑥ 요마크(Yaw mark): 급핸들 등으로 인하여 차의 바퀴가 돌면서 차축과 평행하게 옆으로 미끄러진 타이어의 마모흔적
⑦ 충돌: 차가 반대방향 또는 측방에서 진입하여 그 차의 정면으로 다른 차의 정면 또는 측면을 충격한 것
⑧ 추돌: 2대 이상의 차가 동일방향으로 주행 중 뒤차가 앞차의 후면을 충격한 것
⑨ 접촉: 차가 추월, 교행 등을 하려다가 차의 좌우측면을 서로 스친 것
⑩ 전도: 차가 주행 중 도로 또는 도로 이외의 장소에 차체의 측면이 지면에 접하고 있는 상태(좌측면이 지면에 접해 있으면 좌전도, 우측면이 지면에 접해 있으면 우전도)
⑪ 전복: 차가 주행 중 도로 또는 도로 이외의 장소에 뒤집혀 넘어진 것
⑫ 추락: 차가 도로변 절벽 또는 교량 등 높은 곳에서 떨어진 것
⑬ 뺑소니: 교통사고를 야기한 차의 운전자가 피해자를 구호하는 등 '도로교통법' 제54조제1항의 규정에 따른 조치를 취하지 아니하고 도주한 것
※ 이외의 용어는 '도로교통법' 제2조(용어의 정의)를 따른다.

2. 수사기관의 교통사고 처리 기준(교통사고조사규칙 제20조)
① 인피사고(사람을 사망하게 하거나 다치게 한 교통사고)의 처리
  ㉠ 사람을 사망하게 한 교통사고의 가해자는 '교통사고처리특례법'(이하 "교특법"이라 한다) 제3조제1항을 적용하여 기소의견으로 송치
  ㉡ 사람을 다치게 한 교통사고(이하 "부상사고"라 한다)의 피해자가 가해자에 대하여 처벌을 희망하지 아니하는 의사표시를 한 때에는 같은 법 제3조제2항을 적용하여 불기소의견으로 송치. 다만, 사고의 원인행위에 대하여는 '도로교통법' 적용하여 통고처분 또는 즉결심판 청구
  ㉢ 부상사고로써 피해자가 가해자에 대하여 처벌을 희망하지 아니하는 의사표시가 없거나 교특법 제3조제2항 단서에 해당하는 경우에는 같은 법 제3조제1항을 적용하여 기소의견으로 송치
  ㉣ 부상사고로써 피해자가 가해자에 대하여 처벌을 희망하지 아니하는 의사표시가 없는 경우라도 교특법 제4조제1항의 규정에 따른 보험 또는 공제(이하 "보험등"이라 한다)에 가입된 경우에는 다음 각 목에 해당하는 경우를 제외하고 같은 조항을 적용하여 불기소의견으로 송치. 다만, 사고의 원인행위에 대하여는 '도로교통법'을 적용하여 통고처분 또는 즉결심판 청구
    ⓐ 교특법 제3조제2항 단서에 해당하는 경우
    ⓑ 피해자가 생명의 위험이 발생하거나 불구·불치·난치의 질병(이하 "중상해"라 한다)에 이르게 된 경우
    ⓒ 보험 등의 계약이 해지되거나 보험사 등의 보험금 등 지급의무가 없어진 경우
  ㉤ 제4호 각 목의 어느 하나에 해당하는 경우에는 제2호·제3호의 기준에 따라 처리
② 물피사고(다른 사람의 건조물이나 그 밖의 재물을 손괴한 교통사고)의 처리
  ㉠ 피해자가 가해자에 대하여 처벌을 희망하지 아니하는 의사표시가 있는 경우 또는 보험 등에 가입된 경우에는 단순 물적피해 교통사고 조사보고서를 작성하고, 교통경찰 업무관리시스템(TCS)의 교통사고접수 처리대장에 입력한 후 종결
  ㉡ 피해자가 가해자에 대하여 처벌을 희망하지 아니하는 의사표시가 없거나 보험 등에 가입되지 아니한 경우에는 기소의견으로 송치. 다만, 피해액이 20만원 미만인 경우에는 즉결심판을 청구하고 대장에 입력한 후 종결
③ 뺑소니 사고의 처리
  ㉠ 인피 뺑소니사고는 '특정범죄가중처벌 등에 관한 법률' 제5조의3을 적용하여 기소의견으로 송치
  ㉡ 물피 뺑소니사고
    ⓐ 도로에서 교통상의 위험과 장해를 발생시키거나 발생

제1편
교통관련 법규 및 교통사고 유형

버스운전 자격시험

시킬 우려가 있는 물피 뺑소니 사고에 대해서는 '도로교통법' 제148조를 적용하여 기소의견으로 송치

ⓑ 주·정차된 차만 손괴한 것이 분명하고 피해자에게 인적사항을 제공하지 않은 물피 뺑소니 사고에 대해서는 '도로교통법' 제156조제10호를 적용하여 통고처분 또는 즉심청구를 하고 교통경찰업무관리시스템(TCS)에서 결과보고서 작성 후 종결

④ 교통사고를 야기한 후 사상자 구호 등 사후조치는 하였으나 경찰공무원이나 경찰관서에 신고하지 아니한 때에는 제1항, 제2항 및 '도로교통법' 제154조제4호의 규정을 적용하여 처리한다. 다만, 도로에서의 위험방지와 원활한 소통을 위하여 필요한 조치를 한 경우에는 '도로교통법' 제154조제4호의 규정은 적용하지 아니한다.

⑤ '도로교통법' 제44조제1항의 규정을 위반하여 주취운전 중 인피사고를 일으킨 운전자에 대하여는 다음 각 호의 사항을 종합적으로 고려하여 「특정범죄 가중처벌 등에 관한 법률」 제5조의11의 규정의 위험운전 치사상죄를 적용

㉠ 가해자가 마신 술의 양

㉡ 사고발생 경위, 사고위치 및 피해정도

㉢ 비정상적 주행 여부, 똑바로 걸을 수 있는지 여부, 말할 때 혀가 꼬였는지 여부, 횡설수설하는지 여부, 사고 상황을 기억하는지 여부 등 사고 전·후의 운전자 행태

⑥ 피해자와 손해배상 합의기간: 교통조사관은 부상사고로써 '교통사고처리 특례법' 제3조제2항 단서에 해당하지 아니하는 사고를 일으킨 운전자가 보험 등에 가입되지 아니한 경우 또는 중상해 사고를 야기한 운전자에게는 특별한 사유가 없는 한 사고를 접수한 날부터 2주간 합의할 수 있는 기간을 주어야 한다.

⑦ 합의서의 처리: 교통조사관은 합의기간 안에 가해자와 피해자가 손해배상에 합의한 경우에는 가해자와 피해자로부터 별지 제1호서식의 자동차교통사고합의서를 제출받아 교통사고 조사 기록에 첨부

3. 안전사고 등의 처리(교통사고조사규칙 제21조)

① 교통조사관은 다음 각 호의 어느 하나에 해당하는 사고의 경우에는 교통사고로 처리하지 아니하고 업무 주무기능에 인계

㉠ 자살·자해행위로 인정되는 경우

㉡ 확정적 고의에 의하여 타인을 사상하거나 물건을 손괴한 경우

㉢ 낙하물에 의하여 차량 탑승자가 사상하였거나 물건이 손괴된 경우

㉣ 축대, 절개지 등이 무너져 차량 탑승자가 사상하였거나 물건이 손괴된 경우

㉤ 사람이 건물, 육교 등에서 추락하여 진행중인 차량과 충돌 또는 접촉하여 사상한 경우

㉥ 그 밖의 차의 교통으로 발생하였다고 인정되지 아니한 안전사고의 경우

② 교통조사관은 위 ① ㉠~㉥에 해당하는 사고의 경우라도 운전자가 이를 피할 수 있었던 경우에는 교통사고로 처리

제1편 교통관련 법규 및 교통사고 유형

제4장 주요 교통사고유형

버스운전 자격시험

제1절 안전거리 미확보 사고

1. 안전거리 개념
① 안전거리: 같은 방향으로 가고 있는 앞차가 갑자기 정지하게 되는 경우 그 앞차와의 추돌을 피할 수 있는 필요한 거리로 정지거리보다 약간 긴 정도의 거리
② 정지거리는 공주거리와 제동거리를 합한 거리
  ㉠ 공주거리: 운전자가 위험을 느끼고 브레이크를 밟았을 때 자동차가 제동되기 전까지 주행한 거리
  ㉡ 제동거리: 제동되기 시작하여 정지될 때까지 주행한 거리
③ 안전거리 미확보
  ㉠ 성립하는 경우: 앞차가 정당한 급정지, 과실 있는 급정지라 하더라도 사고를 방지할 주의의무는 뒤차에게 있음. 앞차에 과실이 있는 경우에는 손해보상할 때 과실상계하여 처리
  ㉡ 성립하지 않는 경우: 앞차가 고의적으로 급정지하는 경우에는 뒤차의 불가항력적 사고로 인정하여 앞차에게 책임 부과

2. 안전거리 미확보 사고의 성립요건

항목	내용	예외사항
1. 장소적 요건	• 도로에서 발생	–
2. 피해자 요건	• 동일방향 앞차로 뒷차에 의해 추돌되어 피해를 입은 경우	• 동일방향 좌·우 차에 의해 충돌되어 피해를 입은 경우 (진로변경방법위반 적용)
3. 운전자 과실	• 뒷차가 안전거리를 미확보하여 앞차를 추돌한 경우 – 앞차의 정당한 급정지 ① 앞차가 정지하거나 감속하는 것을 보고 급정지하는 경우 ② 전방의 돌발상황을 보고 급정지(무단횡단 등)하는 경우 ③ 앞차의 교통사고를 보고 급정지 – 앞차의 상당성 있는 급정지 ① 신호착각에 따른 급정지 ② 초행길로 인한 급정지 ③ 전방상황 오인 급정지 – 앞차의 과실 있는 급정지 ① 우측 도로변 승객을 태우기 위해 급정지 ② 주·정차 장소가 아닌 곳에서 급정지 ③ 고속도로나 자동차전용도로에서 전방사고를 구경하기 위해 급정지	• 앞차가 후진하는 경우 • 앞차가 고의로 급정지하는 경우 • 앞차가 의도적으로 급정지하는 경우

3. 안전거리 미확보 사고에 따른 행정처분

항목	(승합자동차의) 범칙금	벌점
고속도로·자동차전용도로 안전거리 미확보	5만원	10점
일반도로 안전거리 미확보	2만원	10점

제2절 진로 변경(급차로 변경) 사고

1. 고속도로에서의 차로 의미
① 주행차로: 고속도로에서 주행할 때 통행하는 차로
② 가속차로: 주행차로에 진입하기 위해 속도를 높이는 차로
③ 감속차로: 주행차로를 벗어나 고속도로에서 빠져나가기 위해 감속하기 위한 차로
④ 오르막 차로: 오르막 구간에서 저속자동차와 다른 자동차를 분리하여 통행시키기 위한 차로

2. 진로 변경(급차로 변경) 사고의 성립요건

항목	내용	예외사항
1. 장소적 요건	• 도로에서 발생	–
2. 피해자 요건	• 옆 차로에 진행 중인 차량이 갑자기 차로를 변경하여 불가항력적으로 충돌한 경우	• 동일방향 앞·뒤 차량으로 진행하던 중 앞차가 차로를 변경하는데 뒷차도 따라 차로를 변경하다가 앞차를 추돌한 경우 • 장시간 주차하다가 막연히 출발하여 좌측면에서 차로 변경 중인 차량의 후면을 추돌한 경우 • 차로 변경 후 상당 구간 진행 중인 차량을 뒤차가 추돌한 경우
3. 운전자 과실	• 사고 차량이 차로를 변경하면서 변경방향 차로 후방에서 진행하는 차량의 진로를 방해하는 경우	–

제3절 후진사고

1. 후진에 따른 용어 정의
① 후진위반: 후진하기 위하여 주의를 기울였음에도 불구하고 다른 보행자나 차량의 정상적인 통행을 방해하여 다른 보행자나 차량을 충돌한 경우(일반도로에서 주로 발생)

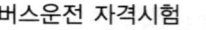

② 안전운전불이행: 주의를 기울이지 않은 채 후진하여 다른 보행자나 차량을 충돌한 경우(골목길, 주차장 등에서 주로 발생)

③ 통행구분위반: 대로상에서 뒤에 있는 일정한 장소나 다른 길로 진입하기 위해 상당한 구간을 계속 후진하다가 정상진행중인 차량과 충돌한 경우(역진으로 보아 중앙선침범과 동일하게 취급)

2. 후진사고의 성립요건

항목	내용	예외사항
1. 장소적 요건	• 도로에서 발생	–
2. 피해자 요건	• 후진하는 차량에 충돌되어 피해를 입은 경우	• 정차 중 노면경사로 인해 차량이 뒤로 흘러 내려가 피해를 입은 경우
3. 운전자 과실	• 일반사고로 처리하는 경우 – 교통 혼잡으로 인해 후진이 금지된 곳에서 후진하는 경우 – 후방에 교통보조자를 세우고 보조자의 유도에 따라 후진하지 않은 경우 – 후방에 대한 주시를 소홀이 한 채 후진하는 경우 • 차로가 설치되어 있는 도로에서 뒤에 있는 장소로 가기 위해 상당 구간을 후진하는 경우	• 뒤차의 전방주시나 안전거리 미확보로 앞차를 추돌하는 경우 • 고속도로나 자동차전용도로에서 정지중 노면경사로 인해 차량이 뒤로 흘러 내려간 경우 • 고속도로나 자동차전용도로에서 긴급자동차, 도로보수 및 유지작업 자동차, 교통상의 위험방지제거 및 응급조치작업에 사용되는 자동차로 부득이하게 후진하는 경우

제4절 교차로 통행방법위반 사고

1. 앞지르기 금지와 교차로 통행방법위반 사고의 차이점

① 앞지르기 금지 사고: 뒤차가 교차로에서 앞차의 측면을 통과한 후 앞차의 그 앞으로 들어가는 도중에 발생한 사고

② 교차로 통행방법위반 사고: 뒤차가 교차로에서 앞차의 측면을 통과하면서 앞차의 앞으로 들어가지 않고 앞차의 측면을 접촉하는 사고

2. 교차로 통행방법위반 사고의 성립요건

항목	내용	예외사항
1. 장소적 요건	• 2개 이상의 도로가 교차하는 장소(교차로)	–
2. 피해자 요건	• 교차로 통행 중에 통행방법을 위반한 차량에 충돌되어 피해를 입은 경우	• 신호위반 차량에 충돌되어 피해를 입은 경우
3. 운전자 과실	• 교차로 통행방법을 위반한 과실 – 교차로에서 좌회전하는 경우 – 교차로에서 우회전하는 경우 • 안전운전불이행 과실	• 앞차의 후진이나 고의 사고로 인한 경우 • 신호를 위반하는 경우

3. 가해자와 피해자 구분

① 앞차가 너무 넓게 우회전하여 앞·뒤가 아닌 좌·우차의 개념으로 보는 상태에서 충돌한 경우에는 앞차가 가해자

② 앞차가 일부 간격을 두고 우회전중인 상태에서 뒷차가 무리하게 끼어들며 진행하여 충돌한 경우에는 뒷차가 가해자

제5절 신호등 없는 교차로 사고

1. 신호등 없는 교차로 가해자 판독방법

① 교차로 진입 전 일시정지 또는 서행하지 않은 경우
  ㉠ 충돌 직전(충돌 당시, 충돌 후) 노면에 스키드 마크가 형성되어 있는 경우
  ㉡ 충돌 직전(충돌 당시, 충돌 후) 노면에 요 마크가 형성되어 있는 경우
  ㉢ 상대 차량의 측면을 정면으로 충돌할 경우
  ㉣ 가해 차량의 진행방향으로 상대 차량을 밀고가거나, 전도(전복)시킨 경우

② 교차로 진입 전 일시정지 또는 서행하였으나, 교차르 앞·좌·우 교통상황을 확인하지 않은 경우
  ㉠ 충돌직전에 상대 차량을 보았다고 진술한 경우
  ㉡ 교차로에 진입할 때 상대 차량을 보지 못했다고 진술한 경우
  ㉢ 가해 차량이 정면으로 상대 차량 측면을 충돌한 경그

③ 교차로 진입할 때 통행우선권을 이행하지 않은 경우
  ㉠ 교차로에 이미 진입하여 진행하고 있는 차량이 있거나, 교차로에 들어가고 있는 차량과 충돌한 경우
  ㉡ 통행 우선순위가 같은 상태에서 우측 도로에서 진킬한 차량과 충돌한 경우
  ㉢ 교차로에 동시 진입한 상태에서 폭이 넓은 도로에서 진입한 차량과 충돌한 경우
  ㉣ 교차로에 진입하여 좌회전하는 상태에서 직진 또는 우회전 차량과 충돌한 경우

2. 신호등 없는 교차로 사고의 성립요건

항목	내용	예외사항
1. 장소적 요건	• 2개 이상의 도로가 교차하는 신호등 없는 교차로	• 신호기가 설치되어 있는 교차로 또는 사실상 교차르로 볼 수 없는 장소
2. 피해자 요건	• 신호등 없는 교차로를 통행하던 중 – 후진하는 차량과 충돌하여 피해를 입은 경우 – 일시정지 안전표지를 무시하고 상당한 속력으로 진행한 차량과 충돌하여 피해를 입은 경우 – 신호등 없는 교차로 통행방법 위반 차량과 충돌하여 피해를 입은 경우	• 신호가 설치되어 있는 교차로 또는 사실상 교차로로 볼 수 없는 장소에서 피해를 입은 경우

제1편 교통관련 법규 및 교통사고 유형

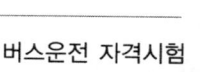
버스운전 자격시험

항목	내용	예외사항
3. 운전자 과실	• 신호등 없는 교차로를 통행하면서 교통사고를 야기한 경우 - 선진입 차량에게 진로를 양보하지 않는 경우 - 상대 차량이 보이지 않는 곳, 교통이 빈번한 곳을 통행하면서 일시정지하지 않고 통행하는 경우 - 통행우선권이 있는 차량에게 양보하지 않고 통행하는 경우 - 일시정지, 서행, 양보표지가 있는 곳에서 이를 무시하지 않고 통행하는 경우	-
4. 시설물의 설치요건	• 시·도경찰청장이 설치한 안전표지가 있는 경우 - 일시정지표지 - 서행표지 - 양보표지	-

제6절 서행·일시정지 위반 사고

1. 서행·일시정지 등에 대한 용어 구분

구분	내용	이행해야 할 장소
서행	• 차가 즉시 정지할 수 있는 느린 속도로 진행하는 것을 의미(위험을 예상한 상황적 대비)	• 교차로에서 좌·우회전하는 경우에는 서행(도로교통법 제25조) • 교통정리를 하고 있지 아니하는 교차로를 진입할 때 교차하는 도로의 폭이 넓은 경우에는 서행(도로교통법 제26조 제2항) • 안전지대에 보행자가 있는 경우와 차로가 설치되지 아니한 좁은 도로에서 보행자의 옆을 지나는 경우(도로교통법 제27조 제4항) • 교통정리를 하고 있지 아니하는 교차로를 통행할 때는 서행(도로교통법 제31조) • 도로가 구부러진 부근에서는 서행(도로교통법 제31조) • 비탈길의 고갯마루 부근에서는 서행(도로교통법 제31조) • 가파른 비탈길의 내리막에서는 서행(도로교통법 제31조) • 시·도경찰청장이 안전표지에 의하여 지정한 곳에서는 서행(도로교통법 제31조)
일시정지	• 반드시 차가 멈추어야 하되, 얼마간의 시간동안 정지상태를 유지해야 하는 교통상황의 의미(정지상황의 일시적 전개)	• 보도와 차도가 구분된 도로에서 도로 외의 곳을 출입하는 때에는 보도를 횡단하기 직전에 일시정지(도로교통법 제13조 제2항) • 철길 건널목을 통과하고자 하는 때에는 철길 건널목 앞에서 일시정지(도로교통법 제24조 제1항) • 보행자(자전거를 끌고 통행하는 자전거 운전자를 포함)가 횡단보도를 통행하고 있는 때에는 횡단보도앞(정지선이 설치되어 있는 곳에서는 그 정지선)에서 일시정지(도로교통법 제27조 제1항) • 보행자전용도로를 통행할 때 보행자를 위험하게 하거나 보행자의 통행을 방해하지 아니하도록 보행자의 걸음걸이 속도로 운행하거나 일시정지(도로교통법 제28조 제3항) • 교차로 또는 그 부근에서 긴급자동차가 접근한 때에는 교차로를 피하여 도로의 우측 가장자리에 일시정지(도로교통법 제29조 제4항) • 교통정리를 하고 있지 아니하고 좌·우를 확인할 수 없거나 교통이 빈번한 교차로에서는 일시정지(도로교통법 제31조 제2항) • 시·도경찰청장이 도로에서의 위험을 방지하고 교통의 안전과 원활한 소통을 확보하기 위하여 필요하다고 인정하여 안전표지로 지정한 곳에서는 일시정지(도로교통법 제31조 제2항) • 어린이가 보호자 없이 도로를 횡단할 때, 어린이가 도로에서 앉아 있거나 서 있을 때 또는 어린이가 도로에서 놀이를 하는 때 등 어린이에 대한 교통사고의 위험이 있는 것을 발견한 때(도로교통법 제49조 제1항) • 앞을 보지 못하는 사람이 흰색지팡이를 가지거나 장애인보조견을 동반하고 도로를 횡단하고 있는 때(도로교통법 제49조 제1항) • 지하도 또는 육교 등 도로횡단시설을 이용할 수 없는 지체장애인이나 노인 등이 도로를 횡단하고 있는 때(도로교통법 제49조 제1항) • 차량신호등의 적색등화가 점멸하고 있는 경우 차마는 정지선이나 횡단보도가 있을 때에는 그 직전이나 교차로의 직전에 일시정지(도로교통법 시행규칙 제6조 제2항 별표2)
정지	• 자동차가 완전히 멈추는 상태, 즉 당시의 속도가 0km/h인 상태	• 차량신호등이 황색등화인 경우 차마는 정지선이 있거나 횡단보도가 있을 때에는 그 직전이나 교차로의 직전에 정지(도로교통법 시행규칙 제6조 제2항 별표2) • 차량신호등이 적색등화인 경우 차마는 정지선, 횡단보도 및 교차로의 직전에서 정지(도로교통법 시행규칙 제6조 제2항 별표2)

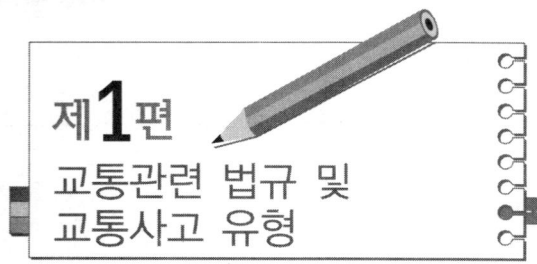

2. 서행 · 일시정지 위반 사고 성립요건

항목	내용	예외사항
1. 장소적 요건	• 도로에서 발생	–
2. 피해자 요건	• 서행 · 일시정지 위반 차량에 충돌되어 피해를 입은 경우	• 일시정지 표지판이 설치된 곳에서 치상피해를 입은 경우 (지시위반 사고로 처리)
3. 운전자 과실	• 서행 · 일시정지 의무가 있는 곳에서 이를 위반한 경우	• 일시정지 표지판이 설치된 곳에서 치상사고를 야기한 경우 (지시위반 사고로 처리)
4. 시설물의 설치요건	• 서행 장소에 안전표지 중 규제표지인 서행표지나 노면표시인 서행표지가 설치된 경우	• 규제표지인 일시정지 표지나 노면표시인 일시정지표시가 설치된 경우에는 지시위반 사고로 처리

제7절   안전운전 불이행 사고

1. 안전운전과 난폭운전과의 차이
① 안전운전
　㉠ 모든 자동차 장치를 정확히 조작하여 운전하는 경우
　㉡ 도로의 교통상황과 차의 구조 및 성능에 따라 다른 사람에게 위험과 방해를 주지 않는 속도나 방법으로 운전하는 경우
② 난폭운전
　㉠ 고의나 인식할 수 있는 과실로 타인에게 현저한 위해를 초래하는 운전을 하는 경우
　㉡ 타인의 통행을 현저히 방해하는 운전을 하는 경우
　㉢ 난폭운전 사례: 급차로 변경, 지그재그 운전, 좌 · 우로 핸들을 급조작하는 운전, 지선도로에서 간선도로로 진입할 때 일시정지 없이 급진입하는 운전 등

2. 안전운전 불이행 사고의 성립요건

항목	내용	예외사항
1. 장소적 요건	• 도로에서 발생	–
2. 피해자 요건	• 통행우선권을 양보해야 하는 상대 차량에게 충돌되어 피해를 입은 경우	• 차량 정비 중 안전 부주의로 피해를 입은 경우 • 보행자가 고속도로나 자동차 전용도로에 진입하여 통행한 경우
3. 운전자 과실	• 자동차 장치조작을 잘못한 경우 • 전 · 후 · 좌 · 우 주시가 태만한 경우 • 전방 등 교통상황에 대한 파악 및 적절한 대처가 미흡한 경우 • 차내 대화 등으로 운전을 부주의한 경우 • 초보운전으로 인해 운전이 미숙한 경우 • 타인에게 위해를 준 난폭운전의 경우	• 1차 사고에 이은 불가항력적인 2차 사고 • 운전자의 과실을 논할 수 없는 사고

제2편 자동차관리법

제1장 자동차 관리
- 제1절 자동차 정리
- 제2절 자동차 등록·말소등록사항
- 제3절 자동차 등기 등록
- 제4절 압축천연가스(CNG) 자동차
- 제5절 운행 시 자동차 조작 요령

제2장 자동차 사용 요령
- 제1절 자동차 키 및 도어
- 제2절 공조장치 및 안전장치
- 제3절 계기판
- 제4절 수신기

제3장 자동차 운행조건 요령
- 제1절 상용제 등급표시
- 제2절 윤활유 등급표시

제4장 자동차의 구조 및 특성
- 제1절 동력발생장치
- 제2절 전동(동력)장치
- 제3절 조향장치
- 제4절 제동장치

제5장 자동차 검사 및 보험 등
- 제1절 자동차 검사
- 제2절 자동차 보험 및 공제

제2편 자동차관리요령
제1장 자동차 관리

제1절 자동차 점검

1. 일상점검이란?
① 일상점검: 자동차를 운행하는 사람이 매일 자동차를 운행하기 전에 점검하는 것이다.
② 주의사항
  ㉠ 경사가 없는 평탄한 장소에서 점검한다.
  ㉡ 변속레버는 P(주차)에 위치한 후 주차 브레이크를 당겨 놓는다.
  ㉢ 엔진 시동 상태에서 점검해야 할 사항이 아니면 엔진 시동을 끄고 한다.
  ㉣ 점검은 환기가 잘 되는 장소에서 실시한다.
  ㉤ 엔진을 점검할 때에는 반드시 엔진을 끄고, 식은 다음에 실시한다.(화상예방)
  ㉥ 연료장치나 배터리 부근에서는 불꽃을 멀리 한다.(화재예방)
  ㉦ 배터리, 전기 배선을 만질 때에는 미리 ⊖배터리의 단자를 분리한다.(감전예방)

2. 일상점검 항목 및 내용

점검항목		점검 내용
엔진룸 내부	엔진	- 엔진오일, 냉각수가 충분한가 - 누수, 누유는 없는가 - 구동벨트의 장력은 적당하고, 손상된 곳은 없는가
	변속기	- 변속기 오일량은 적당한가 - 누유는 없는가
	기타	- 클러치액, 와셔액 등은 적당한가 - 누유는 없는가
차의 외관	완충스프링	- 스프링 연결부위의 손상 또는 균열은 없는가
	바퀴	- 타이어의 공기압은 적당한가 - 타이어의 이상마모 또는 손상은 없는가 - 휠 볼트 및 너트의 조임은 충분하고 손상은 없는가
	램프	- 점등이 되고, 파손되지 않았는가
	등록번호판	- 번호판이 손상되지 않았는가 - 번호판 식별이 가능한가
	배기가스	- 배기가스의 색깔은 깨끗한가
운전석	핸들	- 흔들림이나 유동은 없는가
	브레이크	- 페달의 자유 간극과 잔류 간극이 적당한가 - 브레이크의 작동이 양호한가 - 주차 브레이크의 작동은 되는가 - 클러치의 자유 간극은 적당한다
	변속기	- 변속레버의 조작은 용이한가 - 심한 진동은 없는가

점검항목		점검 내용
운전석	후사경	- 비침 상태가 양호한가
	경음기	- 작동이 양호한가
	와이퍼	- 작동이 양호한가
	각종계기	- 작동이 양호한가

3. 운행 전 점검사항
① 운전석에서 점검
  ㉠ 연료 게이지량
  ㉡ 브레이크 페달 유격 및 작동상태
  ㉢ 에어압력 게이지 상태
  ㉣ 룸미러 각도, 경음기 작동 상태, 계기 점등상태
  ㉤ 와이퍼 작동상태
  ㉥ 스티어링 휠(핸들) 및 운전석 조정
② 엔진점검
  ㉠ 엔진오일의 양은 적당하며 불순물은 없는지?
  ㉡ 냉각수의 양은 적당하며 색은 변하지는 않았는가?
  ㉢ 각종벨트의 장력은 적당하며 손상된 곳은 없는가?
  ㉣ 배선은 깨끗이 정리 되어 있으며 배선이 벗겨져 있거나 연결부분에서 합선 등 누전의 염려는 없는가?
③ 외관점검
  ㉠ 유리는 깨끗하며 깨진 곳은 없는가?
  ㉡ 차체에 굴곡 된 곳은 없으며 후드(보닛)의 고정은 이상이 없는가?
  ㉢ 타이어의 공기압력 마모 상태는 적절한가?
  ㉣ 차체가 기울지는 않았는가?
  ㉤ 후사경의 위치는 바르며 깨끗한가?
  ㉥ 차체에 먼지나 외관상 바람직하지 않은 것은 없는가?
  ㉦ 반사기 및 번호판의 오염, 손상은 없는가?
  ㉧ 휠 너트의 조임 상태는 양호한가?
  ㉨ 파워스티어링 및 브레이크 오일 수준상태 양호한가?
  ㉩ 차체에서 오일이나 연료, 냉각수 등이 누출되는 곳은 없으며 라디에이터 캡과 연료탱크 캡은 이상 없이 채워져 있는가?
  ㉪ 각종 등화는 이상 없이 잘 작동되는가?

4. 운행 중 점검사항
① 출발 전 확인사항
  ㉠ 엔진 시동 시 배터리의 출력은 충분한가?
  ㉡ 시동 시에 잡음이 없고 잘 시동 되는가?
  ㉢ 각종 계기장치 및 등화장치는 정상 작동인가?
  ㉣ 브레이크, 엑셀레이터 페달 작동은 이상이 없는가?
  ㉤ 공기 압력은 충분하며 잘 충전되고 있는가?
  ㉥ 후사경의 위치와 각도는 적절한가?
  ㉦ 클러치 작동과 기어접속은 이상이 없는가?
  ㉧ 엔진소리에 잡음은 없는가?

제2편 자동차관리요령

② 운행 중 유의사항
- ㉠ 조향장치는 부드럽게 작동되고 있는가?
- ㉡ 제동장치는 잘 작동되며, 한쪽으로 쏠리지는 않는가?
- ㉢ 각종 계기장치는 정상위치를 가리키고 있는가?
- ㉣ 엔진소리에 이상이 없는지 유의하고 있는가?
- ㉤ 차체가 이상하게 흔들리거나 진동하지는 않는가?
- ㉥ 각종 계기는 정상적으로 작동하고 있는가?
- ㉦ 클러치 작동은 원활하며 동력전달에 이상은 없는가?
- ㉧ 차내에서 이상한 냄새가 나지 않는가?

5. 운행 후 점검사항

① 외관점검
- ㉠ 차체가 기울지 않았는가?
- ㉡ 차체에 굴곡이나 손상된 곳 또는 부품이 없어진 곳은 없는가?
- ㉢ 각종 등화는 이상 없이 잘 작동되는가?
- ㉣ 후드(보닛)의 고리가 빠지지는 않았는가?
- ㉤ 휠 너트가 빠져 없거나 풀리지는 않았는가?

② 엔진점검
- ㉠ 냉각수, 엔진오일의 이상 소모는 없는가?
- ㉡ 배터리액이 넘쳐 흐르지는 않았는가?
- ㉢ 배선이 흐트러지거나, 빠지거나 잘못된 곳은 없는가?
- ㉣ 오일이나 냉각수나 새는 곳은 없는가?

③ 하체점검
- ㉠ 타이어는 정상으로 마모되고 있는가?
- ㉡ 볼트, 너트가 풀린 곳은 없는가?
- ㉢ 조향장치, 완충장치의 나사 풀림은 없는가?
- ㉣ 에어가 누설되는 곳은 없는가?
- ㉤ 각종 액체가 새는 곳은 없는가?

제2절 주행 전·후 안전수칙

1. 운행 전 안전수칙

① 안전벨트의 착용
- ㉠ 가까운 거리라도 안전벨트를 착용한다: 급정지, 급출발, 교통사고 발생 시 신체에 발생할 수 있는 상해를 예방한다.
- ㉡ 안전벨트는 꼬이지 않도록 하여 착용한다: 정상적인 작동을 통해 신체보호 효과가 감소하는 것을 방지한다.
- ㉢ 허리부위 안전벨트는 골반 위치에 착용한다: 안전벨트를 복부에 착용하면 충돌할 때 강한 복부 압박으로 장파열 등 신체에 위해를 가할 수 있다.

② 운전에 방해되는 물건 제거
- ㉠ 운전석 주변은 항상 깨끗하게 유지한다: 깡통 등이 페달 밑으로 들어가면 페달 조작이 불가능하게 된다.
- ㉡ 바닥 메트는 페달의 조작을 방해하지 않도록 바닥에 고정되는 제품 사용한다.

③ 올바른 운전자세
- ㉠ 운전자 몸의 중심이 핸들 중심과 정면으로 일치되도록 한다.
- ㉡ 등은 펴서 시트에 가까이 붙이도록 않는다.
- ㉢ 브레이크 페달, 클러치 페달을 끝까지 밟았을 때 무릎이 약간 굽혀지도록 한다.

- ㉣ 손목이 핸들의 가장 먼 곳에 닿아야 한다.
- ㉤ 머리지지대의 높이가 조절되는 차량인 경우에는 운전자의 귀 상단 또는 눈의 높이가 머리지지대 중심에 올 수 있도록 조정한다.

④ 좌석, 핸들, 후사경 조정
- ㉠ 좌석은 출발 전에 조정하고, 주행 중에는 절대로 조작하지 않는다.
- ㉡ 후사경을 조정하여 충분한 시계를 확보한다.
- ㉢ 높이를 조절할 수 있는 핸들은 반드시 출발 전에 신체에 맞게 조절한다.
- ㉣ 모든 게이지 및 경고등을 확인한다.
- ㉤ 주차 브레이크를 해체하여 경고등이 소등되는지 점검한다.

⑤ 일상점검의 생활화
- ㉠ 자동차 주위에 사람이나 물건 등이 없는지 확인한다.
- ㉡ 타이어와 노면과의 접지상태를 확인한다.
- ㉢ 타이어의 적정공기압을 유지한다.
- ㉣ 예비타이어의 공기압도 수시로 점검한다.
- ㉤ 자동차 하부의 누유, 누수 등을 점검한다.
- ㉥ 자동차 외관의 이상 유무를 확인한다.

⑥ 인화성·폭발성 물질의 차내 방지 금지
- ㉠ 여름철과 같이 차안의 온도가 급상승하는 경우에는 인화성·폭발성 물질이 폭발할 수 있다.
- ㉡ 시트 커버나 각종 비닐 커버를 씌울 경우에는 배선의 합선 등으로 인한 화재에 주의한다.
- ㉢ 소화기를 비치하여 화재가 발생한 경우 초기에 진화하도록 한다.

소화기 사용방법
① 바람을 등지고 소화기의 안전핀을 제거한다.
② 소화기 노즐을 화재 발생장소로 향하게 한다.
③ 소화기 손잡이를 움켜쥐고 빗자루로 쓸듯이 방사한다.

---

2. 운행 중 안전수칙

① 음주·과로한 상태에서의 운전금지
- ㉠ 적당한 휴식을 취하지 않고 계속 운전하면 졸음운전을 하게 된다.
- ㉡ 장시간 운전을 하는 경우에는 2시간마다 휴식을 취하도록 한다.
- ㉢ 음주는 운전자의 판단, 시력, 근육 조절을 저하시킨다.
- ㉣ 소량의 음주라도 운전자의 반사신경, 인식, 판단에 영향을 미친다.

② 창문 밖으로 손이나 얼굴 등을 내밀지 않도록 주의

③ 주행 중에는 엔진 정지 금물
- ㉠ 주행 중에 시동 스위치를 끄는 경우에는 브레이크의 성능 저하 및 핸들조작이 힘들어지게 된다.
- ㉡ 비탈길을 내려올 때 계속 풋브레이크만 사용하면 제동효율이 떨어지므로 엔진브레이크를 사용한다.

④ 도어 개방상태에서의 운행 금지

⑤ 터널 출구나 다리 위 돌풍에 주의

⑥ 높이 제한이 있는 도로를 주행할 때에는 항상 차량의 높이에 주의

제2편 자동차관리요령

3. 운행 후 안전수칙
① 차에서 내리거나 후진할때 에는 차 밖의 안전을 확인
  ㉠ 차에서 내릴 때에는 차 밖의 주의 상황을 확인하고 도어를 연다.
  ㉡ 차를 후진할 때에는 후사경에만 의존하지 않고 직접 후방을 확인한다.
② 주·정차하거나 워밍업을 할 경우 등에는 배기관 주변 확인
  ㉠ 주·정차 또는 워밍업을 할 경우에는 배기관 주변에 연소되기 쉬운 것(마른 낙엽, 지푸라기, 종이, 오일, 타이어 등)이 있는지 확인한다.
  ㉡ 차 뒷부분이 벽 등에 닿은 상태에서 장시간 워밍업이나 고속 공회전을 하면 배기가스의 열에 의해 벽 등이 변색되거나 화재의 위험이 발생한다.
③ 밀폐된 공간에서의 워밍업 또는 자동차점검 금지
  ㉠ 밀폐된 공간에서 시동을 걸어 놓으면 배기가스가 차 안으로 유입되어 위험하다.
  ㉡ 워밍업 중에 엔진을 고속으로 회전시키면 연료소모량이 증가할 뿐만 아니라 배기관을 통해 고온의 배기가스가 나온다.
④ 주차할 때의 주의사항
  ㉠ 주차할 때에는 반드시 주차 브레이크 작동시킨다.
  ㉡ 오르막길에서는 1단, 내리막길에서는 R(후진)로 놓고 바퀴에 고임목을 설치한다.
  ㉢ 급경사 길에는 가급적 주차하지 않는다.
  ㉣ 습기가 많고 통풍이 잘 되지 않는 차고에는 주차하지 않는다.

제3절 자동차 관리 요령

1. 터보 차져
① 터보 차져는 고속 회전운동(수만 rpm 이상)을 하는 부품으로 회전부의 원활한 윤활과 터보 차져에 이물질이 들어가지 않도록 하는 것이 중요하다.
② 시동 전 오일량을 확인하고 시동 후 오일압력이 정상적으로 상승되는지 확인한다.
③ 초기 시동 시 냉각된 엔진이 따뜻해질 때까지 3~10분 정도 공회전을 시켜 주어 엔진이 정상적으로 가동할 수 있도록 운행 전 예비회전을 시켜준다.
④ 터보 차져는 운행 중 고온 상태이므로 급속한 엔진 정지시 열 방출이 안되기 때문에 터보 차져 베어링부의 소착등이 발생할 수 있으므로 충분한 공회전을 실시하여 터보차져의 온도를 식힌 후 엔진을 끄도록 한다.
⑤ 공회전 또는 워밍업 시의 무부하 상태에서 급가속을 하는 것도 터보 차져 각부의 손상을 가져올 수 있으므로 이를 삼간다.

터보 차져 장착자 점검요령
- 터보 차져의 고장은 대부분 윤활유 공급부족, 엔진오일 오염, 이물질 유입으로 인한 압축기 날개 손상 등에 의해 발생한다.
- 점검을 위하여 에어클리너 엘리먼트를 장착치 않고 고속 회전시키는 것을 삼가야 하여야 하며, 압축기 날개 손상의 원인이 된다.

2. 세차시기
① 겨울철에 동결방지제(염화칼슘 등)를 뿌린 도로를 주행하였을 경우
② 해안지대를 주행하였을 경우
③ 진흙 및 먼지 등이 현저하게 붙어 있는 경우
④ 옥외에서 장시간 주차하였을 때
⑤ 매연이나 분진, 철분 등이 묻어 있는 경우
⑥ 타르, 모래, 콘크리트 가루 등이 묻어 있는 경우
⑦ 새의 배설물, 벌레 등이 붙어 있는 경우

3. 세차할 때의 주의사항
① 세차할 때에 엔진룸은 에어를 이용하여 세척한다: 엔진룸에 있는 전기장치들의 배선에 수분이 침투할 경우에는 엔진제어 장치의 오류가 발생할 수 있다.
② 겨울철에 세차하는 경우에는 물기를 완전히 제거한다: 키 홀이나, 고무 부품들의 동결로 인하여 도어가 작동하지 않을 수 있다.
③ 기름 또는 왁스가 묻어 있는 걸레로 전면유리를 닦지 않는다: 기름 또는 왁스가 묻어있는 걸레로 닦으면 야간에 빛이 반사되어 앞이 잘 보이지 않게 된다.

4. 외장 손질
① 자동차 표면에 녹이 발생하거나, 부식되는 것을 방지하도록 깨끗이 세척한다.
② 소금, 먼지, 진흙 또는 다른 이물질이 퇴적되지 않도록 깨끗이 제거한다.
③ 자동차의 더러움이 심할 때에는 고무 제품의 변색을 예방하기 위해 가정용 중성세제 대신에 자동차 전용 세척제를 사용한다.
④ 범퍼나 차량 외부의 합성수지 부품이 더러워졌을 때에는 딱딱한 브러시나 수세미 대신 부드러운 브러시나 스펀지를 사용하여 닦아낸다.
⑤ 차량 외부의 합성수지 부품에 엔진오일, 방향제 등이 묻으면 변색이나 얼룩이 발생하므로 즉시 깨끗이 닦아낸다.
⑥ 차체의 먼지나 오물을 마른 걸레로 닦아내면 표면에 자국이 발생한다.
⑦ 차체 표면에 깊게 파인 자국이나 돌멩이 자국 등으로 노출된 금속 표면은 빨리 녹슬어 차의 표면을 크게 손상시킬 수 있다.

5. 내장 손질
① 자동차 내장을 아세톤, 에나멜 및 표백제 등으로 세척할 경우에는 변색되거나 손상이 발생할 수 있다.
② 액상 방향제가 유출되어 계기판 부위나 인스트루먼트 패널 및 공기통풍구에 묻으면 액상 방향제의 고유 성분으로 인해 손상될 수 있다.
③ 실내등을 청소할 때에는 실내등이 꺼져있는지 확인하여 화상이나 전기충격을 받지 않도록 한다.

제2편
자동차관리요령

버스운전 자격시험

제4절 압축천연가스(CNG) 자동차

1. CNG 연료의 특징

① 천연가스는 메탄(CH_4)을 주성분으로 하는 탄소량이 가장 작고, 상온에서는 기체인 탄화 수소계 연료이다.

② 천연가스를 액화한 것을 LNG라고 하며, 우리나라의 경우 천연가스전이 없기 때문에 소비되는 가스 전량을 외국의 수입에 의존하고 있는 실정이다.

③ 천연가스는 표준상태(0℃, 1atm)에서 메탄 1kg당 부피는 약 1.4m³이나, 액상에서는 약 2.4L(-162℃, 1atm)로 부피의 차이는 600배 정도 차이가 있다. 다시 말해, 가스상태에서의 천연가스를 액화하면 그 부피가 1/600로 줄어든다.

④ 순수한 천연가스는 주성분인 메탄 외에도 황하수소, 이산화탄소 또는 부탄, 펜탄, 습기, 먼지 등이 함유되어 있기 때문에 전처리 공정을 통해 유황, 습기, 먼지 등을 제거한다.

자동차 연료로서 천연가스의 특징

① 천연가스는 메탄(CH_4)을 주성분으로(83~99%)하는 탄소량이 적은 탄화수소이다. 메탄 이외에 소량 에탄(C_2H_2), 프로판(C_3H_8), 부탄(C_4H_{10}) 등이 함유되어 있다.

② 메탄의 비등점은 -162℃이고, 상온에서는 기체이다. 단위 에너지당 연료 용적은 경유 연료를 1로 하였을 때 CNG는 3.7배, LNG는 1.65배이다.

③ 옥탄가가 비교적 높고(RON: 120~136), 세탄가는 낮다. 따라서 오토 사이클 엔진에 적합한 연료이다.

④ 가스 상태로 엔진내부로 흡입되어 혼합기 형상이 용이하고, 희박 연소가 가능하다.

⑤ -20~-30℃의 저온인 대기 온도에서도 가스 상태로서 저온 시동성이 우수하다.

⑥ 불완전 연소로 인한 입자상 물질의 생성이 적다.

⑦ 탄소량이 적으므로 발열량당 이산화탄소 배출량이 적다.

⑧ 유황분을 포함하지 않으므로 SO_2 가스를 방출하지 않는다.

⑨ 탄화수소 연료중의 탄소수가 적고 독성도 낮다.

⑩ 부품 재료의 내식성 등의 재료 특성은 가솔린, 경유와 유사한 특성을 갖는다.

---

2. 천연가스 형태별 종류

① LPG(액화석유가스, Liquified Petroleum Gas): 프로판과 부탄을 섞어서 제조된 가스로써 석유 정제과정의 부산물로 이루어진 혼합가스(LPG는 천연가스의 형태별 종류는 아님)

② LNG(액화천연가스, Liquified Natural Gas): 천연가스를 액화시켜 부피를 현저히 작게 만들어 저장, 운반 등 사용상의 효용성을 높이기 위한 액화가스

③ CNG(압축천연가스, Compressed Natural Gas): 천연가스를 고압으로 압축하여 고압 압력용기에 저장한 기체상태의 연료

3. 압축천연가스 자동차 점검 시 주의사항

① 압축천연가스를 사용하는 버스에서 가스누출 냄새가 나면 주변의 화재원인 물질을 제거하고 전기장치 작동을 피한다.

㉠ 가스가 누출될 때 주변에 화재가 없으면 화기가 발생하지 않지만, 주변에 담뱃불, 모닥불이 있거나 정전기로 인한 스파크가 발생하면 화재위험이 있다.

㉡ 버스 내에서는 가스가 누출되면 화재위험이 있으므로 담배를 피우지 않는다.

② 압축천연가스 누출 시에는 고압가스의 급격한 압력팽창으로 주위의 온도가 급강하하여 가스가 직접 피부에 접촉하면 동상이나 부상이 발생할 수 있다.

③ 평소 차량에 승·하차 할 때 가스냄새를 확인하는 습관을 생활화한다.

④ 운전자는 가스라인과 용기밸브와의 연결부분의 이상 유무를 운행 전·후에 눈으로 직접 확인하는 자세가 필요하다.

⑤ 계기판의 'CNG' 램프가 점등되면 가스 연료량의 부족으로 엔진의 출력이 낮아져 정상적인 운행이 불가능할 수 있으므로 가스를 재충전한다.

⑥ 엔진정비 및 가스필터 교환, 연료라인정비를 할 때에는 배관 내 가스를 모두 소진시켜 엔진이 자동으로 정지된 후 작업을 한다.

⑦ 엔진시동이 걸린 상태에서 엔진오일 라인, 냉각수 라인, 가스 연료 라인 등의 파이프나 호스를 조이거나 풀어서는 아니 된다.

⑧ 차량에 별도의 전기장치를 장착하고자 하는 경우에는 압축천연가스와 관련된 부품의 전기배선을 이용해서는 아니 된다.

⑨ 교통사고나 화재사고가 발생하면 시동을 끈 후 계기판의 스위치 중 메인 스위치와 비상차단 스위치를 끄고 대피한다.

⑩ 가스를 충전할 때에는 승객이 없는 상태에서 엔진시동을 끄고 가스를 주입한다. 주입이 완료된 후에는 충전도어의 닫힌 상태를 확인하여야 한다.

⑪ 지하주차장 또는 밀폐된 차고와 같은 장소에 장시간 즈·정차 할 경우 가스가 누출되면 통풍이 되지 않아 화재나 폭발의 위험이 있으므로 반드시 환기나 통풍이 잘되는 곳에 주 정차한다.

⑫ 가스 주입구 도어가 열리면 엔진시동이 걸리지 않도록 되어 있으므로 임의로 배관이나 밸브 실린더 보호용 덮개를 제거하지 않는다.

⑬ 가스공급라인 등 연결부에서 가스가 누출될 때 등의 즈치요령

㉠ 차량 부근으로 화기 접근을 금하고, 엔진시동을 끈 후 메인전원 스위치를 차단한다.

㉡ 탑승하고 있는 승객을 안전한 곳으로 대피시킨 후 누설부위를 비눗물 또는 가스검진기 등으로 확인한다.

㉢ 스테인리스 튜브 등 가스공급라인의 몸체가 파열된 경우에는 교환한다.

㉣ 커넥터 등 연결부위에서 가스가 새는 경우에는 새는 부위의 너트를 조금씩 누출이 멈출 때까지 반복해서 조금씩 조여 준다. 만약 계속해서 가스가 누출되면 사람의 접근을 차단하고 실린더 내의 가스가 모두 배출될 때까지 기다린다.

4. CNG 자동차의 구조

① 연료를 저장하는 저장용기, 연료의 압력과 양을 제어하는 장치가 모두 CNG 자동차 엔진의 연료장치를 구성하게 된다.

② CNG연료주입 노즐과 결합하여 차량에 연료를 보내주는 리셉터클이 있으며, 체크밸브, 플렉시블 연료호스, CNG필터, 압

제2편 자동차관리요령

력조정기, 가스/공기 혼소기, 압력계 등이 있다.
③ 천연가스자동차는 승용자동차와 버스, 청소차 등 대형 영업용 자동차로 나눌 수 있고, 승용자동차의 경우에는 구조변경 전문업체에서 제작하고 있다.

제5절 운행 시 자동차 조작 요령

1. 브레이크 조작
① 브레이크를 밟을 때 2~3회에 나누어 밟게 되면 안정된 성능을 얻을 수 있고, 뒤따라오는 자동차에게 제동정보를 제공함으로써 후미추돌을 방지할 수 있다.
② 내리막길에서 계속 풋 브레이크를 작동시키면 브레이크 파열, 브레이크의 일시적인 작동불능 등의 우려가 있다.
③ 고속 주행 상태에서 엔진 브레이크를 사용할 때에는 주행 중인 단보다 한단 낮은 저단으로 변속하면서 서서히 속도를 줄인다.(한 번에 여러 단을 급격히 낮추게 되면 변속기 및 엔진에 치명적인 손상을 가할 수 있다.)
④ 주행 중에 제동할 때에는 핸들을 붙잡고 기어가 들어가 있는 상태에서 제동한다.
⑤ 내리막길에서 운행할 때 기어를 중립에 두고 탄력 운행을 하지 않는다.(엔진 및 배기 브레이크의 효과가 나타나지 않으며, 제동공기압의 감소로 제동력이 저하될 수 있다.)

2. ABS(Anti-lock Brake System) 조작
① ABS 장치는 급제동할 때 또는 미끄러운 도로에서 제동할 때에 구르던 바퀴가 잠기면서 노면 위에서 미끄러지는 현상을 방지하여 핸들의 조향성능을 유지시켜 주는 장치이다.
② 급제동할 때 ABS가 정상적으로 작동하기 위해서는 브레이크 페달을 힘껏 밟고 버스가 완전히 정지할 때까지 계속 밟고 있어야 한다.
③ ABS 차량은 급제동할 때에도 핸들조향이 가능하다.
④ ABS 차량이라도 옆으로 미끄러지는 위험은 방지할 수 없으며, 자갈길이나 평평하지 않은 도로 등 접지면이 부족한 경우에는 일반 브레이크보다 제동거리가 더 길어질 수도 있다.
⑤ ABS 경고등은 키 스위치를 ON 하면 일반적으로 3초 동안 점등(자가진단)된 후 ABS가 정상이면 경고등은 소등된다. 만약 계속 점등된다면 점검이 필요하다.

3. 차바퀴가 빠져 헛도는 경우
① 차바퀴가 빠져 헛도는 경우에 엔진을 갑자기 가속하면 바퀴가 헛돌면서 더 깊이 빠질 수 있다.
② 변속레버를 '전진' 과 'R(후진)' 위치로 번갈아 두면서 가속페달을 부드럽게 밟으면서 탈출을 시도한다.
③ 필요한 경우에는 납작한 돌, 나무 또는 타이어의 미끄럼을 방지할 수 있는 물건을 타이어 밑에 놓은 다음 자동차를 앞뒤로 반복하여 움직이면서 탈출을 시도한다.
④ 타이어 밑에 물건을 놓은 상태에서 갑자기 출발하면 타이어 밑에 놓았던 물건이 튀어나오거나 타이어 회전 또는 갑작스런 움직임으로 자동차 주위에 서 있던 사람들이 다칠 수 있으므로 주위 사람은 안전지대로 피한 다음 시동을 건다.
⑤ 진흙이나 모래 속을 빠져나오기 위해 무리하게 엔진회전수를 올리면 엔진손상, 과열, 변속기 손상 및 타이어가 손상될 수 있다.

4. 경제적인 운행방법
① 급발진, 급가(감)속 및 급제동 금지
② 경제속도 준수
③ 불필요한 공회전 금지
④ 에어컨 필요한 경우에만 작동
⑤ 불필요한 화물 적재 금지
⑥ 창문을 열고 고속주행 금지
⑦ 올바른 타이어 공기압 유지
⑧ 목적지를 확실하게 파악한 후 운행

5. 험한 도로 주행
① 요철이 심한 도로에서 감속 주행하여 차체의 아래 부분이 충격을 받지 않도록 주의한다.
② 비포장도로, 눈길, 빙판길, 진흙탕 길을 주행할 때에는 속도를 낮추고 제동거리를 충분히 확보한다.
③ 제동할 때에는 자동차가 멈출 때까지 브레이크 페달을 펌프질 하듯이 가볍게 위아래로 밟아준다.
④ 눈길, 진흙길, 모랫길인 경우에는 2단 기어를 사용하여 차바퀴가 헛돌지 않도록 천천히 가속한다.
⑤ 얼음, 눈, 모랫길에 빠졌을 때에는 모래, 타이어체인 또는 미끄러지지 않는 물건을 바퀴 아래 놓아 구동력이 발생하도록 한다.
⑥ 비포장도로와 같은 험한 도로를 주행할 때에는 저단기어로 가속페달을 일정하게 밟고 기어변속이나 가속은 피한다.

6. 야간 운행
① 마주 오는 자동차와 교행 할 때에는 전조등을 변환빔(하향등)으로 작동시켜 교행하는 운전자의 눈부심을 방지한다.
② 비가 내리면 전조등의 불빛이 노면에 흡수되거나 젖은 장애물에 반사되어 더욱 보이지 않으므로 주의한다.
③ 차량흐름, 지형판단이 둔해지고 차량 속도감이 빨리 느껴지므로 주의 운행해야 한다.
④ 일반도로 운행 시 라이트 현혹으로 앞 식별이 되지 않으므로 주의해야 하며 검은 색의 사람 및 전방주시를 철저히 해야 한다.
⑤ 야간운행 시에는 주간보다 시계가 불량하므로 특히 유의하여 운행 하여야 한다.

7. 악천후 시 주행
① 비가 내릴 때에는 노면이 미끄러우므로 급제동을 피하고, 차간 거리를 충분히 유지한다.
② 브레이크 라이닝이 물에 젖으면 제동력이 떨어지므로 물이 고인 곳을 주행했을 때에는 여러 번에 걸쳐 브레이크를 짧게 밟아 브레이크를 건조시킨다.
③ 노면이 젖어있는 도로를 주행한 후에는 브레이크를 건조시키기 위해 앞차와의 안전거리를 확보하고 서행하는 동안 여러

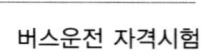

번에 걸쳐 브레이크를 밟아준다.

④ 안개가 끼었거나 기상조건이 나빠 시계가 불량할 경우에는 속도를 줄이고, 미등 및 안개등 또는 전조등을 점등하고 운행한다.

⑤ 폭우가 내릴 경우에는 시야확보가 어려우므로 충분한 제동거리를 확보할 수 있도록 감속한다.

8. 터널 통과방법

① 선글라스를 벗고 운전한다.

② 터널 내 조명등 고장이 자주 발생하므로 라이트를 켜고 운행하여야 하며 상대차량에게 나의 위치를 확인시켜 주어야 한다.

③ 터널에서는 차로변경을 하여서는 안 된다.

④ 터널 내에서는 암순응, 명순응 현상이 심하다.

⑤ 터널 통과 후 급커브 지역이 많으므로 사고 위험에 대해서 미연에 예측운행을 하여야 한다.

⑥ 겨울철 차량의 하체부분에 얼어붙은 눈덩이가 떨어져 있어 사고를 불러일으킬 수 있으므로 항상 주의하여야 한다.

⑦ 터널 입구에는 타이어에 묻은 눈이 떨어져 빙판이 되기 쉬우므로 주의 운행하여야 한다.

9. 겨울철 운행

① 엔진시동 후에는 적당한 워밍업을 한 후 운행한다. 엔진이 냉각된 채로 운행하면 엔진고장이 발생할 수 있다.

② 눈길이나 빙판에서는 타이어의 접지력이 약해지므로 가속페달이나 핸들을 급하게 조작하면 위험하다.

③ 내리막길에서는 엔진브레이크를 사용하면 방향조작에 도움이 된다. 오르막길에서는 한번 멈추면 다시 출발하기 어려우므로 차선거리를 유지하면서 서행한다.

④ 배터리와 케이블 상태를 점검한다. 날씨가 추우면 배터리 용량이 저하되어 시동이 잘 걸리지 않을 수 있다.

⑤ 차의 하체 부위에 있는 얼음 덩어리를 운행 전에 제거한다.

⑥ 엔진의 시동을 작동하고 각종 페달이 정상적으로 작동되는 지 확인한다.

⑦ 겨울철 오버히트가 발생하지 않도록 주의한다. 겨울철에 냉각수 통에 부동액이 없는 경우나 부동액 농도가 낮을 경우 엔진 내부가 얼어 냉각수가 순환하지 않으면 오버히트가 발생하게 된다.

⑧ 자동차에 수노우 타이어를 장착할 경우에는 동일 규격의 타이어를 장착하여야 하며, 스노우 타이어를 장착하고 건조한 도로를 주행하면 일반 타이어 보다 마찰력이 작아 제동거리가 길어질 수 있으므로 주의한다.

⑨ 후륜구동 자동차는 뒷바퀴에 타이어체인을 장착하여야 한다.

⑩ 타이어체인을 장착한 경우에는 30km/h 이내 또는 체인 제작사에서 추천하는 규정속도 이하로 주행하며, 체인이 차체나 섀시에 닿는 소리가 들리면 즉시 자동차를 멈추고 체인 상태를 점검한다.

⑪ 도어나 연료주입구가 얼어서 열리지 않을 경우에는 도어나 연료주입구의 주위를 두드리거나 더운물을 부어 얼어붙은 것을 녹여 준다. 부은 물을 방치하면 다시 얼게 되므로 완전히 닦아 준다.

10. 눈길 운행

① 눈 내리는 도로를 운행할 때는 최대한의 시야를 확보하여 운행하여야 하며, 눈길에서는 감속 운행한다.

② 앞바퀴 보다 뒤 바퀴가 큰 저항을 받기 때문에 저속기어로 기어변속을 하지 않고 운행한다.

③ 오르막 운행 시 내리막길의 상황을 사전에 예측하여 감속운행하고 오르막길에 사용한 저속기어를 내리막에서도 변속하지 말고 운행하여야 한다.

④ 앞바퀴에 대한 저항은 적설량과 핸들의 움직임이 클수록 커지므로 핸들의 움직임을 최소화한다.

⑤ 눈길에서는 차로변경, 급제동, 급핸들 조작을 하여서는 안 된다.

⑥ 오르막길에서는 사전에 저속기어로 천천히 일정한 속도를 유지하면서 오르막길을 운행하여야 하며, 기어변속 시 차량이 정지되면 출발이 어려워 뒤로 미끄러지게 될 수 있으므로 기어변속을 하지 않고 운행 한다.

⑦ 고속도로는 눈이 오는 즉시 제설장비가 설치되지만 지방도로는 제설장비의 설치시기가 늦어지기 때문에 오르막 정상과 기온차가 크므로 고개입구에 비가 오면 정상에는 눈이 내린다는 예측운행으로 침착하게 안전운행 하여야 한다.

⑧ 다져진 눈길은 쌓이는 눈길보다 더욱 더 미끄러지기 쉬우므로 안전운전을 하여야 하며, 기어변속 시 미끄러짐이 심하므로 사전에 감속 운행하여 충분한 안전거리 확보 및 급제동을 삼가하고 주의력을 집중시켜 운행하여야 한다.

⑨ 장거리 운전자는 항상 기상정보, 도로상황 등 교통정보를 이용하여 교통흐름을 파악한 후 운행한다.

⑩ 교량 및 응달진 곳은 눈이 녹지 않고 빙판길이 될 수 있으니 주의해야 한다.

11. 빙판길 운행방법

① 최대한 시야를 확보한 후 운행 하며, 구동력을 크게 작용하면 타이어가 잘 미끄러지므로 2단 출발 운행하여야 한다.

② 주행 시에는 저속운전을 하여야 하며, 가속페달을 밟아주는 정도를 미세하게 조작하여 운행한다.

③ 충분한 안전거리 확보 및 급브레이크 사용 및 기어변속은 절대 삼가며, 정지할 때는 엔젠 브레이크와 저속기어를 병행 사용하여 정지시켜야 한다.

④ 미끄러운 빙판길에서는 기술이 통하지 않으므로 멀리 보고 예측운행을 하여야 한다.

⑤ 빙판길에서는 차로 변경을 되도록 삼가며 평상시 보다 2배 이상 거리를 확보한 후 미세하게 핸들을 조작하면서 차로를 변경한다.

⑥ 사각지점 통과 시 차량이 정체되어 있다는 생각으로 최악의 상태를 예상하여야 한다.

⑦ 빙판길 교량 커브길 통과 시 가속페달을 조작하지 않고 현 속도를 그대로 유지하면서 통과 한다.

⑧ 눈길에서는 차로변경, 급제동, 급핸들 조작을 하여서는 안 된다.

⑨ 오르막길서는 사전에 저속기어로 천천히 일정한 속도를 유지하면서 오르막길을 운행하여야 하며 기어변속 시 차량이 정지되면 출발이 어려워 뒤로 미끄러지게 되어 뒷차량과 충돌 위

험성이 있으므로 기어변속을 하지 않고 운행 한다.
⑩ 다져진 눈길은 쌓이는 눈길보다 더욱 더 미끄러지기 쉬우므로 쌓이는 눈길보다 조심운전을 하여야 하며 기어변속 시 미끄러짐이 심하므로 사전에 감속운행하여 충분한 안전거리 확보 및 급제동을 삼가고 주의력을 집중시켜 운행하여야 한다.
⑪ 장거리 운전자는 항상 기상정보, 도로상황 등 교통정보를 이용하여 교통흐름을 파악한 후 운행한다.
⑫ 교량 및 응달진 곳은 눈이 녹지 않고 빙판길이 되어 있으니 주의해야 한다.

12. 전용차로 운행방법

① 전용차로를 진입하기 위해서는 사전에 신호를 넣고 뒷 차량의 방해가 되지 않도록 진입한다.
② 가속이 되지 않은 상태에서 진입하면 뒤차에 추돌 당하기 쉬우므로 충분한 거리를 확보하고 진입한다.
③ 전용차로 주행 중에는 당사 및 대형차 뒤를 운행할 때에는 시야가 확보되지 않으므로 충분한 안전거리를 유지해야 한다.
④ 정체중일 때에는 대형차량의 수신호를 잘 받아야 한다.
⑤ 휴게소 및 인터체인지 진입 시 사전에 도로 상황을 파악하고 진입 시도를 하여야 한다.
⑥ 진입 후에는 반드시 차량흐름을 파악한 후 휴게소 및 인터체인지를 통과하여야 한다.
⑦ 정체되는 구간에서는 운전자의 심리상 급차로 변경 또는 급진입하는 차량이 있으므로 항상 전방주시를 철저히 하고 시각지점 I/C, 휴게소 부근에서는 방어운전 할 수 있는 마음의 자세를 갖고 운행하여야 한다.
⑧ 전용차로 운행 시 눈의 주시점을 우측 승용차에 둔다.
⑨ 전용차로 운행 시 2차로에서 추돌사고시 후미 승용차량이 전용차로로 급진입 할 수 있으므로 감속 운행해야 한다.
⑩ 일몰 시 소형 승합차, 승용차 등이 전용차로로 급진입을 예상해야 한다.
⑪ 2, 3차로의 정체현상이 발생될 때에는 급진입할 수 있으므로 도로흐름에 맞추어 감속 운행해야 한다.
⑫ 분기점과 전용차로가 만나는 지점은 취약지점이므로 전용차로를 진행 중인 차량의 흐름에 방해가 되지 않도록 급진입을 삼가고, 타 차량이 급진입할 수 있다는 예상을 하며 감속운행하고 양보하는 운전을 해야 한다.

13. 공사구간 운행방법

① 사전에 공사구간 표시판이 있으면 감속해야 한다.
② 갓길이 없으며 급커브 길이다.
③ 공사구간은 시작과 끝의 구간이 위험하다.
④ 공사구간은 임시우회 도로로 선형설계가 되어 있지 않아 위험하므로 감속운행하여야 한다.
⑤ 충분한 안전거리와 차로 변경을 해서는 안 된다.
⑥ 공사구간은 병목현상으로 차량정체를 대비하여 주의 운행하여야 한다.

14. 교량 통과 방법

① 교량 위에는 지열을 받지 못하므로 항시 결빙되어 빙판현상이 발생되므로, 브레이크 조작 및 가속페달 조작에 유의 한다.
② 바람이 심하게 불며 강풍, 돌풍 등을 예상하여 운행한다.
③ 교량 위에서는 온도차이가 10~25℃ 차이가 나므로 안전운행하여야 한다.
④ 전방주시철저, 안전거리 확보, 급제동 및 핸들조작에 유의하여야 한다.

15. 고속도로 운행

① 운행 전 점검: 연료, 냉각수, 엔진오일, 각종 벨트, 타이어 공기압 등 점검
② 고속도로를 벗어날 경우에는 미리 출구를 확인하고 방향지시등을 작동시킨다.
③ 터널 출구 부분을 나올 경우에는 바람의 영향으로 차체가 흔들릴 수 있으므로 속도를 줄인다.
④ 고속으로 운행할 경우 풋 브레이크만을 많이 사용하면 브레이크 장치가 과열되어 브레이크 기능이 저하되므로 엔진브레이크와 함께 효율적으로 사용한다.
⑤ 고인 물을 통과한 경우에는 서행하면서 브레이크를 부드럽게 몇 번에 걸쳐 밟아 브레이크를 건조시켜 준다.

제2편 자동차관리요령

제2장 자동차장치 사용 요령

버스운전 자격시험

제1절 자동차 키 및 도어

1. 자동차 키(key)의 사용
① 차를 떠날 때에는 짧은 시간일지라도 안전을 위해 반드시 키를 뽑아야 한다.
② 자동차 키에는 시동키와 화물실 전용키 2종류가 있다.
③ 시동키 스위치가 'ST' → 'NO' 상태로 되돌아오지 않게 되면 시동 후에도 스타터가 계속 작동되어 스타터 손상 및 배선의 과부하로 화재의 원인이 된다.
④ 시동키를 꽂지 않았지만 키를 차안에 두고 어린이들만 차내에 남겨 두지 않는다.
　㉠ 어른들의 모방행동으로 시동키를 작동시킬 수 있다.
　㉡ 차안의 다른 조작 스위치 등을 작동시킬 수 있다.
　㉢ 차를 조작하여 심각한 신체 상해를 초래할 수 있다.

2. 도어의 개폐
① 차 밖에서 도어 개폐(※자동차에 따라 다를 수 있음)
　㉠ 키를 이용하여 도어를 닫고 열 수 있으며, 잠그고 해제할 수 있다.
　㉡ 도어 개폐 스위치에 키를 꽂고 오른쪽으로 돌리면 열리고 왼쪽으로 돌리면 닫힌다.
　㉢ 키 홈이 얼어 열리지 않을 때에는 가볍게 두드리거나 키를 뜨겁게 하여 연다.
　㉣ 도어 개폐 시에는 도어 잠금 스위치의 해제 여부를 확인한다.
② 차 안에서 도어 개폐
　㉠ 차내 개폐 버튼을 사용하여 도어를 열고 닫는다.
　㉡ 주행 중에는 도어를 개폐하지 않는다: 승객이 추락하여 사고가 발생할 수 있다.
　㉢ 도어를 개폐할 때에는 후방으로부터 오는 보행자 등에 주의한다.
③ 차를 떠날 때 도어 개폐
　㉠ 차에서 떠날 때에는 엔진을 정지시키고 도어를 반드시 잠근다.
　㉡ 엔진시동을 끈 후 자동도어 개폐조작을 반복하면 에어탱크의 공기압이 급격히 저하된다.
　㉢ 장시간 자동으로 문을 열어 놓으면 배터리가 방전될 수 있다.
④ 화물실 도어 개폐
　㉠ 화물실 도어는 화물실 전용키를 사용한다.
　㉡ 도어를 열 때에는 키를 사용하여 잠금상태를 해제한 후 도어를 당겨 연다.
　㉢ 도어를 닫은 후에는 키를 사용하여 잠근다.

3. 연료 주입구 개폐
① 연료 주입구 개폐 절차
　㉠ 연료 주입구 키 홈이 있는 차량은 키를 꽂아 잠금 해체시킨 후 연료주입구 커버를 연다.
　㉡ 시계 반대방향으로 돌려 연료 주입구 캡을 분리한다.
　㉢ 연료를 보충한다.
　㉣ 연료 주입구 캡을 닫으려면 연료 주입구 캡을 시계방향으로 돌린다.
　㉤ 연료 주입구 커버를 닫고 가볍게 눌러 원위치 시킨 후 확실하게 닫혔는지 확인한 다음 키홈이 있는 차량은 키를 이용하여 잠근다.
② 연료 주입구 개폐할 때의 주의사항
　㉠ 연료 캡을 열 때에는 연료에 압력이 가해져 있을 수 있으므로 천천히 분리한다.
　㉡ 연료 캡에서 연료가 새거나 바람 빠지는 소리가 들리면 연료 캡을 완전히 분리하기 전에 이런 상황이 멈출 때까지 대기한다.
　㉢ 연료를 충전할 때에는 항상 엔진을 정지시키고 연료 주입구 근처에 불꽃이나 화염을 가까이 하지 않는다.

4. 엔진 후드(보닛) 개폐
① 대형버스의 경우 일반적으로 엔진계통의 점검·정비가 용이하도록 자동차 후방에 엔진룸이 있다.
② 도어를 닫은 후에는 확실히 닫혔는지 확인한다. 키 홈이 장착되어 있는 자동차는 키를 사용하여 잠근다.
③ 엔진 시동 상태에서 시스템 점검이 필요한 경우를 제외하고는 엔진 시동을 끄고 키를 뽑고 나서 엔진룸을 점검한다.
④ 엔진 시동 상태에서 점검 및 작업을 해야 할 경우에는 넥타이, 손수건, 목도리 및 옷소매 등이 엔진 또는 라디에이터 팬 가까이 닿지 않도록 주의한다.

제2편 자동차관리요령

제2절 운전석 및 안전장치(자동차에 따라 다를 수 있음)

1. 운전석

① 운행 전에 좌석의 전·후, 간격, 각도, 높이를 조절한다.
② 운행 중 좌석을 조절하면 순간적으로 운전능력을 상실하게 되어 사고발생 원인이 될 수 있다.
③ 운전석 시트 주변에 있는 움직이는 물건이 페달 밑으로 들어가면 브레이크, 클러치 또는 가속 페달 조작 불능요인으로 작용하여 사고발생 원인이 될 수 있다.
④ 운전석 전·후 위치 조절 순서
  ㉠ 좌석 쿠션 아래에 있는 조절 레버를 당긴다.
  ㉡ 좌석을 전·후 원하는 위치로 조절한다.
  ㉢ 조절 레버를 놓으면 고정된다.
  ㉣ 조절 후에는 좌석을 앞·뒤로 가볍게 흔들어 고정되었는지 확인한다.
⑤ 운전석 등받이 각도 조절 순서(※자동차에 따라 다를 수 있음)
  ㉠ 등을 앞으로 숙인 후 좌석에 있는 등받이 각도 조절 레버를 당긴다.
  ㉡ 좌석에 기대어 원하는 위치까지 조절한다.
  ㉢ 조절 레버에서 손을 놓으면 고정된다.
  ㉣ 조절이 끝나면 조절 레버가 고정되었는지 확인한다.
⑥ 머리지지대 조절 및 분리(머리지지대가 좌석과 일체형인 자동차도 있음)
  ㉠ 머리지지대는 자동차의 좌석에서 등받이 맨 위쪽의 머리를 받치는 부분을 말한다.
  ㉡ 머리지지대는 사고 발생 시 머리와 목을 보호하는 역할을 한다.
  ㉢ 머리지지대의 높이는 머리지지대 중심부분과 운전자의 귀 상단이 일치하도록 조절한다.
  ㉣ 운전석에서 머리지지대와 머리 사이는 주먹하나 사이가 될 수 있도록 주의한다.
  ㉤ 머리지지대를 제거한 상태에서의 주행은 머리나 목의 상해를 초래할 수 있다.
  ㉥ 머리지지대를 분리하고자 할 때에는 잠금해제 레버를 누른 상태에서 머리지지대를 위로 당겨 분리한다.

2. 안전장치

① 히터 사용 중 발열, 저온 및 화상 등의 위험이 발생할 수 있는 승객
  ㉠ 유아, 어린이, 노인, 신체가 불편하거나 기타 질병이 있는 승객
  ㉡ 피부가 연약한 승객
  ㉢ 피로가 누적된 승객(과로한 승객)
  ㉣ 술을 많이 마신 승객(과음한 승객)
  ㉤ 졸음이 올 수 있는 수면제 또는 감기약 등을 복용한 승객
② 안전벨트
  ㉠ 안전벨트 착용은 충돌이나 급정차 시 전방으로 움직이는 것을 제한하여 차 내부와의 충돌을 막아 심각한 부상이나 사망의 위험을 감소시킨다.
  ㉡ 안전벨트 착용 방법
    ⓐ 안전벨트 착용할 때에는 좌석 등받이에 기대어 똑바로 앉는다.
    ⓑ 안전벨트가 꼬이지 않도록 주의한다.
    ⓒ 어깨벨트는 어깨 위와 가슴 부위를 지나도록 한다.
    ⓓ 허리벨트는 골반 위를 지나 엉덩이 부위를 지나도록 한다.
    ⓔ 안전벨트에 별도의 보조장치를 장착하지 않는다.(안전벨트의 보호효과 감소)
    ⓕ 안전벨트를 복부에 착용하지 않는다.(충돌 시 강한 복부 압박으로 장파열 등의 신체 위해를 가할 수 있다)

제3절 계기판

1. 계기판 용어

① 속도계: 자동차의 시간당 주행속도를 나타낸다.
② 회전계(타코미터): 엔진의 분당 회전수(rpm)를 나타낸다.
③ 수온계: 엔진 냉각수의 온도를 나타낸다.
④ 연료계: 연료탱크에 남아있는 연료의 잔류량을 나타낸다. 동절기에는 연료를 가급적 충만한 상태를 유지한다.(연료 탱크 내부의 수분침투를 방지하는데 효과적)
⑤ 주행거리계: 자동차가 주행한 총거리(km 단위)를 나타낸다.
⑥ 엔진오일 압력계: 엔진 오일의 압력을 나타낸다.
⑦ 공기 압력계: 브레이크 공기 탱크내의 공기압력을 나타낸다.
⑧ 전압계: 배터리의 충전 및 방전 상태를 나타낸다.

2. 경고등 및 표시등(※자동차에 따라 다를 수 있음)

명칭	경고등 및 표시등	내용
주행빔(상향등) 작동 표시등		전조등이 주행빔(상향등)을 때 점등
안전벨트 미착용 경고등		시동키 'ON'했을 때 안전벨트를 착용하지 않으면 경고등 점등
연료잔량 경고등		연료의 잔류량이 적을 때 경고등 점등
엔진오일 압력 경고등		엔진 오일이 부족하거나 유압이 낮아지면 경고등이 점등
ABS (Anti-Lock Brake System) 표시등	ABS ARS	- ABS 각 브레이크 제동력을 전기적으로 제어하여 미끄러운 노면에서 타이어의 로크를 방지하는 장치 - ABS 경고등은 키 'ON' 하면 약 3초간 전등된 후 소등되면 정상 - ASR은 한쪽 바퀴가 빙판 또는 진흙탕에 빠져 공회전하는 경우 공회전하는 바퀴에 일시적으로 제동력을 가해 회전수를 낮게 하고 출발이 용이하도록 하는 장치 - ASR 경고등은 차량 속도가 5~7km/h에 도달하여 소등되면 정상
브레이크 에어 경고등		키가 'ON' 상태에서 AOH 브레이크 장착 차량에 에어 탱크에 공기압이 $4.5±0.5kg/cm^2$ 이하가 되면 점등
비상경고 표시등		비상경고등 스위치를 누르면 점멸
배터리 충전 경고등		벨트가 끊어졌을 때나 충전장치가 고장났을 때 경고등이 점등
주차 브레이크 경고등		주차 브레이크가 작동되어 있을 경우에 경고등이 점등

제2편 자동차전기장치

제4장 스위치

1. 경고등

① 경고등 스위치 종류
  ㉠ 1단계: 차폭등, 미등, 번호판등, 계기등
  ㉡ 2단계: 차폭등, 미등, 번호판등, 계기등, 전조등
② 전조등 사용 시기
  ㉠ 변환빔(하향): 마주 오는 차가 있거나 앞 차를 따라갈 경우
  ㉡ 주행빔(상향): 야간 공지 및 시야를 밝힐 경우에 사용
  ㉢ 점멸빔: 다른 차와 주의를 줄 시기에 짧게(2~3회) 경고 신호를 보낸다.

2. 와이퍼(wiper)

① 와이퍼 모터가 타이어 있는 경우에 와이퍼 스위치를 작동시키면 모터가 손상된다.
② 계속적으로 와이퍼를 작동시키게 되는 경우, 와이퍼를 작동시키기 전에 앞 유리면에 수분이 묻어있는지를 확인한다.
③ 동결기에 와이퍼 블레이드를 사용하지 않을 시 블레이드가 얼어붙어 있을 수 있다.
④ 앞 유리가 얼어 있는 상태로 와이퍼를 사용하면 모터가 손상되고 블레이드가 파손될 수 있다.
⑤ 와이퍼의 작동은 매일 아이들 때 가능한 것
⑥ 유리창에 앞 유리가 세척액 때 가동일, 세차장 공동 용 금지

3. 기타

① 방향지시등이 평소보다 배우 빠르게 점등되면 전구 공기나 빨리 꺼짐으로 교환하여야 한다.
② 야간에 조명이 있는 주차 중의 자동차를 발견하기 어려우므로 전장등을 점등하여 둔다.(주차등이 있을 경우에는 주차등을 점등한다.)
③ 전자제어 현가장치 시스템(ECS: Electronically Controlled Suspension)
  ㉠ 전자제어 현가장치 시스템(ECS)은 고속주행시에 ECS ECU(Electronic Control Unit)가 자동차 속에 변환되는 ECS 하면서 자동차의 높이를 단단히 조임으로써 자동차 속의 변화를 빠른 시간 내에 조정하여 운전성을 향상시키는 등 여러 가지 장점이 있다.
  ㉡ 주요 기능
  ㉢ 자동 및 수동 조정이 있어 에어 속에 자동으로 조정된다.
  ㉣ 승차감이 비슷한 자동차에서 주행 중에 발생되는 자동차 속의 변화를 빠르게 조정한다.
  ㉤ 언저앉음(Kneeling): 차체의 앞부분을 낮추어 들어가는 기능 시스템) 기능을 할 수 있다.
  ㉥ 자체정감 기능을 높이는 안전성이 향상되고 승차감이 좋아진다.

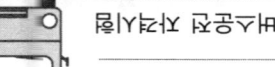
배선공간 자격시험

3. 경고등(※자동차에 따라 다를 수 있음)

명칭	내용
순동 경고등	통합: 엔진과 냉각수 온도가 과도하게 높아지면 경고등이 점등 - 조치: 엔진 냉각수 부족하거나 이상이 있을 때 점등
냉각수 경고등	통합: 냉각수가 부족한 경우 경고등 통등 - 조치: 냉각수 누수 상태를 점검
엔진오일 경고등	통합: 엔진오일이 부족한 경우 가장 압력이 통증 - 조치: 엔진오일의 누수 상태를 점검
에어 경고 리타 경고등	통합: 에어 압력이 4.5±0.5kg/cm² 이상기 압력 저하 시 'ON', 이 상태에서 차량 주행시 경고등 점등 - 조치: 에어 탱크의 에어 누출 상태를 점검

경고등 및 표시등

명칭	표시 등	내용
배터리 경고 표시등	🔋	배터리 충전상태를 자동적으로 표시
브레이크 표시등	P	브레이크 스위치가 자동적으로 작동표시
CHECK ENGINE		키를 'ON', 한후 약 2~3초간 점등된 후 소등 - 엔진 제어장치가 배기가스 제어에 관련된 센서 또는 부품의 이상이 있을 때 점등
냉각수 경고등	💧 WATER	냉각수가 부족한 경우 이상이 있어 과도하게 높아지면 점등
순동 경고등	OVER HEAT	엔진 냉각수 온도가 과도하게 높아지면 점등
자동 정속 표시등		자동 정속 주행장치 사용시 자동으로 점등이 표시
에어 경고 표시기	DUST	에어클리너 안에 먼지가 자동적으로 이상이 있을 때 점등
자동 오그 표시등	⊘ CHG	자동 오그 장치가 자동으로 작동하고 있을 때 점등
사이드 미러 열선 표시등		키 스위치 'ON', 상태에서 사이드미러 스위치 ON시 점등
ECS 표시등 속상방 가변 장치(충격장치)	SOFT HARD	ECS(Electronic Controlled Suspension) 표시등은 노면의 변화조건에 따라 자체의 폭이 이상이 있으며, 중량 인감장치 수지장치 등에 의해 HARD 표시등이 점등되고 ECS 장치 시스템이 이상을 갖고 'ON', 하면 SOFT 표시등이 점등된다. ECS의 SOFT 모드는 소프트하면 SOFT 를 시에이 위에 점점 점등 표시 표시등의 점등: 노면이 중등부들한 비포장도로에서 차 속도 낮으면 쪽에 의해 자체 표시 ECS의 HARD 모드는 단단하면 HARD 표시등의 점등: 고속 주행시 가동력 표시에는 커 속이 녹이는 쪽에 의해 자체를 단단히 차져 운동성을 향상시킨 자체 움직임 시에 인감장치 통증

제3장 자동차 응급조치 요령

제1편 상황별 응급조치

1. 진동과 소리는 어떤 부분의 고장을 뜻할까?

① 엔진 부분
- 엔진의 회전수에 비례하여 '쇠가 마주치는 소리'가 날 때가 있다. 거의 이런 이음은 밸브 장치에서 나는 소리로, 밸브 간극 조정으로 고쳐질 수 있다.

② 팬 벨트
- 가속 페달을 힘껏 밟는 순간 '끼익!' 하는 소리가 나는 경우가 많은데, 이 때는 팬 벨트 또는 기타의 V벨트가 이완되어 걸려 있는 풀리와의 미끄러짐에 의해 일어난다.

③ 클러치 부분
- 클러치를 밟고 있을 때 '달달달' 떨리는 소리와 함께 차체가 떨리고 있다면, 이것은 클러치 릴리스 베어링의 고장이다.

④ 브레이크 부분
- 브레이크 페달을 밟아 차를 세우려고 할 때 바퀴에서 '끽!' 하는 소리가 나는 경우를 많이 경험할 것이다. 이것은 브레이크 라이닝의 마모가 심하거나 라이닝에 오일이 묻어 있을 때 일어나는 현상

⑤ 조향 장치 부분
- 핸들이 어느 속도에 이르면 극단적으로 흔들린다. 특히 일정한 속도에서 핸들에 진동이 일어나면 앞바퀴 불량이 원인일 때가 많다. 앞차륜 정렬(휠 얼라인먼트)이 흐트러졌다든가 바퀴 자체의 휠 밸런스가 맞지 않을 때 주로 일어난다.

⑥ 바퀴 부분
- 주행 중 하체 부분에서 비틀거리는 흔들림이 일어나는 때가 있다. 특히 커브를 돌았을 때 휘청거리는 느낌이 들 때, 바퀴의 휠 너트의 이완이나 공기 부족일 때가 많다.

⑦ 완충(현가)장치 부분
- 비포장도로의 울퉁불퉁한 험한 노면 상을 달릴 때 '딱각딱각' 하는 소리나 '쿵쿵' 하는 소리가 날 때에는 현가장치인 쇽 업쇼버의 고장으로 볼 수 있다.

2. 냄새와 열이 나는 것은 어느 부분의 이상인가?

① 전기 장치 부분
- 고무 같은 것이 타는 냄새가 날 때는 바로 차를 세워야 한다. 대개 엔진 실내의 전기 배선 등의 피복이 벗겨져 합선에 의해 전선이 타면서 나는 냄새가 대부분인데, 보닛을 열고 잘 살펴보면 그 부위를 발견할 수 있다.

② 브레이크 장치 부분
- 치과 병원에서 이를 갈 때 나는 단내가 심하게 나는 경우는 주브레이크의 간격이 좁든가, 주차 브레이크를 당겼다 풀었으나 완전히 풀리지 않았을 경우이다. 또한 긴 언덕길을 내려갈 때 계속 브레이크를 밟는다면 이러한 현상이 일어나기 쉽다.

③ 바퀴 부분
- 바퀴마다 드럼에 손을 대보면 어느 한쪽만 뜨거울 경우가 있는데, 이때는 브레이크 라이닝 간격이 좁아 브레이크가 끌리기 때문이다.

3. 배출 가스로 구분할 수 있는 고장은?

자동차 후부에 장착된 머플러(소음기) 파이프에서 배출되는 가스의 색을 자세히 살펴보면, 엔진의 건강 상태를 알 수 있다.

① 무색
- 완전 연소 시 배출 가스의 색은 정상 상태에서 무색 또는 약간 엷은 청색을 띤다.

② 검은색
- 농후한 혼합 가스가 들어가 불완전 연소되는 경우이다. 초크 고장이나 에어 클리너 엘리먼트의 막힘, 연료 장치 고장 등이 원인이다.

③ 백색
- 엔진 안에서 다량의 엔진 오일이 실린더 위로 올라와 연소되는 경우로, 헤드 개스킷 파손, 밸브의 오일 씰 노후 또는 피스톤 링의 마모 등이 원인이다.

4. 엔진시동이 걸리지 않은 경우

① 시동모터가 회전하지 않을 때: 배터리 방전 상태, 배터리 단자의 연결 상태 점검

② 시동모터는 회전하나 시동이 걸리지 않을 때: 연료유무 점검

③ 배터리가 방전되어 있을 때
  ㉠ 주차 브레이크를 작동시켜 차량이 움직이지 않도록 한다.
  ㉡ 변속기는 '중립'에 위치시킨다.
  ㉢ 보조 배터리를 사용하는 경우에는 점프 케이블을 연결한 후 시동을 건다.
  ㉣ 타 차량의 배터리에 점프 케이블을 연결하여 시동을 거는 경우에는 타 차량의 시동을 먼저 건 후 방전된 차량의 시동을 건다.
  ㉤ 시동이 걸린 후 배터리가 일부 충전되면 점프 케이블 '-' 단자를 분리한 후 '+' 단자를 분리 한다.
  ㉥ 방전된 배터리가 충분히 충전되도록 일정시간 시동을 걸어둔다.
  ㉦ 주의사항
    ⓐ 점프 케이블의 양극(+)과 음극(-)이 서로 닿는 경우에는 불꽃이 발생하여 위험하므로 서로 닿지 않도록 한다.
    ⓑ 방전된 배터리가 얼었거나 배터리액이 부족한 경우에는 점프도중에 배터리의 파열 및 폭발이 발생할 수 있다.

제2편 자동차관리요령

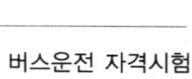

④ 전기장치에 고장이 있을 때
  ㉠ 퓨즈의 단선 여부 점검
  ㉡ 규정된 용량의 퓨즈만을 사용하여 교체: 높은 용량의 퓨즈로 교체한 경우에는 전지 배선 손상 및 화재 발생의 원인 제공

5. 엔진 오버히트가 발생하는 경우
① 오버히트가 발생하는 원인
  ㉠ 냉각수가 부족한 경우
  ㉡ 엔진 내부가 얼어 냉각수가 순환하지 않는 경우
② 엔진 오버히트가 발생할 때의 징후
  ㉠ 운행 중 수온계가 H 부분을 가리키는 경우
  ㉡ 엔진출력이 갑자기 떨어지는 경우
  ㉢ 노킹소리가 들리는 경우

> **노킹(Knocking)**
> 압축된 공기와 연료 혼합물의 일부가 내연기관의 실린더에서 비정상적으로 폭발할 때 나는 날카로운 소리

③ 엔진 오버히트가 발생할 때의 안전조치
  ㉠ 비상경고등을 작동한 후 도로 가장자리로 안전하게 이동하여 정차한다.
  ㉡ 여름에는 에어컨, 겨울에는 히터의 작동을 중지시킨다.
  ㉢ 엔진이 작동하는 상태에서 보닛(Bonnet)을 열어 엔진을 냉각시킨다.
  ㉣ 엔진을 충분히 냉각시킨 다음에는 냉각수의 양 점검, 라디에이터 호스 연결부위 등의 누수여부 등을 확인한다.
  ㉤ 특이한 사항이 없다면 냉각수를 보충하여 운행하고, 누수나 오버히트가 발생할 만한 문제가 발견된다면 점검을 받아야 한다.

> **주의사항**
> – 차를 길 가장자리로 이동하여 엔진시동을 즉시 끄게 되면 수온이 급상승하여 엔진이 고착될 수 있다.

6. 타이어에 펑크가 난 경우
① 운행 중 타이어가 펑크 났을 경우에는 핸들이 돌아가지 않도록 견고히 잡고, 비상경고등을 작동시킨다.(한 쪽으로 쏠리는 현상 예방)
② 가속페달에서 발을 떼어 속도를 서서히 감속시키면서 길 가장자리로 이동한다.(급브레이크를 밟게 되면 양 쪽 바퀴의 제동력 차이로 자동차가 회전하는 것을 예방)
③ 브레이크를 밟아 차를 도로 옆 평탄하고 안전한 장소에 주차한 후 주차브레이크를 당겨 놓는다.
④ 자동차의 운전자는 고정자동차의 표지를 설치하는 경우 그 자동차의 후방에서 접근하는 자동차의 운전자가 확인할 수 있는 위치에 설치하여야 한다. 밤에는 사방 500m 지점에서 식별할 수 있는 적색의 섬광신호, 전기제동 또는 불꽃신호를 추가로 설치한다.
⑤ 잭을 사용하여 차체를 들어 올릴 때 자동차가 밀려나가는 현상을 방지하기 위해 교환할 타이어의 대각선에 있는 타이어에 고임목을 설치한다.

> **주의사항**
> – 잭을 사용할 때에는 평탄하고 안전한 장소에서 사용한다.
> – 잭을 사용하는 동안에 시동을 걸면 위험하다.
> – 잭으로 차량을 올린 상태에서 차량 하부로 들어가면 위험하다.
> – 잭을 사용할 때에 후륜의 경우에는 리어 액슬 아래 부분에 설치한다.

7. 기타 응급조치요령
① 풋 브레이크가 작동하지 않는 경우: 고단 기어에서 저단 기어로 하나씩 줄여 감속한 뒤에 주차 브레이크를 이용하여 정지한다.
② 견인자동차로 견인하는 경우
  ㉠ 구동되는 바퀴를 들어 올려 견인되도록 한다.
  ㉡ 견인되기 전에 주차 브레이크를 해제한 후 변속러버를 중립(N)에 놓는다.
  ㉢ 에어 서스펜션 장착 차량의 견인을 위하여 차체를 들어올릴 때에는 에어스프링이 이탈되지 않도록 주의한다.

제2절 장치별 응급조치

1. 엔진계통 응급조치요령
① 시동모터가 작동되나 시동이 걸리지 않는 경우

추정원인	조치사항
㉠ 연료가 떨어졌다.	㉠ 연료를 보충한 후 공기빼기를 한다.
㉡ 예열작동이 불충분하다.	㉡ 예열시스템을 점검한다.
㉢ 연료필터가 막혀 있다.	㉢ 연료필터를 교환한다.

② 시동모터가 작동되지 않거나 천천히 회전하는 경우

추정원인	조치사항
㉠ 배터리가 방전되었다.	㉠ 배터리를 충전하거나 교환한다.
㉡ 배터리 단자의 부식, 이완, 빠짐 현상이 있다.	㉡ 배터리 단자의 부식부분을 깨끗하게 처리하고 단단하게 고정한다.
㉢ 접지 케이블이 이완되어 있다.	㉢ 접지 케이블을 단단하게 고정한다.
㉣ 엔진오일점도가 너무 높다.	㉣ 적정 점도의 오일로 교환한다.

③ 저속 회전하면 엔진이 쉽게 꺼지는 경우

추정원인	조치사항
㉠ 공회전 속도가 낮다.	㉠ 공회전 속도를 조절한다.
㉡ 에어클리너 필터가 오염되었다.	㉡ 에어클리너 필터를 청소 또는 교환한다.
㉢ 연료필터가 막혀있다.	㉢ 연료필터를 교환한다.
㉣ 밸브 간극이 비정상적이다.	㉣ 밸브 간극을 조정한다.

제2편 자동차관리요령

④ 엔진오일의 소비량이 많다.

추정원인	조치사항
㉠ 사용되는 오일이 부적당하다. ㉡ 엔진오일이 누유되고 있다.	㉠ 규정에 맞는 엔진오일로 교환한다. ㉡ 오일 계통을 점검하여 풀려 있는 부분은 다시 조인다.

⑤ 연료소비량이 많다.

추정원인	조치사항
㉠ 연료누출이 있다. ㉡ 타이어 공기압이 부족하다. ㉢ 클러치가 미끄러진다. ㉣ 브레이크가 제동된 상태에 있다.	㉠ 연료계통을 점검하고 누출부위에 풀려 있는 부분을 다시 조인다. ㉡ 적정 공기압으로 조정한다. ㉢ 클러치 간극을 조정하거나 클러치 디스크를 교환한다. ㉣ 브레이크 라이닝 간극을 조정한다.

⑥ 배기가스 색이 검다.

추정원인	조치사항
㉠ 에어클리너 필터가 오염되었다. ㉡ 밸브 간극이 비정상이다.	㉠ 에어클리너 필터 청소 또는 교환한다. ㉡ 밸브 간극을 조정한다.

⑦ 오버히트 한다.(엔진이 과열되었다.)

추정원인	조치사항
㉠ 냉각수 부족 또는 누수되고 있다. ㉡ 팬벨트의 장력이 지나치게 느슨하다.(워터펌프 작동이 원활하지 않아 냉각수 순환이 불량해지고 엔진 과열) ㉢ 냉각팬이 작동되지 않는다. ㉣ 라디에이터 캡의 장착이 불완전하다. ㉤ 써머스탯(온도조절기)이 정상 작동되지 않는다.	㉠ 냉각수 보충 또는 누수 부위를 수리한다. ㉡ 팬벨트 장력을 조정한다. ㉢ 냉각팬 전기배선 등을 수리한다. ㉣ 라디에이터 캡을 확실하게 장착한다. ㉤ 써머스탯을 교환한다.

2. 조향계통 응급조치요령

① 핸들이 무겁다.

추정원인	조치사항
㉠ 앞바퀴의 공기압이 부족하다. ㉡ 파워스티어링 오일이 부족하다.	㉠ 적정 공기압으로 조정한다. ㉡ 파워스티어링 오일을 보충한다.

② 스티어링 휠(핸들)이 떨린다.

추정원인	조치사항
㉠ 타이어의 무게중심이 맞지 않는다. ㉡ 휠 너트(허브 너트)가 풀려있다. ㉢ 타이어 공기압이 각 타이어마다 다르다. ㉣ 타이어가 편마모되어 있다.	㉠ 타이어를 점검하여 무게중심을 조정한다. ㉡ 규정 토크(주어진 회전축을 중심으로 회전시키는 능력)로 조인다. ㉢ 적정 공기압으로 조정한다. ㉣ 타이어를 교환한다.

3. 제동계통 응급조치요령

① 브레이크 제동효과가 나쁘다.

추정원인	조치사항
㉠ 공기압이 과다하다. ㉡ 공기누설(타이어 공기가 빠져 나가는 현상)이 있다. ㉢ 라이닝 간극 과다 또는 마모상태가 심하다. ㉣ 타이어 마모가 심히다.	㉠ 적정 공기압으로 조정한다. ㉡ 브레이크 계통을 점검하여 풀려 있는 부분은 다시 조인다. ㉢ 라이닝 간극을 조정 또는 라이닝을 교환한다. ㉣ 타이어를 교환한다.

② 브레이크가 편제동된다.

추정원인	조치사항
㉠ 좌·우 타이어 공기압이 다르다. ㉡ 타이어가 편마모 되어 있다. ㉢ 좌·우 라이닝 간극이 다르다.	㉠ 적정 공기압으로 조정한다. ㉡ 편마모된 타이어를 교환한다. ㉢ 라이닝 간극을 조정한다.

4. 전기계통 응급조치요령

① 배터리가 자주 방전된다.

추정원인	조치사항
㉠ 배터리 단자의 벗겨짐, 풀림, 부식이 있다. ㉡ 팬벨트가 느슨하게 되어 있다. ㉢ 배터리액이 부족하다. ㉣ 배터리 수명이 다 되었다.	㉠ 배터리 단자의 부식부분을 제거하고 조인다. ㉡ 팬벨트의 장력을 조정한다. ㉢ 배터리액을 보충한다. ㉣ 배터리를 교환한다.

제2편

자동차관리요령

제4장 자동차의 구조 및 특성

버스운전 자격시험

제1절 동력전달장치

동력발생 장치(엔진)는 자동차의 주행과 주행에 필요한 보조 장치들을 작동시키기 위한 동력을 발생시키는 장치이며, 동력전달 장치는 동력발생 장치에서 발생한 동력을 주행상황에 맞는 적절한 상태로 변화를 주어 바퀴에 전달하는 장치이다.

1. 클러치

클러치는 엔진의 동력을 변속기에 전달하거나 차단하는 역할을 하며, 엔진 시동을 작동시킬 때나 기어를 변속할 때에는 동력을 끊고, 출발할 때에는 엔진의 동력을 서서히 연결하는 일을 한다.

① 클러치의 필요성
  ㉠ 엔진을 작동시킬 때 엔진을 무부하 상태로 유지한다.
  ㉡ 변속기의 기어를 변속할 때 엔진의 동력을 일시 차단한다.
  ㉢ 관성운전을 가능하게 한다.
    ⓐ 관성운전: 주행 중 내리막길이나 신호등을 앞에 두고 가속페달에서 발을 떼면 특정속도로 떨어질 때까지 연료공급이 차단되고 관성력에 의해 주행하는 운전을 말한다.
    ⓑ 가속페달에서 발을 떼면 특정속도로 떨어질 때까지 연료공급이 치단되는 현상을 퓨얼 컷(Fuel cut)이라 한다.
② 클러치의 구비조건
  ㉠ 냉각이 잘 되어 과열하지 않아야 한다.
  ㉡ 구조가 간단하고, 다루기 쉬우며 고장이 적어야 한다.
  ㉢ 회전력 단속 작용이 확실하며, 조작이 쉬워야 한다.
  ㉣ 회전부분의 평형이 좋아야 한다.
  ㉤ 회전관성이 적어야 한다.
③ 클러치가 미끄러지는 경우 등
클러치가 미끄러진다는 것은 출발 또는 주행 중 가속을 하였을 때 엔진의 회전속도는 상승하지만 출발이 잘 안되거나 주행속도가 올라가지 않는 경우를 말한다.
  ㉠ 클러치가 미끄러지는 원인
    ⓐ 클러치 페달의 자유간극(유격)이 없다.
    ⓑ 클러치 디스크의 마멸이 심하다.
    ⓒ 클러치 디스크에 오일이 묻어 있다.
    ⓓ 클러치 스프링의 장력이 약하다.
  ㉡ 클러치가 미끄러질 때의 영향
    ⓐ 연료 소비량이 증가한다.
    ⓑ 엔진이 과열한다.
    ⓒ 등판능력이 감소한다.
    ⓓ 구동력이 감소하여 출발이 어렵고, 종속이 잘 되지 않는다.
  ㉢ 클러치 차단이 잘 안되는 원인
    ⓐ 클러치 페달의 자유간극이 크다.
    ⓑ 릴리스 베어링이 손상되었거나 파손되었다.
    ⓒ 클러치 디스크의 흔들림이 크다.

    ⓓ 유압장치에 공기가 혼입되었다.
    ⓔ 클러치 구성부품이 심하게 마멸되었다.

2. 변속기

변속기는 도로의 상태, 주행속도, 적재 하중 등에 따라 변하는 구동력에 대응하기 위해 엔진과 추진축 사이에 설치되어 엔진의 출력을 자동차 주행속도에 알맞게 회전력과 속도로 바꾸어서 구동바퀴에 전달하는 장치이다.

① 변속기의 필요성
  ㉠ 엔진과 차축 사이에서 회전력을 변환시켜 전달한다
  ㉡ 엔진을 시동할 때 엔진을 무부하 상태로 한다.
  ㉢ 자동차를 후진시키기 위하여 필요하다.
② 변속기의 구비조건
  ㉠ 가볍고, 단단하며, 다루기 쉬워야 한다.
  ㉡ 조작이 쉽고, 신속·확실하며, 작동소음이 적어야 한다.
  ㉢ 연속적으로 또는 자동적으로 변속이 되어야 한다.
  ㉣ 동력전달 효율이 좋아야 한다.
③ 자동변속기: 클러치와 변속기의 작동이 자동차의 주행 속도나 부하에 따라 자동적으로 이루어지는 장치를 말하며, 수동변속기와 비교하였을 때의 장·단점은 다음과 같다.
  ㉠ 장점
    ⓐ 기어변속이 자동으로 이루어져 운전이 편리하다
    ⓑ 발진과 가·감속이 원활하여 승차감이 좋다.
    ⓒ 조작 미숙으로 인한 시동 꺼짐이 없다.
    ⓓ 유체가 댐퍼 역할을 하기 때문에 충격이나 진동이 적다.
  ㉡ 단점
    ⓐ 구조가 복잡하고 가격이 비싸다.
    ⓑ 차를 밀거나 끌어서 시동을 걸 수 없다.
    ⓒ 유체에 의한 동력손실이 있다.
④ 자동변속기의 오일 색깔
  ㉠ 정상: 투명도가 높은 붉은 색
  ㉡ 갈색: 가혹한 상태에서 사용되거나, 장시간 사용한 경우
  ㉢ 투명도가 없어지고 검은 색을 띨 때: 자동변속기 내부의 클러치 디스크의 마멸분말에 의한 오손, 기어가 마멸된 경우
  ㉣ 니스 모양으로 된 경우: 오일이 매우 높은 고온에 노출된 경우
  ㉤ 백색: 오일에 수분이 다량으로 유입된 경우

3. 타이어

① 주요기능
  ㉠ 자동차의 하중을 지탱하는 기능을 한다.
  ㉡ 엔진의 구동력 및 브레이크의 제동력을 노면에 전달하는 기능을 한다.
  ㉢ 노면으로부터 전달되는 충격을 완화시키는 기능을 한다.
  ㉣ 자동차의 진행방향을 전환 또는 유지시키는 기능을 한다.
② 타이어의 구조 및 형상에 따라 튜브리스 타이어(Tubeless tire),

제2편 자동차관리요령

바이어스 타이어(Bias tire), 레디얼 타이어(Radial tire), 스노 타이어(Snow tire)로 구분되며, 그 특성은 다음과 같다.

㉠ 튜브리스 타이어(튜브 없는 타이어)

튜브 리스 타이어는 자동차의 고속화에 따라 고속주행 중에 펑크 사고 위험에서 운전자와 차를 보호하고자 하는 목적으로 개발되었다. 이 타이어는 튜브를 사용하지 않는 대신 타이어 내면에 공기 투과성이 적은 특수고무(이너라이너)를 붙여 타이어와 림(rim)으로부터 공기가 새지 않도록 되어 있고 주행 중에 못에 찔려도 공기가 급격히 빠지지 않는 것이 특징이다.

ⓐ 튜브 타이어에 비해 공기압을 유지하는 성능이 좋다.
ⓑ 못에 찔려도 공기가 급격히 새지 않는다.
ⓒ 타이어 내부의 공기가 직접 림에 접촉하고 있기 때문에 주행 중에 발생하는 열의 발산이 좋아 발열이 적다.
ⓓ 튜브 물림 등 튜브로 인한 고장이 없다.
ⓔ 튜브 조립이 없으므로 펑크 수리가 간단하고, 작업능률이 향상된다.
ⓕ 림이 변형되면 타이어와의 밀착이 불량하여 공기가 새기 쉽다.
ⓖ 유리 조각 등에 의해 손상되면 수리하기가 어렵다.

㉡ 바이어스 타이어

바이어스 타이어의 카커스는 1플라이씩 서로 번갈아 가면서 코드의 각도가 다른 방향으로 엇갈려 있어 코드가 교차하는 각도는 지면에 닿는 부분에서 원주방향에 대해 40도 전후로 되어 있다. 이 타이어는 오랜 연구기간의 연구 성과에 의해 전반적으로 안정된 성능을 발휘하고 있다. 현재는 타이어의 주류에서 서서히 그 자리를 레이디얼 타이어에게 물려주고 있다.

㉢ 레디얼 타이어

카커스를 구성하는 코드가 타이어의 원주방향에 대해 직각으로 즉 타이어의 측면에서 보면 원의 중심에서 방사상으로 비드에서 비드를 직각으로 배열한 상태이고 구조의 안정성을 위하여 트레드 고무층 바로 밑에 원주방향에 가까운 각도로 코드를 배치한 벨트로 단단히 조여져 있다.

ⓐ 접지면적이 크다.
ⓑ 타이어 수명이 길다.
ⓒ 트레드가 하중에 의한 변형이 적다.
ⓓ 회전할 때에 구심력이 좋다.
ⓔ 스탠딩웨이브 현상이 잘 일어나지 않는다.
ⓕ 고속으로 주행할 때에는 안전성이 크다.
ⓖ 충격을 흡수하는 강도가 적어 승차감이 좋지 않다.
ⓗ 저속으로 주행할 때에는 조향 핸들이 다소 무겁다.

㉣ 스노우 타이어

ⓐ 눈길에서 미끄러짐이 적게 주행할 수 있도록 제작된 타이어로 바퀴가 고정되면 제동거리가 길어진다.
ⓑ 스핀을 일으키면 견인력이 감소하므로 출발을 천천히 해야 한다.
ⓒ 구동바퀴에 걸리는 하중을 크게 해야 한다.
ⓓ 트레드 부가 50% 이상 마멸되면 제 기능을 발휘하지 못한다.

④ 타이어의 특성

㉠ 스탠딩 웨이브 현상

타이어가 회전하면 노면과 맞닿는 부분으로 인해 타이어의 변형과 복원이 반복된다. 자동차가 고속으로 주행하여 타이어의 회전속도가 빨라지면 접지부에서 받은 타이어의 변형(주름)이 다음 접지 시점까지도 복원되지 않고 접지의 뒤쪽에 진동의 물결이 일어난다. 이러한 파도치는 현상을 스탠딩웨이브라고 하며, 일반구조의 승용자동차 타이어의 경우 대략 150km/h 전후의 주행속도에서 이러한 스탠딩웨이브 현상이 발생한다. 단, 조건이 나쁠 때는 150km/h 이하의 속도에서도 발생하는 일이 있으므로 주의가 필요하다.

㉡ 수막현상(Hydroplaning)

ⓐ 차량이 물이 고여 있는 노면을 고속으로 주행할 때, 타이어는 타이어 홈(그루부) 사이에 있는 물을 배수하는 기능이 떨어지게 되어, 물의 저항에 의해 노면으로부터 떠올라 물위를 미끄러지듯이 되는 현상이 발생하는데 이것을 수막현상이라 한다.
ⓑ 이것은 수상스키와 같은 원리에 의한 것으로 타이어 접지면의 앞쪽에서 물의 수막이 침범하여 그 압력에 의해 타이어가 노면으로부터 떨어지는 현상이다. 이러한 물의 압력은 자동차 속도의 두 배 그리고 유체밀도에 비례한다.

- 60km/h로 주행 시: 시속 60km/h까지 주행 할 경우에는 수막현상이 일어나지 않는다.
- 80km/h로 주행 시: 시속 80km/h로 주행 시 타이어의 옆면으로 물이 파고들기 시작하여 부분적으로 수막현상을 일으킨다.
- 100km/h로 주행 시: 시속 100km/h로 주행할 경우 노면과 타이어가 분리되어 수막현상을 일으킨다.

ⓒ 타이어가 완전히 떠오를 때의 속도를 수막현상 발생 임계속도라 하고 이 현상이 일어나면 구동력이 전달되지 않는 축의 타이어는 물과의 저항에 의해 회전속도가 감소되고 구동축은 공회전과 같은 상태가 되기 때문에 자동차는 관성력만으로 활주하는 것이 되어 제동력은 물론 모든 타이어 본래의 운동기능이 소실되어 핸들에 의해서 자동차를 통제할 수 없게 된다.
ⓓ 발생하는 최저의 물 깊이는 타이어의 속도, 타이어의 마모 정도, 노면의 거침 등에 따라 다르지만 2.5~10mm정도라고 보여지고 있다. 수막현상을 방지하기 위해서는 다음과 같은 주의가 필요하다.

- 저속주행
- 마모된 타이어를 사용하지 않는다.
- 공기압을 조금 높게 한다.
- 배수효과가 좋은 타이어를 사용한다.(리브형)

제2절 완충(현가)현가장치

완충장치는 주행 중 노면으로부터 발생하는 진동이나 충격을 완화시켜 차체나 각 장치에 직접 전달하는 것을 방지하는 장치로 차체나 화물의 손상을 방지하고, 승차감과 자동차의 주행 안전성을 향상시키는 역할을 담당한다. 완충장치는 노면에서 받는 충격을 완화시키는 스프링과 스프링의 자유 진동을 억제하여 승차감을 향상시키는 쇽 업소버, 자동차가 옆으로 흔들리는 것을 방지하는 스태빌라이저 등으로 구성된다.

제2편
자동차관리요령

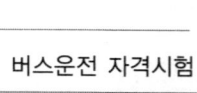

버스운전 자격시험

1. 완충장치의 주요기능

① 적정한 자동차의 높이를 유지한다.
② 상·하 방향이 유연하여 차체가 노면에서 받는 충격을 완화시킨다.
③ 올바른 휠 얼라인먼트를 유지한다.
④ 차체의 무게를 지지한다.
⑤ 타이어의 접지상태를 유지한다.
⑥ 주행방향을 일부 조정한다.

2. 완충장치의 구성

① 스프링: 차체와 차축사이에 설치되어 주행 중 노면에서의 충격이나 진동을 흡수하여 차체에 전달되지 않게 하는 것
　㉠ 판 스프링
　　ⓐ 판 스프링은 적당히 구부린 띠 모양의 스프링 강을 몇 장 겹쳐 그 중심에서 볼트로 조인 것을 말한다. 버스나 화물차에 사용된다.
　　ⓑ 스프링 자체의 강성으로 차축을 정해진 위치에 지지할 수 있어 구조가 간단하다.
　　ⓒ 판간 마찰에 의한 진동의 억제작용이 크다.
　　ⓓ 내구성이 크다.
　　ⓔ 판간 마찰이 있기 때문에 작은 진동은 흡수가 곤란하다.
　㉡ 코일 스프링
　　ⓐ 코일 스프링은 스프링 강을 코일 모양으로 감아서 제작한 것으로 외부의 힘을 받으면 비틀어진다.
　　ⓑ 코일 스프링은 판 스프링과 같이 판간 마찰작용이 없기 때문에 진동에 대한 감쇠작용을 못하며, 옆 방향 작용력에 대한 저항력도 없다.
　　ⓒ 차축을 지지할 때는 링크기구나 쇽 업소버를 필요로 하고 구조가 복잡하다. 그러나 단위중량당 에너지 흡수율이 판 스프링보다 크고 유연하기 때문에 승용차에 많이 사용된다.
　㉢ 토션 바 스프링
　　ⓐ 토션 바 스프링은 비틀었을 때 탄성에 의해 원위치하려는 성질을 이용한 스프링 강의 막대이다.
　　ⓑ 스프링의 힘은 바의 길이와 단면적에 따라 결정되며 코일 스프링과 같이 진동의 감쇠작용이 없이 쇽 업소버를 병행해야 한다. 그러나 토션 바 스프링은 단위중량당 에너지 흡수율이 다른 스프링에 비해 가장 크기 때문에 가볍게 할 수 있고, 구조도 간단하다.
　　ⓒ 설치방식에는 차체에 평탄하게 설치하는 세로방식과 차체에 직각으로 설치하는 가로방식이 있다. 세로방식이 바의 길이에 제한이 없고 설치장소를 크게 차지하지 않는 장점이 있어 많이 사용된다. 토션 바 스프링은 좌·우가 구분되어 있어 바꾸어 설치하지 않도록 한다.
　㉣ 공기 스프링
　　ⓐ 공기의 탄성을 이용한 스프링으로 다른 스프링에 비해 유연한 탄성을 얻을 수 있고, 노면으로부터 작은 진동도 흡수할 수 있다.
　　ⓑ 승차감이 우수하기 때문에 장거리 주행 자동차 및 대형 버스에 사용된다.
　　ⓒ 차량무게의 증감에 관계없이 언제나 차체의 높이를 일정하게 유지할 수 있다.
　　ⓓ 스프링의 세기가 하중에 거의 비례해서 변화하기 때문에

짐을 실었을 때나 비었을 때의 승차감에는 차이가 없다.
　　ⓔ 구조가 복잡하고 제작비가 비싸다.
② 쇽 업소버
　㉠ 노면에서 발생한 스프링의 진동을 재빨리 흡수하여 승차감을 향상시키고 동시에 스프링의 피로를 줄이기 위해 설치하는 장치이다.
　㉡ 쇽 업소버는 움직임을 멈추려고 하지 않는 스프링에 대하여 역 방향으로 힘을 발생시켜 진동의 흡수를 앞당긴다.
　㉢ 스프링이 수축하려고 하면 쇽 업소버는 수축하지 않도록 하는 힘을 발생시키고, 반대로 스프링이 늘어나려고 하면 늘어나지 않도록 하는 힘을 발생시키는 작용을 하므로 스프링의 상·하 운동에너지를 열에너지로 변환시켜 준다.
　㉣ 쇽 업소버는 노면에서 발생하는 진동에 대해 일정 상태까지 그 진동을 정지시키는 힘인 감쇠력이 좋아야 한다.
③ 스태빌라이저
　㉠ 좌·우 바퀴가 동시에 상·하 운동을 할 때에는 작용을 하지 않으나 좌·우 바퀴가 서로 다르게 상·하 운동을 할 때 작용하여 차체의 기울기를 감소시켜 주는 장치이다.
　㉡ 커브 길에서 자동차가 선회할 때 원심력 때문에 차체가 기울어지는 것을 감소시켜 차체가 롤링(좌·우 진동)하는 것을 방지하여 준다.
　㉢ 스태빌라이저는 토션 바의 일종으로 양끝이 좌·구의 로어 컨트롤 암에 연결되며 가운데는 차체에 설치된다.

제3절 　 조향장치

조향장치는 자동차의 진행 방향을 운전자가 의도하는 바에 따라서 임의로 조작할 수 있는 징치이며 조향 핸들을 조작하면 조향 기어에 그 회전력이 전달되어 조향 기어에 의해 감속하여 앞바퀴의 방향을 바꿀 수 있도록 되어 있다.

1. 조향 장치의 구비조건

① 조향 조작이 주행 중의 충격에 영향을 받지 않아야 한다.
② 조작이 쉽고, 방향 전환이 원활하게 이루어져야 한다.
③ 진행방향을 바꿀 때 섀시 및 바디 각 부에 무리한 힘이 작용하지 않아야 한다.
④ 고속주행에서도 조향 조직이 안정적이어야 한다.
⑤ 조향 핸들의 회전과 바퀴 선회 차이가 크지 않아야 한다.
⑥ 수명이 길고 정비하기 쉬워야 한다.

2. 조향장치의 고장 원인

① 조향 핸들이 무거운 원인
　㉠ 타이어의 공기압이 부족하다.
　㉡ 조향기어의 톱니바퀴가 마모되었다.
　㉢ 조향기어 박스 내의 오일이 부족하다.
　㉣ 앞바퀴의 정렬 상태가 불량하다.
　㉤ 타이어의 마멸이 과다하다.
② 조향 핸들이 한 쪽으로 쏠리는 원인
　㉠ 타이어의 공기압의 불균일하다.
　㉡ 앞바퀴의 정렬 상태가 불량하다.

제2편 자동차관리요령

ⓒ 쇽 업소버의 작동 상태가 불량하다.
ⓓ 허브 베어링의 마멸이 과다하다.

3. 동력조향장치

자동차의 대형화 및 저압 타이어의 사용으로 앞바퀴의 접지압력과 면적이 증가하여 신속한 조향이 어렵게 됨에 따라 가볍고 원활한 조향조작을 위해 엔진의 동력으로 오일펌프를 구동시켜 발생한 유압을 이용하여 조향핸들의 조작력을 경감시키는 장치를 말한다.

① 장점
   ㉠ 조향 조작력이 작아도 된다.
   ㉡ 노면에서 발생한 충격 및 진동을 흡수한다.
   ㉢ 조향조직이 신속하고 경쾌하다.
   ㉣ 앞바퀴가 펑크 났을 때 조향핸들이 갑자기 꺾이지 않아 위험도가 낮다.
   ㉤ 앞바퀴의 시미현상(바퀴가 좌·우로 흔들리는 현상)을 방지할 수 있다.

② 단점
   ㉠ 기계식에 비해 구조가 복잡하고 값이 비싸다.
   ㉡ 고장이 발생한 경우에는 정비가 어렵다.
   ㉢ 오일펌프 구동에 엔진의 출력이 일부 소비된다.

4. 휠 얼라인먼트

① 자동차의 앞부분을 지지하는 앞바퀴는 어떤 기하학적인 각도 관계를 가지고 설치되어 있으며, 여기에는 캠버, 캐스터, 토인, 조향축(킹핀) 경사각 등이 있다. 충격이나 사고, 부품 마모, 하체 부품의 교환 등에 따라 이들 각도가 변화하게 되면 주행 중에 각종 문제를 야기할 수 있다. 따라서 이러한 각도를 수정하는 일련의 작업을 휠 얼라인먼트(차륜 정렬)라 한다.

② 휠 얼라인먼트의 역할
   ㉠ 조향핸들의 조작을 확실하게 하고 안전성을 준다: 캐스터의 작용
   ㉡ 조향핸들에 복원성을 부여한다: 캐스터와 조향축(킹핀) 경사각의 작용
   ㉢ 조향핸들의 조작을 가볍게 한다: 캠버와 조향축(킹핀) 경사각의 작용
   ㉣ 타이어 마멸을 최소로 한다: 토인의 작용

③ 휠 얼라인먼트가 필요한 시기
   ㉠ 자동차 하체가 충격을 받았거나 사고가 발생한 경우
   ㉡ 타이어를 교환하는 경우
   ㉢ 핸들의 중심이 어긋난 경우
   ㉣ 타이어 편마모가 발생한 경우
   ㉤ 자동차가 한 쪽으로 쏠림현상이 발생한 경우
   ㉥ 자동차에서 롤링(좌·우 진동)이 발생한 경우
   ㉦ 핸들이나 자동차의 떨림이 발생한 경우

④ 캠버
   ㉠ 자동차를 앞에서 보았을 때 앞바퀴가 수직선에 대해 어떤 각도를 두고 설치되고 있는 것을 말한다.
   ㉡ 바퀴의 윗부분이 바깥쪽으로 기울어진 상태를 '정의 캠버', 바퀴의 중심선이 수직일 때를 '0의 캠버', 바퀴의 윗부분이 안쪽으로 기울어진 상태를 '부의 캠버'라 한다.
   ㉢ 캠버는 조향축(킹핀) 경사각과 함께 조향핸들의 조작을 가볍게 하고, 수직 방향 하중에 의한 앞 차축의 휨을 방지하며, 하중을 받았을 때 앞바퀴의 아래쪽에 벌어지는 것(부의 캠버)을 방지한다.

⑤ 캐스터(Caster)
   ㉠ 자동차 앞바퀴를 옆에서 보았을 때 앞 차축을 고정하는 조향축(킹핀)이 수직선과 어떤 각도를 두고 설치되어 있는 것을 말한다.
   ㉡ 조향축 윗부분이 자동차의 뒤쪽으로 기울어진 상태를 '정의 캐스터', 조향축의 중심선이 수직선과 일치된 상태를 '0의 캐스터', 조향축의 윗부분이 앞쪽으로 기울어진 상태를 '부의 캐스터'라 한다.
   ㉢ 주행 중 조향바퀴에 방향성을 부여한다. 조향하였을 때에는 직진 방향으로의 복원력을 준다.

⑥ 토인(Toe-in)
   ㉠ 자동차 앞바퀴를 위에서 내려다보면 양쪽 바퀴의 중심선 사이의 거리가 앞쪽이 뒤쪽보다 약간 작게 되어 있는 것을 말한다.
   ㉡ 토인은 앞바퀴를 평행하게 회전시키며, 앞바퀴가 옆방향으로 미끄러지는 것과 타이어 마멸을 방지하고, 조향 링키지의 마멸에 의해 토아웃(Toe-out) 되는 것을 방지한다.

⑦ 조향축(킹핀) 경사각
   ㉠ 캠버와 함께 조향핸들의 조작을 가볍게 한다.
   ㉡ 캐스터와 함께 앞바퀴에 복원성을 부여하여 직진 방향으로 쉽게 되돌아가게 한다.
   ㉢ 앞바퀴가 시미현상(바퀴가 좌·우로 흔들리는 현상)을 일으키지 않도록 한다.

제4절 제동장치

제동장치는 주행 중에 자동차의 속도를 줄이거나 정지시키고, 정차 또는 주차할 때에는 자동차가 굴러가지 않도록 고정시키기 위해 사용하는 장치로 운전자가 발을 사용하여 모든 바퀴를 고정시키는 풋 브레이크와 주차시에 사용하는 주차 브레이크, 주행 중 주 브레이크의 부담을 줄여주어 안전성을 확보해주는 감속 브레이크가 있다.

1. 공기식 브레이크

엔진으로 공기 압축기를 구동하여 발생한 압축 공기를 동력원으로 사용하는 방식으로 버스나 트럭 등 대형차량에 주로 사용하며 구조는 다음과 같다.

① 공기 압축기
   엔진 회전력을 이용하여 압축공기를 만들며 실린더 헤드에 언로더 밸브가 설치되어 압력 조정기와 함께 공기 탱크 내의 압력을 일정하게 유지하고 필요 이상으로 압축기가 구동되는 것을 방지한다.

② 공기탱크
   사이드 멤버에 설치되어 압축된 공기를 저장하며 탱크 내의 공기압력은 5~7kg/cm² 이다. 탱크의 안전밸브가 설치되어 탱크 내의 압력이 규정압력 이상이 되면 자동으로 대기 중에 방출하여 안전을 유지 한다.

③ 브레이크 밸브
   페달을 밟으면 플런저가 배출 밸브를 눌러 공기 탱크의 압축 공기가 앞 브레이크 체임버와 릴레이 밸브에 보내져 브레이

크 작용을 한다.

④ 릴레이 밸브

브레이크 밸브에서 공기를 공급하면 배출 밸브는 닫고 공기 밸브를 열어 뒤 브레이크 체임버에 압축공기를 보낸다. 막 위에 작용되는 공기 압력이 막 아래에 작용하는 압력과 평형이 이루어지면 공급밸브 스프링에 의해 공급밸브를 닫아 브레이크 체임버로 가는 공기를 차단한다. 브레이크 밸브의 공기가 배출되면 배출밸브를 열어 브레이크 체임버에 작용한 압축공기를 완전히 배출하여 브레이크를 푼다.

⑤ 퀵 릴리스 밸브

브레이크 밸브와 브레이크 체임버 사이에 설치되어 페달을 놓으면 브레이크 밸브에서 공기가 배출되므로 공기입구 압력이 대기압으로 되어 스프링 힘으로 밸브가 제자리로 되돌아가며, 이 때 배출구를 열어 브레이크 체임버 내에 공기를 속히 배출시킨다. 즉, 브레이크 체임버 내의 공기가 브레이크 밸브까지 가지 않고 배출되므로 브레이크 작용이 신속이 해제된다.

⑥ 브레이크 체임버

각 바퀴마다 설치되어 있으며, 다이어프램 한쪽 면에는 푸시 로드가 설치되어 브레이크가 작동되지 않을 때에는 리턴 스프링에 의해 한쪽으로 밀려져 있다. 브레이크 페달을 밟아 압축공기가 들어오면 스프링 장력을 이기고 다이어프램이 푸시 로드를 밀어 브레이크 캠을 작동시켜 브레이크 작용을 하게 된다. 페달을 놓으면 다이어프램 리턴 스프링에 의해 제자리로 돌아와 브레이크 작용이 풀리게 된다.

⑦ 저압 표시기

공기식 브레이크의 공기 압력이 규정보다 낮은 것을 알려주는 일을 한다. 또, 저압표시 장치에서는 붉은 색의 경고등을 점등하고 동시에 부저를 울리게 하고 있다.

⑧ 체크 밸브

탱크 내의 압력이 규정 값이 되어 공기 압축기에서 압축공기가 공급되지 않을 때에는 밸브를 닫아 탱크 내의 공기가 새지 않도록 한다.

〈공기 브레이크와 유압 배력 브레이크의 비교〉

구분	유압 배력식 브레이크	공기 브레이크
차량 중량	제한을 받는다.	제한을 받지 않는다.
오일 및 공기의 누설	누설되면 유압이 현저하게 저하되어 위험하다.	다소 누출되어도 제동성능이 현저하게 저하되지 않는다.
마찰열	베이퍼록이 발생한다.	베이퍼록의 발생 염려가 없다.
제동력	페달의 밟는 힘에 따라 변화한다.	페달의 밟는 양에 따라 변화한다.
에너지 소비	에너지 소비가 작다.	공기 압축기 구동에 많은 에너지 소비가 된다.
정비성	구조가 간단하여 정비가 쉽다.	구조가 복잡하여 정비하기 어렵다.
경제성	저가이다.	비교적 고가이다.

⑨ 공기식 브레이크 장·단점

㉠ 자동차 중량에 제한을 받지 않는다.

㉡ 공기가 다소 누출되어도 제동성능이 현저하게 저하되지 않아 안전도가 높다.

㉢ 베이퍼 록 현상이 발생할 염려가 없다.

㉣ 페달을 밟는 양에 따라 제동력이 조정된다.

㉤ 압축공기의 압력을 높이면 더 큰 제동력을 얻을 수 있다.

㉥ 구조가 복잡하고 유압 브레이크보다 값이 비싸다.

㉦ 엔진출력을 사용하므로 연료소비량이 많다.

2. ABS(Anti-Lock System)

① 자동차 주행 중 제동할 때 타이어의 고착 현상을 미연에 방지하여 노면에 달라붙는 힘을 유지하므로 사전에 사고의 위험성을 감소시키는 예방 안전장치이다.

② ABS의 특징

㉠ 바퀴의 미끄러짐이 없는 제동 효과를 얻을 수 있다

㉡ 자동차의 방향 안정성, 조종성능을 확보해 준다.

㉢ 앞바퀴의 고착에 의한 조향 능력 상실을 방지한다.

㉣ 노면이 비에 젖더라도 우수한 제동효과를 얻을 수 있다.

3. 감속 브레이크

① 감속 브레이크란 풋 브레이크의 보조로 사용되는 브레이크로 자동차가 고속화 및 대형화함에 따라 풋 브레이크를 자주 사용하는 것은 베이퍼 록이나 페이드 현상이 발생할 가능성이 높아져 안전한 운전을 할 수 없게 됨에 따라 개발된 것이 감속 브레이크다.

② 감속 브레이크는 제3의 브레이크라고도 하며, 엔진 브레이크, 제이크 브레이크, 배기 브레이크, 리타터 브레이크 등이 있다.

㉠ 엔진 브레이크: 엔진의 회전 저항을 이용한 것으로 언덕길을 내려갈 때 가속 페달을 놓거나, 저속기어를 사용하면 회전저항에 의한 제동력이 발생한다.

㉡ 제이크 브레이크: 엔진 내 피스톤 운동을 억제시키는 브레이크로 일부 피스톤 내부의 연료 분사를 차단하고 강제로 배기밸브를 개방하여 작동이 줄어든 피스톤 운동량만큼 엔진의 출력이 저하되어 제동력이 발생한다.

㉢ 배기 브레이크: 배기관 내에 설치된 밸브를 통해 배기가스 또는 공기를 압축한 후 배기 파이프 내의 압력이 배기 밸브 스프링 장력과 평행이 될 때까지 높게 하여 제동력을 얻는다.

㉣ 리타터 브레이크: 별도의 오일을 사용하고 기어자체에 작은 터빈(자동변속기) 또는 별도의 리타터용 터빈(수동변속기)이 장착되어 유압을 이용하여 동력이 전달되는 회전방향과 반대로 터빈을 작동시켜 발생시키는 브레이크로 풋 브레이크를 사용하지 않고 80~90%의 제동력을 얻을 수 있으나, 엔진의 저속 회전 시(낮은 RPM)에서는 제동력이 낮다.

③ 감속 브레이크의 장점

㉠ 풋 브레이크를 사용하는 횟수가 줄기 때문에 주행할 때의 안전도가 향상되고, 운전자의 피로를 줄일 수 있다.

㉡ 브레이크 슈, 드럼 혹은 타이어 마모를 줄일 수 있다.

㉢ 눈, 비 등으로 인한 타이어 미끄럼을 줄일 수 있다.

㉣ 클러치 사용횟수가 줄게 됨에 따라 클러치 관련 부품의 마모가 감소한다.

㉤ 브레이크가 작동할 때 이상 소음을 내지 않으므로 승객에게 불쾌감을 주지 않는다.

제2편 자동차관리요령
제5장 자동차 검사 및 보험 등

제1절 자동차 검사

1. 자동차검사의 필요성
① 자동차 결함으로 인한 교통사고 예방으로 국민의 생명보호
② 자동차 배출가스로 인한 대기환경 개선
③ 불법개조 등 안전기준 위반 차량 색출로 운행질서 확립 및 거래질서 확립
④ 자동차보험 미가입 자동차의 교통사고로부터 국민피해 예방

2. 자동차종합검사 (배출가스 검사+안전도 검사)
① 개념: 자동차 정기검사와 배출가스 정밀검사 및 특정경유자동차 배출가스 검사의 검사항목을 하나의 검사로 통합하고 검사시기를 자동차 정기검사 시기로 통합하여 한 번의 검사로 모든 검사가 완료되도록 함으로써 자동차검사로 인한 국민의 불편함을 최소화하고 편익을 도모하기 위해 시행하는 제도로 다음 각 호에 대하여 실시하는 자동차종합검사를 받은 경우에는 자동차 정기검사, 배출가스 정밀검사 및 특정경유자동차검사를 받은 것으로 본다.
　㉠ 자동차의 동일성 확인 및 배출가스 관련 장치 등의 작동 상태 확인을 관능검사(사람의 감각기관으로 자동차의 상태를 확인하는 검사) 및 기능검사로 하는 공통 분야
　㉡ 자동차 안전검사 분야
　㉢ 자동차 배출가스 정밀검사 분야
② 대상자동차 및 검사 유효기간(자동차종합검사의 시행 등에 관한 규칙 별표1)

검사 대상				검사 유효기간
차종	사업용 구분	규모	대상 차령	
승용 자동차	비사업용	경형·소형·중형·대형	차령이 4년 초과인 자동차	2년
	사업용	경형·소형·중형·대형	차령이 2년 초과인 자동차	1년
승합 자동차	비사업용	경형·소형	차령이 4년 초과인 자동차	1년
		중형	차령이 3년 초과인 자동차	차령 8년까지는 1년, 이후부터는 6개월
		대형	차령이 4년 초과인 자동차	차령 8년까지는 1년, 이후부터는 6개월
	사업용	경형·소형	차령이 4년 초과인 자동차	2년
		중형	차령이 2년 초과인 자동차	차령 8년까지는 1년, 이후부터는 6개월
		대형	차령이 2년 초과인 자동차	차령 8년까지는 1년, 이후부터는 6개월
화물 자동차	비사업용	경형·소형	차령이 4년 초과인 자동차	2년
		중형	차령이 3년 초과인 자동차	차령 5년까지는 1년, 이후부터는 6개월
		대형	차령이 3년 초과인 자동차	차령 5년까지는 1년, 이후부터는 6개월
	사업용	경형·소형	차령이 2년 초과인 자동차	1년
		중형	차령이 2년 초과인 자동차	차령 5년까지는 1년, 이후부터는 6개월
		대형	차령이 2년 초과인 자동차	6개월
특수 자동차	비사업용	경형·소형·중형·대형	차령이 3년 초과인 자동차	차령 5년까지는 1년, 이후부터는 6개월
	사업용	경형·소형·중형·대형	차령이 2년 초과인 자동차	차령 5년까지는 1년, 이후부터는 6개월

비고:
1. 검사 유효기간이 6개월인 자동차의 경우 종합검사 중 법 제43조의2제1항제3호에 따른 자동차 배출가스 정밀검사 분야의 검사는 1년마다 받는다.
2. 종합검사는 「대기환경보전법」 제63조제1항 각 호에 따른 지역에 법 제5조에 따라 등록된 자동차 「「대기권역의 대기환경개선에 관합 특별법」 별표 1의 대기관리권역(이하"대기관리권역'이라 한다)에 등록된 특정경유자동차를 포함한다]를 대상으로 한다.
3. 법 제2조제1호에 따른 피견인자동차에 대해서는 법 제43조의2제1항제3호의 자동차 배출가스 정밀검사 분야를 적용하지 아니한다.
4. "사업용 자동차"란 법 제5조에 따라 등록된 자동차 중 「여객자동차 운수사업법」 제2조제2호에 따른 여객자동차 운수사업법 또는「화물자동차 운수사업법」 제2조제2호에 따른 화물자동차운수사업에 사용하는 자동차를 말한다.
5. "비사업용 자동차"란 법 제5조에 따라 등록된 자동차 중 비고란 제4호의 사업용자동차가 아닌 자동차를 말한다.
6. 차령은「자동차관리법 시행령」 제3조에 따라 계산한다.
7. 위 표에도 불구하고 10인 이하를 운송하기에 적합하게 제작된 자동차(법 제3조제1항제2호가목 및 나옥에 따른 자동차를 제외한다)로서 2000년 12월 31일 이전에 등록된 승합자동차의 경우에는 승용자동차의 검사유효기간을 적용한다.
8. 최초로 종합검사를 받아야 하는 날은 위 표의 적용차령 후 처음으로 도래하는 정기검사 유효기간 만료일로 한다. 다만, 자동차가 정기검사를 받지 아니하여 정기검사기간이 경과된 상태에서 적용차령이 도래한 자동차가 최초로 종합검사를 받아야 하는 날은 적용차령 도래일로 한다.
9. 제8호에도 불구하고「자동차관리법 시행규칙」 제75조에 따라 정기검사 유효기간이 연장 또는 유예된 상태에서 위 표의 적용 차령의 대상이 된 경우에는 같은 규칙 제77조제2항에 따른 정기검사기간 내에 정기검사를 받을 수 있다. 이 경우 최초로 종합검사를 받아야 하는 날의 위 표의 적용차령의 대상이 된 후 두 번째로 도래하는 정기검사 유효기간 만료일로 한다.

③ 자동차 종합검사 유효기간(자동차 종합검사의 시행 등에 관한 규칙 제9조)
　㉠ 검사 유효기간 계산 방법
　　ⓐ 자동차관리법에 따라 신규등록올 하는 경우: 신규등록일부터 계산

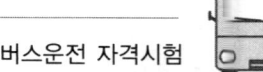

ⓑ 자동차종합검사기간 내에 종합검사를 신청하여 적합 판정을 받은 경우: 직전 검사 유효기간 마지막 날의 다음 날부터 계산

ⓒ 자동차종합검사기간 전 또는 후에 자동차종합검사를 신청하여 적합 판정을 받은 경우: 자동차종합검사를 받은 날의 다음 날부터 계산

ⓓ 재검사결과 적합 판정을 받은 경우: 자동차종합검사를 받은 것으로 보는 날의 다음 날부터 계산

ⓛ 자동차 소유자가 자동차종합검사를 받아야 하는 기간

ⓐ 자동차종합검사 유효기간의 마지막 날(검사 유효기간을 연장하거나 검사를 유예한 경우에는 그 연장 또는 유예된 기간의 마지막 날) 전후 각각 31일 이내에 받아야 한다.

ⓑ 소유권 변동 또는 사용본거지 변경 등의 사유로 자동차종합검사의 대상이 된 자동차 중 자동차정기검사의 기간 중에 있거나 자동차정기검사의 기간이 지난 자동차는 변경등록을 한 날부터 62일 이내에 자동차종합검사를 받아야 한다.

④ 자동차종합검사 재검사기간(자동차종합검사의 시행 등에 관한 규칙 제7조)

ⓐ 자동차종합검사기간 내에 종합검사를 신청한 경우: 부적합 판정을 받은 날부터 자동차종합검사기간 만료 후 10일까지

ⓛ 자동차종합검사기간 전 또는 후에 종합검사를 신청한 경우: 부적합 판정을 받은 날의 다음 날부터 10일 이내

ⓒ 종합검사기간 내에 종합검사를 신청하였으나 최고속도제한장치의 미설치, 무단 해체·해제 및 미작동으로 부적합 판정을 받은 경우: 부적합 판정을 받은 날부터 10일 이내

ⓔ 자동차종합검사 재검사기간 내에 적합 판정을 받은 자동차: 자동차종합검사 결과표 또는 자동차기능 종합진단서를 받은 날에 자동차 종합검사를 받은 것으로 본다.

ⓜ 자동차종합검사 결과 부적합 판정을 받은 자동차의 소유자가 재검사기간 내에 재검사를 신청하지 아니한 경우(재검사기간 내에 말소등록을 한 경우는 제외한다) 또는 재검사기간 내에 재검사를 신청하였으나 그 기간 내에 적합 판정을 받지 못한 경우: 종합검사를 받지 아니한 것으로 본다.

ⓗ 자동차종합검사 결과 부적합 판정을 받은 자동차가 특정 경유자동차의 배출허용기준에 맞는지에 대한 검사가 면제되는 경우: 자동차 배출가스 정밀검사 분야에 대해서는 재검사기간 내에 적합 판정을 받은 것으로 본다.

⑤ 자동차종합검사를 받지 아니한 경우의 과태료 부과기준(자동차관리법 시행령 별표2)

ⓐ 자동차종합검사를 받아야 하는 기간만료일부터 30일 이내인 경우: 4만원

ⓛ 자동차 종합검사를 받아야 하는 기간만료일부터 30일을 초과 114일 이내인 경우: 4만원에 31일째부터 계산하여 3일 초과시마다 2만원을 더한 금액

ⓒ 자동차 종합검사를 받아야 하는 기간만료일부터 115일 이상인 경우: 60만원

⑥ 자동차종합검사 유효기간 연장(자동차종합검사의 시행 등에 관한 규칙 제10조)

ⓐ 검사 유효기간의 연장사유에 해당하는 경우

ⓐ 전시·사변 또는 이에 준하는 비상사태로 인하여 관할 지역에서 자동차 종합검사 업무를 수행할 수 없다고 판단되는 경우(대상 자동차, 유예기간 및 대상 지역 등이 공고된 경우만 해당한다)

ⓑ 자동차를 도난당한 경우, 사고발생으로 인하여 자동차를 장기간 정비할 필요가 있는 경우, 형사소송법 등에 따라 자동차가 압수되어 운행할 수 없는 경우 운전면허취소 등으로 인하여 자동차를 운행할 수 없는 경우 및 그 밖에 부득이한 사유로 자동차를 운행할 수 없다고 인정되는 경우

ⓒ 자동차 소유자가 폐차를 하려는 경우

ⓛ 자동차종합검사 유효기간 연장 및 유예를 위한 서류

ⓐ 자동차등록증(㉠항 ⓑ목만 해당)

ⓑ 자동차의 도난, 사고, 압류, 등록번호판 영치 등 부득이한 사유가 있는 경우

• 경찰관서에서 발급하는 도난신고확인서

• 시장·군수·구청장, 경찰서장, 소방서장, 보험사 등이 발행한 사고사실증명서류

• 정비업체에서 발행한 정비예정증명서

• 행정처분서

• 시장·군수·구청장(읍·면·동·이장을 포함한다)이 확인한 섬 지역 장기체류 확인서

• 병원입원 또는 해외출장 등 그 밖의 부득이한 사유가 있는 경우에는 그 사유를 객관적으로 증명할 수 있는 서류

ⓒ 자동차 소유자가 폐차를 하는 경우: 폐차인수증명서

3. 자동차 정기검사(안전도 검사)

① 개념: 자동차관리법에 따라 종합검사 시행지역 외 지역에 대해서 안전도 분야에 대한 검사를 시행하며, 배출가스검사는 공회전상태에서 배출가스 측정

② 검사유효기간(자동차관리법 시행규칙 별표 15의2)

검사 대상				검사 유효기간
차종	사업용 구분	규모	대상 차령	
승용 자동차	비사업용	경형·소형· 중형·대형	모든 차령	2년(신조차로서 법 제43조제5항에 따라 신규검사를 받은 것으로 보는 자동차의 최초 검사 유효기간은 4년)
	사업용	경형·소형· 중형·대형	모든 차령	1년(신조차로서 법 제43조제5항에 따라 신규검사를 받은 것으로 보는 자동차의 최초 검사 유효기간은 2년)
승합 자동차	비사업용	경형·소형	차령이 4년 이하인 경우	2년
			차령이 4년 초과인 경우	1년
		중형·대형	차령이 8년 이하인 경우	1년(신조차로서 법 제43조제5항에 따라 신규검사를 받은 것으로 보는 자동차의 최초 검사 유효기간은 2년)
			차령이 8년 초과인 경우	6개월

제2편 자동차관리요령

검사 대상				검사 유효기간
차종	사업용 구분	규모	대상 차령	
승합 자동차	사업용	경형·소형	차령이 4년 이하인 경우	2년
			차령이 4년 초과인 경우	1년
		중형·대형	차령이 8년 이하인 경우	1년
			차령이 8년 초과인 경우	6개월
	비사업용	경형·소형	차령이 4년 이하인 경우	2년
			차령이 4년 초과인 경우	1년
		중형·대형	차령이 5년 이하인 경우	1년
			차령이 5년 초과인 경우	6개월
화물 자동차		경형·소형	모든 차령	1년(신조차로서 법 제43조제5항에 따라 신규검사를 받은 것으로 보는 자동차의 최초 검사 유효기간은 2년)
	사업용	중형	차령이 5년 이하인 경우	1년
			차령이 5년 초과인 경우	6개월
		대형	차령이 2년 이하인 경우	1년
			차령이 2년 초과인 경우	6개월
특수 자동차	비사업용 및 사업용	경형·소형· 중형·대형	차령이 5년 이하인 경우	1년
			차령이 5년 초과인 경우	6개월

※ 1. 위 표에도 불구하고, 10인 이하를 운송하기에 적합하게 제작된 자동차(제3조제1항제2호 가목 내지 나목에 따른 자동차를 제외)로서 2000년 12월 31일 이전에 등록된 승합자동차의 경우 승용자동차 검사유효기간을 적용

2. 위 표에도 불구하고, 피견인자동차에는 비사업용 승용자동차의 검사 유효기간을 적용한다.

③ 사업용 대형 승합자동차 검사 기관(자동차관리법 시행규칙 별표 18)

	자동차종합정비업자	소형자동차종합정비업자
검사업무의 범위	차령이 6년을 초과한 사업용 대형 승합자동차를 제외한 모든 자동차에 대한 정기검사	승용자동차와 경형 및 소형의 승합·화물·특수자동차에 대한 정기검사

※ 차령이 6년을 초과한 사업용 대형 승합자동차 검사는 한국교통안전공단에서 시행

④ 검사방법 및 항목: 종합검사의 안전도 검사 분야의 검사방법 및 검사항목과 동일하게 시행

⑤ 정기검사 미시행에 따른 과태료(자동차관리법 시행령 별표2)
  ㉠ 정기검사를 받아야 하는 기간만료일부터 30일 이내인 경우: 4만원
  ㉡ 정기검사를 받아야 하는 기간만료일부터 30일을 초과 114일 이내인 경우: 4만원에 31일째부터 계산하여 3일 초과시마다 2만원을 더한 금액
  ㉢ 정기검사를 받아야 하는 기강만료일부터 115일 이상인 경우: 60만원

4. 튜닝검사

① 개념: 튜닝의 승인을 받은 날부터 45일 이내에 한국교통안전공단 자동차검사소에서 안전기준적합여부 및 승인받은 내용대로 변경하였는가에 대하여 검사를 받아야 하는 일련의 행정절차

② 튜닝승인신청 구비서류(자동차관리법 시행규칙 제56조)
  ㉠ 튜닝승인신청서: 자동차소유자가 신청, 대리인인 경우 소유자(운송회사)의 위임장 및 인감증명서 첨부 필요
  ㉡ 튜닝 전·후 주요제원 대비표: 제원변경이 있는 경우만 해당
  ㉢ 튜닝 전·후 자동차의 외관도: 외관도 및 설계도면에 변경내용(축간거리, 승객좌석간 거리 등)이 정확히 표시·기재되어 있어야 함(외관변경이 있는 경우만 해당)
  ㉣ 튜닝하고자 하는 구조·장치의 설계도: 특수한 장치 등을 설치할 경우 장치에 대한 상세도면 또는 설계도 포함
  ※ 튜닝승인은 승인신청 접수일부터 10일 이내에 처리되며, 구조변경승인 신청 시 신청서류의 미비, 기재내용 오류 및 변경내용이 관련법령에 부적합한 경우 접수가 반려 또는 취소될 수 있음

③ 구조·장치 변경승인 불가 항목
  ㉠ 총중량이 증가되는 튜닝
  ㉡ 승차정원 또는 최대적재량의 증가를 가져오는 승차장치 또는 물품적재장치의 튜닝
  ㉢ 튜닝전보다 성능 또는 안전도가 저하될 우려가 있는 경우의 튜닝

④ 튜닝승인 대상 항목 등

구분	승인 대상	승인 불필요 대상
구조	- 길이·너비 및 높이(범퍼, 라디에이터그릴 등 경미한 외관 변경의 경우 제외) - 총중량	- 최저지상고 - 중량분포 - 최대안전경사각도 - 최소회전반경 - 접지부분 및 접지압력
장치	- 원동기(동력발생장치) 및 동력전달장치 - 주행장치(차축에 한함) - 조향장치 - 제동장치 - 연료장치 - 차체 및 차대 - 연결장치 및 견인장치 - 승강장치 및 물품적재장치 - 소음방지장치 - 배기가스발신방지장치 - 전조등·번호등·후미등·제동등·차폭등·후퇴등 기타 등화장치 - 내압용기 및 그 부속장치 - 기타 자동차의 안전 운행에 필요한 장치로서 국토교통부령이 정하는 장치	- 조종장치 - 완충장치 - 전기·전자장치 - 창유리 - 경음기 및 경보장치 - 방향지시등 기타 지시장치 - 후사경·창닦이기 기타 시야를 확보하는 장치 - 속도계·주행거리계 기타 계기 - 소화기 및 방화장치 - 후방 영상장치 및 후진경고음발생장치

※ 공통사항: 자동차관리법 제29조제1항에 따른 자동차안전기준에 적합하여야 함

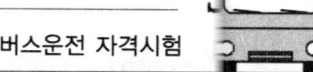

⑤ 튜닝검사 신청서류(자동차관리법 시행규칙 제78조)
  ㉠ 자동차등록증
  ㉡ 튜닝승인서
  ㉢ 튜닝 전·후의 주요제원대비표
  ㉣ 튜닝 전·후의 자동차외관도(외관변경이 있는 경우)
  ㉤ 튜닝하려는 구조·장치의 설계도
⑥ 벌칙: 1년 이하의 징역 또는 1천만 원 이하의 벌금
  ㉠ 시장·군수·구청장의 승인을 받지 아니하고 자동차에 튜닝을 한 자
  ㉡ 튜닝 된 자동차인 것을 알면서 이를 운행한 자

5. 임시검사

① 임시검사를 받는 경우
  ㉠ 불법 튜닝 등에 대한 안전성 확보를 위한 검사
  ㉡ 사업용 자동차의 차령연장을 위한 검사
  ㉢ 자동차 소유자의 신청을 받아 시행하는 검사
② 임시검사 신청서류
  ㉠ 자동차 검사신청서
  ㉡ 자동차등록증
  ㉢ 자동차점검·정비·검사 또는 원상복구명령서(해당하는 경우만 첨부)

6. 신규검사

① 개념: 신규등록을 하고자 할 때 받는 검사
② 신규검사를 받아야 하는 경우
  ㉠ 여객자동차 운수사업법에 의하여 면허, 등록, 인가 또는 신고가 실효하거나 취소되어 말소한 경우
  ㉡ 자동차를 교육·연구목적으로 사용하는 등 대통령령이 정하는 사유에 해당하는 경우
    ⓐ 자동차 자기인증을 하기 위해 등록한 자
    ⓑ 국가 간 상호인증 성능시험을 대행할 수 있도록 지정된 자
    ⓒ 자동차 연구개발 목적의 기업부설연구소를 보유한 자
    ⓓ 해외자동차업체와 계약을 체결하여 부품개발 등의 개발업무를 수행하는 자
    ⓔ 전기자동차 등 친환경·첨단미래형 자동차의 개발·보급을 위하여 필요하다고 국토교통부 장관이 인정하는 자
  ㉢ 자동차의 차대번호가 등록원부상의 차대번호와 달라 직권 말소된 자동차
  ㉣ 속임수나 그 밖의 부정한 방법으로 등록되어 말소된 자동차
  ㉤ 수출을 위해 말소한 자동차
  ㉥ 도난당한 자동차를 회수한 경우
③ 신규검사 신청서류
  ㉠ 신규검사 신청서
  ㉡ 출처증명서류[말소사실증명서 또는 수입신고서, 자기인증 면제확인서
  ㉢ 제원표(이미 자기인증된 자동차와 같은 제원의 자동차인 경우 제원표를 첨부 생략 가능)

7. 내압용기검사

① 개념: 제조·수리 또는 수입한 내압용기를 판매하거나 사용하기 전 실시하는 검사
② 검사기간
  ㉠ 내압용기 정기검사
    ⓐ 다음 각 호의 어느 하나에 해당하는 날부터 비사업용 승용자동차의 경우 4년, 그 밖의 자동차의 경우 3년의 기간이 경과할 때마다 실시. 다만, 해당자동차에 장착된 내압용기의 정기검사 유효기간이 각각 다른 경우 가장 먼저 도래하는 정기검사 유효기간에 따른다
      (1) 내압용기 장착검사를 받은 경우: 신규등록한 날
      (2) 내압용기 정기검사를 받은 경우: 다음 각 득의 구분에 따른 날
      (가) 내압용기 정기검사의 기간 이내에 정기검사를 받은 경우: 정기검사 유효기간 만료일의 다음날
      (나) '(가)' 외의 기간에 정기검사를 받은 경우 정기검사를 받은 날의 다음날
      (3) 내압용기 수시검사를 받은 경우: 수시검사를 받은 날
      (4) 구조변경검사를 받은 경우: 구조변경검사를 받은 날
    ⓑ 정기검사의 검사기간은 그 유효기간 만료일 전후 각각 46일 이내로 한다. 이 경우 해당 검사기간 이내에 적합판정을 받은 경우에는 정기검사 유효기간의 만료일에 정기검사를 받은 것으로 본다.
  ㉡ 내압용기 수시검사
    ⓐ 손상의 발생, 내압용기검사 각인 또는 표시의 훼손, 충전할 고압가스 종류의 변경, 그 밖에 국토교통부령으로 정하는 사유가 발생한 경우 실시

국토교통부령으로 정하는 사유

- 내압용기를 교체한 경우
- 자동차 소유자 또는 그 사용에 관한 정당한 권리를 가진 자가 신청하는 경우
- 자동차의 전복, 화재, 추락 등 국토교통부장관이 정하여 고시하는 사고가 발생한 경우

제2절 자동차 보험 및 공제

1. 자동차 보험 및 공제 미가입에 따른 과태료

(자동차손해배상보장법 제5조, 동법 시행령 제3조 내지 제4조, 시행령 별표 5)
① 자동차 운행으로 다른 사람이 사망하거나 부상한 경우에 피해자(피해자가 사망한 경우에는 손해배상을 받을 권리를 가진 자)에게 책임보험금을 지급할 책임을 지는 책임보험이나 책임공제에 미가입한 경우(※ 사업용 자동차)
  ㉠ 가입하지 아니한 기간이 10일 이내인 경우: 3만원
  ㉡ 가입하지 아니한 기간이 10일을 초과한 경우: 3만원에 11

일째부터 1일마다 8천원을 가산한 금액
  ⓒ **최고 한도금액**: 자동차 1대당 100만원
② 책임보험 또는 책임공제에 가입하는 것 외에 자동차의 운행으로 다른 사람의 재물이 멸실되거나 훼손된 경우에 피해자에게 사고 1건당 2천 만원의 범위에서 사고로 인하여 피해자에게 발생한 손해액을 지급할 책임을 지는 보험업법에 따른 보험이나 여객자동차 운수사업법에 따른 공제에 미가입한 경우(※ 사업용 자동차)
  ㉠ **가입하지 아니한 기간이 10일 이내인 경우**: 5천원
  ㉡ **가입하지 아니한 기간이 10일을 초과한 경우**: 5천원에 11일째부터 1일마다 2천원을 가산한 금액
  ㉢ **최고 한도금액**: 자동차 1대당 30만원
③ 책임보험 또는 책임공제에 가입하는 것 외에 자동차 운행으로 인하여 다른 사람이 사망하거나 부상한 경우에 피해자에게 책임보험 및 책임공제의 배상책임한도를 초과하여 피해자 1명당 1억원 이상의 금액 또는 피해자에게 발생한 모든 손해액을 지급할 책임을 지는 보험업법에 따른 보험이나 여객자동차 운수사업법에 따른 공제에 미가입한 경우
  ㉠ **가입하지 아니한 기간이 10일 이내인 경우**: 3만원
  ㉡ **가입하지 아니한 기간이 10일을 초과한 경우**: 3만원에 11일째부터 1일마다 8천원을 가산한 금액
  ㉢ **최고 한도금액**: 자동차 1대당 100만원

제3편 안전운행

제1장 교통사고 요인과 운전자의 자세
제1절 교통사고 제요인
제2절 버스 교통사고의 주요유형
제3절 버스 운전자로서의 기본 자세

제2장 운전자요인과 안전운행
제1절 시력과 운전
제2절 심신 상태와 운전
제3절 교통약자 등과의 도로 공유

제3장 자동차요인과 안전운행
제1절 자동차의 물리적 현상
제2절 자동차의 정지거리
제4절 사업용자동차 위험운전형태 분석

제4장 도로요인과 안전운행
제1절 용어의 정의 및 설명
제2절 도로의 선형과 교통사고
제3절 도로의 횡단면과 교통사고
제4절 회전교차로
제5절 도로의 안전시설
제6절 도로의 부대시설

제5장 안전운전의 기술
제1절 인지, 판단의 기술
제2절 안전운전의 5가지 기본 기술
제3절 방어운전의 기본 기술
제4절 시가지 도로에서의 방어 운전
제5절 지방 도로에서의 방어 운전
제6절 고속도로에서의 방어 운전
제7절 앞지르기
제8절 야간, 악천후시의 운전
제9절 경제운전
제10절 기본 운행 수칙
제11절 계절별 안전운전
제12절 고속도로 교통안전

제3편 안전운행(버스)

제1장 교통사고 요인과 운전자의 자세

제1절 교통사고의 제요인

1. 인간에 의한 사고원인

① 신체요인: 피로, 음주, 약물, 신경성 질환의 유무 등에 의해 일어남

② 태도요인
  ㉠ 교통법규 및 단속에 대한 의식, 속도지향성 및 자기중심성을 의미
  ㉡ 운전상황에서의 위험에 대한 경험, 사고발생확률에 대해 믿음과 사고의 심리적 측면을 의미

③ 사회환경요인: 근무환경, 직업에 대한 만족도, 주행환경에 대한 친숙성에 의해 일어남

④ 운전기술요인: 차로유지 및 대상의 회피와 같은 두 과제의 처리에 있어 주의를 분할하거나 이를 통합하는 능력 등이 해당

제2절 버스 교통사고의 주요 유형

1. 버스 교통사고의 주요 요인

① 회전, 급정거 등으로 인한 차내 승객 사고
② 동일방향 후미추돌사고
③ 진로변경 중 접촉 사고
④ 회전 중 주, 정차, 진행 차량, 보행자 등과의 접촉사고
⑤ 승하차시 사고
⑥ 횡단 보행자 등과의 사고
⑦ 가장자리 차로 진행 중 사고
⑧ 교차로 신호위반 사고
⑨ 눈, 빗길 미끄러짐 사고
⑩ 1차사고로 인한 후속 사고

제3절 버스 운전자로서의 기본자세

1. 객관적 안전

객관적으로 인정되는 안전

2. 주관적 안전

실제의 안전 정도와 관계없이 운전자 스스로가 특정 상황에 대해 인식하는 안전의 정도

제2장 운전자요인과 안전운행

제1절 시력과 운전

1. 정지시력
① 일정 거리에서 일정한 시표를 보고 모양을 확인할 수 있는지를 가지고 측정하는 시력
② 우리나라의 운전면허를 취득하는데 필요한 시력기준은 다음과 같은 정지시력을 기준으로 함
  ㉠ 제1종 운전면허: 두 눈을 동시에 뜨고 잰 시력이 0.8 이상이고, 양쪽 눈의 시력이 각각 0.5 이상이어야 한다.
  ㉡ 제2종 운전면허: 두 눈을 동시에 뜨고 잰 시력이 0.5 이상일 것. 다만, 한쪽 눈을 보지 못하는 사람은 다른 쪽 눈의 시력이 0.6 이상이어야 한다.

2. 동체시력
① 움직이는 물체 또는 움직이면서 다른 자동차나 사람 등의 물체를 보는 시력
② 물체에 대한 민감성과 사고율 간에 높은 상관이 있음이 어느 정도 드러남
③ 동체시력의 특성
  ㉠ 동체시력은 물체의 이동속도가 빠를수록 저하된다. 정지시력이 1.2인 사람이 시속 50km로 운전한다면 동체시력은 0.7 이하로 떨어지며, 시속 90km라면 동체시력은 0.5 이하로 떨어진다.
  ㉡ 동체시력은 정지시력과 어느 정도 비례 관계를 갖는다. 즉, 정지시력이 저하되면 동체시력도 저하된다.
  ㉢ 동체시력은 조도(밝기)가 낮은 상황에서 쉽게 저하 된다.

3. 시야와 깊이지각
① 시야
  ㉠ 눈의 위치를 바꾸지 않고도 볼 수 있는 좌우의 범위이다.
  ㉡ 정지 상태에서 정상인의 경우 한쪽 눈 기준으로 대략 160도 정도이다.
  ㉢ 시야가 영향 받는 조건
    ⓐ 시야는 움직이는 상태에 있을 때에는 움직이는 속도에 따라 축소된다. 즉, 운전 중인 운전자의 시야는 시속 40km로 주행 중일 때는 약 100도 정도로 축소되며, 시속 100km로 주행 중인 때는 약 40도 정도로 축소된다.
    ⓑ 주행 중에는 좌우를 살피기 위해서 자주 좌우로 눈을 움직일 필요가 있다.
    ⓒ 한 곳에 주의가 집중되어 있을 때에 인지할 수 있는 시야 범위는 좁아진다.
    ⓓ 운전 중 교통사고가 발생한 곳으로 시선이 집중되어 있다면 이에 비례해 시야의 범위가 좁아진다.
② 깊이지각
  ㉠ 양안 또는 단안 단서를 이용하여 물체의 거리를 효과적으로 판단하는 능력이다.
  ㉡ 조도가 낮은 상황에서 깊이지각 능력은 매우 떨어지기 때문에 야간에 자주 운전하는 운전자에게는 문제가 될 수 있다.
  ㉢ 깊이를 지각하는 능력을 흔히 입체시라고도 한다.

4. 야간시력
① 야간의 시력저하
  ㉠ 많은 사람들이 야간운전의 어려움을 토로하는데 특히 해질무렵이 가장 운전하기 힘든 시간이라고 한다.
  ㉡ 전조등을 비추어도 주변의 밝기와 비슷하고 의외로 다른 자동차나 보행자를 보기가 어렵기 때문이다.
  ㉢ 야간에는 어둠으로 인해 대상물을 명확하게 보기 어렵다. (이런 것들이 황혼 무렵이나 야간의 운전을 어렵게 만드는 것이며, 이러한 결점들을 보완하기 위하여 차량의 전조등이나 가로등이 사용된다.)
② 섬광회복력: 운전자의 시각기능을 섬광을 마주하기 전 단계로 되돌리는 신속성의 정도를 말한다.
③ 명순응
  ㉠ 일광 또는 조명이 어두운 곳에서 밝은 곳으로 변할 때 사람의 눈이 그 상황에 적응하여 시력을 회복하는 것을 말한다.
  ㉡ 암순응과는 반대로 어두운 터널을 벗어나 밝은 도로로 주행할 때 운전자가 일시적으로 주변의 눈부심으로 인해 물체가 보이지 않는 시각장애를 말한다.
  ㉢ 상황에 따라 다르지만 명순응에 걸리는 시간은 암순응보다 빨라 수 초~1분에 불과하다.
④ 암순응
  ㉠ 일광 또는 조명이 밝은 곳에서 어두운 곳으로 변할 때 사람의 눈이 그 상황에 적응하여 시력을 회복하는 것을 말한다.
  ㉡ 맑은 날 낮 시간에 밝은 곳을 운행하던 운전자가 갑자기 터널 같은 어두운 곳으로 주행하는 순간 일시적으로 일어나는 운전자의 심한 시각장애를 말하며, 시력회복이 명순응에 비해 매우 느리다.
  ㉢ 상황에 따라 다르지만 대부분의 경우 완전한 암순응에는 30분(터널은 5~10초 정도) 또는 그 이상 걸리며 이것은 빛의 강도에 좌우된다.
⑤ 야간시력과 관련지어 지적되는 주요 현상
  ㉠ 현혹현상: 운행 중 갑자기 빛이 눈에 비치면 순간적으로 장애물을 볼 수 없는 현상으로 마주오는 차량의 전조등 불빛을 직접 보았을 때 순간적으로 시력이 상실되는 현상이다.

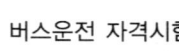

ⓛ **증발현상**: 야간에 대향차의 전조등 눈부심으로 인해 순간적으로 보행자를 볼 수 없게 되는 현상으로 보행자가 교차하는 차량의 불빛 중간에 있게 되면 운전자가 순간적으로 보행자를 전혀 보지 못하는 현상이다.

제2절 심신 상태와 운전

1. 감정과 운전
① 감정이 운전에 미치는 영향
ⓐ 부주의와 집중력 저하
  ⓐ 도로로부터 우리들 자신의 주의를 소홀하게 함으로써 안전운전을 방해할 수 있다.
  ⓑ 속도를 올리거나 표지, 신호등에 신경을 쓰지 않는 등 위험한 운전을 하면서도 자신이 하고 있는 것을 깨닫지 못한다.
  ⓒ 운전에 집중할 수 없다면, 집중력이 돌아올 때까지 다른 사람이 운전하게 하거나 그렇지 않으면 기다려야 한다.
ⓛ 정보 처리 능력의 저하: 운전 중 마음이 정서적으로 흥분 상태에 있다면, 그것에 일정부분 주의가 쏠려, 운전 정보 처리 능력은 감소하게 된다.
② 감정을 통제하는 법
ⓐ 운전과 무관한 것에서 비롯된 감정을 운전하기 전에 흥분을 가라앉히는 방법
  ⓐ 자신이 의기소침하거나 화가 난 것을 스스로 인정한다면 감정은 점차 진정된다.
  ⓑ 감정이 야기된 상태와 운전 상황은 서로 별개의 문제임을 확실히 하는 것이다.
ⓛ 운전상황에서 야기되는 감정을 가라앉히는 방법
  ⓐ 다른 사람의 행위를 가급적이면 불가피한 상황에 의한 행동으로 이해하려고 노력하는 것이다.
  ⓑ 자신도 상황에 따라서는 그와 같은 행위를 어쩔 수 없이 할 수도 있다는 것을 인정하며 너그러운 마음을 갖는 것이다.
  ⓒ 운전자 자신이 불안반응이나 감정적 반응을 강화시키는 자기 암시적 사고를 하지 않도록 할 필요가 있다.
③ 운전 중의 스트레스와 흥분을 최소화 하는 방법
ⓐ 사전에 준비한다.
  ⓐ 사전에 주행 계획을 세우고 여유 있게 출발하면, 예상치 못한 상황으로 인한 스트레스도 줄고 문제도 피할 수 있다.
  ⓑ 목적지가 차량이 붐비는 도심 근처라면 미리 출발하거나, 차량이 붐비는 것을 피해 차를 놓아두고 지하철과 정시 교통수단을 이용할 수 있다.
  ⓒ 주행계획을 세울 때에는 예상치 못한 일이 생기는 것을 고려해 위회 경로에 대해서도 미리 정해둔다.
ⓛ 타운전자의 실수를 예상한다.
  ⓐ 다른 사람의 무례하거나 위험한 운전에 매번 화를 내고, 그에 대응하기보다는 모든 사람이 한 두 번은 실수를 할 수 있다는 사실을 받아들인다.

ⓑ 언제든지 다른 운전자들이 항상 합리적으로, 안전하게 운전할 것이며, 모든 교통법규를 준수할 것이라고 가정해서 행동한다.
ⓒ 방어운전을 위해서는 다른 사람의 실수를 항상 감안해서 행동한다.
ⓒ 기분 나쁘거나 우울한 상태에서는 운전을 피한다.
  ⓐ 감정이 진정되지 않는다면 진정될 때까지 기다리는 것이 훨씬 운전에 집중을 더 잘 할수 있게 해준다.
  ⓑ 주변을 산책하여 기분전환을 해준다.
  ⓒ 주변 사람 등의 사망, 이혼 또는 재산 손실 등으로 인한 슬픔의 감정, 절망상태 또는 심각한 고민 상태에서는 가급적 운전을 피한다.

2. 피로와 졸음운전
① 피로가 운전에 미치는 영향

구분		피로현상	운전과정에 미치는 영향
정신력	주의력	• 주의가 산만해진다. • 집중력이 저하된다.	• 교통표지를 간과하거나 보행자를 알아보지 못한다.
	사고력, 판단력	• 정신활동이 둔화된다. • 사고 및 판단력이 저하된다.	• 긴급 상황에 필요한 조치를 제대로 하지 못한다.
	지구력	• 긴장이나 주의력이 감소한다.	• 운전에 필요한 몸과 다음상태를 유지할 수 없다.
	감정 조절 능력	• 사소한 일에도 필요 이상의 신경질적인 반응을 보인다.	• 사소한 일에도 당황하며, 판단을 잘못하기쉽다. • 준법정신의 결여로 법규를 위반하게 된다.
	의지력	• 자발적인 행동이 감소한다.	• 당연히 해야 할 일을 태만하게 된다. • 방향지시등을 작동하지 않고 회전하게 된다.
신체적	감각 능력	• 빛에 민감하고, 작은 소음에도 과민반응을 보인다.	• 교통신호를 잘못보거나 위험신호를 제대로 파악하지 못한다.
	운동 능력	• 손 또는 눈꺼풀이 떨리고, 근육이 경직된다.	• 필요한 때에 손과 발이 제대로 움직이지 못해 신속성이 결여된다.
	졸음	• 시계변화가 없는 단조로운 도로를 운행하면 졸게 된다.	• 평상시보다 운전능력이 현저하게 저하되고, 심하면 졸음운전을 하게 된다.

② 운전 중 피로를 낮추는 법
ⓐ 차안에는 항상 신선한 공기가 충분히 유입되도록 한다.(차가 너무 덥거나 환기 상태가 나쁘면, 쉽게 피로감과 졸음을 느끼게 된다.)
ⓛ 태양빛이 강하거나 눈의 반사가 심할 때는 선글라스를 착용한다.
ⓒ 지루하게 느껴지거나 졸음이 올 때는 라디오를 틀거나, 노래 부르기, 휘파람 불기 또는 혼자 소리 내어 말하기 등의 방법을 써 본다.
ⓒ 정기적으로 차를 멈추어 차에서 나와, 몇 분 동안 산책을 하거나 가벼운 체조를 한다.
ⓛ 운전 중에 계속 피곤함을 느끼게 된다면, 운전을 지속하기

제3편 안전운행

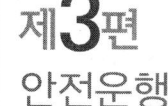

보다는 차를 멈추는 편이 낫다.
③ 졸음운전의 징후와 대처
  ㉠ 졸음운전의 징후
    ⓐ 눈이 스르르 감긴다든가 전방을 제대로 주시할 수 없다.
    ⓑ 머리를 똑바로 유지하기가 힘들다.
    ⓒ 하품이 자주난다.
    ⓓ 이 생각 저 생각이 나면서 생각이 단절된다.
    ⓔ 지난 몇 km를 어디를 운전해 왔는지 가물가물하다.
    ⓕ 차선을 제대로 유지하지 못하고 차가 좌우로 조금씩 왔다 갔다 하는 것을 느낀다.
    ⓖ 앞차에 바짝 붙는다거나 교통신호를 놓친다.
    ⓗ 순간적으로 차도에서 갓길로 벗어나거나 거의 사고 직전에 이르기도 한다.
  ㉡ 졸음운전의 대처
    ⓐ 창문을 연다든가 에어컨의 외부 환기 시스템을 가동해 신선한 공기를 마신다.
    ⓑ 가볍게 목운동을 하거나 어깨 운동을 한다.

3. 음주와 약물 운전의 회피

① 음주운전 사고의 특징
  ㉠ 주차 중인 자동차나 정지물체 등에 충돌한다.
  ㉡ 고정물체(전신주, 가로시설물, 가로수 등) 같은 것과 충돌한다.
  ㉢ 대향차의 전조등에 의한 현혹 현상이 발생하였을 경우 정상운전보다 교통사고의 위험이 높아진다.
  ㉣ 치사율이 높다.
  ㉤ 차량단독으로 도로를 이탈하는 사고 같은 차량단독사고의 가능성이 높다.

술에 대한 잘못된 상식
① 운동을 하거나 사우나를 하는 것, 그리고 커피를 마시면 술이 빨리 깬다.
② 알코올은 음식이나 음료일 뿐이다.
③ 술을 마시면 생각이 더 명료해 진다.
④ 술 마시면 얼굴이 빨개지는 사람은 건강하기 때문이다.
⑤ 술 마실 때는 담배 맛이 좋다.
⑥ 간장이 튼튼하면 아무리 술을 마셔도 괜찮다.

② 혈중 알코올농도와 행동적 증후
  ㉠ 혈중알코올농도
    ⓐ 혈액 중의 알코올 농도를 측정하여 얻은 수치를 말한다.
    ⓑ 음주량 외에 농도를 사람의 체중이나 성별·위내 음식물의 종류·음주 후 측정시간에 따라 달라진다.
  ㉡ 혈중알코올농도에 따른 행동적 증후

마신양	혈중알코올 농도(%)	취한 상태	취하는 기간 구분
2잔	0.02~0.04	• 기분이 상쾌해짐 • 피부가 빨갛게 됨 • 쾌활해짐 • 판단력이 조금 흐려짐	초기
3잔 ~5잔	0.05~0.1	• 얼큰히 취한 기분 • 압박에서 탈피하여 정신이완 • 체온 상승 • 맥박이 빨라짐	중기, 손상 가능기
6잔 ~7잔	0.11~0.15	• 마음이 관대해짐 • 상당히 큰 소리를 냄 • 화를 자주 냄 • 서면 휘청거림	완취기
8잔 ~14잔	0.16~0.3	• 갈지자 걸음 • 같은 말을 반복해서 함 • 호흡이 빨라짐 • 매스꺼움을 느낌	구토, 만취기
15잔 ~20잔	0.31~0.4	• 똑바로 서지 못함 • 같은 말을 반복해서 함 • 말을 할 때 갈피를 잡지 못함	혼수상태
21잔 이상	0.41~0.5	• 흔들어도 일어나지 않음 • 대소변을 무의식중에 함 • 호흡을 천천히 깊게 함	사망 가능

주:
• 65kg의 건강한 성인남자 기준 • 맥주의 경우 캔을 기준으로 함

③ 알코올이 운전에 미치는 영향
  ㉠ 심리-운동 협응능력 저하
    - 알코올을 많이 마시면 차의 균형을 유지하기가 어려워 운전하는데 영향을 준다.
  ㉡ 시력의 지각능력 저하
    - 알코올을 많이 마시면 사람의 두뇌는
    첫째, 안구의 운동능력을 둔화시킨다.
    둘째, 시야의 인식 영역이 줄어들어 앞을 보면서도 옆의 물체를 인식하거나 측면거리를 판단할 수 있는 주변 시의 판단능력이 감소하며 차선을 지키거나 옆에서 달려가는 차와의 간격을 유지하는데 실패한다.
    셋째, 정확하게 사물을 지각하는데 영향을 받게 된다.
  ㉢ 주의 집중능력 감소
    - 알코올을 마시고 운전하면 그만큼 주의력이 감소하고 상대적으로 사고의 확률이 높아지게 된다.
  ㉣ 정보 처리능력 둔화
    - 알코올은 우리 두뇌가 정보를 처리하는 속도를 둔화시켜 순간적인 판단을 방해하게 한다.
  ㉤ 판단능력 감소
    - 운전을 할 때는 시각이나 청각 등에서 수집한 정보들을 순간순간 종합·판단하여 정확한 결정을 내릴 수 있어야 하는데 알코올은 사람의 이러한 인지적인 능력을 흐리게 만든다.
  ㉥ 차선을 지키는 능력 감소
    - 혈중 알코올 농도가 높아지면 전방과 측면의 거리의 판단능력이 감소하기 때문에 차선을 제대로 지키기가 어렵다.

④ 음주운전이 위험한 이유
  ㉠ 발견지연으로 인한 사고 위험 증가
    ⓐ 알코올은 진정제로서 술을 마신 상태에서 운전할 경우,

대뇌활동이 억제되어 주의 판단력이 떨어진다.
　　ⓑ 도로 상의 교통안전표지, 장애물 및 대향차와 보행자 등을 늦게 발견하게 되고 적절한 운전조작을 할 수 없게 된다.
　ⓛ 운전에 대한 통제력 약화로 과잉조작에 의한 증가
　　ⓐ 음주운전 상태에서는 자제력 상실과 과다한 자신감을 유발하여 위험을 감수하는 경향을 높인다.
　　ⓑ 운전대를 조작하거나 급제동과 급출발을 하는 등 충동적이고 공격적인 운전행동을 일으킨다.
　ⓒ 시력저하와 졸음 등으로 인한 사고의 증가
　　ⓐ 야간에 음주운전을 하게 될 경우 시각 기능은 현저하게 손상을 입게 되어 주변시력이 저하되고 눈부심 등에 의한 안구회복력이 늦어져 추돌사고 등으로 연결될 수 있다.
　　ⓑ 음주상태에서는 각성수준이 낮아져 쉽게 졸음에 빠지기 쉽다.
　ⓔ 2차 사고유발
　　ⓐ 음주단속을 피하기 위해 도주하는 등의 과정에서 2차 사고를 일으킬 가능성이 높아진다.
　　ⓑ 음주는 성적 흥분 및 공격적 충동 등을 야기하여 교통사고 이외의 2차 범죄의 원인이 되는 경우가 자주 있다.
　ⓜ 사고의 대형화
　　ⓐ 음주운전은 다른 법규위반으로 인한 사고에 비해 사망에 이를 가능성이 높다.
　　ⓑ 음주운전은 과속, 신호위반, 중앙선 침범 등 다른 법규위반과 함께 나타나는 경우가 많아 대부분 대형사고로 연결된다.
　ⓗ 마신 양에 따른 사고 위험도의 지속적 증가
　　- 혈중 알코올 농도가 0.05% 상태에서는 음주를 하지 않을 때보다 확률이 2배, 만취상태인 0.1% 상태에서는 6배, 0.15% 상태에서는 운전의 사고확률이 무려 25배로 증가한다.
⑤ 음주운전 차량의 증후
　㉠ 경찰관이 정차 명령을 하였을 때 제대로 정차하지 못하거나 급정차하는 자동차
　㉡ 단속현장을 보고 멈칫하거나 눈치를 보는 자동차
　㉢ 야간에 아주 천천히 달리는 자동차
　㉣ 깜깜한 밤에 미등만 켜고 주행하는 자동차
　㉤ 기어를 바꿀 때 기어소리가 심한 자동차
　㉥ 전조등이 미세하게 좌·우로 왔다 갔다 하는 자동차
　㉦ 앞차의 뒤를 너무 가까이 따라가는 차량
　㉧ 과도하게 넓은 반경으로 회전하는 차량
　㉨ 2개 차로에 걸쳐서 운전하는 차량
　㉩ 신호에 대한 반응이 과도하게 지연되는 차량
　㉪ 운전행위와 반대되는 방향지시등을 조작하는 차량
　㉫ 지그재그 운전을 수시로 하는 차량
　㉬ 교통신호나 안전표지와 다른 반응을 보이는 차량
⑥ 약물이 인체에 미치는 영향
　㉠ 진정제
　　ⓐ 반사 능력을 둔화시키고, 조정능력을 약화시킨다.
　　ⓑ 복용 중에 운전하게 되면 이완되고, 자제력이 감소되며, 사물을 확인하는데도 어려움을 느낀다.
　　ⓒ 운전 중에 예측 및 의사결정, 운전조작 각 과정을 적절

히 수행하는 데도 어려움을 느끼게 된다.
　㉡ 흥분제
　　ⓐ 도취감을 낳아 위험 감행성을 높인다.
　　ⓑ 신경을 예민하게 하고, 시소한 일에도 화를 잘 낸다.
　　ⓒ 흥분제의 효과가 없어질 때쯤 되면 복용자는 오히려 더 피곤함을 느끼게 된다.
　㉢ 환각제
　　ⓐ 환각제는 매우 위험해서 일반인이 매입·복용할 수 없는 약물이다.
　　ⓑ 사람의 시각을 포함한 제반 감각기관과 인지능력, 사고 기능을 변화시킨다.
　　ⓒ 사람의 방향감각과 거리, 그리고 시간에 대한 감각을 왜곡시키기도 한다.
　　ⓓ 운전에 영향을 주는 환각제
　　　• LSD와 PCP
　　　　- 강력한 환각제로 복용한 사람은 존재하지도 않는 대상을 보고 듣고, 느끼며 심지어 냄새를 믿기도 한다.
　　　　- 복용자는 혼란스러워 하고 주의집중이 되지 않아 분명하게 사고할 수 없게 됨으로써 운전하는데 중요한 공간과 속도를 판단하는 능력을 손실하게 된다.
　　　• 마리화나
　　　　- 혈관 속으로 빠르게 침투하여 뇌와 주요 신경조직에 영향을 미치는 강력한 마약이다.
　　　　- 약간만 복용해도 쉽게 사람의 판단, 기억, 조정능력에 영향을 준다.
　　　　- 시간과 공간 지각력에 영향을 미치기 때문에 얼마나 빨리 운전하는지를 인식하지 못하게 한다.

운전자의 약물 복용 수칙

- 약 복용 시 주의사항과 부작용에 대한 설명을 반드시 읽고 확인한다.
- 1~2잔의 술이라도 약물과 함께 복용하지 않도록 한다.
　① 감기약을 알코올과 함께 복용하게 되면 약만 복용할 때 보다 훨씬 조직신경이 둔감해진다.
　② 진정제를 알코올과 함께 복용하면 신경조직이 둔감해져 결과적으로 죽을 수도 있다.

제3절 교통약자 등과의 도로 공유

1. 보행자
① 보행자 옆을 지나갈 때
　㉠ 모든 차의 운전자는 도로에 차도가 설치되지 아니한 좁은 도로, 안전지대 등 보행자의 옆을 지나는 때에는 안전한 거리를 두고 서행해야 한다.
　㉡ 주·정차하고 있는 차 옆을 지나는 때에는 차문을 걸고 내리거나 갑자기 사람이 튀어나오는 경우가 있으므로 서행하면서 확인해 주어야 한다.
② 횡단하는 보행자의 의무
　㉠ 모든 차의 운전자는 횡단보도가 없는 교차로나 그 부근을

제3편 안전운행

보행자가 횡단하고 있을 때에는 그 통행을 방해해서는 안 된다.

ⓒ 횡단보도 부근에서는 횡단하는 사람이나 자전거 등이 없는 것이 분명히 확인된 경우 외에는 그 직진이나 정지선에서 정지할 수 있는 속도로 줄이고 일시정지하여 보행자 등의 통행을 방해해서는 안 된다.

ⓒ 교통정리가 행하여지고 있는 교차로에서 좌·우회전하려는 경우와 보행자 전용도로가 설치된 경우, 신호기 또는 경찰공무원 등의 신호나 지시에 따라 도로를 횡단하는 보행자의 통행을 방해해서는 안 된다.

ⓔ 보행자 전용도로가 설치된 경우에도 자동차 등의 통행이 허용된 자동차 등의 운전자는 보행자의 걸음걸이 속도로 운행하거나 일시 정지하여 보행자의 통행을 방해해서는 안된다.

ⓜ 보행자의 주요 주의사항
  ⓐ 시야가 차단된 상황에서 나타나는 보행자를 특히 조심해야 한다.
  ⓑ 차량신호가 녹색이라도 완전히 비워 있는지를 확인하지 않은 상태에서 횡당보도에 들어가서는 안된다.
  ⓒ 신호에 따라 횡단하는 보행자의 앞뒤에서 그들을 압박하거나 재촉해서는 안된다.
  ⓓ 회전할 때에는 언제나 회전 방향의 도로를 건너는 보행자가 있을 수 있음을 유의한다.
  ⓔ 어린이 보호구역내에서는 특별히 주의한다.
  ⓕ 주거지역내에서는 어린이의 존재여부를 주의 깊게 관찰한다.
  ⓖ 맹인이나 장애인에게는 우선적으로 양보를 한다.

③ 어린이나 신체장애인의 보호
  ㉠ 어린이가 보호자 없이 걸어가고 있을 때, 도로를 횡단하고 있을 때에는 일시정지하여 안전하게 통행할 수 있도록 해야 한다.
  ㉡ 어린이는 흥미로운 것에 정신이 팔려서 갑자기 도로 위로 튀어나올 수도 있고, 판단력의 미숙으로 무리하게 도로를 횡단하려고 하기 때문에 특별히 주의를 해야 한다.
  ㉢ 앞을 보지 못하는 사람이 흰색 지팡이를 이용하거나, 맹도견을 이용하여 도로를 횡단하고 있는 때 또는, 육교 등 도로 횡단시설을 이용할 수 없는 신체 장애인이 도로를 횡단하고 있는 때에도 일시정지하여 신체 장애인이 안전하게 통과할 수 있도록 해야 한다.

④ 노인 등의 보행
  ㉠ 사람들은 나이가 들어감에 따라 개인차가 있지만 신체 기능이 떨어지는 변화로 인해서 보행속도가 느려지고 지팡이, 보행 보조 장구를 사용함으로 보행자세 등이 불안정해진다.
  ㉡ 노인들은 위험에 대한 판단과 회피가 늦어 사고를 당하는 경우가 많기 때문에 이러한 노인들의 동행을 발견했을 때는 일시정지하여 안전하게 통행할 수 있도록 해야 한다.

⑤ 어린이통학버스의 특별보호
  ㉠ 어린이통학버스가 어린이나 영유아를 태우고 있다는 표시를 한 상태로 도로를 통행하는 때에 모든 차의 운전자는 어린이 통학버스를 앞지르지 못한다.
  ㉡ 어린이나 유아가 타고 내리는 중임을 나타내는 어린이통학버스가 정차한 차로와 그 차로의 바로 옆 차로를 통행하는 차의 운전자는 어린이통학버스에 이르기 전 일시 정지하여 안전을 확인 후 서행한다.
  ㉢ 중앙선이 설치되지 아니한 도로와 편도 1차로인 도로의 반대방향에서 진행하는 차의 운전자는 어린이통학버스에 이르기 전 일시 정지하여 안전을 확인한 후 서행한다.

2. 고령운전자와 안전운전

① 고령운전자의 정의
  ㉠ 학술적 측면
    "나이가 들어감에 따라 생리적·신체적 기능의 퇴화와 더불어 정신적·심리적 변화가 일어나 개인의 자기유지 기능과 사회적 역학 기능이 약화되고 있는 사람"으로 정의한다. 이러한 학술적 측면의 정의는 대상을 구분하는 범위를 정하기가 곤란한 주관적 성격이 강하다.
  ㉡ 법·제도적 측면
    ⓐ 「노인복지법」이나 「국민기초생활보장법」에서 정의하는 노인은 65세 이상의 노령인을 대상으로 하고 있다.
    ⓑ 「고령자고용촉진법」에서는 55세 이상을 고령자로 정의한다.
    ⓒ 「국민연금법」에서는 노령연금급여대상자로서 60세 이상을 노인으로 정의하고 있으나, 연금재정의 어려움과 평균수명 연장 등의 이유로 2033년부터 65세로 적용하기로 하고 있다.
    ⓓ 고령자의 연령기준 및 관련규정

법규 및 근거 규정	연령 기준
고용상 연령차별금지 및 고령자 고용촉진에 관한 법률시행령 제2조	고령자: 55세 이상 준 고령자: 50세~55세 미만
국민연금법 제61조	노령연금 수급권자: 60세 이상
연금법 제3조	연금 지급대상: 65세 이상
노인복지법시행규칙 제14조	무료실비노인주거시설: 65세 이상 유료노인주거시설: 60세 이상
국민기초생활보장법시행령 제7조	근로능력이 없는 수급자: 65세 이상

  ㉢ 사회적 측면
    ⓐ 개인의 자각(self-awareness)에 의한 정의: 개인 스스로 주관적으로 판단하여 노인이라고 생각하는 사람을 노인으로 규정하는 것이며, 이는 노화의 생물학적·사회적·심리적 측면을 어느 정도 내포하고 있지만, 개인의 주관에 따라 다르게 정의될 수 있으므로 보편적 개념으로 사용하기엔 부적절한 측면이 있다.
    ⓑ 사회적 역할 상실에 의한 정의: 사회적 지위와 역할이 상실된 상태에 있는 사람을 노인으로 규정하는 것으로, 이러한 정의는 사회적 지위와 역할이 분명하지 않은 상태에 있는 사람(특히 여성)에게는 적용이 곤란한 측면이 있다.
    ⓒ 역연령(chronological age)에 의한 정의: 출생 후 경과한 시간에 따라 일정한 시점에 도달한 사람을 구분한 것으로서 보통 65세 이상을 노인으로 규정하고 있으며, 이러한 정의는 관찰과 판단이 쉬울 뿐만 아니라 입법적 측면이나 행정적 측면에서 편의성 때문에 가장 보편적으로 사용되는 정의이다.
    ⓓ 기능(functional age)에 의한 정의: 개인의 특수한 신체적 심리적 사회적 영역에 대한 기능의 정도에 따라서 규정하는 것으로, 개인의 특수한 업무를 수행할 수 없는 경우를 노인으로 규정한다.

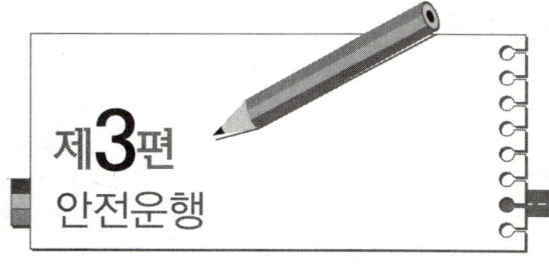

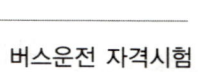

ⓔ 교통안전 측면
  ⓐ 「교통약자의 이동편의 증진법」에 명시된 '교통약자' 의 개념에 포함되는 대상으로 '생활을 영위함에 있어 불편을 느끼는 자' 로 정의된다.
  ⓑ 고령자는 움직이는 물체를 식별하는 동체시력의 저하로 주변 상황의 인지능력이 낮아 교통사고 위험에 노출될 가능성이 높으므로 타 교통약자와 함께 사회적으로 교통사고와 같은 위험으로부터 보호되어야 할 권리를 가진 대상자로서 문제해결을 위한 대책이 필요한 계층으로 정의하였다.
  ⓒ 교통안전 측면의 고령자는 교통안전대책의 대상자로서 현대사회에서 평균수면 증가, 노년층 인구의 사회활동 증가, 인구통계학 상 널리 활용되고 있는 편리성 등을 감안하여 65세 이상인 자를 고령자로 정의하고 있다.
  ⓓ 이상과 같은 고령자에 대한 정의를 검토하고 교통안전 측면에서 고령자를 관리하고 구분하기 위한 입법적 또는 행정적 측면의 편의성을 고려하여 고령운전자는 만 65세 이상의 운전면허소지자를 대상으로 정의한다.

② 고령운전자의 특성
  ㉠ 시각적 특성
    ⓐ 사물과 사물을 구별하는 대비능력이 저하되고, 광선 혹은 섬광에 대한 민감성이 증가한다.
    ⓑ 시야의 범위 감소 현상에 따라 좁아진 시야 범위 바깥에 있는 표지판, 신호등, 차량, 보행자 등을 발견하지 못하는 경향이 있다.
      • 식별능력의 저하
        - 고령운전자들은 젊은 운전자에 비하여 사물을 구별하는 식별능력이 떨어진다.
        - 고령운전자는 빛의 양이 적은 조도가 낮은 상황(야간, 터널구간 등)에서는 먼 곳을 보는 원점시력이 더욱 저하되어 더 많은 주의를 필요로 하게 된다.
      • 대비감도 감수
        - 고령층일수록 구별이 뚜렷하지 않은 물체를 식별하는 능력이 저하된다.
        - 고령운전자는 젊은 운전자보다 시각적 주의력 범위가 감소한다.
      • 조도 순응 및 색채지각 능력의 감소
        - 고령운전자는 젊은 운전자에 비하여 밝은 곳에서 어두운 곳으로 이동할 때 낮은 조도에 순응하는 능력인 암순응 시간이 증가한다.
        - 고령운전자는 배경색이 같은 밝기일 때 색채 구별하는 것을 어려워한다.
  ㉡ 청각적 특성
    ⓐ 청각능력은 50대부터 고음영역이 급격히 감퇴하며 고령화가 될수록 저음영역까지 감퇴한다.
    ⓑ 65세 이상이 되면 고음역을 중심으로 약 30% 이상의 청력 손실이 생기며, 70세 이상이 되면 고음과 더불어 중저음역의 청력도 저하되어 경고 사이렌이나 철길 건널목의 기차경적, 차량의 경음기 소리 등을 잘 듣지 못하여 안전운전에 큰 위험을 가져오는 경우가 발생할 수 있다.

ⓒ 체력적 특성
  ⓐ 고령운전자의 체력적 능력 저하는 운전 중에 필요한 핸들 조작이나 브레이크 및 가속페달을 밟는 행위에 정확도가 떨어지는 운전미숙 현상이 발생 할 확률이 높아진다.
ⓔ 정신적 특성
  ⓐ 고령화에 따라 감각기관의 기능저하 뿐만 아니라 전체 신경계와 사고 과정의 기능이 저하되고 느려진다.
  ⓑ 복잡한 교통상황에서 순간대처능력을 저하시키는 원인이 된다.
  ⓒ 고령운전자는 신호위반 및 차로위반 사고의 가능성이 높아진다.

3. 자전거와 이륜자동차
▶자전거와 이륜차들은 차와 동일한 방향으로 주행하고 차와 도로를 공유한다.
▶이륜차 이용자들은 교통류 속에서 주의를 끌기도 힘들고, 주행의 안정성도 떨어지며, 사고를 당했을 때 상대적으로 부상당하기 쉬운 취약점이 있다.
① 자전거, 이륜차에 대해서는 차로 내에서 점유할 공간을 내 주어야 한다.
  ㉠ 이륜차나 자전거의 안전이 위협받으므로, 운전자는 동일차로로 앞지르거나, 병행 주행해서는 안된다.
  ㉡ 이륜차나 자전거가 당황할 수 있기 때문에, 운전자는 경적 등으로 위협을 해서는 안된다.
② 이륜차, 자전거를 앞지를 때에는 특별히 주의한다.
  ㉠ 앞이나 주변에 이륜차, 자전거 이용자 등이 있을 때에는 이들의 주위에 갑작스런 위험을 피하려고 오히려 자신의 차 부근으로 다가올 수 있기 때문에 주의해야 한다.
③ 교차로에서는 특별히 이륜차나 자전거가 있는지 잘 살핀다.
  ㉠ 주위에 이륜차나 자전거가 있을 때에는 정지나 회전에 앞서 신호를 보내면서 그 거동을 주의 깊게 살펴야 한다.
  ㉡ 우회전하기 전에 뒤쪽에서 또는 좌측에서 우회전 방향 도로로 이륜차나 자전거가 접근하고 있는지 머리를 돌려 확인한다.
  ㉢ 좌회전할 때 마주보는 방향의 이륜차나 자전거를 주의한다.
  ㉣ 직진하려 할 때 전방에 좌회전하려는 이륜차나 자전거를 주의한다.

> 도로교통법에서는 자전거 이용자 보호의 의무를 부과하고 있다. 따라서 다른 차량에 대해서와 마찬가지로 자전거 이용자에 대해서도 양보의 의무가 존재한다.

④ 길가에 주정차를 하려고 하거나 주정차 상태에서 출발하려고 할 때는 특별히 이륜차, 자전거의 접근 여부에 주의를 한다.
⑤ 이륜차나 자전거의 갑작스러운 움직임에 대해 예측한다.
⑥ 야간에 가장자리 차로로 주행할 때에는 자전거의 주행여부에 주의한다.

4. 대형자동차
① 다른 차와는 충분한 안전거리를 유지한다.
  ㉠ 대형차량은 전·후방의 시야를 제약받을 뿐 아니라 갑자기 서기도 어렵다.
  ㉡ 다른 차나 특히 대형차량과는 일정한 공간을 두는 것이 안

제3편 안전운행

전하다.
ⓒ 언덕길 등에서 교통신호에 따라 버스나 트럭 등의 뒤에 멈춰 설 경우는 항상 공간 간격을 유지하도록 한다. 버스나 트럭이 출발할 때 뒤로 물러나기 쉽기 때문이다.
② 승용차 등이 대형차의 시각지점에 들어오지 않도록 주의한다.
 ㉠ 승용차가 사각지점 안에 들어가 있으면 대형차 운전자는 볼 수 없다. 따라서 승용차 등이 병행 주행할 경우, 속도를 줄이거나 높여서 사각지점에 들어오지 않도록 한다.
③ 앞지를 때는 충분한 공간 간격을 유지한다.
 ㉠ 버스나 트럭 등은 길이가 길기 때문에 앞지르기 시간도 그 만큼 길어진다. 앞지르기 할 때는 후사경 등으로 그 차의 전면 전체를 볼 수 있을 때까지는 차 앞으로 들어가지 말아야 한다.
④ 대형차로 회전할 때는 회전할 수 있는 충분한 공간 간격을 확보한다.
 ㉠ 대형차로 회전할 때는 회전 공간 주변에 이륜차나 보행자 등이 있는지 특히 주의해야 한다.

제4절 사업용자동차 위험운전형태 분석

1. 운행기록장치의 정의 및 자료 관리

① 운행기록장치 정의
 ㉠ 행기록장치: 자동차의 속도, 위치, 방위각, 가속도, 주행거리 및 교통사고 상황 등을 이록하는 자동차의 부속장치 중 하나인 전자식 장치이다.
 ㉡ 여객자동차운수사업법에 따른 여객자동차 운송사업자는 그 운행하는 차량에 운행기록장치를 장착하여야 하며, 버스의 경우 '2012. 12. 31' 이후 운행기록장치를 의무장착하도록 하고 있다.
 ㉢ 전자식 운행기록장치(Digital Tachograph)의 구조: 운행기록 관련번호를 발생하는 센서, 신호를 변환하는 증폭장치, 시간 신호를 발생하는 타이머, 신호를 처리하여 필요한 정보로 변환하는 연산장치, 정보를 가시화 하는 표시장치, 운행기록을 저장하는 기억장치, 기억장치의 자료를 외부기기에 전달하는 전송장치, 분석 및 출력을 하는 외부기기로 구성된다.

② 운행기록의 보관 및 제출방법
 ㉠ 운행기록장치 장착의무자는 교통안전법에 따라 운행기록장치에 기록된 운행기록을 6개월 동안 보관하여야 한다.
 ㉡ 운송사업자는 교통행정기관 또는 한국교통안전공단이 교통안전점검, 교통안전진단 또는 교통안전관리규정의 심사 시 운행기록의 보관 및 관리 상태에 대한 확인을 요구할 경우 이에 응하여야 한다.
 ㉢ 운송사업자는 차량의 운행기록이 누락 혹은 훼손되지 않도록 배열순서에 맞추어 운행기록장치 또는 저장장치(개인용 컴퓨터, 서버, CD, 휴대용 플래시메모리 저장장치 등)에 보관하여야 하며, 다음의 사항을 고려하여 운행기록을 점검하고 관리하여야 한다.
  ⓐ 운행기록의 보관, 폐기, 관리 등의 적절성
  ⓑ 운행기록 입력자료 저장여부 확인 및 출력점검(무선통신 등으로 자동 전송하는 경우를 포함)
  ⓒ 운행기록장치의 작동불량 및 고장 등에 대한 차량운행 전 일상점검
 ㉣ 운송사업자가 공단에 운행기록을 제출하고자 하는 경우에는 저장장치에 저장하여 인터넷을 이용하거나 무선통신을 이용하여 운행기록분석시스템으로 전송하여야 한다.
 ㉤ 한국교통안전공단은 운송사업자가 제출한 운행기록 자료를 운행기록분석시스템에 보관, 관리하여야 하며, 1초 단위의 운행기록 지료는 6개월간 저장하여야 한다.

2. 운행기록분석시스템의 활용

① 운행기록분석시스템 개요
 ㉠ 운행기록분석시스템은 자동차의 운행정보를 실시간으로 저장하여 시시각각 변화하는 운행상황을 자동적으로 기록할 수 있는 운행기록장치를 통해 자동차의 순간속도, 분당 엔진회전수(RPM), 브레이크 신호, GPS, 방위각, 가속도 등의 운행기록 자료를 분석하여 운전자의 과속, 급감속 등 운전자의 위험행동 등을 과학적으로 분석하는 시스템이다.
 ㉡ 분석결과를 운전자와 운수회사에 제공함으로써 운전자의 운전행태의 개선을 유도, 교통사고를 예방할 목적으로 구축되었다.

② 운행기록분석시스템 분석항목
 ㉠ 자동차의 운행경로에 대한 궤적의 표기
 ㉡ 운전자별·시간대별 운행속도 및 주행거리의 비교
 ㉢ 진로변경 횟수와 사고위험도 측정, 과속·급가속·급감속·급출발·급정지 등 위험운전행동 분석
 ㉣ 그 밖에 자동차의 운행 및 사고발생 상황의 확인

③ 운행기록분석결과의 활용
교통행정기관이나 한국교통안전공단, 운송사업자는 운행기록의 분석결과를 다음과 같은 교통안전 관련 업무에 한정하여 활용할 수 있다.
 ㉠ 자동차의 운행관리
 ㉡ 운전자에 대한 교육·훈련
 ㉢ 운전자의 운전습관 교정
 ㉣ 운송사업자의 교통안전관리 개선
 ㉤ 교통수단 및 운행체계의 개선
 ㉥ 교통행정기관의 운행계통 및 운행경로 개선
 ㉦ 그 밖에 사업용 자동차의 교통사고 예방을 위한 교통안전 정책의 수립

3. 사업용자동차 운전자 위험분석 행태분석

① 위험운전 행동기준과 정의
 ㉠ 운행기록분석시스템에서는 위험운전 행동의 기준을 사고 유발과 직접관련 있는 5가지 유형으로 분류하고 있으며, 11가지의 구체적인 행위에 대한 기분을 제시하고 있다.
 ㉡ 운행기록분석시스템에서의 위험운전 행동기준과 정의는 다음의 표로 요약할 수 있다.

위험운전행동		정의	버스 기준
과속 유형	과속	도로 제한속도보다 20km/h 초과 운행한 경우	도로 제한속도보다 20km/h 초과 운행한 경우
	장기과속	도로 제한속도 보다 20km/h 초과하여 3분 이상 운행한 경우	도로 제한속도 보다 20km/h 초과하여 3분 이상 운행한 경우

제3편 안전운행

위험운전행동		정의	버스 기준
급가속 유형	급가속	초당 11km/h 이상 가속 운행한 경우	6.0km/h 이상 속도에서 초당 6km/h 이상 가속 운행한 경우
	급출발	정지 상태에서 출발하여 초당 11km/h 이상 가속 운행한 경우	5.0km/h 이하에서 출발하여 초당 8km/h 이상 가속 운행한 경우
급감속 유형	급감속	초당 7.5km/h 이상 감속 운행한 경우	초당 9km/h 이상 감속 운행하고 속도가 6.0km/h 이상인 경우
	급정지	초당 7.5km/h 이상 감속하여 속도가 "0"이 된 경우	초당 9km/h 이상 감속하여 속도가 5.0km/h 이하가 된 경우
급차로 변경 유형 (초당 회전각)	급진로변경 (15~30°)	속도가 30km/h 이상에서 진행방향이 좌/우측(15~30°)으로 차로를 변경하며 가·감속(초당 -5km/h~+5km/h)하는 경우	속도가 30km/h 이상에서 진행방향이 좌/우측 8°sec 이상으로 차로변경하고, 5초 동안 누적각도가 ±2°/sec이하, 가감속이 초당 ±2km/h 이하인 경우
	급앞지르기 (30~60°)	초당 11km/h 이상 가속하면서 진행방향이 좌/우측(30~60°)으로 차로를 변경하며 앞지르기 한다.	속도가 30km/h 이상에서 진행방향이 좌/우측 8°sec이상으로 차로변경하고, 5초 동안 누적각도가 ±2°/sec이하, 가속이 초당 3km/h 이상인 경우
급회전 유형 (누전 회전각)	급좌우회전 (60~120°)	속도가 15km/h 이상이고, 2초안에 좌측(60~120° 범위)으로 급회전 한 경우	속도가 25km/h 이상이고, 4초안에 좌/우측(누적회전각이 60~120° 범위)로 급회전하는 경우
	급U턴 (160~180°)	속도가 15km/h 이상이고, 3초안에 좌/우측(160~180° 범위)으로 급하게 U턴한 경우	속도가 20km/h 이상이고, 8초안에 좌측 또는 우측(160~180° 범위)으로 운행한 경우
연속운전		행시간이 4시간 이상 운행 10분 이하 휴식일 경우 ※ 11대 위험운전행동에 포함되지 않은	

② 위험운전 형태별 사고유형 및 안전운전 요령
  ㉠ 운전자가 자동차의 가속장치와 제동장치, 조향장치 등을 과도하고 급격하게 작동하는 경우 사고를 유발할 수 있으므로 차량 운행 시 운전자의 주의가 필요하다.
  ㉡ 위험운전행동별로 발생가능성이 높은 사고유형과 사고를 예방하기 위한 안전운전요령을 요약해보면 다음과 같다.

위험운전행동		사고유형 및 안전운전 요령
과속유형	과속	• 버스 사고의 주요원인이 과속이다. 과속은 치사율을 높이고, 돌발상황에 대처가 어려우며, 버스의 경우 특히 승차인원이 많아 대형사고로 연결될 수 있다. • 버스는 차체의 높이가 높기 때문에 과속을 하면 커브길, 고속도로 진출입램프에서 전도, 전복의 위험성이 크다. 따라서 계기판을 수시로 확인하며 규정속도를 유지하도록 하고, 커브길 진입 전에는 충분히 감속하는 것이 좋다. • 특히 빗길이나 눈길, 빙판길, 커브 길에서는 차량의 속도를 감속하는 습관을 들여야 한다. • 버스는 장기 과속의 위험에 항상 노출되어 있어 운전자의 속도 감각 저하, 거리감저하를 가져올 수 있다.
	장기과속	• 특히 야간의 경우 운전사의 시야가 좁아지는 만큼 장기과속으로 인한 사고위험이 커지므로 항상 규정속도를 준수하여 운행해야 한다.

위험운전행동		사고유형 및 안전운전 요령
급가속 유형	급가속	• 교차로를 통과하기 위해 무리하게 급가속을 하는 행동은 추돌사고를 유발하고 돌발 상황의 대처를 어렵게 한다. • 황색신호에 무리한 교차로 진입을 하지 말고, 교차로 접근 시 미리 감속하는 것이 좋다. • 버스의 경우 입석승객이 많고, 좌석승객도 안전띠를 매지 않기 때문에 급가속 행동은 차내 사고를 유발할 수 있으므로 정류장 등에서 차량 출발 시 천천히 가속하는 것이 좋다.
	급출발	• 내리막, 오르막길에서 급출발은 시동을 꺼지게 하는 원인이 되며, 사고의 원인이 될 수 있으므로 속도를 줄이고 서서히 출발해야 한다.
급감속 유형	급감속	• 버스 운전석은 승용차에 비해 1.5~2배 높아 같은 거리라도 길게 느껴지기 때문에 전방 차량과 거리를 좁혀 주행하는 특성이 있다. • 특히 야간주행이나 고속주행으로 운전자의 시야가 좁아지면, 전방차량 제동 등과 같은 돌발 상황을 인지하지 못하여 급감속하는 경우가 발생하므로 항상 규정 속도로 주행하고 앞차와의 거리를 충분히 확보해야 한다. • 버스의 경우 입석승객이 많고, 좌석승객도 안전띠를 매지 않기 때문에 급감속 행동은 차내사고를 유발할 수 있으므로 신호교차로나 정류장 등에서 차로변경을 미리하고, 감속하는 습관이 필요하다.
급회전 유형	급좌회전	• 급좌회전은 야간주행이나 비신호교차로, 교통섬이 있는 교차로에서 운전자가 방심하여 발생하게 되는데, 버스의 경우 차체가 높아 급좌회전으로 차량이 전도, 전복될 수 있으므로 유의해야 한다. • 교차로 접근 시 미리 감속하고, 모든 방향의 차량상황을 인지하고 신호에 따라 좌회전하여야 한다. • 특히 급좌회전, 꼬리 물기 등을 삼가고, 저속으로 회전하는 습관이 필요하다.
	급우회전	• 버스의 급우회전은 다른 차량과의 충돌 뿐 아니라 도로를 횡단하고 있는 횡단보도상의 보행자나 이륜차, 자전거와 사고를 유발할 수 있다. • 특히 속도를 줄이지 않고 회전을 하는 경우 전도, 전복위험이 크고 보행자 사고를 유발하므로 교차로 접근 시 충분히 감속하고 보행자에 주의하여 우회전해야 한다. • 버스는 회전 시 뒷바퀴가 앞바퀴보다 안쪽으로 회전하는 특징이 있으므로 횡단대기중인 보행자에 각별히 유의해야 한다.
	급U턴	• 버스의 경우 차체가 길어 속도가 느리므로 급U턴이 잘 발생하진 않지만, U턴 시에는 진행방향과 대향방향에서 오는 과속차량과의 충돌사고 위험성이 있다. • 차체가 길기 때문에 U턴 시 대향차로의 많은 공간이 요구되므로 대향차로 상의 과속차량에 유의해야 한다.
급진로 변경유형	급 앞지르기	• 속도가 느린 상태에서 옆 차로로 진행하기 위해 진로변경을 시도하는 경우 급 앞지르기가 발생하기 쉽다. • 이 경우 진로변경 차로 상에서도 공간이 발생하여 후행차량도 급하게 진행하고자하는 운전심리가 있어 진로변경 중 접촉사고가 발생될 수 있다. • 진로를 변경하고자 하는 차로의 전방뿐만 아니라 후방의 교통상황도 충분하게 고려하고 반영하는 운전 습관이 중요하다.
	급 진로변경	• 고속주행을 하는 고속도로나 간선도로 등에서 차체가 큰 버스의 급진로변경은 연쇄추돌사고 등으로 연결되기 쉽다. • 고속주행을 하는 상태에서 추월 등을 시도하기 위해 진로를 급변경하는 경우 옆 차로 차량과의 측면 접촉사고들이 많이 발생될 수 있다. • 진로변경을 하고자 하는 경우 방향지시등을 켜고 차로를 천천히 변경하여 옆 차로로 뒤따르는 차량이 진로변경을 인지할 수 있도록 해야 하며, 차로의 전방뿐만 아니라 후방의 교통상황도 충분하게 고려해야 한다.

제3장 자동차요인과 안전운행

제1절 자동차의 물리적 현상

1. 원심력
① 차가 길모퉁이나 커브를 돌 때에 핸들을 돌리면 주행하던 차로나 도로를 벗어나려는 힘이 작용하게 된다.
② 이러한 힘이 노면과 타이어 사이에서 발생하면 마찰저항보다 커지면 차는 옆으로 미끄러져 도로를 벗어날 위험이 커진다.
③ 차가 길모퉁이나 커브를 빠른 속도로 진입하면 노면을 잡고 있으려는 타이어의 접지 원심력이 더 크게 작용하여 사고 발생 위험이 커진다.
④ 원심력은 속도가 빠를수록, 커브 반경이 작을수록, 차의 중량이 무거울수록 커지게 되며, 속도의 제곱에 비례해서 커진다.
⑤ 커브길에서는 원심력이 작용하므로 안전하게 회전하려면 속도를 줄여야 한다.

2. 스탠딩 웨이브 현상
① 타이어가 노면과 맞닿는 부분에서는 차의 하중에 의해 타이어의 찌그러짐 현상이 발생하지만 타이어가 회전하면 타이어의 공기압에 의해 곧 회복된다. 이러한 현상은 주행 중에 반복되며 고속으로 주행할 때에는 타이어의 회전속도가 빨라지면 접지면에서 발생한 타이어의 변형이 다음 접지 시점까지 복원되지 않고 진동의 물결로 남게 되는 현상을 스탠딩 웨이브라 한다.
② 스탠딩웨이브 현상이 계속되면 타이어 내부의 고열로 인해 타이어는 쉽게 과열되어 파손될 수 있다. 이러한 스탠딩웨이브 현상을 예방하기 위해서는
  ㉠ 주행 중인 속도를 줄인다.
  ㉡ 타이어 공기압을 평소보다 높인다.
  ㉢ 과마 마모된 타이어나 재생타이어를 사용하지 않는다.

3. 수막현상
① 자동차가 물이 고인 노면을 고속으로 주행할 때 타이어의 트레드 홈 사이에 있는 물을 헤치는 기능이 감소되어 노면 접지력을 상실하게 되는 현상으로 타이어 접지면 앞 쪽에서 들어오는 물의 압력에 의해 타이어가 노면으로부터 떠올라 물위를 미끄러지는 현상을 수막현상이라 한다. 이러한 물의 압력은 자동차 속도의 두배 그리고 유체밀도에 비례한다.
② 수막현상은 수상스키를 타는 것과 같은 현상으로 물이 고인 도로를 고속으로 주행할 때 일정 속도 이상이면 타이어의 트레드가 노면의 물을 완전히 밀어내지 못하고, 타이어 앞 쪽에 발생한 얇은 수막으로 노면으로부터 떨어져 제동력 및 조향력을 상실하게 되는 현상이다.
③ 타이어가 완전히 노면으로부터 떨어질 때의 속도를 수막현상 발생 임계속도라 하고, 수막현상이 일어나면 구동력이 전달되지 않는 축의 타이어는 물과의 저항에 의해 회전속도가 감소되어 구동축은 공회전과 같은 상태가 되고 자동차는 관성력만으로 활주하게 된다.
④ 수막현상이 발생하면 제동력은 물론 모든 타이어는 본래의 운동기능이 소실되어 핸들로 자동차를 통제할 수 없게 된다. 수막현상은 차의 속도, 고인 물의 깊이, 타이어의 패턴, 타이어의 마모정도, 타이어의 공기압, 노면 상태 등의 영향을 받는다.
⑤ 수막현상을 예방하기 위해서는 다음과 같은 조치가 필요하다.
  ㉠ 고속으로 주행하지 않는다.
  ㉡ 과다 마모된 타이어를 사용하지 않는다.
  ㉢ 공기압을 평소보다 조금 높게 한다.
  ㉣ 배수효과가 좋은 타이어 패턴(리브형 타이어)을 사용한다.

4. 페이드 현상
① 비탈길을 내려갈 때 브레이크를 반복하여 사용하면 마찰열이 라이닝에 축적이 되면서 브레이크의 제동력이 저하되는 경우가 생기는데 이러한 현상을 페이드 현상이라고 한다.
② 페이드가 발생하는 이유는 브레이크 라이닝의 온도상승으로 과열되어 라이닝의 마찰계수가 저하됨에 따라 페달을 강하게 밟아도 제동이 잘 되지 않는다.

5. 워터 페이드 현상
① 브레이크 마찰재가 물에 젖으면 마찰계수가 작아져 브레이크의 제동력이 저하되는 현상을 말한다.
② 물이 고인 도로에 자동차를 정지시켰거나 수중 주행을 하였을 때 이 현상이 일어날 수 있으며 브레이크가 전혀 작동하지 않을 수도 있다.
③ 워터 페이드 현상이 발생하면 마찰열에 의해 브레이크가 회복되도록 브레이크 페달을 반복해 밟으면서 천천히 주행한다.

6. 베이퍼 록 현상
① 긴 내리막길에서 풋 브레이크를 지나치게 사용하면 차륜 부분의 마찰열 때문에 휠 실린더나 브레이크 파이프 속에서 브레이크액이 기화되고, 브레이크 호스 내의 공기가 유입된 것처럼 기포가 발생하여 브레이크 페달을 밟아도 스펀지를 밟는 것과 같고 유압이 제대로 전달되지 않아 브레이크가 작용하지 않는 현상을 베이퍼 록이라 한다.
② 베이퍼 록 현상이 발생하는 주요 원인
  ㉠ 긴 내리막길에서 계속 브레이크를 사용하여 브레이크 드럼이 과열 되었을 때
  ㉡ 브레이크 드럼과 라이닝 간격이 작아 라이닝이 끌리게 됨에 따라 드럼이 과열되었을 때
  ㉢ 불량한 브레이크액을 사용하였을 때
  ㉣ 브레이크액의 변질로 비등점이 저하되었을 때

제3편 안전운행

③ 베이퍼 록 현상을 방지하기 위한 방법: 엔진브레이크를 사용하여 저단기어를 유지하면서 풋 브레이크 사용을 줄인다.

7. 모닝 록 현상

① 비가 자주오거나 공기 중에 습도가 높은 날, 자동차를 오랫동안 주차해 놓으면 브레이크 드럼에 미세한 녹이 발생하게 되는데 이것을 모닝 록 현상이라고 한다.

② 모닝 록 현상이 발생하면 브레이크드럼과 라이닝, 브레이크 패드와 디스크의 마찰계수가 평소보다 높아지기 때문에 브레이크가 지나치게 예민하게 작동된다. 따라서 평소의 감각대로 제동을 할 경우에 급제동을 일으켜 의외의 사고가 일어날 수 있다. (아침에 운행을 시작할 때나 장시간 동안 주차한 뒤에 운행을 할 경우에, 출발 전에 브레이크를 몇 차례 밟아주어 모닝 록 현상을 제거해 준 뒤 운전하는 것이 좋다.)

③ 모닝록 현상을 방지하기 위한 방법: 서행하면서 브레이크를 몇 번 밟아주면 녹은 자연히 제거된다.

8. 선회 특성과 방향 안정성

① 언더 스티어(전륜구동 차량에서 주로 발생)
　㉠ 코너링 상태에서 구동력이 원심력보다 작아 타이어가 그립의 한계를 넘어서 핸들을 돌린 각도만큼 라인을 타지 못하고 코너 바깥쪽으로 밀려나가는 현상이다.
　㉡ 핸들을 지나치게 꺾거나 과속, 브레이크 잠김 등이 원인이 되어 발생할 수 있다.
　㉢ 타이어 그립이 더 떨어질수록 언더 스티어가 심하고 경우에 따라선 스핀이나 그와 유사한 사고를 초래한다.
　㉣ 커브길을 돌 때에 속도가 너무 높거나, 가속이 진행되는 동안에는 원심력을 극복할 수 있는 충분한 마찰력이 발생하기 어렵다.
　㉤ 언더 스티어를 방지하는 방법: 앞바퀴의 마찰력을 유지하기 위해 커브길 진입 전에 가속페달에서 발을 떼거나 브레이크를 밟아 감속한 후 진입하면 앞바퀴 마찰력이 증대된다.

② 오버 스티어(후륜구동 차량에서 주로 발생)
　㉠ 코너링 시 운전자가 핸들을 꺾었을 때 그 꺾은 범위보다 차량 앞쪽이 진행 방향의 안쪽으로 더 돌아가려고 하는 현상
　㉡ 구동력을 가진 뒷타이어는 계속 안으로 나아가려고 차량 앞은 이미 꺾인 핸들 각도로 인해 그 꺾인 쪽으로 빠르게 진행하게 되므로 코너 안쪽으로 밀려들어오게 되는 현상
　㉢ 오버 스티어를 방지하는 방법
　　ⓐ 커브길 진입 전에 충분히 감속하여야 한다.
　　ⓑ 만일 오버 스티어 현상이 발생할 때는 가속페달을 살짝 밟아 뒷바퀴의 구동력을 유지하면서 동시에 감은 핸들을 살짝 풀어줌으로써 방향을 유지하도록 한다.

9. 내륜차와 외륜차

▶차량 바퀴의 궤적: 직진할 때는 앞바퀴가 지나간 자국을 그대로 따라간다.
▶핸들을 돌렸을 때: 바퀴가 모두 제각기 서로 다른 원을 그리면서 통과한다.

① 내륜차
　㉠ 앞바퀴의 궤적과 뒷바퀴의 궤적 간에는 차이가 발생하게

되며, 앞바퀴의 안쪽과 뒷바퀴의 안쪽 궤적 간의 차이를 내륜차라 한다.
　㉡ 내륜차에 의한 사고 발생
　　ⓐ 전진주차를 위해 주차공간으로 진입도중 차의 뒷부분이 주차되어있는 차와 충돌할 수 있다.
　　ⓑ 커브길의 원활한 회전을 위해 확보한 공간으로 끼어든 이륜차나 소형승용차를 발견하지 못해 충돌사고가 발생할 수 있다.
　　ⓒ 차량이 보도 위에 서 있는 보행자를 차의 뒷브분으로 스치고 지나가거나, 보행자의 발등을 뒷바퀴가 타고 넘어갈 수 있다.

② 외륜차
　㉠ 앞바퀴의 궤적과 뒷바퀴의 궤적 간에는 차이가 발생하게 되며, 바깥 바퀴의 궤적 간의 차이를 외륜차라 한다.
　㉡ 외륜차에 의한 사고 발생
　　ⓐ 후진주차를 위해 주차공간으로 진입도중 차의 앞부분이 다른 차량이나 물체와 충돌할 수 있다.
　　ⓑ 버스가 1차로에서 좌회전하는 도중에 차의 뒷부분이 2차로에서 주행 중이던 승용차와 충돌할 수 있다

③ 소형차에 비해 축거리가 긴 대향차에서 내륜차 또는 외륜차가 크게 발생한다.

④ 차가 회전할 때에는 내, 외륜차에 의한 여러 가지 교통사고 위험이 발생한다.

10. 타이어 마모에 영향을 주는 요소

① 타이어 공기압
　㉠ 타이어의 공기압이 낮으면: 승차감은 좋아지나, 타이어 숄더 부분에 마찰력이 집중되어 타이어의 수명이 짧아진다.
　㉡ 타이어의 공기압이 높으면: 승차감은 나빠지며, 트레드 중앙부분의 마모가 촉진된다.

② 차의 하중
　㉠ 타이어에 걸리는 차의 하중이 커지면
　　ⓐ 공기압이 부족한 것처럼 타이어는 크게 굴곡 되어 타이어의 마모가 촉진된다.
　　ⓑ 마찰력과 발열량이 증가하여 타이어의 내마모성을 저하시키게 된다.

③ 차의 속도
　㉠ 타이어가 노면과의 사이에서 미끄럼을 생기게 하는 마찰력은 타이어의 마모를 촉진시킨다.
　㉡ 속도가 증가하면 타이어의 내부온도도 상승하여 트레드 고무의 내마모성이 저하된다.

④ 커브(도로의 굽은 부분)
　㉠ 차가 커브를 돌 때에는 관성에 의한 원심력과 타이어 구동력 간의 마찰력 차이에 의해 미끄러짐 현상이 발생하면 타이어 마모를 촉진하게 된다.
　㉡ 커브의 구부러진 상태나 커브구간이 반복될수록 타이어 마모는 촉진된다.

⑤ 브레이크
　㉠ 고속주행 중에 급제동하는 경우: 저속주행 중에 급제동한 경우보다 타이어 마모는 증가한다.
　㉡ 브레이크 밟는 횟수: 브레이크를 밟는 횟수가 많으면 많을수록 또는 브레이크를 밟기 직전의 속도가 빠르면 빠를수

제3편 안전운행

록 타이어의 마모량은 커진다.
⑥ 노면
　㉠ 포장도로는 비포장도로를 주행하였을 때보다 타이어의 마모를 줄일 수 있다.
　㉡ 콘크리트 포장도로는 아스팔트 포장도로보다 타이어의 마모가 더 발생한다.
⑦ 기타
　㉠ **정비불량**: 타이어 휠의 정렬 불량이나 차량의 서스펜션 불량 등의 타이어의 자연스런 회전을 방해하여 타이어 이상마모 등은 원인이 된다.
　㉡ **기온**: 기온이 올라가는 여름철은 타이어 마모가 촉진되는 경향이 있다.
　㉢ 운전자의 운전습관, 타이어의 트레드 패턴 등도 타이어의 마모에 영향을 준다.

제2절 자동차의 정지거리

1. 공주거리와 공주시간
① **공주거리**: 운전자가 자동차를 정지시켜야 할 상황임을 인지하고 브레이크로 발을 옮겨 브레이크가 작동을 시작하기 전까지 이동한 거리를 말한다.
② **공주시간**: 공주거리 동안 자동차가 진행한 시간을 말한다.

2. 제동거리와 제동시간
① **제동거리**: 운전자가 브레이크에 발을 올려 브레이크가 막 작동을 시작하는 순간부터 자동차가 완전히 정지할 때까지 이동한 거리를 말한다.
② **제동시간**: 제동거리 동안 자동차가 진행한 시간을 말한다.

3. 정지거리와 정지시간
① **정지거리**: 운전자가 위험을 인지하고 자동차를 정지시키려고 시작하는 순간부터 자동차가 완전히 정지할 때까지 이동한 거리를 말한다.
② **정지시간**: 이 정지거리 동안 자동차가 진행한 시간을 말한다.
③ 정지거리는 운전자 요인(인지반응속도, 운행속도, 피로도, 신체적 특성 등), 자동차 요인(자동차의 종류, 타이어의 마모정도, 브레이크의 성능 등), 도로 요인(노면종류, 노면상태 등)에 따라 차이가 발생할 수 있다.

정지거리=공주거리+제동거리
정지시간=공주시간+제동시간

제4장 도로요인과 안전운행

제3편 안전운행

버스운전 자격시험

제1절 용어의 정의와 설명

1. 가변차로

① 방향별 교통량이 특정시간대에 현저하게 발생하는 도로에서 교통량이 많은 쪽의 차로수가 확대될 수 있도록 신호기에 의하여 차로의 진행방향을 지시하는 차로이다.

② 차량의 운행속도를 향상시켜 구간 통행시간을 줄여준다.

③ 차량의 지체를 감소시켜 에너지 소비량과 배기가스 배출량의 감소 효과를 기대할 수 있다.

④ 가변차로를 시행 할 때에는 가로변 주·정차 금지, 좌회전 통행 제한, 충분한 신호시설의 설치, 차선 도색 등 노면표시에 대한 개선이 필요하다.

⑤ 경부고속도로에서 출·퇴근 시간대에 원활한 교통소통을 위해 길어깨(갓길)를 활용한 가변차로제를 시행하고 있으며, 차로 제어용 가변 전광표지판, 노면표시 등 교통안전시설 및 도로안내표지판을 병행 설치하여 운영하고 있다.

2. 양보차로

① 양방향 2차로 앞지르기 금지구간에서 자동차의 원활한 소통을 도모하고, 도로 안전성을 제고하기 위해 길어깨 쪽으로 설치하는 저속 자동차의 주행차로이다.

② 저속 자동차로 인해 동일 진행방향 뒤차의 속도감소를 유발시키고, 반대차로를 이용한 앞지르기가 불가능할 경우 원활한 소통을 위해 설치하게 된다.

③ 효과적으로 운영되기 위해서 저속자동차는 뒤 따르는 자동차가 한 대라도 있을 경우 뒤 차에게 양보하는 것이 바람직하다.

3. 앞지르기차로

① 저속 자동차로 인하여 뒤차의 속도감소를 방지하고, 반대차로를 이용한 앞지르기가 불가능할 경우 원활한 소통을 위해 중앙 측에 설치하는 고속 자동차의 주행차로이다.

② 2차로 도로에서 주행속도를 확보하기 위해 오르막차로와 교량 및 터널구간을 제외한 구간에 설치된다.

4. 오르막차로

① 대형차와 같이 단위중량당 마력수가 작은 차량은 급한 오르막 구간에서 속도가 뚜렷하게 저하되어 다른 자동차들이 추월할 수가 없고 속도가 저하된 차량의 뒤를 따르게 되며, 경우에 따라서는 교통사고의 원인이 된다.

② 오르막구간에서 저속자동차와의 안전사고를 예방하기 위하여 저속 자동차와 다른 자동차를 분리하여 통행시키기 위해 설치하는 차로이다.

5. 회전차로

① 교차로 등에서 자동차가 우회전, 좌회전 또는 유턴을 할 수 있도록 직진차로와 별도로 설치하는 차로이며, 좌회전차로, 우회전차로, 유턴차로 등이 있다.

② 직진하는 자동차를 위한 차로와 인접하여 설치되는 부분도 있으나 교통섬 등으로 분리하여 설치하는 부분도 있다.

6. 변속차로

① 고속 주행하는 자동차가 감속하여 다른 도로로 유입할 경우 또는 저속의 자동차가 고속주행하고 있는 자동차들 사이로 유입할 경우에 본선의 다른 고속 자동차의 주행을 방해하지 않고 안전하게 감속 또는 가속하도록 설치하는 차로이며, 일반적으로 전자를 감속차로, 후자를 가속차로라 한다.

② 주로 고속도로의 인터체인지 연결로, 휴게소 및 주유소의 진입로, 공단진입로, 상위도로와 하위도로가 연결되는 평면교차로 등 차량의 유출입이 잦은 곳에 설치한다.

7. 기타용어

① 차로 수: 양방향 차로(오르막차로, 회전차로, 변속차로 및 양보차로를 제외)의 수를 합한 것을 말한다.

② 측대: 길어깨(갓길) 또는 중앙분리대의 일부분으로 포장 끝부분 보호, 측방의 여유 확보, 운전자의 시선을 유도하는 기능이 있다.

③ 주·정차대: 자동차의 주차 또는 정차에 이용하기 위하여 차도에 설치하는 도로의 부분이다.

④ 분리대: 자동차의 통행 방향에 따라 분리하거나 성질이 다른 같은 방향의 교통을 분리하기 위해 설치하는 도로의 부분이나 시설물이다.

⑤ 편경사: 평면곡선부에서 자동차가 원심력에 저항할 수 있도록 하기 위해 설치하는 횡단경사이다.

⑥ 도류화: 자동차와 보행자를 안전하고 질서 있게 이동시킬 목적으로 회전차로, 변속차로, 교통섬, 노면표시 등을 이용하여 상충하는 교통류를 분리시키거나 통제하여 명확한 통행경로를 지시해 주는 것이다.

도류화는 교차로 내에서 주행경로를 명확히 하여 안정성과 쾌적성을 향상시키는 것 외에 다음과 같은 목적이 있다.

① 두 개 이상 자동차 진행방향이 교차하지 않도록 통행경로를 제공한다.

② 자동차가 합류, 분류 또는 교차하는 위치와 각도를 조정한다.

③ 교차로 면적을 조정함으로써 자동차간에 상충되는 면적을 줄인다.

④ 자동차가 진행해야 할 경로를 명확히 제공한다.

⑤ 보행자가 안전지대를 설치하기 위한 장소를 제공한다.

⑥ 자동차의 통행속도를 안전한 상태로 통제한다.

⑦ 분리된 회전차로는 회전량의 대기장소를 제공한다.

제3편 안전운행

⑦ 교통섬: 자동차의 안전하고 원활한 교통처리나 보행자 도로횡단의 안전을 확보하기 위하여 교차로 또는 차도의 분기점 등에 설치하는 섬 모양의 시설이다.

교통섬을 설치한 목적
① 도로교통의 흐름을 안전하게 유도
② 보행자가 도로를 횡단할 때 대피섬 제공
③ 신호등, 도로표지, 안전표지, 조명 등 노상시설의 설치장소 제공

⑧ 교통약자: 장애인, 고령자, 임산부, 영유아를 동반한 사람, 어린이 등 생활함에 있어 이동에 불편을 느끼는 사람을 말한다.
⑨ 시거: 운전자가 자동차 진행방향에 있는 장애물 또는 위험 요소를 인지하고 제동하여 정지하거나 또는 장애물을 피해서 주행할 수 있는 거리를 말한다. 주행상의 안전과 쾌적성을 확보하는데 매우 중요한 요소로 정지시거와 앞지르기시거가 있다.
⑩ 상충: 2개 이상의 교통류가 동일한 도로공간을 사용하려 할 때 발생되는 교통류의 교차, 합류 또는 분류되는 현상이다.

제2절 도로의 선형과 교통사고

1. 평면선형과 교통사고
① 평면곡선 도로를 주행할 때
  ㉠ 원심력에 의해 곡선 바깥쪽으로 진행하려는 힘을 받게 된다.
  ㉡ 원심력은 자동차의 속도 및 중량, 평면곡선반지름, 타이어와 노면의 횡방향 마찰력, 편경사와 관련이 있으므로, 운전자는 평면곡선 도로 진입 전에 충분히 속도를 줄여야 한다.
② 곡선반경이 작은 도로
  ㉠ 원심력으로 인해 고속으로 주행할 때에는 차량 전도 위험이 증가한다.
  ㉡ 비가 올 때에는 노면과의 마찰력이 떨어져 미끄러질 위험이 증가한다.
③ 곡선반경이 작은 도로에서 운행 중이던 차량의 운전자가 급격한 핸들 조작으로 차로를 벗어나게 되면 전도, 전복 또는 추락으로 인한 대형사고가 발생하게 된다.
④ 특히, 도심지나 저속운영 구간 등 편경사가 설치되어 있지 않은 평면곡선 구간에서 고속으로 곡선부를 주행할 때에는 원심력에 의한 도로 외부 쏠림현상으로 차량의 이탈사고가 빈번하게 발생할 수 있다.
⑤ 방호울타리의 주요 기능
  ㉠ 자동차의 차도이탈을 방지하는 것
  ㉡ 탑승자의 상해 및 자동차의 파손을 감소시키는 것
  ㉢ 자동차를 정상적인 진행방향으로 복귀시키는 것
  ㉣ 운전자의 시선을 유도하는 것

2. 종단선과 교통사고
① 종단경사가 커지면: 자동차 속도 변화가 커 사고발생이 증가할 수 있다.
② 내리막길에서의 사고율이 오르막길보다 높다.

제3절 도로의 횡단면과 교통사고

도로의 횡단면: 차도, 중앙분리대, 길어깨, 주·정차대, 자전거도로, 보도 등이 있다. 일반적으로 횡단면 구성은 지역특성(주택지역 또는 공업지역 등), 교통수요(차로 폭, 차로 수 등), 도로의 기능(이동로, 접근로 등), 도로 이용자(자동차, 보행자 등) 등을 반영하여 계획된다.

1. 차로와 교통사고
① 횡단면의 폭이 넓을수록: 운전자의 안정감이 증진되어 교통사고예방 효과가 있다.
② 차폭이 과도하게 넓으면: 운전자의 경각심이 사라져 제한속도보다 높은 속도로 주행하여 교통사고가 발생한다.
③ 차로를 구분하기 위한 차선을 설치한 경우에는 차선을 설치하지 않은 경우보다 교통사고 발생률이 낮다.

2. 중앙분리대와 교통사고
① 중앙분리대: 왕복하는 차량의 정면충돌을 방지하기 위하여 도로면보다 높게 콘크리트 방호벽 또는 방호울타리를 설치하는 것을 말하며, 분리대와 측대로 구성된다.
② 정면충돌사고를 차량단독사고로 변환시킴으로써 사고로 인한 위험을 감소시킨다.
③ 폭이 넓을수록 대향차량과 충돌 위험은 감소한다.
④ 중앙분리대의 기능
  ㉠ 상·하 차도의 교통을 분리시켜 차량의 중앙선 침범에 의한 치명적인 정면충돌 사고를 방지하고, 도로 중심축의 교통마찰을 감소시켜 원활한 교통해소를 유지 한다.
  ㉡ 광폭분리대의 경우 사고 및 고장차량이 정지할 수 있는 여유 공간을 제공한다.
  ㉢ 필요에 따라 유턴 등을 방지하여 교통 혼잡이 발생하지 않도록 하여 안전성을 높인다.
  ㉣ 도로표지 및 기타 교통관제시설 등을 설치할 수 있는 공간을 제공한다.
  ㉤ 평면교차로가 있는 도로에서는 폭이 충분할 때 좌회전 차로로 활용할 수 있어 교통소통에 유리하다.
  ㉥ 횡단하는 보행자에게 안전섬이 제공됨으로써 안전한 횡단이 확보된다
  ㉦ 야간에 주행할 때 발생하는 전조등 불빛에 의한 눈부심이 방지된다.

3. 길어깨(갓길)와 교통사고
① 길어깨: 도로를 보호하고 비상시에 이용하기 위하여 차도와 연결하여 설치하는 도로의 부분으로 갓길이라고도 한다.
② 길어깨가 넓으면: 차량의 이동공간이 넓고, 시계가 넓으며, 고장차량을 주행차로 밖으로 이동시킬 수 있어 안전확보가 용이하다.
③ 길어깨 폭이 넓은 곳은 길어깨폭이 좁은 곳보다 교통사고가 감소한다.
④ 길어깨의 기능
  ㉠ 고장차가 대피할 수 있는 공간을 제공하여 교통 혼잡을 방지하는 역할을 한다.
  ㉡ 도로 측방의 여유 폭은 교통의 안전성과 쾌적성을 확보할 수 있다.

ⓒ 도로관리 작업공간이나 지하매설물 등을 설치할 수 있는 장소를 제공한다.
ⓔ 곡선도로의 시거가 증가하여 교통의 안전성이 확보된다.
ⓜ 보도가 없는 도로에서는 보행자의 통행 장소로 제공된다.
⑤ 포장된 길어깨의 장점
ⓐ 긴급자동차의 주행을 원활하게 한다.
ⓑ 차도 끝의 처짐이나 이탈을 방지한다.
ⓒ 물의 흐름으로 인한 노면 패임을 방지한다.
ⓔ 보도가 없는 도로에서는 보행의 편의를 제공한다.

4. 교량과 교통사고

① 교량의 폭, 교량 접근도로의 형태 등이 교통사고와 밀접한 관계가 있다.
② 교량 접근도로의 폭에 비해 교량의 폭이 좁으면 사고 위험이 증가한다.
③ 교량 접근도로의 폭과 교량의 폭이 같을 때에는 사고 위험이 감소한다.
④ 교량 접근도로의 폭과 교량의 폭이 서로 다른 경우에도 안전표지, 시선유도시설, 접근도로에 노면표시 등을 설치하면 운전자의 경각심을 불러 일으켜 사고 감소효과가 발생할 수 있다.

제4절 회전교차로

1. 회전교차로

① 회전교차로: 교통류가 신호등 없이 교차로 중앙의 원형교통섬을 중심으로 회전하여 교차부를 통과하도록 하는 평면교차로의 일종이다.
② 회전교차로의 일반적인 특징
ⓐ 회전교차로로 진입하는 자동차가 교차로 내부의 회전차로에서 주행하는 자동차에게 양보한다.
ⓑ 일반적인 교차로에 비해 상충 횟수가 적다.
ⓒ 교차로 진입은 저속으로 운영하여야 한다.
ⓔ 교차로 진입과 대기에 대한 운전자의 의사결정이 간단하다.
ⓜ 교통상황의 변화로 인한 운전자 피로를 줄일 수 있다.
ⓗ 신호교차로에 비해 유지관리 비용이 적게 든다.
ⓐ 인접 도로 및 지역에 대한 접근성을 높여 준다.
ⓞ 사고빈도가 낮아 교통안전 수준을 향상시킨다.
ⓩ 지체시간이 감소되어 연료 소모와 배기가스를 줄일 수 있다.

2. 회전교차로 기본 운영 원리

① 회전교차로에 진입하는 자동차는 회전 중인 자동차에게 양보한다.
② 회전차로 내부에서 주행 중인 자동차를 방해할 때에는 진입하지 않는다.
③ 회전차로 내에 여유 공간이 있을 때까지 양보선에서 대기한다.
④ 접근차로에서 정지 또는 지체로 인해 대기하는 자동차가 발생할 수 있다.

⑤ 교차로 내부에서 회전 정체는 발생하지 않는다.(교통혼잡이 발생하지 않는다.)
⑥ 회전교차로에 진입할 때에는 충분히 속도를 줄인 후 진입한다.
⑦ 회전교차로를 통과 할 때에는 모든 자동차가 중앙교통섬을 중심으로 시계 반대방향으로 회전하여 통행한다.

3. 회전교차로와 로터리(교통서클)의 차이점

① 로터리(교통서클): 교통이 복잡한 네거리 같은 곳에 교통정리를 위하여 원형으로 만들어 놓은 교차로이다.
② 교차로로 진입하는 자동차에게 통행우선권이 있으며 상대적으로 높은 속도로 진입할 수 있다.
③ 로터리 내에서 통행속도가 높아 교통사고가 빈번히 발생할 수 있다.

구분	회전교차로	로터리 또는 교통서클
진입방식	・진입자동차가 양보 ・회전자동차에게 통행우선권	・회전자동차가 양보 ・진입자동차에게 통행권 우선
진입부	・저속 진입	・고속 진입
회전부	・고속으로 회전차로 운행 불가 ・소규모 회전반지름 위주	・고속으로 회전차로 운행 가능 ・대규모 회전반지름 위주
분리 교통섬	・감속 또는 방향분리를 위해 필수 설치	・선택 설치

4. 회전교차로 설치를 통한 교차로 서비스 향상

① 교통소통 측면: 교통량이 상대적으로 많은 비신호 교차로 또는 교통량이 적은 신호 교차로에서 지체가 발생할 경우 교통소통 향상을 목적으로 설치한다.
② 교통안전 측면
ⓐ 교통사고 잦은 곳으로 지정된 교차로
ⓑ 교차로의 사고유형 중 직각 충돌사고 및 정면 충돌사고가 빈번하게 발생하는 교차로
ⓒ 주도로와 부도로의 속도차가 큰 교차로
ⓔ 부상, 사망사고 등의 심각도가 높은 교통사고 발생 교차로
③ 도로미관 측면: 교차로 미관 향상을 위해 설치
④ 비용절감 측면: 교차로 유지관리 비용을 절감하기 위하여 설치

제5절 도로의 안전시설

1. 시선유도시설

① 시선유도시설: 주간 또는 야간에 운전자의 시선을 유도하기 위해 설치된 안전시설로 시선유도표지, 갈매기표지, 표지병 등이 있다.
ⓐ 시선유도표지: 직선 및 곡선 구간에서 운전자에게 전방의 도로조건이 변화되는 상황을 반사체를 사용하여 안내해 줌으로써 안전하고 원활한 차량주행을 유도하는 시설물이다.
ⓑ 갈매기표지: 급한 곡선 도로에서 운전자의 시선을 명확히 유도하기 위해 곡선 정도에 따라 갈매기표지를 사용하여 운전자의 원활한 차량주행을 유도하는 시설물이다.

제3편 안전운행

ⓒ 표지병: 야간 및 악천후에 운전자의 시선을 명확히 유도하기 위해 도로 표면에 설치하는 시설물이다.
ⓔ 시인성 증진 안전시설에는 장애물 표적표지, 구조물 도색 및 빗금표지, 시선유도봉이 있다.

2. 방호울타리
① 방호울타리: 주행 중에 진행 방향을 잘못 잡은 차량이 도로 밖, 대향차로 또는 보도 등으로 이탈하는 것을 방지하거나 차량이 구조물과 직접 충돌하는 것을 방지하여 탑승자의 상해 및 자동차의 파손을 최소한도로 줄이고 자동차를 정상 진행 방향으로 복귀시키도록 설치된 시설물이다.
② 운전자의 시선을 유도하고 보행자의 무단 횡단을 방지하는 기능도 있다.
③ 방호울타리의 종류
  ⓐ 노측용 방호울타리: 자동차가 도로 밖으로 이탈하는 것을 방지하기 위하여 도로의 길어깨(갓길) 측에 설치하는 것이다.
  ⓑ 중앙분리대용 방호울타리: 왕복방향으로 통행하는 자동차들이 대향차도 쪽으로 이탈하는 것을 방지하기 위해 도로 중앙 분리대 내에 설치하는 것이다.
  ⓒ 보도용 방호울타리: 자동차가 도로 밖으로 벗어나 보도를 침범하여 일어나는 교통사고로부터 보행자 등을 보호하기 위하여 설치하는 것이다.
  ⓓ 교량용 방호울타리: 교량 위에서 자동차가 차도로부터 교량 바깥, 보도 등으로 벗어나는 것을 방지하기 위해 설치하는 것이다.

3. 충격흡수시설
① 충격흡수시설: 주행 차로를 벗어난 차량이 도로상의 구조물 등과 충돌하기 전에 자동차의 충격에너지를 흡수하여 정지하도록 하거나, 자동차의 방향을 교정하여 본래의 주행 차로로 복귀시켜주는 기능이 있다.
② 교각 및 교대, 지하차도 등 자동차의 충돌이 예상되는 장소에 설치하여 자동차가 구조물과의 직접적인 충돌로 인한 사고 피해를 줄이기 위해 설치한다.

4. 과속방지시설
① 과속방지시설: 도로 구간에서 낮은 주행 속도가 요구되는 일정지역에서 통행 자동차의 과속 주행을 방지하기 위해 설치하는 시설이다.
② 과속방지시설이 설치되는 장소
  ⓐ 유치원, 학교, 어린이 놀이터, 근린공원, 마을 통과 지점 등으로 자동차의 속도를 저속으로 규제할 필요가 있는 장소
  ⓑ 보·차도의 구분이 없는 도로로서 보행자가 많거나 어린이 놀이로 교통사고 위험이 있다고 판단되는 장소
  ⓒ 공동주택, 근린 상업시설, 학교, 병원, 종교시설 등 자동차의 출입이 많아 속도규제가 필요하다고 판단되는 장소
  ⓓ 자동차의 통행속도를 30km/h 이하로 제한할 필요가 있다고 인정되는 구간

5. 도로반사경
① 도로반사경: 운전자의 시거 조건이 양호하지 못한 장소에서 거울면을 통해 사물을 비추어줌으로써 운전자가 적절하게 전방의 상황을 인지하고 안전한 행동을 취할 수 있도록 하기 위해 설치하는 시설이다.
② 교차하는 자동차, 보행자, 장애물 등을 가장 잘 확인할 수 있는 위치에 설치한다.
  ⓐ 단일로의 경우: 곡선반경이 작아 시거가 확보되지 않는 장소에 설치
  ⓑ 교차로의 경우: 비신호 교차로에서 교차로 모서리에 장애물이 위치해 있어 운전자의 좌·우 시거가 제한되는 장소에 설치

6. 조명시설
① 조명시설: 도로이용자가 안전하고 불안감 없이 통행할 수 있도록 적절한 조명환경을 확보해줌으로써 운전자에게 심리적 안정감을 제공하는 동시에 운전자의 시선을 유도하는 역할을 한다.
② 조명시설의 주요기능
  ⓐ 주변이 밝아짐에 따라 교통안전에 도움이 된다.
  ⓑ 도로이용자인 운전자 및 보행자의 불쾌감을 해소해 준다.
  ⓒ 운전자의 피로가 감소한다.
  ⓓ 범죄 발생을 방지하고 감소시킨다.
  ⓔ 운전자의 심리적 안정감 및 쾌적감을 제공한다.
  ⓕ 운전자의 시선 유도를 통해 보다 편안하고 안전한 주행 여건을 제공한다.

7. 기타 안전시설
① 미끄럼방지시설: 특정한 구간에서 노면의 미끄럼 저항이 낮아진 곳이나 도로선형이 불량한 구간에서 노면의 미끄럼 저항을 높여 제동거리를 짧게 하거나, 운전자의 주의를 환기시켜 자동차의 안전주행을 확보해 주는 시설이다.
② 노면요철포장: 졸음운전 또는 운전자의 부주의로 인해 차로를 이탈하는 것을 방지하기 위해 노면에 인위적인 요철을 만들어 자동차가 통과할 때 타이어에서 발생하는 마찰음과 차체의 진동을 통해 운전자의 주의를 환기시켜 자동차가 원래의 차로로 복귀하도록 유도하는 시설이다.
③ 긴급제동시설: 제동장치에 이상이 발생하였을 때 자동차가 안전한 장소로 진입하여 정지하도록 함으로써 도로이탈 및 충돌 사고 등으로 인한 위험을 방지하는 시설이다.

제6절 도로의 부대시설

1. 버스정류시설
① 버스정류시설: 노선버스가 승객의 승·하차를 위하여 전용으로 이용하는 시설이다.
② 이용자의 편의성과 버스가 무리 없이 진출입할 수 있는 위치에 설치한다.
③ 버스정류시설의 종류

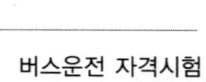

ⓒ 버스정류장: 버스승객의 승·하차를 위하여 본선 차로에서 분리하여 설치된 띠 모양의 공간이다.

ⓛ 버스정류소: 버스승객의 승·하차를 위하여 본선의 오른쪽 차로를 그대로 이용하는 공간이다.

ⓒ 간이버스정류장: 버스승객의 승·하차를 위하여 본선 차로에서 분리하여 최소한의 목적을 달성하기 위하여 설치한 공간이다.

④ 버스정류장 또는 정류소 위치에 따른 종류

ⓒ 교차로 통과 전 정류장 또는 정류소: 진행방향 앞에 있는 교차로를 통과하기 전에 있는 정류장이다.

ⓛ 교차로 통과 후 정류장 또는 정류소: 진행방향 앞에 있는 교차로를 통과한 다음에 있는 정류장이다.

ⓒ 도로구간 내 정류장 또는 정류소: 교차로와 교차로 사이에 있는 단일로의 중간에 있는 정류장이다.

⑤ 중앙버스전용차로의 버스정류소 위치에 따른 장·단점

ⓒ 교차로 통과 전 정류소

ⓐ 장점

• 교차로 통과 후 버스전용차로 상의 교통량이 많을 때 발생할 수 있는 혼잡을 최소화 할 수 있다.

• 버스가 출발할 때 교차로를 가속거리로 이용할 수 있다.

ⓑ 단점

• 버스전용차로에 있는 자동차와 좌회전하려는 자동차의 상충이 증가한다.

• 교차로 통과 전 버스전용차로 오른쪽에 정차한 자동차들의 시야가 제한받을 수 있다.

ⓛ 교차로 통과 후 정류소

ⓐ 장점

• 버스전용차로 상에 있는 자동차와 좌회전하려는 자동차의 상충이 최소화된다.

• 교차로가 버스전용차로 상에 있는 차량의 감속에 이용된다.

ⓑ 단점

• 출·퇴근 시간대에 버스전용차로 상에 버스들이 교차로까지 대기할 수 있다.

• 버스정류장에 대기하는 버스로 인해 횡단하는 자동차들은 시야를 제한 받을 수 있다.

ⓒ 도로구간 내 정류소(횡단보도 통합형)

ⓐ 장점: 버스를 타려고 하는 사람이 진·출입 동선이 일원화되어, 가고자 하는 방향의 정류장으로의 접근이 편리하다.

ⓑ 단점: 정류장간 무단으로 횡단하는 보행자로 인해 사고 발생의 위험이 있다.

⑥ 가로변 버스정류장 또는 정류소 위치에 따른 장·단점

ⓒ 교차로 통과 전 정류장 또는 정류소

ⓐ 장점

• 일반 운전자가 보행자 및 접근하는 버스의 움직임 확인이 용이하다.

• 버스에 승차하려는 사람이 횡단보도에 인접한 버스 접근이 용이하다.

ⓑ 단점

• 정차하려는 버스와 우회전 하려는 자동차가 상충될 수 있다.

• 횡단하는 보행자가 정차되어 있는 버스로 인해 시야를 제한받을 수 있다.

ⓛ 교차로 통과 후 정류장 또는 정류소

ⓐ 장점: 우회전하려는 자동차 등과의 상충을 최소화 할 수 있다.

ⓑ 단점: 정차하려는 버스로 인하여 교차로 상에 대기차량이 발생할 수 있다.

ⓒ 도로구간 내 정류장 또는 정류소

ⓐ 장점: 자동차와 보행자 사이에 발생할 수 있는 시야제한이 최소화 된다.

ⓑ 단점

• 정류장 주변에 횡단보도가 없는 경우에는 버스 승객의 무단횡단에 따른 사고의 위험이 존재한다.

• 도로 건너편에 있는 승객은 버스 탑승을 위해 정류장 최단거리에 있는 횡단보도까지 우회하여야 한다.

2. 비상주차대

① 비상주차대: 우측 길어깨(갓길)의 폭이 협소한 장소에서 고장난 차량이 도로에서 벗어나 대피할 수 있도록 제공되는 공간이다.

② 비상주차대가 설치되는 장소

ⓒ 고속도로에서 길어깨(갓길) 폭이 2.5m 미만으로 설치된 곳

ⓛ 길어깨(갓길)를 축소하여 건설되는 긴 교량의 경우

ⓒ 긴 터널의 경우

3. 휴게시설

① 휴게시설: 출입이 제한된 도로에서 안전하고 쾌적한 여행을 하기 위해 장시간의 연속주행으로 인한 운전자의 생리적 욕구 및 피로 해소와 주유 등의 서비스를 제공받을 수 있는 장소이다.

② 규모에 따른 휴게시설의 종류

ⓒ 일반휴게소: 사람과 자동차가 필요로 하는 서비스를 제공할 수 있는 시설로 주차장, 녹지공간, 화장실, 급수소, 식당, 매점 등으로 되어 있다.

ⓛ 간이휴게소: 짧은 시간 내에 차의 점검 및 운전자의 피로 회복을 위한 시설로, 주차장, 녹지공간, 화장실 등으로 되어 있다.

ⓒ 화물차 전용휴게소: 화물차 운전자를 위한 전용 휴게소로, 이용자 특성을 고려하여 식당, 숙박시설, 샤워실 편의점 등으로 되어 있다.

ⓔ 소규모 휴게소(쉼터휴게소): 운전자의 생리적 욕구만 해소하기 위한 시설로 최소한의 휴식공간과 화장실, 주차장으로 되어 있다.

제5장 안전운전의 기술

제1절 인지, 판단의 기술

1. 안전운전을 하는데 필수적 과정
① 안전운전을 하는데 필수적 과정: 확인, 예측, 판단, 실행 과정
  ㉠ 확인: 주변의 모든 것을 빠르게 보고 한눈에 파악하는 것을 말한다.
    ⓐ 확인과정에서 실수를 낳는 요인
      • 주의의 고착: 선택적 주시과정에서 어느 한 물체의 시선을 뗏겨 오래 머문다.
      • 주의의 분산: 운전과 무관한 물체에 대한 정보 등을 선택적으로 받아들이는 경우
    ⓑ 주의해서 보아야 할 것
      • 다른 차로의 차량, 보행자, 자전거 교통의 흐름과 신호 등이다.
      • 대형차가 있을 때에는 대형차에 가린 것들에 대한 단서에 주의해야 한다.
  ㉡ 예측: 운전 중에 확인한 정보를 모으고, 사고가 발생할 수 있는 지점을 판단하는 것이다.
  ㉢ 판단: 운전자의 경험뿐 아니라 성격, 태도, 동기 등 다양한 요인이 작용한다.
  ㉣ 실행: 결정된 행동을 실행에 옮기는 단계에서 중요한 것은 요구되는 시간 안에 필요한 조작을, 가능한 부드럽고, 신속하게 해내는 것이다.

제2절 안전운전의 5가지 기본 기술

1. 운전 중에 전방을 멀리 본다.
① 전방 가까운 곳을 보고 운전할 때의 징후들
  ㉠ 교통의 흐름에 맞지 않을 정도로 너무 빠르게 차를 운전한다.
  ㉡ 차로의 한 쪽 편으로 치우쳐서 주행한다.
  ㉢ 우회전, 좌회전 차량 등에 대한 인지가 늦어서 급브레이크를 밟는다던가, 회전차량에 진로를 막혀버린다.
  ㉣ 우회전할 때 넓게 회전한다.
  ㉤ 시인성이 낮은 상황에서 속도를 줄이지 않는다.

2. 전체적으로 살펴본다.
① 시야 확보가 적은 징후들
  ㉠ 급정거
  ㉡ 앞차에 바짝 붙어 가는 경우
  ㉢ 좌, 우회전 등의 차량에 진로를 방해받음
  ㉣ 반응이 늦은 경우
  ㉤ 빈번하게 놀라는 경우
  ㉥ 급차로 변경 등이 많을 경우

3. 눈을 계속해서 움직인다.
① 시야 고정이 많은 운전자의 특성
  ㉠ 위험에 대응하기 위해 경적이나 전조등을 좀처럼 사용하지 않는다.
  ㉡ 더러운 창이나 안개에 개의치 않는다.
  ㉢ 거울이 더럽거나 방향이 맞지 않는데도 개의치 않는다.
  ㉣ 정지선 등에서 정지 후, 다시 출발할 때 좌우를 확인하지 않는다.
  ㉤ 회전하기 전에 뒤를 확인하지 않는다.
  ㉥ 자기 차를 앞지르려는 차량의 접근 사실을 미리 확인하지 못한다.

4. 다른 사람이 자신을 볼 수 있게 한다.
① 회전을 하거나 차로 변경을 할 경우에 다른 사람이 미리 알 수 있도록 신호를 보낸다.
② 어두울 때는 주차등이 아니라 전조등을 사용해야 다른 운전자들이 더 잘 볼 수 있다.
③ 비가 올 때는 항상 전조등을 사용해야 한다.
④ 보행자나 자전거 운전자에게 경고를 보내기 위해 경적을 사용할 때에는 30m 이상의 거리에서 미리 경적을 울려야 한다.
⑤ 가까운 곳에서 경적을 크게 울릴 경우에는 오히려 놀라서 피하지 못하는 경우가 생길 수 있다.

5. 차가 빠져나갈 공간을 확보한다.
① 운전자는 주행 시 앞·뒤 뿐만 아니라 좌·우로 안전 공간을 확보하도록 해야 한다.
② 좌·우로 빠져나갈 공간이 없을 때에는 앞차와의 차간거리를 더 확보한다.
③ 가급적 무리를 지은 차량대열의 중간에 끼는 것은 피해야 한다.
④ 의심스러운 상황이 발생할 때에는 항상 거리를 유지한다.

의심스러운 상황
① 주행로 앞쪽으로 고정물체나 장애물이 있는 것으로 의심되는 경우.
② 전방 신호등이 일정시간 계속 녹색일 경우(신호가 곧 바뀔 것을 알려 줌)
③ 주차차량 옆을 지날 때 그 차의 운전자가 운전석에 있는 경우(주차차량이 갑자기 빠져 나올지도 모른다)
④ 반대 차로에서 다가오는 차가 좌회전을 할 수도 있는 경우

제3편 안전운행

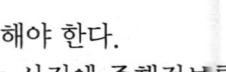

⑤ 다른 차가 옆 도로에서 너무 빨리 나올 경우
⑥ 진출로에서 나오는 차가 자신을 보지 못할 경우
⑦ 담장이나 수풀, 빌딩, 혹은 주차 차량들로 인해 시야장애를 받을 경우

안전공간을 확보하기 위해 다음으로 중요한 것은 뒤차가 바짝 붙어 오는 상황을 피하는 것이다.
그 방법으로는 다음과 같은 것이 있다.

⑧ 가능하면 뒤차가 지나갈 수 있게 차로를 변경한다.
⑨ 가능하면 속도를 약간 내서 뒤차와의 거리를 늘린다.
⑩ 브레이크 페달을 가볍게 밟아서 제동등 들어오게 하여 속도를 줄이려는 의도를 뒤차가 알 수 있게 한다.
⑪ 정차할 공간을 확보할 수 있게 점진적으로 속도를 줄인다. 이렇게 해서 뒤차가 추월할 수 있게 한다.

제3절 방어운전의 기본 기술

방어운전: 자신뿐만 다른 사람까지 위험한 상황으로부터 보호하는 기술이다.

1. 기본적인 사고유형의 회피

① 정면충돌사고
  ㉠ 전방의 도로 상황 파악: 내 차로로 들어오거나 앞지르려고 하는 차나 보행자에 대해 주의한다.
  ㉡ 정면으로 마주칠 때 핸들조작은 오른쪽으로 한다: 상대차로 쪽으로 틀지 않도록 한다. 상대 운전자 또한 자신의 차로 쪽으로 방향을 틀 것이기 때문이다.
  ㉢ 속도를 줄인다: 속도를 줄이는 것은 주행거리와 충격력을 줄이는 효과가 있다.
  ㉣ 오른쪽 방향을 조금 틀어 공간을 확보한다: 필요하다면 차도를 벗어나 길가장자리 쪽으로 주행한다. 상대에게 차도를 양보하면 항상 정면충돌을 회피할 수 있다.
② 후미 추돌 사고
  ㉠ 앞차에 대한 주의를 늦추지 않는다: 앞차의 운전자가 어떻게 행동할 지를 보여주는 징후나 신호를 살핀다. 제동등, 방향지시기 등을 단서로 활용한다.
  ㉡ 상황을 멀리까지 살펴본다: 앞차 너머의 상황을 살핌으로써 앞차 운전자를 갑자기 행동하게 만드는 상황과 그로 인해 자신이 위협받게 되는 상황을 파악한다.
  ㉢ 충분한 거리를 유지한다: 앞차와 최소한 3초 정도의 추종거리를 유지한다.
  ㉣ 상대보다 더 빠르게 속도를 줄인다: 위험상황이 전개될 경우 바로 엑셀에서 발을 떼서 브레이크를 밟는다. 상대보다 제동이 늦어져서 뒤늦게 브레이크를 세게 밟는 것은 방어운전의 자세가 아니다.
③ 단독사고
  ㉠ 차 주변의 모든 것을 체대로 판단하지 못하는 빈약한 판단에서 비롯된다.

㉡ 피곤해 있거나 음주 또는 약물의 영향을 받고 있을 때 많이 발생한다.
㉢ 단독사고의 방지법
  ⓐ 심신이 안정된 상태에서 운전해야 한다.
  ⓑ 낯선 곳 등의 주행에 있어서는 사전에 주행정보를 수집하여 여유 있는 주행이 가능하도록 해야 한다.
④ 미끄러짐 사고(눈, 비가 올 때 주로 발생)
  ㉠ 눈, 비오는 날의 주의사항
    ⓐ 다른 차량 주변으로 가깝게 다가가지 않는다.
    ⓑ 수시로 브레이크 페달을 작동해서 제동이 제대로 되는지를 살펴본다.
    ⓒ 제동상태가 나쁠 경우 도로 조건에 맞춰 속도를 낮춘다.
⑤ 차량 결함 사고
  ㉠ 차의 앞바퀴가 터지는 경우 핸들을 단단하게 잡아 차가 한쪽으로 쏠리는 것을 막고, 의도한 방향을 유지하는 다음 속도를 줄인다.
  ㉡ 뒷바퀴의 바람이 빠지면 차의 후미가 좌우로 흔들리는 것을 느낄 수 있다. 이 때 차가 한쪽으로 미끄러지는 것을 느끼면 핸들 방향을 그 방향으로 틀어주며 대처한다. 이 때 핸들을 과도하게 틀면 안되며, 페달은 나누어 밟아서 안전한 곳에 멈춘다.
  ㉢ 브레이크 고장 시 앞, 뒤 브레이크가 동시에 나가는 경우는 거의 없다. 만일 이런 경우는 브레이크 페달을 반복해서 빠르고 세게 밟으면서 주차 브레이크도 세게 당기고 기어도 저단으로 바꾼다.
  ㉣ 브레이크를 계속 밟아 열이 발생하여 듣지 않는 페이딩 현상이 일어나면 차를 멈추고 브레이크가 식을 때까지 기다려야 한다.

2. 시인성, 시간, 공간의 관리

① 시인성을 높이는 법
  ㉠ 시인성: 도로의 장애물 등을 확인하는 능력과, 다른 운전자나 보행자가 자신을 볼 수 있게 하는 능력이다.
  ㉡ 시인성을 높이기 위해 고려해야 할 사항
    ⓐ 운전하기 전의 준비
      • 차 안팎 유리창을 깨끗이 닦는다.
      • 차의 모든 등화를 안팎으로 깨끗이 닦는다.
      • 성에제거, 와이퍼, 워셔 등이 제대로 작동되는지를 점검한다.
      • 후사경과 사이드 미러를 조정한다. 운전석의 높이도 적절히 조정한다.
      • 선글라스, 점멸등, 창닦게 등을 준비하여 필요할 때 사용할 수 있다.
      • 후사경에 매다는 장식물이나 시야를 가리는 차내의 장애물들은 치운다.
    ⓑ 운전 중 행동
      • 낮에도 흐린 날 등에는 하향 전조등을 켠다.(운전자, 보행자에게 600~700m 전방에서 좀 더 빠르게 볼 수 있게끔 하는 효과가 있다).
      • 자신의 의도를 도로이용자에게 좀 더 분명히 전달함으로써 자신의 시인성을 최대화할 수 있다.

- 다른 운전자의 사각에 들어가 운전하는 것을 피한다.
- 남보다 시력이 떨어지면 항상 안경이나 콘택트 렌즈를 착용한다.
- 햇빛 등으로 눈부신 경우는 선글라스를 쓰거나 선바이저를 사용한다.

② 시간을 다루는 법
  ㉠ 시간을 현명하게 다룸으로서 운전상황에 대한 통제력을 높일 수 있고, 위험도 감소시킬 수 있다.
  ㉡ 제동거리: 도로상의 위험을 발견하고 운전자가 반응하는 시간은 문제 발견(인지) 후, 0.5초에서 0.7초 정도이다. 이 시간동안 차는 계속해서 앞으로 나아가게 되고, 이 때 브레이크가 듣기 시작하여 차가 설 때까지 가는 거리를 말한다.
  ㉢ 정지거리: 문제를 인식하고 반응하는 동안 진행한 거리(공주거리)에 제동거리를 더한 거리이다.

정지거리=지각거리(확인, 예측, 판단 시간 약 1초)+반응거리(행동시간 약 0.7초)+제동거리

  ㉣ 시간을 효율적으로 다루는 몇 가지 기본 원칙
    ⓐ 안전한 주행경로 선택을 위해 주행 중 20~30초 전방을 탐색한다.
    ⓑ 위험 수준을 높일 수 있는 장애물이나 조건을 12~15초 전방까지 확인한다.
    ⓒ 자신의 차와 앞차 간에 최소한 2~3초의 추종거리를 유지한다.

③ 공간을 다루는 법
  ㉠ 운전 중 공간을 다룬다는 것은 곧 자기 차와 앞차, 옆차 및 뒤차와의 거리를 다루는 문제이다.
  ㉡ 방어운전자라면 운전시간 내내 안전하게 행동할 수 있는 충분한 공간을 확보하는 것을 기본 목표로 한다.
  ㉢ 공간을 다루기 위해서 고려해야 할 상황
    ⓐ 속도와 시간, 거리 관계를 항상 염두에 둔다.
      • 차의 속도를 조절하는 것은 시간과 공간을 다루는 데 필수적이다.
      • 정지거리는 속도의 제곱에 비례한다.(속도를 2배 높이면 정지에 필요한 거리는 4배이다.)
    ⓑ 차 주위의 공간을 평가하고 조절한다.
      • 차 주위에 충분한 공간을 갖게 되면 주변을 관찰하고, 생각하고, 판단하고, 행동할 시간적 여유가 있게 된다.
      • 공간을 다루는 기본적인 요령
        - 앞차와 적정한 추종거리를 유지한다.
        - 뒤차와도 2초 정도의 거리를 유지한다.
        - 가능하면 좌우의 차량과도 차 한 대 길이 이상의 거리를 유지한다.
        - 차의 앞뒤나 좌우로 공간이 충분하지 않을 때는 공간을 증가시켜야 한다.

④ 젖은 도로 노면을 다루는 법
  ㉠ 비가 오면 노면의 마찰력이 감소하기 때문에 정지거리가 늘어난다.
  ㉡ 처음 빗물이 노면에 떨어지게 될 때 노면의 먼지와 기름 등이 빗물과 혼합되어 도로표면상에 윤활밴드를 형성한다.
  ㉢ 비가 어느 정도 오게 되면 이것들이 빗물에 씻겨나가게 됨으로써 노면은 다시 어느 정도 마찰력을 회복한다.
  ㉣ 비가 많이 오게 되면 수막현상을 주의해야 한다.
  ㉤ 빗물이 고인 도로 상에서 갑자기 회전 또는 정지를 하려하는 경우에도 수막현상이 쉽게 발생한다.

제4절 시가지 도로에서의 방어운전

1. 시가지에서의 시인성, 시간, 공간의 원리

① 시인성 다루기
  ㉠ 1~2블록 전방의 상황과 길의 양쪽 부분을 모두 탐색한다. 주행로 전방의 어느 특정 물체에 주의를 뺏겨서는 안된다.
  ㉡ 조금이라도 어두울 때는 하향 전조등을 켜도록 한다.
  ㉢ 교차로에 접근할 때나 차의 속도를 늦추든지 멈추려고 할 때는 언제든지 후사경과 사이드 미러를 이용해서 차들을 살펴본다.
  ㉣ 예정보다 빨리 회전하거나 한쪽으로 붙을 때는 자신의 의도를 신호로 알린다.
  ㉤ 전방 차량 후미의 등화에 지속적으로 주의하여, 제동과 회전여부 등을 예측한다. 항상 예기치 못한 정지나 회전에도 마음의 준비를 한다.
  ㉥ 주의표지나 신호에 대해서도 감시를 늦추지 말아야 한다. 또한 경찰차, 앰뷸런스, 소방차 및 기타 긴급차량의 사이렌 소리나 점멸등에 대해서도 주의한다.
  ㉦ 빌딩이나 주차장 등의 입구나 출구에 대해서도 주의한다. 가까이 접근해서도 잘 볼 수 없는 경우가 많다.

② 시간 다루기
  ㉠ 속도를 낮춘다. 특히 교차로에 진입할 때 등에는 확인, 예측, 판단, 조작 과정을 이용하는 것이 위협적인 상황을 조기에 발견하는 데 도움이 된다.
  ㉡ 교통체증이 발생하면 운전자는 긴장하게 되고, 참을성이 없어지며, 때로는 난폭해지기도 한다. 항상 사고를 회피하기 위해 멈추거나 핸들을 틀 준비를 한다.
  ㉢ 흔히 제동만으로 도심교통에 사고를 회피하려 하는 경향이 있다. 위협적인 상황임을 알아 차렸지만 멈추어야 할 것인지 확신할 수 없을 때는 액셀에서 발을 떼고, 브레이크 페달 위에 발을 올려놓되, 밟지는 않는다. 필요할 때 이처럼 브레이크를 밟고 준비를 함으로써 갑작스런 위험상황에 대비한다.
  ㉣ 다른 운전자와 보행자가 자신을 보고 반응할 수 있도록 하기 위해서는 항상 사전에 자신의 의도를 표시한다.
  ㉤ 도심교통상의 운전, 특히 러시아워에 있어서는 여유시간을 가지고 주행하도록 한다. 또한 사전에 우회 경로를 생각해 두든가 또는 교통방송 등을 참조하여 주행 경로를 조정한다.

③ 공간 다루기
  ㉠ 교통체증으로 서로 접근하는 상황이라도 앞차와는 2초 정도 거리를 둔다.

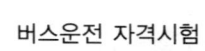

ⓛ 다른 차 뒤에 멈출 때 앞차의 6~9m 뒤에 멈추도록 한다. 뒤에서 2~3대의 차가 다가와 멈추면 그 때 가볍게 앞으로 나가도록 한다.
ⓒ 다른 차로로 진입할 공간의 여지를 남겨둔다. 이것은 앞차가 갑자기 멈출 경우나, 또는 뒤차에게 받히게 될 경우를 피하기 위한 회피공간이다.
ⓔ 항상 앞차가 앞으로 나간 다음에 자신의 차를 앞으로 움직인다.
ⓜ 주차한 차와는 가능한 여유 공간을 넓게 유지한다. 주차한 차에서 나오는 사람의 여부와 그 차의 갑작스러운 움직임에 주의한다.
ⓗ 다차로 도로에서 다른 차의 바로 옆 사각으로 주행하는 것을 피한다. 그 차의 앞으로 나가든가 뒤로 빠진다.
ⓢ 대향차선의 차와 자신의 차 사이에는 가능한 한 많은 공간을 유지한다.

2. 시가지 교차로에서의 방어운전

① 교차로에서의 방어운전
ⓐ 신호는 운전자의 눈으로 직접 확인한 후 선신호에 따라 진행하는 차가 없는지 확인하고 출발한다. 즉, 앞서 직진, 좌회전, 우회전 또는 U턴하는 차량 등에 주의한다.
ⓛ 신호에 따라 진행하는 경우에도 신호를 무시하고 갑자기 달려드는 차 또는 보행자가 있다는 사실에 주의한다.
ⓒ 좌·우회전할 때에는 방향지시등을 정확히 점등한다.
ⓔ 성급한 우회전은 횡단하는 보행자와 충돌할 위험이 증가한다.
ⓜ 통과하는 앞차를 맹목적으로 따라가면 신호를 위반할 가능성이 높다.
ⓗ 교통정리가 행하여지고 있지 아니하고 좌·우를 확인할 수 없거나 교통이 빈번한 교차로에 진입할 때에는 일시정지하여 안전을 확인한 후 출발한다.
ⓢ 내륜차에 의한 사고에 주의한다.
　ⓐ 우회전할 때에는 뒷바퀴로 자전거나 보행자를 치지 않도록 주의한다.
　ⓑ 좌회전할 때에는 정지해 있는 차와 충돌하지 않도록 주의한다.

② 교차로 황색신호에서의 방어운전
ⓐ 황색신호일 때에는 멈출 수 있도록 감속하여 접근한다.
ⓛ 황색신호일 때 모든 차는 정지선 바로 앞에 정지하여야 한다.
ⓒ 이미 교차로 안으로 진입하여 있을 때 황색신호로 변경된 경우에는 신속히 교차로 밖으로 빠져 나간다.
ⓔ 교차로 부근에는 무단 횡단하는 보행자 등 위험요인이 많으므로 돌발 상황에 대비한다.
ⓜ 가급적 딜레마구간에 도달하기 전에 속도를 줄여 신호가 변경되면 바로 정지할 수 있도록 준비한다.
　ⓐ 급정지할 경우에는 뒤 차량이 후미를 추돌할 수 있으며, 차내 안전사고가 발생 할 가능성이 높아진다.
　ⓑ 정지선을 초과하여 횡단보도에 정지하면 보행자의 통행에 방해가 된다.
　ⓒ 딜레마구간을 계속 진행하여 황색신호가 끝날 때까지 교차로를 통과하지 못하면 다른 신호를 받고 정상 진입하는 차량과 충돌할 위험이 증가한다.

3. 시가지 이면도로에서의 방어운전

① 주변에 주택 등이 밀집되어 있는 주택이나 동네길, 학교 앞 도로로 보행자의 횡단이나 통행이 많다.
② 길가에 뛰노는 아이들이 많아 어린이들과의 접촉사고가 발생할 가능성이 높다.
이면도로에서 안전하게 운전하려면 항상 위험을 예상하면서 속도를 낮추고 운전하는 것이 중요하다. 특히 어린이 보호구역에서는 시속 30킬로미터 이하로 운전해야 한다. 주요 주의 사항은 다음과 같다.
ⓐ 항상 보행자의 출현 등 돌발 상황에 대비한 방어운전을 한다.
　ⓐ 차량의 속도를 증가한다.
　ⓑ 자동차나 어린이가 갑자기 출현할 수 있다는 생각을 가지고 운전한다.
　ⓒ 언제라도 곧 정지할 수 있는 마음의 준비를 갖춘다.
ⓛ 위험한 대상물은 계속 주시한다.
　ⓐ 돌출된 간판 등과 충돌하지 않도록 주의한다.
　ⓑ 위험스럽게 느껴지는 자동차나 자전거, 손수레 보행자 등을 발견하였을 때에는 그의 움직임을 주시하면서 운행한다.
　• 자전거나 이륜차가 통행하고 있을 때에는 통행구간을 배려하면서 운행한다.
　• 자전거나 이륜차의 갑작스런 회전 등에 대비한다.
　• 주·정차된 차량이 출발하려고 할 때에는 감속하여 안전거리를 확보한다.

제5절　지방 도로에서의 방어 운전

1. 지방도에서의 시인성, 시간, 공간의 관리

① 시인성 다루기
ⓐ 주간에도 하향전조등을 켠다. 야간에 주위에 다른 차가 없다면 어두운 도로에서는 상향전조등을 켜도 좋다.
ⓛ 도로상 또는 주변에 차, 보행자 또는 동물과 장애물 등이 있는지를 살피며, 20~30초 앞의 상황을 탐색한다. 도로나 기상 조건이 나빠서 탐색도 제한받는다면 속도를 줄인다.
ⓒ 문제를 야기할 수 있는 전방 12~15초의 상황을 확인한다. 거기까지 볼 수 없다면 시야가 트일 때까지 속도를 줄인다. 제동준비를 한다.
ⓔ 언덕 너머 또는 커브 안쪽에 있을 수 있는 위험조건에 안전하게 반응할 수 있을 만큼의 속도로 주행한다.
ⓜ 큰 차를 너무 가깝게 따라 감으로써 잠재적 위험원에 대한 시야를 차단당하는 일이 없도록 한다.
ⓗ 회전 시, 차를 길가로 붙일 때, 앞지르기를 할 때 등에서도 자신의 신호로 나타낸다.
② 시간 다루기
ⓐ 천천히 움직이는 차를 주시한다. 필요에 따라 속도를 조절한다.
ⓛ 교차로, 특히 교통신호등이 설치되어 있지 않은 곳길수록, 접근하면서 속도를 줄인다. 언제든지 감속 또는 정지 준비를 한다.

ⓒ 낯선 도로를 운전할 때는 여유시간을 허용한다. 미리 갈 노선을 계획한다.
ⓔ 자갈길, 지저분하거나 도로노면의 표시가 잘 보이지 않는 도로를 주행할 때에는 속도를 줄인다.
ⓜ 도로 상에 또는 근처에 있는 동물에 접근하거나 이를 통과할 때, 동물이 주행로를 가로질러 건너갈 때는 속도를 줄인다.

③ 공간 다루기
ⓐ 전방을 확인하거나 회피핸들조작을 하는 능력에 영향을 미칠 수 있는 속도, 교통량, 도로 및 도로의 부분의 조건 등에 맞춰 추종거리를 조정한다. 회피공간을 항상 확인해 둔다.
ⓑ 다른 차량이 바짝 뒤를 따라붙을 때 앞으로 나아갈 수 있도록 가능한 한 충분한 공간을 확보해 준다. 만일 앞에 차가 있다면 추종거리를 증가시킨다.
ⓒ 왕복 2차선 도로상에서는 자신의 차와 대향차 간에 가능한 한 충분한 공간을 유지한다.
ⓓ 앞지르기를 완전하게 할 수 있는 전방이 훤히 트인 곳이 아니면 어떤 오르막길 경사로에서도 앞지르기를 해서는 안된다.
ⓔ 안전에 위협을 가할 수 있는 차량, 동물 또는 기타 물체를 대상으로 도로를 탐색할 때는 사고 위험에 대하여 그 위협 자체를 피할 수 있는 행동의 순서를 가늠해 본다.

2. 커브길의 방어운전

▶ 슬로우-인, 패스트-아웃: 커브길에 진입할 때에는 속도를 줄이고, 진출할 때에는 속도를 높이라는 뜻이다.
▶ 아웃-인-아웃: 차로 바깥쪽에서 진입하여 안쪽, 바깥쪽 순서로 통과하라는 뜻이다.
▶ 커브 진입직전에 속도를 감속하여 원심력 발생을 최소화하고, 커브가 끝나는 조금 앞에서 차량의 방향을 바르게 하면서 속도를 가속하여 신속하게 통과할 수 있도록 핸들을 조작한다.

① 커브길 주행방법
ⓐ 커브길에 진입하기 전에 경사도나 도로의 폭을 확인하고 엔진 브레이크를 작동시켜 속도를 줄인다.
ⓑ 엔진 브레이크만으로 속도가 충분히 줄지 않으면 풋 브레이크를 사용하여 회전 중에 더 이상 감속하지 않도록 줄인다.
ⓒ 감속된 속도에 맞는 기어로 변속한다.
ⓓ 회전이 끝나는 부분에 도달하였을 때에는 핸들을 바르게 한다.
ⓔ 가속 페달을 밟아 서서히 높인다.

② 커브길 주행 시의 주의 사항
ⓐ 커브길에서는 기상상태, 노면상태 및 회전속도 등에 따라 차량이 미끄러지거나 전복될 위험이 증가함으로 부득이한 경우가 아니면 급핸들 조작이나 급제동은 하지 않는다.
ⓑ 회전 중에 발생하는 가속은 원심력을 증가시켜 도로이탈의 위험이 발생하고, 감속은 차량의 무게중심이 한쪽으로 쏠려 차량의 균형이 쉽게 무너질 수 있으므로 불가피한 경우가 아니면 가속이나 감속은 하지 않는다.
ⓒ 중앙선을 침범하거나 도로의 중앙선으로 치우친 운전을 하지 않는다. 항상 반대 차로에 차가 오고 있다는 것을 염두해 두고 주행차로를 준수하여 운전한다.
ⓓ 시력이 볼 수 있는 범위(시야)가 제한되어 있다면 주간에는 경음기, 야간에는 전조등을 사용하여 내 차의 존재를 반대 차로 운전자에게 알린다.
ⓔ 급커브길 등에서의 앞지르기는 대부분 규제표지 및 노면표시 등 안전표지로 금지하고 있으나, 금지표지가 없다고 하더라도 전방의 안전이 확인 안 되는 경우에는 절대 하지 않는다.
ⓕ 겨울철 커브길은 노면이 얼어있는 경우가 많으므로 사전에 충분히 감속하여 안전사고가 발생하지 않도록 주의한다.

3. 언덕길의 방어운전

① 내리막길에서의 방어운전
ⓐ 내리막길을 내려갈 때에는 엔진 브레이크로 속도를 조절하는 것이 바람직하다.
ⓑ 엔진 브레이크를 사용하면 페이드 현상 및 베이퍼 록 현상을 예방하여 운행 안전도를 높일 수 있다.
ⓒ 배기 브레이크가 장착된 차량의 경우 배기 브레이크를 사용하면 다음과 같은 효과가 있어 운행의 안전도를 높일 수 있다.
  ⓐ 브레이크액의 온도상승 억제에 따른 베이퍼 록 현상을 방지한다.
  ⓑ 드럼의 온도상승을 억제하여 페이드 현상을 방지한다.
  ⓒ 브레이크 사용 감소로 라이닝의 수명을 연장시킬 수 있다.
ⓓ 도로의 오르막길 경사와 내리막길 경사가 같거나 비슷한 경우라면, 변속기 기어의 단수도 오르막과 내리막에 동일하게 사용하는 것이 바람직하다. 이는 앞서 사용한 기어단수가 적절하였다는 가정 하에서 적용하는 것이다.
ⓔ 커브길을 주행할 때와 마찬가지로 경사길 주행 중간에 불필요하게 속도를 줄이거나 급제동하는 것은 주의해야 한다.
ⓕ 비교적 경사가 가파르지 않은 긴 내리막길을 내려갈 때에 운전자의 시선은 먼 곳을 바라보고, 무심코 가속 페달을 밟아 순간 속도를 높일 수 있으므로 주의해야 한다.
ⓖ 내리막길에서 기어를 변속할 때는 다음과 같은 방법으로 한다.
  ⓐ 변속할 때 클러치 및 변속 레버의 작동은 신속하게 한다.
  ⓑ 변속할 때에는 전방이 아닌 다른 방향으로 시선을 놓치지 않도록 주의해야 한다.
  ⓒ 왼손은 핸들을 조정하고, 오른손과 양발은 신속히 움직인다.

② 오르막길에서의 안전운전 및 방어운전
ⓐ 정차할 때는 앞차가 뒤로 밀려 충돌할 가능성이 있으므로 충분한 차간 거리를 유지한다.
ⓑ 오르막길의 정상 부근은 시야가 제한되는 사각지대로, 반대 차로의 차량이 앞에 다가올 때까지 보이지 않을 수 있으므로 서행하며 위험에 대처한다.
ⓒ 정차해 있을 때에는 가급적 풋 브레이크와 핸드 브레이크를 동시에 사용한다.
ⓓ 뒤로 미끄러지는 것을 방지하기 위해 정지하였다가 출발할 때에 핸드 브레이크를 사용하면 도움이 된다.

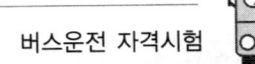

ⓜ 오르막길에서 부득이하게 앞지르기를 할 때에는 힘과 가속이 좋은 저단 기어를 사용하는 것이 안전하다.

ⓗ 언덕길에서 올라가는 차량과 내려오는 차량이 교차할 때에는 내려오는 차량에게 통행 우선권이 있으므로 올라가는 차량이 양보해야 한다. 이것은 내리막 가속에 의한 사고위험이 더 높은 점이 반영된 것이다.

4. 철길 건널목 방어운전

① 철길건널목에서의 방어운전

ㄱ 철길건널목에 접근할 때에는 속도를 줄여 접근한다: 철길건널목을 알려주는 주의표지판을 확인하게 되면 속도를 줄여 정지선에 멈출 수 있도록 준비한다.

ㄴ 일시정지 후에는 철도 좌·우의 안전을 확인한다: 건널목 정지선에 일시정지 후 안전여부를 확인하여야 하며, 차단기가 내려져 있거나 또는 내려지고 있을 때, 경보음이 울리고 있을 때, 건널목 건너편이 혼잡하여 건널목을 완전히 통과할 수 없게 될 우려가 있을 때에는 진입하지 않는다.

ㄷ 건널목을 통과할 때에는 기어를 변속하지 않는다: 시동이 꺼지지 않도록 가속 페달을 조금 힘주어 밟아 통과하고, 수동변속기의 경우에는 건널목을 통과하는 중에 기어 변속 과정에서 엔진이 멈출 수 있으므로 가급적 기어 변속을 하지 않고 통과한다.

ㄹ 건널목 건너편 여유 공간을 확인한 후에 통과한다: 철길 건널목 건너편 교통정체로 인해 건널목을 통과하지 못할 때에는 건널목에 진입하지 않는다.

② 철길건널목 통과 중에 시동이 꺼졌을 때의 조치방법

ㄱ 즉시 동승자를 대피시키고, 차를 건널목 밖으로 이동시키기 위해 노력한다.

ㄴ 철도공무원, 건널목 관리원이나 경찰에게 알리고 지시에 따른다.

ㄷ 건널목 내에서 움직일 수 없을 때에는 열차가 오고 있는 방향으로 뛰어가면서 옷을 벗어 흔드는 등 기관사에게 위급상황을 알려 열차가 정차할 수 있도록 안전조치를 취한다.

제6절 고속도로에서의 방어운전

1. 고속도로에서의 시인성, 시간, 공간의 관리

① 시인성 다루기

ㄱ 20~30초 전방을 탐색하여 도로주변에 차량, 장애물, 동물, 심지어는 보행자 등이 없는가를 살핀다.

ㄴ 진출입로 부근의 위험이 있는지를 대해 주의한다. 운전자들이 너무 느린 속도로 또는 살펴보지도 않고 진입해 들어오거나 마지막 순간에 와서 갑자기 여러 차선을 가로질러 빠져나가는 수도 있다.

ㄷ 주변에 있는 차량의 위치를 파악하기 위해 자주 후사경과 사이드미러를 보도록 한다. 특히 차선을 변경하거나 고속도로를 빠져나가려 할 때에는 더욱 신경을 쓴다.

ㄹ 차로 변경이나, 고속도로 진입, 진출 시에는 진행하기에 앞서 항상 자신의 의도를 신호로 알린다.

ㅁ 가급적이면 하향 전조등을 키고 주행한다.

ㅂ 속도를 늦추거나 앞지르기 또는 차선변경을 하고 있는지를 살피기 위해 앞 차량의 후미등을 살피도록 한다.

ㅅ 가급적 대형차량이 전방 또는 측방 시야를 가리지 않는 위치를 잡아 주행하도록 한다.

ㅇ 속도제한이 있음을 알게 하거나 진출로가 다가왔음을 알려주는 도로표지를 항상 신경을 쓰도록 한다.

② 시간 다루기

ㄱ 확인, 예측, 판단 과정을 이용하여 12~15초 전방 안에 있는 위험상황을 확인한다.

ㄴ 항상 속도와 추종거리를 조절하여 비상시에 멈추거나 회피핸들 조작을 하기 위한 적어도 4~5초의 시간을 가져야 한다.

ㄷ 고속도로 등에 진입 시에는 항상 본선 차량이 주행 중인 속도로 차량의 대열에 합류하려고 해야 한다.

ㄹ 고속도로를 빠져나갈 때에는 가능한 한 빨리 진출 차로로 들어가야 한다. 진출 차로에 실제로 진입할 때까지는 차의 속도를 낮추지 말고 기다려야 한다.

ㅁ 가깝게 몰려다니는 차 사이에서 주행하는 것을 피하기 위해 속도를 조절하도록 한다.

ㅂ 차의 속도를 유지하는 데 어려움을 느끼는 차를 주의해서 살핀다. 미리 차의 위치와 속도를 조절한다.

ㅅ 주행하게 될 고속도로 및 진출입로를 확인하는 등 사전에 주행경로 계획을 세운다. 혼잡시간대나 기상이 나쁠 때 운전을 회피한다. 출발 전에 라디오 교통정보를 듣고 움직인다. 여유 시간을 갖는다.

③ 공간 다루기

ㄱ 자신과 다른 차량이 주행하는 속도, 도로, 기상조건 등에 맞도록 차의 위치를 조절한다. 가속, 제동, 핸들조작 등을 하는데 공간의 여지를 두도록 한다.

ㄴ 다른 차량과의 합류 시, 차로변경 시, 진입차선을 통해 고속도로로 들어갈 때, 적어도 4초의 간격을 허용하도록 한다.

ㄷ 차로를 변경하기 위해서는 핸들을 점진적으로 튼다. 핸들을 지나치게 꺾거나, 예각으로 꺾어 다른 차로로 들어가면 고속에서는 차의 콘트롤을 잃게 되기 쉽다.

ㄹ 만일 여러 차로를 가로지를 필요가 있다면 매번 신호를 하면서 한 번에 한 차로씩 옮겨간다.

ㅁ 차들이 고속도로에 진입해 들어 올 여지를 준다. 만일 옆 차로가 비었을 경우는 진입램프에 접근하기 전에 차로를 변경한다.

ㅂ 차 뒤로 바짝 붙는 차량이 있을 경우는 안전한 경우에 한해 다른 차로로 변경하여 앞으로 가게 한다. 동시에 앞차를 뒤따르는 추종거리를 증가시킨다.

ㅅ 앞지르기를 마무리 할 때 앞지르기 한 차량의 앞으로 너무 일찍 들어가지 않도록 한다.

ㅇ 트럭이나 기타 폭이 넓은 차량을 앞지를 때에는 일틴 차량과 달리 그 차량과의 사이에 측면의 공간이 좁아진다는 점을 유의할 필요가 있다.

ㅈ 고속도로의 차로수가 갑자기 줄어드는 장소를 조심한다. 특히 교량, 터널 등 차로가 줄어드는 곳에서는 속도를 줄이고 조심스럽게 진입한다.

제3편 안전운행

2. 고속도로 진출입부에서의 방어운전
① 진입부에서의 안전운전
  ㉠ 본선 진입의도를 다른 차량에게 방향지시등으로 알린다.
  ㉡ 본선 진입 전 충분히 가속하여 본선 차량의 교통흐름을 방해하지 않도록 한다.
  ㉢ 진입을 위한 가속차로 끝부분에서 감속하지 않도록 주의한다.
  ㉣ 고속도로 본선을 저속으로 진입하거나 진입 시기를 잘못 맞추면 추돌사고 등 교통사고가 발생할 수 있다.
② 진출부에서의 안전운전
  ㉠ 본선 진출의도를 다른 차량에게 방향지시등으로 알린다.
  ㉡ 진출부 진입 전에 충분히 감속하여 진출이 용이하도록 한다.
  ㉢ 본선 차로에서 천천히 진출부로 진입하여 출구로 이동한다.

제7절 앞지르기

1. 앞지르기 순서와 방법상의 주의 사항
① 앞지르기 금지장소 여부를 확인한다.
② 전방의 안전을 확인하는 동시에 후사경으로 좌측 및 좌후방을 확인한다.
③ 좌측 방향지시등을 켠다.
④ 최고속도의 제한범위 내에서 가속하여 진로를 서서히 좌측으로 변경한다.
⑤ 차가 일직선이 되었을 때 방향지시등을 끈 다음 앞지르기 당하는 차의 좌측을 통과한다.
⑥ 앞지르기 당하는 차를 후사경으로 볼 수 있는 거리까지 주행한 후 우측 방향지시등을 켠다.
⑦ 진로를 서서히 우측으로 변경한 후 차가 일직선으로 되었을 때 방향지시등을 끈다.

2. 앞지르기를 해서는 아니 되는 경우
① 앞차가 좌측으로 진로를 바꾸려고 하거나 다른 차를 앞지르려고 할 때
② 앞차의 좌측에 다른 차가 나란히 가고 있을 때
③ 뒤차가 자기 차를 앞지르려고 할 때
④ 마주 오는 차의 진행을 방해하게 될 염려가 있을 때
⑤ 앞차가 교차로나 철길건널목 등에서 정지 또는 서행하고 있을 때
⑥ 앞차가 경찰공무원 등의 지시에 따르거나 위험방지를 위하여 정지 또는 서행하고 있을 때
⑦ 어린이통학버스가 어린이 또는 유아를 태우고 있다는 표시를 하고 도로를 통행할 때

3. 앞지르기 때 발생하기 쉬운 사고 유형
① 최초 진로를 변경할 때에는 동일방향 좌측 후속 차량 또는 나란히 진행하던 차량과 충돌
② 중앙선을 넘어 앞지르기할 때에는 반대 차로에서 횡단하고 있는 보행자나 주행하고 있는 차량과의 충돌
③ 앞지르기를 하고 있는 중에 앞지르기 당하는 차량이 좌회전하려고 진입하면서 발생하는 충돌
④ 앞지르기를 시도하기 위해 앞지르기 당하는 차량과의 근접주행으로 인한 후미 추돌
⑤ 앞지르기한 후 본선으로 진입하는 과정에서 앞지르기 당하는 차량과의 충돌

4. 앞지르기할 때의 방어운전
① 자차가 다른 차를 앞지르기 할 때
  ㉠ 앞지르기에 필요한 속도가 그 도로의 최고속도 범위 이내일 때 앞지르기를 시도한다(과속은 금물이다).
  ㉡ 앞지르기에 필요한 충분한 거리와 시야가 확보되었을 때 앞지르기를 시도한다.
  ㉢ 앞차가 앞지르기를 하고 있을 때는 앞지르기를 시도하지 않는다.
  ㉣ 앞차의 오른쪽으로 앞지르기하지 않는다.
  ㉤ 점선의 중앙선을 넘어 앞지르기 하는 때에는 대향차의 움직임에 주의한다.
② 다른 차가 자차를 앞지르기 할 때
  ㉠ 앞지르기를 시도하는 차가 원활하게 본선으로 진입할 수 있도록 자차의 속도를 줄여준다. 앞지르기를 시도하는 차가 안전하고 신속하게 앞지르기를 완료할 수 있도록 함으로써 자차와의 충돌 위험을 줄일 수 있기 때문이다.
  ㉡ 앞지르기 금지 장소 등에서도 앞지르기를 시도하는 차가 있다는 사실을 항상 염두에 두고 방어운전을 한다.

제8절 야간, 악천후시의 운전

1. 야간운전
① 야간운전의 위험성
  ㉠ 야간에는 시야가 전조등의 불빛으로 식별할 수 있는 범위로 제한됨에 따라 노면과 앞차의 후미 등 전방만을 보게 되므로 가시거리가 100m 이내인 경우에는 최고속도를 50% 정도 감속하여 운행한다.
  ㉡ 커브길이나 길모퉁이에서는 전조등 불빛이 회전하는 방향을 제대로 비춰지지 않는 경향이 있으므로 속도를 줄여 주행한다.
  ㉢ 야간에는 운전자의 좁은 시야로 인해 앞차와의 차간거리를 좁혀 근접 주행하는 경향이 있으며, 이렇게 한정된 시야로 주행하다 보면 안구동작이 활발하지 못해 자극에 대한 반응이 둔감해지고, 심하면 근육이나 뇌파의 반응이 저하되어 졸음운전을 하게 되니 더욱 주의해야 한다.
  ㉣ 마주 오는 대향차의 전조등 불빛으로 인해 도로 보행자의 모습을 볼 수 없게 되는 증발현상과 운전자의 눈 기능이 순간적으로 저하되는 현혹현상 등이 발생할 수 있다. 이럴 때에는 약간 오른쪽을 바라보며 대향차의 전조등 불빛을 정면으로 보지 않도록 한다.
  ㉤ 원근감과 속도감이 저하되어 과속으로 운행하는 경향이 발생할 수 있다.
  ㉥ 술 취한 사람이 갑자기 도로에 뛰어들거나, 도로에 누워있는 경우가 발생하므로 주의해야 한다.

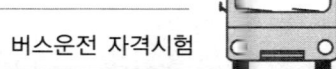

ⓐ 밤에는 낮보다 장애물이 잘 보이지 않거나, 발견이 늦어 조치시간이 지연될 수 있다.

② 야간의 안전운전

ⓐ 해가 지기 시작하면 곧바로 전조등을 켜 다른 운전자들에게 자신을 알린다. 위험이 예견되거나 상대방이 나를 발견하지 못한다고 판단되면 나의 존재를 알려주어 위험을 방지할 수 있도록 조치한다.

ⓑ 주간보다 시야가 제한되므로 속도를 줄여 운행한다.

ⓒ 흑색 등 어두운 색의 옷차림을 한 보행자는 발견하기 곤란하므로 보행자의 확인에 더욱 세심한 주의를 기울인다.

ⓓ 승합자동차는 야간에 운행할 때에 실내조명등을 켜고 운행한다.

ⓔ 선글라스를 착용하고 운전하지 않는다.

ⓕ 커브길에서는 상향등과 하향등을 적절히 사용하여 자신이 접근하고 있음을 알린다.

ⓖ 대향차의 전조등을 직접 바라보지 않는다.

ⓗ 자동차가 서로 마주보고 진행하는 경우에는 전조등 불빛의 방향을 아래로 향하게 한다.

ⓘ 밤에 앞차의 바로 뒤를 따라갈 때에는 전조등 불빛의 방향을 아래로 향하게 한다.

ⓙ 장거리를 운행할 때에는 운행계획에 휴식시간을 포함시켜 세운다.

ⓚ 불가피한 경우가 아니면 도로 위에 주·정차를 하지 않는다.

ⓛ 밤에 고속도로 등에서 자동차를 운행할 수 없게 되었을 때에는 후방에서 접근하는 자동차의 운전자가 확인할 수 있는 위치에 고장자동차 표지를 설치하고 사방 500m 지점에서 식별할 수 있는 적색의 섬광신호·전기제동 또는 불꽃신호를 추가로 설치하는 등 조치를 취하여야 한다.

ⓜ 전조등이 비추는 범위의 앞쪽까지 살핀다.

ⓝ 앞차의 미등만 보고 주행하지 않는다. 앞차의 미등만 보고 주행하게 되면 도로변에 정차하고 있는 자동차까지도 진행하고 있는 것으로 착각하게 되어 위험을 초래하게 된다.

2. 안개길 운전

① 안개길 운전의 위험성

ⓐ 안개로 인해 운전시야 확보가 곤란하다.

ⓑ 주변의 교통안전표지 등 교통정보 수집이 곤란하다.

ⓒ 다른 차량 및 보행자의 위치 파악이 곤란하다.

② 안개길 안전운전

ⓐ 전조등, 안개등 및 비상점멸표시등을 켜고 운행한다.

ⓑ 가시거리가 100m 이내인 경우에는 최고속도를 50% 정도 감속하여 운행한다.

ⓒ 앞차와의 차간거리를 충분히 확보하고, 앞차의 제동이나 방향지시등의 신호를 예의 주시하며 운행한다.

ⓓ 앞을 분간하지 못할 정도의 짙은 안개로 운행이 어려울 때에는 차를 안전한 곳에 세우고 잠시 기다린다. 이때에는 지나가는 차에게 내 차량의 위치를 알릴 수 있도록 미등과 비상점멸표시등(비상등) 등을 점등시켜 충돌사고 등이 발생하지 않도록 조치한다.

ⓔ 커브길 등에서는 경음기를 울려 자신이 주행하고 있다는 것을 알린다.

ⓕ 고속도로를 주행하고 있을 때 안개지역을 통과할 때에는 다음을 최대한 활용한다.

ⓐ 도로전광판, 교통안전표지 등을 통해 안개 발생구간을 확보한다.

ⓑ 갓길에 설치된 안개시정표지를 통해 시정거리 및 앞차와의 거리를 확보한다.

ⓒ 중앙분리대 또는 갓길에 설치된 반사체인 시선유도표지를 통해 전방의 도로선형을 확인한다.

ⓓ 도로 갓길에 설치된 노면요철포장의 소음 또는 진동을 통해 도로이탈을 확인하고 원래차로로 신속히 복귀하여 평균 주행속도보다 감속하여 운행한다.

3. 빗길 운전

① 빗길 운전의 위험성

ⓐ 비로 인해 운전시야 확보가 곤란하다. 앞 유리창에 김이 서리거나, 흐르는 물방울 및 물기는 운전자의 시야를 방해하고, 시계는 와이퍼의 작동 범위에 한정되므로 좌·우의 안전을 확보하기 쉽다.

ⓑ 타이어의 노면과의 마찰력이 감소하여 정지거리가 길어진다.

ⓒ 수막현상 등으로 인해 조향조작 및 브레이크 기능이 저하될 수 있다.

ⓓ 보행자의 주의력이 약해지는 경향이 있다. 비가 오면 보행자는 우산을 받쳐 들고 노면을 바라보며 걷는 경향이 있으며, 자동차나 신호기에 대한 주의력이 평상시보다 떨어질 수 있다. 비오는 날에는 경음기를 울려도 빗소리로 인해 보행자가 잘 듣지 못할 수도 있다.

ⓔ 젖은 노면에 토사가 흘러내려 진흙이 깔려 있는 곳은 다른 곳보다 더욱 미끄럽다.

② 빗길 안전운전

ⓐ 비가 내려 노면이 젖어있는 경우에는 최고속도의 20%를 줄인 속도로 운행한다.

ⓑ 폭우로 가시거리가 100m 이내인 경우에는 최고속도의 50%를 줄인 속도로 운행한다.

ⓒ 물에 고인 길을 통과할 때에는 속도를 줄여 저속으로 통과한다. 브레이크에 물이 들어가면 브레이크 기능이 약해지거나 불균등하게 제공되면서 제동력을 감소시킬 수 있다.

ⓓ 물이 고인 길을 벗어난 경우에는 브레이크를 여러 번 나누어 밟아 마찰열로 브레이크 패드나 라이닝의 물기를 제거한다.

ⓔ 보행자 옆을 통과할 때에는 속도를 줄여 흙탕물이 튀기지 않도록 주의한다.

ⓕ 공사현장의 철판 등을 통과할 때에는 사전에 속도를 충분히 줄여 미끄러지지 않도록 천천히 통과하여야 하며, 급브레이크를 밟지 않는다.

ⓖ 급출발, 급핸들, 급브레이크 등의 조작은 미끄러짐이나 전복사고의 원인이 되므로 엔진브레이크를 적절히 사용하고, 브레이크를 밟을 때에는 페달을 여러 번 나누어 밟는다.

제3편 안전운행

제9절 경제운전

1. 경제운전의 개념과 효과

운전 중 접하게 되는 여러 가지 외적 조건(기상, 도로, 차량, 교통상황 등)에 따라 운전방식을 맞추어 감으로써 연료소모율을 낮추고, 공해배출을 최소화하며, 심지어는 안전의 효과를 가져 오고자 하는 운전방식이다. 다른 말로는 에코드라이빙이라고도 한다.

① 경제운전의 기본적인 방법
 ㉠ 가, 감속을 부드럽게 한다.
 ㉡ 불필요한 공회전을 피한다.
 ㉢ 급회전을 피한다. 차가 전방으로 나가려는 운동에너지를 최대한 활용해서 부드럽게 회전한다.
 ㉣ 일정한 차량속도를 유지한다.

② 경제적인 운전의 효과
 ㉠ 차량관리비용, 고장수리 비용, 타이어 교체비용 등의 감소 효과
 ㉡ 고장수리 작업 및 유지관리 작업 등의 시간 손실 감소효과
 ㉢ 공해배출 등 환경문제의 감소효과
 ㉣ 교통안전 증진 효과
 ㉤ 운전자 및 승객의 스트레스 감소 효과

2. 경제운전에 영향을 미치는 요인

① 교통상황
 교통체증 상황에서는 가,감속 및 기어변동 등이 잦게 됨에 따라 에너지 소모량이 증가한다. 그러나 일정 속도를 유지하면 가속저항이 제로가 되어 그만큼 에너지 소모량이 감소한다. 즉, 불필요한 가속과 제동을 피하는 것이 에너지 소모량을 최소화하는 것이다.
 ㉠ 각기 다른 운전방식의 연료소모율 차이(자료 VTL 2002)

운전방식	중형버스(8.8t)		대형버스(24.5t)	
	l/100km	지수	l/100km	지수
A: 공격적	37.8	143	101.5	145
B: 일반적	26.5	100	69.9	100
C: 경제운전	21.0	79	54.5	78

주)
평균시속 30km의 도시주행, 평균시속 60km의 지방도 주행. 평균시속 90km의 고속도로 주행 결과를 모두 포함한 것임.
- **공격적 운행방식**: 급가속 및 급제동, 앞차량의 근접 추종 등이 많은 운전
- **경제 운전방식**: 부드러운 가속, 제동의 최소화, 예측운전 등의 방식

② 도로조건
 젖은 노면은 구름저항을 증가시키며, 경사도는 구배저항력에 영향을 미침으로서 연료소모를 증가시킨다.
③ 기상조건
 맞바람은 공기저항을 증가시켜 연료소모율을 높인다. 기온이 높아지면 에어컨을 작동시키지 않는 조건에서는 연료 소모율이 감소한다.
④ 차량의 타이어
 타이어트레드는 차량과 노면 간에 힘을 전달하며, 물과 오염물질을 밀어내는 역할을 하고, 타이어를 식히는 역할을 한다. 따라서 바퀴가 닳아서 홈의 깊이가 얕아져 있으면 그만큼 구름저항이 커진다.
 ㉠ 타이어 공기압(가장 중요함)
  ⓐ 공기압이 낮으면: 트레드가 구실을 못하게 되며, 차량의 안정성이 낮아진다.
  ⓑ 공기압이 너무 높으면: 접지력이 떨어지고, 타이어 손상 가능성도 높아진다.
  ⓒ 적정 공기압일 때: 제동거리도 최소화되며, 노면에 대한 주행 및 제동력의 전달이 가장 좋아지고 타이어의 내구성도 최대가 된다.
  ⓓ 타이어의 공기압이 적정압력보다 15~20% 낮으면 연료 소모량은 약 5~8% 증가하는 것으로 나타났다.
⑤ 엔진
 엔진은 동력을 생산하는 가장 중요한 장치로 엔진효율이 곧 연료효율을 결정한다. 엔진도 정기적인 점검을 통해 효율을 높일 수 있도록 하는 것이 중요하다.
⑥ 공기역학
 버스가 유선형일수록 연료소모율을 낮출 수 있다. 주행 중 창문을 열 경우 공기저항이 증가하여 연료소모율을 높일 수 있다.

3. 주행방법과 연료소모율

① 시동 및 출발
 ㉠ 버스 엔진의 시동을 걸 때는 적정 속도로 엔진을 회전시켜 적정한 오일 압력이 유지되도록 하여야 한다.
 ㉡ 적정한 공회전 시간은 여름은 20~30초, 겨울은 1~2분 정도가 적당하다.
 ㉢ 엔진이 차가운 상태에서 갑자기 엔진속도를 고속으로 올리면 엔진이 더워져 있을 때보다 엔진의 마모율이 높아진다.
 ㉣ 차량이 정지중일 때 엔진은 매우 천천히 더워지기 때문에 시동을 걸고 처음에 낮은 속도로 주행하면 좀 더 빠르게 엔진온도를 높이는 효과가 있다.
② 속도
 ㉠ 경제운전을 위해서는 가능한 한 일정 속도로 주행하는 것이 매우 중요하다.
 ㉡ 가,감속과 제동을 자주하며 공격적인 운전으로 평균시속 40km를 유지하는 것이 시속 40km의 일정속도로 주행할 때보다 연료소모가 훨씬 많다.
 ㉢ 평균속도와 일정속도에서의 연료소비량의 차이는 20%에까지 이른다.
③ 기어변속
 기어를 적절히 변속하는 것 또한 경제운전에서 매우 중요한 요소이다. 기어변속은 엔진회전속도가 2000~3000RPM 상태에서 고단 기어 변속이 바람직하다.
④ 제동과 관성 주행
 ㉠ 운전 중 교차로에 접근하든가 할 때 가속페달에서 발을 떼고 관성으로 차를 움직이게 할 수 있을 때는 제동을 피하는 것이 좋다.
 ㉡ 관성주행은 가속페달에서 발을 떼서 브레이크로 이용하는 것이다.
 ㉢ 이 때, 연료공급이 차단되어 연료소모가 줄어들고, 제동장치와 타이어의 불필요한 마모도 줄일 수 있다.

제3편 안전운행

⑤ 교통류에 합류와 분류

흔히 지선에서 차량속도가 높은 본선으로 합류할 때는 강한 가속이 필수적이다.

⑥ 위험예측운전

㉠ 위험예측 운전은 자신의 운전행동을 도로 및 교통조건에 맞추어 나가는 것이다.

㉡ 방어운전에서의 안전운전 5가지 기술: 교통상황, 대향차, 교차로 접근 차량, 앞지르기와 후진 차량 등에 대한 적절한 관찰

⑦ 경제운전과 방어운전

방어운전은 다른 도로이용자의 행동과 도로, 교통조건 등을 예측, 판단해서 그 조건에 맞는 운전을 실행하는 것으로, 사고를 회피하는 것 뿐 아니라 연료소비 감소까지 가져오는 효과가 있기 때문에 본질적으로는 방어운전이지만 경제운전이 될 수 있다.

제10절 기본 운행 수칙

1. 출발, 정지, 주차

① 출발하고자 할 때

㉠ 매일 운행을 시작할 때에는 후사경이 제대로 조정되어 있는지 확인한다.

㉡ 시동을 걸 때에는 기어가 들어가 있는지 확인한다. 기어가 들어가 있는 상태에서는 클러치를 밟지 않고 시동을 걸지 않는다.

㉢ 주차브레이크가 채워진 상태에서는 출발하지 않는다.

㉣ 운전석은 운전자의 체형에 맞게 조절하여 운전자세가 자연스럽도록 한다.

㉤ 주차상태에서 출발할 때에는 차량의 사각지점을 고려하여 버스의 전·후·좌·우의 안전을 직접 확인한다.

㉥ 운행을 시작하기 전에 제동등이 점등되는지 확인한다.

㉦ 도로의 가장자리에서 도로로 진입하는 경우에는 진행하려는 방향의 안전여부를 확인한다.

㉧ 출발 할 때에는 자동차문을 완전히 닫은 상태에서 방향지시등을 작동시켜 도로주행 의사를 표시한 후 추발한다.

㉨ 출발 후 진로변경이 끝나기 전에 신호를 중지하지 않는다.

㉩ 출발 후 진로변경이 끝난 후에도 신호를 계속하고 있지 않는다.

② 정지할 때

㉠ 정지할 때에는 미리 감속하여 급정지로 인한 타이어 흔적이 발생하지 않도록 한다(엔진브레이크 및 저단 기어 변속 활용).

㉡ 정지할 때까지 여유가 있는 경우에는 브레이크 페달을 가볍게 2~3회 나누어 밟는 '단순조작'을 통해 정지한다.

㉢ 미끄러운 노면에서는 제동으로 인해 차량이 회전하지 않도록 주의한다.

③ 주차할 때

㉠ 주차가 허용된 지역이나 안전한 지역에 주차한다.

㉡ 주행차로로 주차된 차량의 일부분이 돌출되지 않도록 주의한다.

㉢ 경사가 있는 도로에 주차할 때에는 밀리는 현상을 방지하기 위해 바퀴에 고임목 등을 설치하여 안전여부를 확인한다.

㉣ 차가 도로에서 고장을 일으킨 경우에는 안전한 장소로 이동한 후 고장자동차의 표시(비상삼각대)를 설치한다.

2. 주행, 추종, 진로변경

① 주행하고 있을 때

㉠ 교통량이 많은 곳에서는 급제동 또는 후미추돌 등을 방지하기 위해 감속하여 주행한다.

㉡ 노면상태가 불량한 도로에서는 감속하여 운행한다.

㉢ 전방의 시야가 충분히 확보되지 않는 기상상태나 도로조건 등에서는 감속하여 주행한다.

㉣ 해질 무렵, 터널 등 조명조건이 불량한 경우에는 감속하여 주행한다.

㉤ 주택가나 이면도로 등은 돌발 상황 등에 대비하여 과속이나 난폭운전을 하지 않는다.

㉥ 곡선반경이 작은 도로나 과속방지턱이 설치된 도로에서는 감속하여 안전하게 통과한다.

㉦ 주행하는 차들과 제한속도를 넘지 않는 범위 내에서 속도를 맞추어 주행한다.

㉧ 핸들을 조작할 때마다 상체가 한 쪽으로 쏠리지 않도록 왼발을 발판에 놓아 상체 이동을 최소화시킨다.

㉨ 신호대기 중에 기어를 넣은 상태에서 클러치와 브레이크 페달을 밟아 자세가 불안정하게 만들지 않는다.

㉩ 신호대기 등으로 잠시 정지하고 있을 때에는 주차브레이크를 당기거나, 브레이크페달을 밟아 차량이 미끄러지지 않도록 한다.

㉪ 급격한 핸들조작으로 타이어가 옆으로 밀리는 경우, 핸들복원이 늦어 차로를 이탈하는 경우, 운전조작 실수로 차체가 균형을 잃는 경우 등이 발생하지 않도록 주의한다.

㉫ 통행우선권이 있는 다른 차가 진입할 때에는 양보한다.

㉬ 직선도로를 통행하거나 구부러진 도로를 돌 때 다른 차로를 침범하거나, 2개 차로에 걸쳐 주행하지 않는다.

② 앞차를 뒤따라가고 있을 때

㉠ 앞차가 급제동할 때 후미를 추돌하지 않도록 안전거리를 유지한다.

㉡ 적재상태가 불량하거나, 적재물이 떨어질 위험이 있는 자동차에 접근하여 주행하지 않는다.

③ 다른 차량과의 차간거리 유지

㉠ 앞 차량에 근접하여 주행하지 않는다. 앞 차량이 급제동할 경우 안전거리 미확보로 인해 앞차의 후미를 추돌하게 된다.

㉡ 좌·우측 차량과 일정거리를 유지한다.

㉢ 다른 차량이 차로를 변경하는 경우에는 양보하여 안전하게 진입할 수 있도록 한다.

④ 진로변경 및 주행차로를 선택할 때

㉠ 도로별 차로에 따른 통행차의 기준을 준수하여 주행차로를 선택한다.

㉡ 급차로 변경을 하지 않는다.

㉢ 일반도로에서 차로를 변경하는 경우에는 그 행위를 하려는 지점에 도착하기 전 30m(고속도로에서는 100m) 이상의 지점에 이르렀을 때 방향지시등을 작동시킨다.

제3편 안전운행

ⓔ 도로노면에 표시된 백색 점선에서 진로를 변경한다.
ⓜ 터널 안, 교차로 직전 정지선, 가파른 비탈길 등 백색 실선이 설치된 곳에서는 진로를 변경하지 않는다.
ⓑ 진로변경이 끝날 때까지 신호를 계속 유지하고, 진로변경이 끝난 후에는 신호를 중지한다.
ⓢ 다른 통행차량 등에 대한 배려나 양보 없이 본인 위주의 진로변경을 하지 않는다.
ⓞ 진로변경 위반에 해당하는 경우
  ⓐ 두 개의 차로에 걸쳐 운행하는 경우
  ⓑ 한 차로로 운행하지 않고 두 개 이상의 차로를 지그재그로 운행하는 경우
  ⓒ 갑자기 차로를 바꾸어 옆 차로로 가로지르는 행위
  ⓓ 여러 차로를 연속적으로 가로지르는 행위
  ⓔ 진로변경이 금지된 곳에서 진로를 변경하는 행위 등

3. 앞지르기

① 편도 1차로 도로 등에서 앞지르기하고자 할 때
  ㉠ 앞지르기 할 때에는 언제나 방향지시등을 작동시킨다.
  ㉡ 앞지르기가 허용된 구간에서만 시행한다.
  ㉢ 앞지르기 할 때에는 반드시 반대방향 차량, 추월차로에 있는 차량, 뒤쪽 및 앞 차량과의 안전여부를 확인한 후 시행한다.
  ㉣ 제한속도를 넘지 않는 범위 내에서 시행한다.
  ㉤ 앞지르기한 후 본 차로로 진입할 때에는 뒤차와의 안전을 고려하여 진입한다.
  ㉥ 앞 차량의 좌측 차로를 통해 앞지르기를 한다.
  ㉦ 도로의 구부러진 곳, 오르막길의 정상부근, 급한 내리막길, 교차로, 터널 안, 다리 위에서는 앞지르기를 하지 않는다.
  ㉧ 앞차가 다른 자동차를 앞지르고자 할 때에는 앞지르기를 시도하지 않는다.
  ㉨ 앞차의 좌측에 다른 차가 나란히 가고 있는 경우에는 앞지르기를 시도하지 않는다.

4. 교차로 통행

① 좌·우로 회전할 때
  ㉠ 회전이 허용된 차로에서만 회전하고, 회전하고자 하는 지점에 이르기까지 전 30m(고속도로에서는 100m) 이상의 지점에 이르렀을 때 방향지시등을 작동시킨다.
  ㉡ 좌회전 차로가 2개 설치된 교차로에서 좌회전할 때에는 1차로(중·소형승합차), 2차로(대형승합자동차) 통행기준을 준수한다.
  ㉢ 대향차가 교차로를 통과하고 있을 때에는 완전히 통과시킨 후 좌회전한다.
  ㉣ 우회전할 때에는 내륜차 현상으로 인해 보도를 침범하지 않도록 주의한다.
  ㉤ 우회전하기 직전에는 직접 눈으로 또는 후사경으로 오른쪽 옆의 안전을 확인하여 충돌이 발생하지 않도록 주의한다.
  ㉥ 회전할 때에는 원심력이 발생하여 차량이 이탈하지 않도록 감속하여 진입한다.

② 신호할 때
  ㉠ 진행방향과 다른 방향의 지시등을 작동시키지 않는다.
  ㉡ 정당한 사유 없이 반복적이거나 연속적으로 경음기를 울리지 않는다.

5. 차량점검 및 자기 관리

① 차량에 대한 점검이 필요할 때
  ㉠ 운행시작 전 또는 종료 후에는 차량상태를 철저히 점검한다.
  ㉡ 운행 중간 휴식시간에는 차량의 외관 및 적재함에 실려 있는 화물의 보관 상태를 확인한다.
  ㉢ 운행 중에 차량의 이상이 발견된 경우에는 즉시 관리자에게 연락하여 조치를 취한다.

② 감정의 통제가 필요할 때
  ㉠ 운행 중 다른 운전자의 나쁜 운전행태에 대해 감정적으로 대응하지 않는다.
  ㉡ 술이나 약물의 영향이 있는 경우에는 관리자에게 배차 변경을 요청한다.

제11절 계절별 안전운전

1. 봄철

① 교통사고 위험요인
보행자의 통행 및 교통량이 증가하고 특히 입학시즌을 맞이하여 어린이 관련 교통사고가 많이 발생한다. 춘곤증에 의한 졸음운전도 주의해야 한다.

㉠ 도로조건
  ⓐ 이른 봄에는 일교차가 심해 새벽에 결빙된 도로가 발생할 수 있다.
  ⓑ 날씨가 풀리면서 겨우내 얼어있던 땅이 녹아 지반 붕괴로 인한 도로의 균열이나 낙석 위험이 크다.
  ⓒ 지반이 약한 도로의 가장자리를 운행할 때에는 도로변의 붕괴 등에 주의해야 한다.
  ⓓ 황사현상에 의한 모래바람은 운전자 시야 장애요인이 되기도 한다.

㉡ 운전자
  ⓐ 기온이 상승함에 따라 긴장이 풀리고 몸도 나른해진다.
  ⓑ 춘곤증에 의한 전방주시태만 및 졸음운전은 사고로 이어질 수 있다.
  ⓒ 보행자 통행이 많은 장소(주택가, 학교주변, 정류장) 등에서는 무단 횡단하는 보행자 등 돌발 상황에 대비하여야 한다.

㉢ 보행자
  ⓐ 추웠던 날씨가 풀리면서 통행하는 보행자가 증가하기 시작한다.
  ⓑ 교통상황에 대한 판단능력이 떨어지는 어린이와 신체능력이 약화된 노약자들의 보행이나 교통수단이용이 증가한다.

② 안전운행 및 교통사고 예방
㉠ 교통 환경 변화
  ⓐ 춘곤증이 발생하는 봄철 안전운행을 위해서 과로한 운전을 하지 않도록 건강관리에 유의한다.

ⓑ 해빙기로 인한 도로의 지반 붕괴와 균열에 대비하기 위
해 산악도로 및 하천도로 등을 주행하는 운전자는 노면
상태 파악에 신경을 써야 한다.
ⓒ 포장도로 곳곳에 파인 노면은 차량과의 마찰로 사고를
유발시킬 수 있으므로 운전자는 운행하는 도로 정보를
사전에 파악하도록 노력한다.
ⓛ 주변 환경 대응
ⓐ 교통 환경 변화
• 포근하고 화창한 기후조건은 보행자나 운전자의 집
중력을 떨어뜨린다.
• 신학기를 맞이하여 학생들의 보행인구가 늘어난다.
• 본격적인 행락철을 맞이하여 교통수요가 많아지고
통행량이 증가한다.
ⓑ 주변 환경에 대한 대응
• 충분한 휴식을 통해 과로하지 않도록 주의한다.
• 운행 중에는 주변 환경변화를 인지하여 위험이 발생
하지 않도록 방어운전 한다.
③ 자동차관리
㉠ 세차
ⓐ 환절기의 심한 온도차는 자동차 도장부위에 심한 손상
을 줄 수 있기 때문에 자주 세차하는 것은 바람직하지
못하나, 차량부식을 촉진시키는 제설작용용 염화칼슘
을 제거하기 위해 세차할 때는 차량 및 차체 하부 구석
구석 씻어 주는 것이 좋다.
ⓑ 창문, 화물적제함 등을 활짝 열어 겨우내 찌들은 먼지
와 이물질 등은 제거한다.
㉡ 월동장비 정리
ⓐ 눈길을 주행하기 위해 준비했던 스노타이어, 체인 등
월동 장비는 물기 등을 제거하여 통풍이 잘 통하는 곳
에 보관한다.
ⓑ 겨우내 사용했던 스노타이어는 모양이 변형되지 않도
록 가급적 휠에 끼워 습기가 없는 공기가 잘 통하는 곳
에 보관한다.
ⓒ 수노체인은 녹 방지제를 뿌리고 이물질을 제거하여 통
풍이 잘 통하는 곳에 보관한다.
㉢ 배터리 및 오일류 점검
ⓐ 배터리 액이 부족하면 증류수 등을 보충해 준다.
ⓑ 배터리 본체는 물걸레로 깨끗이 닦아주고, 배터리 단자
는 사용하지 않는 칫솔이나 쇠 브러시로 이물질을 깨끗
이 제거한 후 단단히 조여 준다.
ⓒ 추운 날씨로 인해 엔진오일이 변질될 수 있기 때문에
엔진오일 상태를 점검하여 필요시 엔진오일과 오일필
터 등을 교환한다.
㉣ 기타 점검
ⓐ 전선의 피복이 벗겨졌는지, 서킷 부분은 부식되지 않았
는지 등을 점검하여 화재가 발생하지 않도록 낡은 배선
및 부식된 부분은 교환한다.
ⓑ 작은 누수라도 방치할 경우 엔진 전체를 교환할 수 있
기 때문에 겨우내 냉각계통에서 부동액이 샜는지 확인
한다.
ⓒ 더워지기 전에 겨우내 사용하지 않았던 에어컨을 작동
시켜 정상적으로 작동되는지 확인한다. 에어컨 냉방 성

능이 떨어졌다면 에어컨 가스가 누출되었는지, 에어컨
벨트가 손상되었는지 점검해야 한다.

2. 여름철
① 교통사고 위험요인
여름철에 발생되는 교통사고는 무더위, 장마, 폭우 등의 열악
한 교통 환경을 운전자들이 극복하지 못하여 발생되는 경우
가 많다.
㉠ 도로조건
ⓐ 갑작스런 악천후 및 무더위 등으로 운전자의 시각적 변
화와 긴장 · 흥분 · 피로감이 복합적 요인으로 작용하여
교통사고를 일으킬 수 있으므로 기상변화에 잘 대비하
여야 한다.
ⓑ 장마와 더불어 소나기 등 변덕스런 기상 변화 때문에 젖
은 노면과 물이 고인 노면 등은 빙판길 못지않게 미끄러
우므로 급제동 등이 발생하지 않도록 주의해야 한다.
㉡ 운전자
ⓐ 대기의 온도와 습도의 상승으로 불쾌지수가 높아져 적
절히 대응하지 못하면 주행 중에 변화하는 교통상황에
대한 인지가 늦어지고, 판단이 부정확해질 수 있다.
ⓑ 수면부족과 피로로 인한 졸음운전 등도 집중력 저하 요
인으로 작용한다.
ⓒ 불쾌지수가 높으면 나타날 수 있는 현상
• 차량 조작이 민첩하지 못하고, 난폭운전을 하기 쉽다.
• 사소한 일에도 언성을 높이고, 잘못을 전가하려는 신
경질적인 반응을 보이기 쉽다.
• 불필요한 경음기 사용, 감정에 치우친 운전으로 사고
위험이 증가한다.
• 스트레스가 가중돼 운전이 손에 잡히지 않고, 두통,
소화불량 등 신체 이상이 나타날 수 있다.
② 안전 운행 및 교통사고 예방
㉠ 뜨거운 태양 아래 오래 주차하는 경우: 기온이 상승하면
차량의 실내 온도는 뜨거운 양철지붕 속과 같이 뜨거우므
로 출발하기 전에 창문을 열어 실내의 더운 공기를 환기시
킨 다음 운행하는 것이 좋다.
㉡ 주행 중 갑자기 시동이 꺼졌을 경우: 기온이 높은 날에는
연료 계통에서 발생한 열에 의한 증기가 통로를 막아 연료
공급이 단절되면 운행 도중 엔진이 저절로 꺼지는 현상이
발생할 수 있다. 자동차를 길 가장자리 통풍이 잘되는 그
늘진 곳으로 옮긴 다음 열을 식힌 후 재시동을 건다.
㉢ 비가 내리고 있을 때 주행하는 경우: 비에 젖은 도로를 주
행할 때에는 건조한 도로에 비해 노면과의 마찰력이 떨어져
미끄럼에 의한 사고가 발생할 수 있으므로 감속 운행한다.
③ 자동차관리
㉠ 냉각장치 점검: 여름철에는 무더운 날씨로 인해 엔진이 과
열되기 쉬우므로 냉각수의 양은 충분한지, 냉각수가 새는
부분은 없는지, 팬벨트의 장력은 적절한지를 수시로 확인
해야 한다.
㉡ 와이퍼의 작동상태 점검
ⓐ 장마철 운전에 있어 필수장비인 와이퍼의 작동상태를
점검한다.
• 점검사항: 와이퍼가 정상적으로 작동되는지, 유리면

과 접촉하는 와이퍼 블레이드가 닳지 않았는지, 노즐의 분출구가 막히지 않았는지, 노즐의 분사 각도는 양호한지 그리고 워셔액은 충분한지 등을 점검한다.
- 와이퍼 교체시기: 와이퍼 블레이드가 지나간 자리에 얼룩이 남는다. 차 유리에 맺힌 물기가 제대로 닦이지 않는다. 와이퍼가 지나갈 때 드르륵 하면서 튕기는 소리가 난다. 고속으로 주행할 때 와이퍼에서 바람소리가 난다.
- ⓑ 와이퍼가 작동하지 않을 때에는 퓨즈의 단선 여부를 확인하고, 정상이라면 와이퍼 배선을 점검한다.
- ⓒ 타이어 마모상태 점검
  - ⓐ 타이어가 많이 마모되었을 때에는 빗길에 잘 미끄러지고, 제동거리도 길어지고, 고인 물을 통과할 때 수막현상이 발생하여 사고 위험이 높아진다.
  - ⓑ 노면과 접촉하는 트레드 홈 깊이가 최저 1.6mm 이상이 되는지 확인하고, 적정공기압을 유지하도록 한다.
- ⓓ 차량 내부의 습기 제거
- ⓔ 에어컨 관리
  - ⓐ 차가운 바람이 적게 나오거나 나오지 않을 때에는 엔진룸 내의 팬 모터가 작동되는지 확인한다. 모터가 돌지 않는다면 퓨즈가 단선되었는지, 배선에 문제가 있는지, 통풍구에 먼지가 쌓여 통로가 막혔는지 점검한다.
  - ⓑ 에어컨은 압축된 냉매가스가 순환하면서 주위로부터 열을 빼앗은 원리로 냉매 가스가 부족하면 냉각능력이 떨어지고 압축기 등 다른 부품에 영향을 주게 되므로 냉매가스의 양이 적절한지 점검한다. 에어컨을 오랫동안 사용하지 않으면 압축기 내부가 산화되어 부식되기 쉽다.
- ⓕ 기타 자동차관리
  - ⓐ 브레이크: 여름철 장거리 운전 뒤에는 브레이크 패드와 라이닝, 브레이크액 등을 점검하여 제동거리가 길어지는 현상을 방지하여야 한다.
  - ⓑ 전기배선: 여름철 외부의 높은 온도와 엔진룸의 열기로 배선테이프의 접착제가 녹아 테이프가 풀리면 전기장치에 고장이 발생할 수 있으므로 엔진룸 등의 연결부위의 배선테이프 상태를 점검한다. 전선의 피복이 벗겨져 있을 때 습도가 높으면 누전이 발생하여 화재로 이어질 수 있다.
  - ⓒ 세차: 해수욕장 또는 해안 근처는 소금기가 강하고, 이 소금기는 금속의 산화작용을 일으키기 때문에 해안 부근을 주행한 경우에는 세차를 통해 소금기를 제거해야 한다.

3. 가을철

① 교통사고 위험요인
- ㉠ 도로조건: 추석절 귀성객 등으로 전국 도로가 교통량이 증가하여 지·정체가 발생하지만 다른 계절에 비하여 도로조건은 비교적 양호하다.
- ㉡ 운전자: 추수절 국도 주변에는 저속으로 운행하는 경운기·트랙터 등의 통행이 늘고, 단풍 등 주변 환경에 관심을 가지게 되면 집중력이 떨어져 교통사고 발생가능성이 존재한다.
- ㉢ 보행자: 맑은 날씨, 곱게 물든 단풍, 풍성한 수확 등 계절적 요인으로 인해 교통신호 등에 대한 주의집중력이 분산될 수 있다.

② 안전운행 및 교통사고
- ㉠ 이상기후 대처
  - ⓐ 안개 속을 주행할 때 갑자기 감속하면 뒤차에 의한 추돌이 우려되며, 반대로 감속하지 않으면 앞차를 추돌하기 쉬우므로 안개 지역을 통과할 때에는 처음부터 감속 운행한다.
  - ⓑ 늦가을에 안개가 끼면 기온차로 인해 노면이 동결되는 경우가 있는데, 이때는 엔진브레이크를 사용하여 감속한 다음 풋 브레이크를 밟아야 하며, 핸들이나 브레이크를 급하게 조작하지 않도록 주의한다.
- ㉡ 보행자에 주의하여 운행
  - ⓐ 보행자는 기온이 떨어지면 몸을 움츠리는 등 행동이 부자연스러워 교통상황에 대한 대처능력이 떨어진다.
  - ⓑ 보행자의 통행이 많은 곳을 운행할 때에는 보행자의 움직임에 주의한다.
- ㉢ 행락철 주의: 행락철인 계절특성으로 각급 학교의 소풍, 회사나 가족단위의 단풍놀이 등 단체 여행의 증가로 주차장 등이 혼잡하고, 운전자의 주의력이 산만해질 수 있으므로 주의해야 한다.
- ㉣ 농기계주의
  - ⓐ 추수시기를 맞아 경운기 등 농기계의 빈번한 도로운행은 교통사고의 원인이 되기도 한다.
  - ⓑ 지방도로 등 농촌 마을에 인접한 도로에서는 농지로부터 도로로 나오는 농기계에 주의하면서 운행한다.
  - ⓒ 도로변 가로수 등에 가려 간선도로로 진입하는 경운기를 보지 못하는 경우가 있으므로 주의한다.
  - ⓓ 농촌인구의 감소로 경운기를 조종하는 고령의 운전자가 많으며, 경운기 자체 소음으로 자동차가 뒤에서 접근하고 있다는 사실을 모르고 갑자기 진행방향을 변경하는 경우가 발생할 수 있으므로 운전자는 경운기와의 안전거리를 유지하고, 접근할 때에는 경음기를 울려 자동차가 가까이 있다는 사실을 알려주어야 한다.

③ 자동차관리
- ㉠ 세차 및 곰팡이 제거
  - ⓐ 바닷가 등을 운행한 차량은 바닷가의 염분이 차체를 부식시키므로 깨끗이 씻어내고 페인트가 벗겨진 곳은 녹이 슬지 않도록 조치한다.
  - ⓑ 도어와 트렁크를 활짝 열고, 진공청소기 및 곰팡이제거제 등을 사용하여 차 내부 바닥에 쌓인 먼지 및 곰팡이를 제거한다.
- ㉡ 히터 및 서리제거 장치 점검
  - ⓐ 여름내 사용하지 않았던 히터 등의 장치를 작동시켜 정상적으로 작동되는지 확인한다.
  - ⓑ 기온이 낮아지면 유리창에 서리가 끼게 되므로 열선의 연결부분이 이탈하지 않았는지, 열선이 정상적으로 작동하는지 미리 점검한다.
- ㉢ 장거리 운행 전 점검사항
  - ⓐ 타이어 공기압은 적절한지, 타이어에 파손된 부위는 없는지, 스페어타이어는 이상 없는지 점검한다.

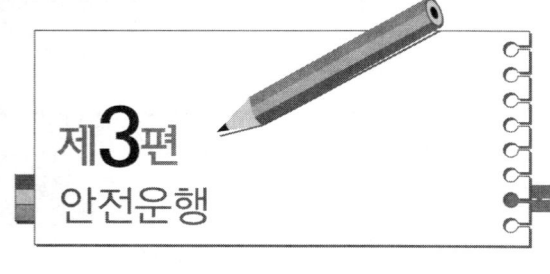
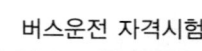

ⓑ 엔진룸 도어를 열어 냉각수와 브레이크액의 양을 점검하고, 엔진오일의 양 및 상태 등에 대한 점검을 병행하며, 팬벨트의 장력은 적정한지 점검한다.

ⓒ 전조등 및 방향지시등과 같은 각종 램프의 작동여부를 점검한다.

ⓓ 운행 중에 발생하는 고장이나 점검에 필요한 휴대용 작업등 예비부품 등을 준비한다.

4. 겨울철

① 교통사고 위험요인

㉠ 도로조건

ⓐ 겨울철에는 내린 눈이 잘 녹지 않고 쌓이며, 적은 양의 눈이 내려도 바로 빙판길이 될수 있기 때문에 자동차간의 충돌·추돌 또는 도로 이탈 등의 사고가 발생할 수 있다.

ⓑ 먼 거리에서는 도로의 노면이 평탄하고 안전해 보이지만 실제로는 빙판길인 구간이나 지점을 접할 수 있다.

㉡ 운전자

ⓐ 한 해를 마무리하는 시기로 사람들의 마음이 바쁘고 들뜨기 쉬우며, 각종 모임 등에서 마신 술이 깨지 않은 상태에서 운전할 가능성이 있다.

ⓑ 추운 날씨로 방한복 등 두꺼운 옷을 착용하고 운전하는 경우에는 움직임이 둔해져 위기상황에 민첩한 대처능력이 떨어지기 쉽다.

㉢ 보행자

ⓐ 겨울철 보행자는 추위와 바람을 피하고자 두꺼운 외투, 방한복 등을 착용하고 앞만 보면서 목적지까지 최단거리로 이동하려는 경향이 있다.

ⓑ 날씨가 추워지면 안전한 보행을 위해 보행자가 확인하고 통행하여야 할 사항을 소홀히 하거나 생략하여 사고에 직면하기 쉽다.

② 안전운행 및 교통사고 예방

㉠ 출발할 때

ⓐ 도로가 미끄러울 때에는 급출발하거나 갑작스런 동작을 하지 않고, 부드럽게 천천히 출발하면서 도로 상태를 느끼도록 한다.

ⓑ 미끄러운 길에서는 기어를 2단에 넣고 출발하는 것이 구동력을 완화시켜 바퀴가 헛도는 것을 방지할 수 있다.

ⓒ 핸들이 한쪽 방향으로 꺾여 있는 상태에서 출발하면 앞바퀴의 회전각도로 인해 바퀴가 헛도는 결과를 초래할 수 있으므로 앞바퀴를 직진 상태로 변경한 후 출발한다.

ⓓ 체인은 구동바퀴에 장착하고, 과속으로 심한 진동 등이 발생하면 체인이 벗겨지거나 절단될 수 있으므로 주의한다.

㉡ 주행할 때

ⓐ 겨울철은 밤이 길고, 약간의 비나 눈만 내려도 물체를 판단할 수 있는 능력이 감소하므로 전·후방의 교통 상황에 대한 주의가 필요하다.

ⓑ 미끄러운 도로를 운행할 때에는 돌발 사태에 대처할 수 있는 시간과 공간이 필요하므로 보행자나 다른 차량의 움직임을 주시한다.

ⓒ 주행 중에 차체가 미끄러질 때에는 핸들을 미끄러지는 방향으로 틀어주면 스핀현상을 방지할 수 있다.

ⓓ 눈이 내린 후 타이어자국이 나 있을 때에는 앞 차량의 타이어자국 위를 달리면 미끄러짐을 예방할 수 있으며 기어는 2단 혹은 3단으로 고정하여 구동력을 바꾸지 않은 상태에서 주행하면 미끄러움을 방지할 수 있다.

ⓔ 미끄러운 오르막길에서는 앞서가는 자동차가 정상에 오르는 것을 확인한 후 올라가야 하며, 도중에 정지하는 일이 없도록 밑에서부터 탄력을 받아 일정한 속도로 기어변속 없이 한 번에 올라가야 한다.

ⓕ 주행 중 노면의 동결이 예상되는 그늘진 장소는 주의해야 한다. 햇볕을 받는 남향 쪽의 도로보다 북쪽 도로는 동결되어 있는 경우가 많다.

ⓖ 교량 위·터널 근처는 동결되기 쉬운 대표적인 장소로 교량은 지면에서 떨어져 있어 열기를 쉽게 빼앗기고, 터널 근처는 지형이 험한 곳이 많아 동결되기 쉬우므로 감속운행 한다.

ⓗ 커브길 진입 전에는 충분히 감속해야 하며, 햇빛·바람·기온 차이로 커브길의 입구와 출구 쪽의 노면 상태가 다르므로 도로 상태를 확인하면서 운행하여야 한다.

㉢ 장거리 운행 시

ⓐ 장거리를 운행할 때에는 목적지까지의 운행 계획을 평소보다 여유 있게 세워야 하며, 도착지·행선지·도착시간 등을 승객에게 고지하여 기상악화나 불의의 사태에 신속히 대처할 수 있도록 한다.

ⓑ 월동 비상장구는 항상 차량에 싣고 운행한다.

③ 자동차관리

㉠ 월동장비 점검

ⓐ 스크래치: 유리에 끼인 성에를 제거할 수 있도록 비치한다.

ⓑ 스노타이어 또는 차량의 타이어에 맞는 체인 구비하고, 체인의 절단이나 마모 부분은 없는지 점검한다.

㉡ 냉각장치 점검

ⓐ 냉각수의 동결을 방지하기 위해 부동액의 양 및 점도를 점검한다. 냉각수가 얼어붙으면 엔진과 라디에이터에 치명적인 손상을 초래할 수 있다.

ⓑ 냉각수를 점검할 때에는 뜨거운 냉각수에 손을 데일 수 있으므로 엔진이 완전히 냉각될 때까지 기다렸다가 냉각장치 뚜껑을 열어 점검한다.

㉢ 정온기(수온조절기) 상태 점검

ⓐ 정온기는 실린더헤드 물 재킷 출구 부분에 설치되어 냉각수의 온도에 따라 냉각수 통로를 개폐하여 엔진의 온도를 알맞게 유지하는 장치를 말한다. 즉 엔진이 차가울 때는 냉각수가 라디에이터로 흐르지 않도록 차단하고, 실린더 내에서만 순환되도록 하여 엔진의 온도가 빨리 적정온도에 도달하도록 한다.

ⓑ 정온기가 고장으로 열려 있다면 엔진의 온도가 조정수준까지 올라가는데 많은 시간이 필요함에 따라 엔진의 워밍업 시간이 길어지고, 히터의 기능이 떨어지게 된다.

제3편 안전운행

제12절 고속도로 교통안전

1. 고속도로 교통사고 특성
① 고속도로는 빠르게 달리는 도로의 특성상 다른 도로에 비해 치사율이 높다.
② 고속도로에서는 운전자 전방주시 태만과 졸음운전으로 인한 2차(후속)사고 발생 가능성이 높아지고 있다.
③ 고속도로는 운행 특성상 장거리 통행이 많고 특히 영업용 차량(화물차, 버스) 운전자의 장거리 운행으로 인한 과로로 졸음운전이 발생할 가능성이 매우 높다.
④ 화물차, 버스 등 대형차량의 안전운전 불이행으로 대형사고가 발생하고, 사망자도 대폭 증가하고 있는 추세이다. 또한 화물차의 적재불량과 과적은 도로상에 낙하물을 발생시키고 교통사고의 원인이 되고 있다.
⑤ 최근 고속도로 운전 중 휴대폰 사용, DMB 시청 등 기기사용 증가로 인해 전방 주시에 소홀해지고 이로 인한 교통사고 발생가능성이 더욱 높아지고 있다.

2. 고속도로 통행방법
① 고속도로 안전운전 방법
  ㉠ 전방주시
    ⓐ 고속도로 교통사고 원인의 대부분은 전방주시 의무를 게을리 한 탓이다.
    ⓑ 운전자는 앞차의 뒷부분만 봐서는 안 되며 앞차의 전방까지 시야를 두면서 운전한다.
  ㉡ 진입은 안전하게 천천히, 진입 후 가속은 빠르게
    ⓐ 고속도로에 진입할 때는 방향지시등으로 진입 의사를 표시한 후 가속차로에서 충분히 속도를 높이고 주행하는 다른 차량의 흐름을 살펴 안전을 확인한 후 진입한다.
    ⓑ 진입한 후에는 빠른 속도로 가속해서 교통흐름에 방해가 되지 않도록 한다.
  ㉢ 주변 교통흐름에 따라 적정속도 유지
    ⓐ 고속도로에서는 주변 차량들과 함께 교통흐름에 따라 운전하는 것이 중요하다.
    ⓑ 주변차량들과 다른 속도로 주행하면 다른 차량의 운행과 교통흐름을 방해할 수 있기 때문에 최고속도 하에서 적정 속도를 유지해야 한다.
  ㉣ 주행차로로 주행
    ⓐ 느린 속도의 앞차를 추월할 경우 앞지르기 차로를 이용하여 추월이 끝나면 주행차로로 복귀한다.
    ⓑ 복귀할 때에는 뒤차와 거리가 충분히 벌려졌을 때 안전하게 차로를 변경한다.
  ㉤ 전 좌석 안전띠 착용
    ⓐ 교통사고로 인한 인명피해를 예방하기 위해 전 좌석 안전띠를 착용해야 하며 고속도로 및 자동차 전용도로는 전 좌석 안전띠 착용이 의무사항이다.
  ㉥ 후부 반사경 부착(차량 총중량 7.5톤 이상 및 특수 자동차는 의무 부착)
    ⓐ 후부 반사판은 화물차나 특수차량 뒷면에 부착해야 하는 안전표지판으로 야간에 후방에서 주행 중인 자동차가 전방을 잘 식별할 수 있도록 도와준다.

② 교통사고 및 고장 발생 시 대처 요령
  ㉠ 2차사고의 방지
    ⓐ 2차사고는 선행 사고나 고장으로 정차한 차량 또는 사람(선행차량 탑승자 또는 사고 처리자)을 후방에서 접근하는 차량이 재차 충돌하는 사고를 말한다.
    ⓑ 고속도로는 차량이 고속으로 주행하는 특성 상 2차사고 발생 시 사망사고로 이어질 가능성이 매우 높다.(고속도로 2차사고 치사율은 일반사고 보다 6배 높음)
    ⓒ 2차사고 예방 안전행동요령은 다음과 같다.
      • 첫째, 신속히 비상등을 켜고 다른 차의 소통에 방해가 되지 않도록 갓길로 차량을 이동시킨다(트렁크를 열어 위험을 알리는 것도 좋은 방법). 만일, 차량이동이 어려운 경우 탑승자들은 안전조치 후 신속하고 안전하게 가드레일 바깥 등의 안전한 장소로 대피한다.
      • 둘째, 후방에서 접근하는 차량의 운전자가 쉽게 확인할 수 있도록 고장자동차의 표지(안전삼각대)를 한다. 야간에는 적색 섬광신호·전기제동 또는 불꽃신호를 추가로 설치한다.(시인성 확보를 위한 안전조끼 착용 권장)
      • 셋째, 운전자와 탑승자가 차량 내 또는 주변에 있는 것은 매우 위험하므로 가드레일 밖 등 안전한 장소로 대피한다.
      • 넷째, 경찰관서(112), 소방관서(119) 또는 한국도로공사 콜센터(1588-2504)로 연락하여 도움을 요청한다.
  ㉡ 부상자의 구호
    ⓐ 사고 현장에 의사, 구급차 등이 도착할 때까지 부상자에게는 가제나 깨끗한 손수건으로 지혈하는 등 가능한 응급조치를 한다.
    ⓑ 함부로 부상자를 움직여서는 안 되며, 특히 두부에 상처를 입었을 때에는 움직이지 말아야 한다. 그러나 2차사고의 우려가 있을 경우에는 부상자를 안전한 장소로 이동시킨다.
  ㉢ 경찰공무원등에게 신고
    ⓐ 사고를 낸 운전자는 사고 발생 장소, 사상자 수, 부상정도, 그 밖의 조치사항을 경찰공무원이 현장에 있을 때에는 경찰 공무원에게, 경찰공무원이 없을 때에는 가장 가까운 경찰서에 신고한다.
    ⓑ 사고발생 신고 후 사고 차량의 운전자는 경찰공무원이 말하는 부상자 구호와 교통안전 상 필요한 사항을 지켜야 한다.

고속도로 2504 긴급견인 서비스(1588-2504, 한국도로공사 콜센터)
- 고속도로 본선, 갓길에 멈춰 2차사고가 우려되는 소형차량을 안전지대(휴게소, 영업소, 쉼터 등)까지 견인하는 제도로서 한국도로공사에서 비용을 부담하는 무료서비스
- 대상차량: 승용차, 16인 이하 승합자, 1.4톤 이하 화물차

③ 고속도로 통행방법
  ㉠ 고속도로 제한속도: 우리나라는 교통안전을 위해 다음과

같이 고속도로에서 법정속도 규정을 두고 있다.

종류			최고속도	최저속도
고속도로	편도 2차로 이상	모든 고속도로	• 매시 100km(적재중량 1.5톤 초과 화물자동차, 특수자동차, 건설기계, 위험물운반자동차)	매시 50km
		지정·고시한 노선 또는 구간의 고속도로	• 매시 120km 이내(적재중량 1.5톤 초과 화물자동차, 특수자동차, 건설기계, 위험물운반자동차) • 매시 80km	매시 50km
	편도 1차로			매시50km

ⓛ 고속도로 통행차량 기준: 고속도로의 이용효율을 높이기 위해 다음과 같이 차로별 통제가능 차량을 지정하고 있으며, 지정차로제, 버스 전용차로제를 시행하고 있다.
　　ⓐ 지정차로제

도　로	차로	통행할 수 있는 차종
고속도로	편도 2차로 1차로	• 앞지르기를 하려는 모든 자동차. 다만, 차량통행량 증가 등 도로상황으로 인하여 부득이하게 시속 80킬로미터 미만으로 통행할 수밖에 없는 경우에는 앞지르기를 하는 경우가 아니라도 통행할 수 있다.
	2차로	• 모든 자동차
	편도 3차로 이상 1차로	• 앞지르기를 하려는 승용자동차 및 앞지르기를 하려는 경형·소형·중형 승합자동차. 다만, 차량통행량 증가 등 도로상황으로 인하여 부득이하게 시속 80킬로미터 미만으로 통행할 수 밖에 없는 경우에는 앞지르기를 하는 경우가 아니라도 통행할 수 있다.
	왼쪽 차로	• 승용자동차 및 경형·소형·중형 승합자동차
	오른쪽 차로	• 대형 승합자동차, 화물자동차, 특수자동차, 법 제2조제18호나목에 따른 건설기계

　　ⓑ 버스전용차로제

구분	시행 구간 및 시간		
	시작 지점	종료 지점	시행시간
평일	오산 IC	한남대교 남단	07:00~21:00
토요일, 공휴일	신탄진 IC	한남대교 남단	07:00~21:00
설날·추석 연휴	연휴 전날 07:00~다음날 01:00까지		

주1: 통행 가능한 차는 9인승 이상 승용자동차 및 승합자동차(단, 승용자동차 또는 12인승 이하의 승합자동차는 6인 이상 승차한 경우에 한함)
주2: 시행근거
　　– 경찰청 고시 제 2010-6호(2010.12.10): 양재 IC~오산 IC 또는 신탄진 IC
　　– 서울특별시 고시 제 2010-460호(2010.12.16): 한남대교 남단~양재 IC

ⓞ 도로터널 화재의 위험성
　ⓐ 터널은 반밀폐된 공간으로 화재가 발생할 경우 내부에 열기가 축적되며 급속한 온도상승과 종방향으로 연기 확산이 빠르게 진행되어 시야확보가 어렵고 연기 질식에 의한 다수의 인명피해가 발생 될 수 있다.
　ⓑ 또한 대형차량 화재 시 약 1,200℃까지 온도가 상승하여 구조물에 심각한 피해를 유발하게 된다.
ⓛ 터널 안전운전 수칙은 다음과 같다.

 터널 진입전 입구 주변에 표시된 도로정보를 확인한다.

 터널 진입 시 라디오를 켠다.

 선글라스를 벗고 라이트를 켠다.

 교통신호를 확인한다.

 안전거리를 유지한다.

 차선을 바꾸지 않는다.

비상시를 대비하여 피난연결통로, 비상주차대 위치를 확인한다.

ⓒ 터널 내 화재 시 행동요령은 다음고 같다.
　ⓐ 터널 내 화재 시 행동요령
　　• 운전자는 차량과 함께 터널 밖으로 신속히 이동한다.
　　• 터널 밖으로 이동이 불가능한 경우 최대한 갓길 쪽으로 정차한다.
　　• 엔진을 근 후 키를 꽂아둔 채 신속하게 하차흔다.
　　• 비상벨을 누르거나 비상전화로 화재발생을 알려줘야 한다.
　　• 사고 차량의 부상자에게 도움을 준다.(비상전화 및 휴대폰 사용 터널관리소 및 119 구조요청/한국도로공사 1588-2504)
　　• 터널에 비치된 소화기나 설치되어 있는 소화전으로 조기 진화를 시도한다.
　　• 조기 진화가 불가능할 경우 젖은 수건이나 손등으로 코와 입을 막고 낮은 자세로 화재 연기를 피해 유도등을 따라 신속히 터널 외부로 대피한다.

3. 운행 제한 차량 단속
① 운행 제한차량 종류
　ⓞ 차량의 축하중 10톤, 총중량 40톤을 초과한 차량
　ⓛ 적재물을 포함한 차량의 길이(16.7m), 폭(2.5m), 높이(4m)를 초과한 차량
　ⓒ 다음에 해당하는 적재 불량 차량
　　ⓐ 편중적재, 스페어 타이어 고정 불량
　　ⓑ 덮개를 씌우지 않았거나 묶지 않아 결속 상태가 불량한 차량
　　ⓒ 액체 적재물 방류차량, 견인 시 사고 차량 파손품 유포 우려가 있는 차량
　　ⓓ 기타 적재 불량으로 인하여 낙하 우려가 있는 차량

② 운행 제한 벌칙(도로법 시행일 2014.7.15 기준)

내용	벌칙	관련 법률
• 도로관리청의 차량 회차, 적재물 분리 운송, 차량 운행중지 명령에 따르지 아니한 자	2년 이하 징역 또는 2천만원 이하 벌금	도로법 제80조, 제114조
• 적재량 측정을 위한 공무원의 차량 동승 요구 및 관계서류 제출요구 거부 한 자 • 적재량 재측정 요구에 따르지 아니한 자	1년 이하 징역 또는 1천만원 이하 벌금	도로법 77조, 제78조, 제115조
• 총중량 40톤, 축하중 10톤, 폭 2.5m, 높이 4m 길이 16.7m를 초과하여 운행제한을 위반한 운전자 • 임차한 화물적재차량이 운행제한을 위반하지 않도록 관리하지 아니한 임차인 • 운행제한 위반의 지시·요구 금지를 위반한 자	500만원 이하 과태료	도로법 77조, 제117조

③ 과적차량 제한 사유
 ㉠ 고속도로의 포장균열, 파손, 교량의 파괴
 ㉡ 저속주행으로 인한 교통소통 지장
 ㉢ 핸들 조작의 어려움, 타이어 파손, 전·후방 주시 곤란
 ㉣ 제동장치의 무리, 동력연결부의 잦은 고장 등 교통사고 유발

④ 운행제한차량 통행이 도로포장에 미치는 영향
 ㉠ 축하중 10톤: 승용차 7만대 통행과 같은 도로파손
 ㉡ 축하중 11톤: 승용차 11만대 통행과 같은 도로파손
 ㉢ 축하중 13톤: 승용차 21만대 통행과 같은 도로파손
 ㉣ 축하중 15톤: 승용차 39만대 통행과 같은 도로파손

⑤ 운행제한차량 운행허가서 신청절차
 ㉠ 출발지 및 경유지 관할 도로관리청에 제한차량 운행허가 신청서 및 구비서류를 준비하여 신청
 ㉡ 제한차량 인터넷 운행허가 시스템
  (http://www.ospermit.go.kr) 신청 가능

제4편 동승자시피

제1장 여객운송사업의 기본지식
- 제1절 사업용 개념과 특징
- 제2절 운송약관
- 제3절 운송사업 관련 행정예칙

제2장 운송종사자 준수사항 및 운전예절
- 제1절 운송사업자 준수사항
- 제2절 운송종사자 준수사항
- 제3절 운전예절
- 제4절 운전자 상식

제3장 교통사고현장에 대응 이해
- 제1절 비응급질환
- 제2절 비응급 질환
- 제3절 간단한 응급처치
- 제4절 비상시 대처 및 비상용품관리지침
- 제5절 비상용품도구
- 제6절 교통사고통보

제4장 운송종사자가 음주 및 응급질환발생 등
- 제1절 운전자 상식
- 제2절 응급질환통보
- 제3절 응급질환 대처요령

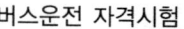

제1장 여객운수종사자의 기본자세

제1절 서비스의 개념과 특징

1. 서비스의 개념

① 서비스라는 용어
  ㉠ 일상생활에서 흔히 접하면서도 그 의미에 대해 명쾌한 대답을 하기는 쉽지 않다.
  ㉡ 일반적으로 우리가 알고 있는 사전적 의미의 서비스는 무료, 덤, 할인, 봉사, 노무를 제공하는 것이며, 판매를 위해 제공되거나 연계되어 제공되는 행위 혹은 만족을 의미한다.
② 서비스는 단지 비즈니스 현장에서만 필요한 것이 아니라 공공장소에서는 물론 일상생활에서 자연스럽게 표출되어야 하는 덕목이다.
③ 서비스는 행위, 과정, 성과로 정의할 수 있다.
  ㉠ 운수 종사자의 서비스는 승객의 요구, 필요를 충족시켜주기 위해 제공되는 서비스라 할 수 있다.
  ㉡ 버스 이용 승객이 원하는 서비스는 정해진 시간에 버스가 도착하고, 목적지까지 안전하게 가는 것, 쾌적한 버스 환경, 운수종사자의 친절한 응대이다.
  ㉢ 승객이 목적지까지 편안하고 안전하게 이동할 수 있도록 책임과 의무를 다하는 것이다.

운수종사자의 서비스
1) 예(예)의 매뉴얼을 몸에 익힌다.
2) 좋은 싫든 해야만 하는 것임을 인지한다.
3) 의무를 다하는 태도를 갖는다.

위의 세 가지를 통해 인내심이 만들어지고, 인내의 바탕 위에서 자기관리를 하고 감정을 다스릴 수 있다.

2. 서비스의 필요성

① 서비스의 특성

서비스의 특성	내용	문제해결 방안
무형성	보여지는 것이 아니라 기억에 새겨지는 것이다. 즉 고객의 욕구를 충족시키기 위해 수행되는 활동	실제적인 단서를 제공하여 이미지를 개선해야 함. 구전을 통한 호감이미지 확대
이질성	제공자와 수혜자의 상호작용으로 다양함과 이질성의 심화 되므로 서비스 표준화가 어렵다.	표준화된 서비스를 제공 서비스 품질 관리의 노력
소멸성	서비스는 1회성 생방송이다. 서비스는 저장, 재활용 할 수 없다. 순간, 순간의 느낌이 남는 것이다.	수요와 공급을 고려한 편리성 증진 전 직원의 좋은 서비스
비분리성	생산과 소비가 동시에 발생한다. 고객과 서비스제공자의 상호작용으로 발생된다.	감동을 주는 서비스 좋은 인적자원 확보

② 서비스의 필요성

[서비스 제공자와 수혜자의 상호작용]

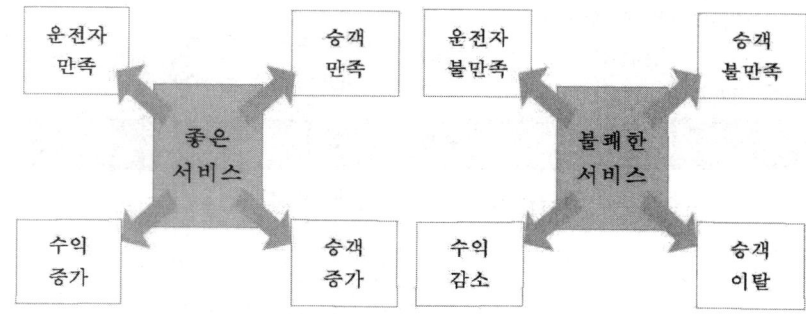

제2절 승객만족

1. 승객만족

① 승객만족: 승객이 무엇을 원하고 있으며 무엇이 불만인지 알아내어 승객의 기대에 부응하는 양질의 서비스를 제공함으로써 승객이 만족감을 느끼게 하는 것이다.

[만족과 불만족]

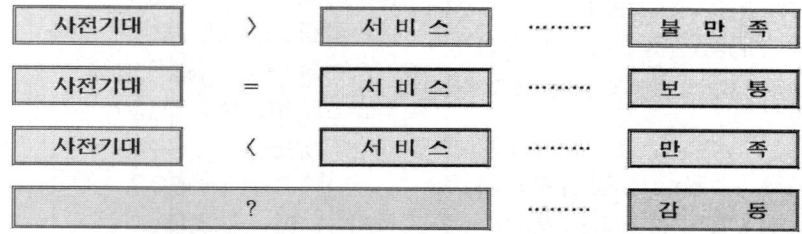

② 승객을 만족시키기 위한 추진력과 분위기 조성은 경영자의 몫이라 할 수 있으나, 실제로 승객을 상대하고 승객을 만족시켜야 할 사람은 승객과 직접 접촉하는 최일선의 운전자이다.
  ㉠ 직무에 책임을 다한다.
  ㉡ 단정한 용모를 유지한다.
  ㉢ 시간을 엄수한다.
  ㉣ 매사에 성실하고 성의를 다한다.
  ㉤ 공손하고 친절하게 응대한다.
  ㉥ 예의 바른 말씨를 사용한다.
  ㉦ 자기를 제어한다.
  ㉧ 조심성 있게 행동하고 일을 정확히 처리한다.
  ㉨ 조직이 추구하는 목표와 윤리기준에 부합하기 위해 최선을 다한다.
  ㉩ 명랑한 태도로 모든 일을 의욕적으로 한다.
③ 100명의 운수종사자 중 99명의 운수종사자가 바람직한 서비스를 제공한다 하더라도 「승객」이 접해본 단 한 명이 불만족스러웠다면 승객은 그 한 명을 통하여 회사 전체를 평가하게 된다.
  ㉠ 항의하는 고객은 빙산의 일각: 불만을 갖는 고객 중 4-5%만이 불만을 표출하고 나머지 95%는 침묵한다. 불만고객 1명은 8-10명에게 불만을 전파한다. 한 사람의 불평고객

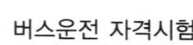

제4편 운송서비스

뒤에는 보이지 않는 20명의 불만고객이 있다.
ⓛ 승객의 요구
ⓐ 자신의 불만 제기가 정당한 것이라는 것을 인정해 주기를
ⓑ 자신의 감정에 대해 공감하고 이해하는 태도를 보여주길
ⓒ 잘못 된 점을 시정하도록 돕겠다는 말을 해주길
ⓓ 피해를 입게 되었을 때 진정성 있는 사과와 보상을 기대
ⓔ 개선할 의지의 말과 더불어 변화를 보여주길

2. 승객만족 서비스

① 3S
㉠ 스마일(Smile) : 호감을 주는 표정으로
㉡ 서비스(Service) : 승객의 입장에서 생각하고
㉢ 스피드(Speed) : 신속한 응대 및 성의있는 행동을 한다.
② 책임과 의무
㉠ 쾌적하고 안전한 버스 환경 점검
㉡ 건강한 심신유지
㉢ 단정한 용모와 복장 확인
㉣ 온화한 표정과 좋은 음성관리
㉤ 승·하차 시 인사표현 연습
㉥ 상황별 인사표현
㉦ 성의있는 반응을 보이기
　– 질문에 정성껏 응대
　– 공감적 수용적 응대

제3절 　승객만족을 위한 긍정표현

1. 태도

① 태도(Attitude): 행위, 준비, 적응이라는 단어로 쓰이며 무언가를 행할 준비가 되어있는 상태를 의미한다.
② 운수종사자는 자신의 용모와 복장 상태를 청결하고 단정하게 하며, 쾌적한 버스 환경을 제공해야 한다. 버스의 청결도(좌석, 천장, 바닥, 손잡이 등), 쾌적성(적당한 온도, 좋은냄새 등)을 체크한다. 특히 코로나19 감염병 확산으로 인해 승객이 안심하고 버스를 이용할 수 있도록 방역소독과 환경관리에 신경 써야한다.

2. 승객만족을 위한 자세

① 승객맞이 인사
승하차시 " 안녕하세요?"/ "어서오세요."/ "천천히 올라오세요."/ 감사합니다."/ "안녕히 가세요."/ "좋은 하루 보내세요." 등 밝은 목소리로 반갑게 인사한다.
② 근무복(유니폼) 착용
㉠ 단정한 용모와 근무복(유니폼) 착용은 직업인으로서의 준비된 자세를 표현하며, 승객에게 신뢰감을 준다.
㉡ 회사에서 지급한 근무복(유니폼) 착용을 의무화하고 용모를 깔끔하게 관리한다.
③ 승·하차 승객 확인
㉠ 승객의 안전을 지키기 위해 승. 하차 승객을 확인 후 출발한다.
㉡ 이는 끼임 사고를 예방하고 "개문발차"를 하지 않을 수 있다.[도로교통법 제 35조 제 2항]

㉢ 모든 차의 운전자는 운전 중 타고 있는 사람 또는 타고 내리는 사람이 떨어지지 않도록 하기 위해 문을 정확히 여닫는 등 필요한 조치를 해야 한다.

접점별 점검	
승차시	승객 쪽을 보면서 경쾌한 음성으로 말하면서 인사표현하기
	승차한 승객의 안전을 확인(착석 및 손잡이 잡기) 한 후 이동하기
이동중	운전 중 고객에게 필요한 정보 주기
	승객의 질문이나 요청사항에 가급적 빨리 응대하기
	불만을 제기하는 승객의 얘기를 수용해주고, 가능하면 빠른 해결책 제시하기
하차시	하차승객에게 인사하기("안녕히 가세요")
	승객이 하차한 것을 확인 후 출입문 닫고 출발하기

④ 호감을 주는 언어표현

〈대화시의 표정 및 태도〉

구분	듣는 입장	말하는 입장
눈	·상대방을 정면으로 바라보며 경청한다. ·시선을 자주 마주친다.	·듣는 사람을 정면으로 바라보고 말한다. ·상대방 눈을 부드럽게 주시한다. ·표정을 밝게 한다.
몸	·정면을 향해 조금 앞으로 내미는듯한 자세를 취한다. ·손이나 다리를 꼬지 않는다. ·끄덕끄덕하거나 메모하는 태도를 유지한다.	·등을 펴고 똑바른 자세를 취한다. ·자연스런 몸짓이나 손짓을 사용한다. ·웃음이나 손짓이 지나치지 않도록 주의한다.
입	·맞장구를 치며 경청한다. ·모르면 질문하여 물어본다. ·대화의 핵심사항을 재확인하며 말한다.	·입은 똑바로, 정확한 발음으로, 자연스럽고 상냥하게 말한다. ·쉬운 용어를 사용하고, 경어를 사용하며, 말끝을 흐리지 않는다. ·적당한 속도와 맑은 목소리를 사용한다
마음	·흥미와 성의를 가지고 경청한다. ·말하는 사람의 입장에서 생각하는 마음을 가진다.(역지사지의 마음)	·성의를 가지고 말한다. ·최선을 다하는 마음으로 말한다.

〈상황에 따른 긍정언어표현〉

상황	호감화법	상황	호감화법
긍정할 때	·네, 잘 알겠습니다. ·네, 그렇죠, 맞습니다.	부정할 때	·그럴 리가 없다고 생각되는데요. ·확인해 보겠습니다.
맞장구 칠때	·네, 그렇군요 ·정말 그렇습니다. ·참 잘 되었네요.	거부할 때	·어렵겠습니다만 ·정말 죄송합니다만. ·유감스럽습니다만.
부탁할 때	·양해해 주셨으면 고맙겠습니다. ·그렇게 해 주시면 정말 고맙겠습니다.	사과할 때	·폐를 끼쳐 드려서 정말 죄송합니다. ·무어라 사과의 말씀 드려야 할지 모르겠습니다.
겸손한 태도를 나타낼 때	·천만에 말씀입니다. ·제가 도울 수 있어서 다행입니다. ·오히려 제가 더 감사합니다.	분명하지 않을 때	·어떻게 하면 좋을까요? ·아직은 ~입니다. ·저는 그렇게 알고 있습니다만.

제4편 운송서비스

㉠ 호칭
- 아줌마 → 손님, 선생님
- 아가씨 → 손님, 선생님
- 할머니/ 할아버지 → 손님, 어르신, 선생님
- 꼬마야 → 학생
- 예) "아줌마. 카드 다시 찍어요."
  → "손님. (번거로우시지만) 카드 다시 찍어주시겠습니까?"
  → "선생님, 카드가 안 찍혔습니다."
  → "선생님, 카드 다시 한 번(찍어주시기) 부탁 드립니다."
- "아가씨. 좀 기다렸다 올라와요."
  → "손님. 내리시는 분 계시니 잠시 후 올라오십시오."(올라오시겠습니까?)
- "할머니. 일어나지 마세요."
  → "손님. 주행 중 일어나시면 위험하니 차가 정차할 때까지 앉아 계시겠습니까?(계세요)"
  → "어르신, 정차 후 천천히 나오셔도 됩니다".

㉡ 반응보이기(응답하기)
- "○○○ 갑니까?"-- "네" 또는 무응답(고개만 끄덕인다.)
  → 네~ 갑니다. 어르신, 천천히 올라오십시오".
- "더우니 에어컨 좀 켜주세요."-- "네" 또는, 응답하지 않고 실행한다(켜 준다).
  → "네, 알겠습니다".(흔쾌한 음성으로 대답한다).
- "저 ○○역에 내리는데 좀 알려 주세요."-- "앉아계세요". 또는 "일어나지 마세요."
  → "네, 어르신. 한 다섯 정류장 남았는데 그 때 다시 말씀드릴게요. 앉아 계십시오".

㉢ 거절은 더 정중하게
- 정류장이 막 지났는데 내려달라는 승객.
- 정류장도 아닌데 태워 달라고 손드는 승객.
- 차내에서 너무 큰 목소리로 전화를 하는 승객.
  → 승객의 안전을 위해서 못해주는 것이고 모든 승객의 편의와 안전을 위한 것임을 인지시킨다.
  정중히 양해를 구한다.

5대 금기 운전은 불편 민원을 줄일 수 있다.
1. "개문발차" 하지 않기
2. "끼임사고" 예방 (0.2 초의 여유)
3. "급제동", "급출발" 하지 않기
4. "무정차" 하지 않기
5. "곡예운전" 하지 않기

구분	행동	스크립트
승차 시	승객이 올라오는 것을 보면서 말하며 인사한다.	안녕하세요? 천천히 올라오세요.
	1. 승객이 승차한 후 자리를 잡거나 손잡이를 잡는 것을 확인한다.(거울을 보고 확인) 2. 천천히 출발한다.	문 닫겠습니다. 출입문 닫습니다. 한 계단 올라서 주세요. 손잡이 잘 잡아주세요. 자리에 앉으셨습니까? 출발하겠습니다.
운전 중 정차	정류장 진입 시 감속하며 천천히 정지한다. 신호대기 시 천천히 정지한다.	정류장에 정차합니다.(방송) 정류장에 정차할 때까지 자리에 앉아 계십시오. 정차 후 천천히 나오셔도 됩니다. 이동 중에는 자리에 앉아계십시오. 손잡이 잡으세요.
운전 중 급정지	예기치 못한 급제동을 한 경우	죄송합니다. 놀라게 해 드려서 죄송합니다. 괜찮으십니까? 그럼 출발하겠습니다.
상황별 응대	고령자나 교통약자는 더 정성껏 챙긴다. 자리에 앉는 것을 꼭 확인한다 (시간할애).	어르신, 어디까지 가십니까? 천천히 조심해서 앉으세요. 차가 정차하면 천천히 나오셔도 됩니다. (앞쪽에 앉아있는 경우) 앞문으로 천천히 내리셔도 됩니다.
	승객이 너무 많아서 붐비는 경우 및 승하차가 어려운 경우에는 양해, 협조를 구한다.	안에 계시는 손님분들 조금씩만 더 들어가 주시겠습니까? 협조해 주셔서 감사합니다. 출입문 계단에 서 계시면 위험하니 가능하시면 올라서 주시겠습니까? 거울이 안보이니 조금만 올라서 주시겠습니까?
	질문이나 요청을 하는 승객에게 해 줄 수 있는 것은 흔쾌히 해준다.	네, 손님 알겠습니다. 말씀해 주셔서 감사합니다.
	그렇지 않은 경우에는 의견을 수용하고 변화의 의지를 표현한다.	선생님 의견 회사에 말씀드려 불편하지 않으시도록 저도 노력하겠습니다(노력해 보겠습니다).
	안되는 것을 요청하는 경우에는 미안함을 표현하고 이유를 잘 설명한다.	네, 손님, 죄송합니다. ~~해서 어려우니 불편하시더라도 양해 부탁드립니다. 죄송합니다.
하차	1. 승객이 내리는 것을 확인한다. 2. 하차 확인 후 출입문을 닫는다. 3. 천천히 출발한다. 4. 차 밖에 뛰어오는 승객 여부를 확인한다.	안녕히 가세요. 좋은하루 보내세요. 천천히 내리세요. 뒷문 닫겠습니다.

3. 직업관

① 직업의 개념과 의미
  ㉠ 직업이란 경제적 소득을 얻거나 사회적 가치를 이루기 위해 참여하는 계속적인 활동으로 삶의 한 과정이다.
  ㉡ 직업의 특징
    ⓐ 우리는 평생 어떤 형태로든지 직업과 관련된 삶을 살아가도록 되어 있으며, 직업을 통해 생계를 유지할 뿐만 아니라 사회적 역할을 수행하고, 자아실현을 이루어간다.
    ⓑ 어떤 사람들은 일을 통해 보람과 긍지를 맛보며 만족스런 삶을 살아가지만, 어떤 사람들은 그렇지 못하다.

ⓒ 직업의 의미
　ⓐ 경제적 의미
　　• 직업을 통해 안정된 삶을 영위해 나갈 수 있어 중요
　　　한 의미를 가진다.
　　• 직업은 인간 개개인에게 일할 기회를 제공한다.
　　• 일의 대가로 임금을 받아 본인과 가족의 경제생활을
　　　영위한다.
　　• 인간이 직업을 구하려는 동기 중의 하나는 바로 노동
　　　의 대가, 즉 임금을 얻는 소득측면이 있다.
　ⓑ 사회적 의미
　　• 직업을 통해 원만한 사회생활, 인간관계 및 봉사를
　　　하게 되며, 자신이 맡은 역할을 수행하여 능력을 인
　　　정받는 것이다.
　　• 직업을 갖는다는 것은 현대사회의 조직적이고 유기
　　　적인 분업 관계 속에서 분담된 기능의 어느 하나를
　　　맡아 사회적 분업 단위의 지분을 수행하는
　　• 사람은 누구나 직업을 통해 타인의 삶에 도움을 주기
　　　도 하고, 사회에 공헌하며 사회발전에 기여하게 된
　　　다.
　　• 직업은 사회적으로 유용한 것이어야 하며, 사회발전
　　　및 유지에 도움이 되어야 한다.
　ⓒ 심리적 의미
　　• 삶의 보람과 자기실현에 중요한 역할을 하는 것으로
　　　사명감과 소명의식을 갖고 정성과 정열을 쏟을 수 있
　　　는 것이다.
　　• 인간은 직업을 통해 자신의 이상을 실현한다.
　　• 인간의 잠재적 능력, 타고난 소질과 적성 등이 직업
　　　을 통해 계발되고 발전된다.
　　• 직업은 인간 개개인의 자아실현의 매개인 동시에 장
　　　이 되는 것이다.
　　• 자신이 갖고 있는 제반 욕구를 충족하고 자신의 이상
　　　이나 자아를 직업을 통해 실현함으로써 인격의 완성
　　　을 기하는 것이다.
② 직업관에 대한 이해
　㉠ 직업관이란 특정한 개인이나 사회의 구성원들이 직업에
　　대해 갖고 있는 태도나 가치관을 말한다.
　㉡ 생계유지의 수단, 개성발휘의 장, 사회적 역할의 실현 등
　　서로 상응관계에 있는 3가지 측면에서 직업을 인식할 수
　　있으나, 어느 측면을 보다 강조하느냐에 따라서 각기 특유
　　의 직업관이 성립된다.
　㉢ 바람직한 직업관
　　ⓐ 소명의식을 지닌 직업관 : 항상 소명의식을 가지고 일
　　　하며, 자신의 직업을 천직으로 생각한다.
　　ⓑ 사회구성원으로서의 역할 지향적 직업관 : 사회구성원
　　　으로서의 직분을 다하는 일이자 봉사하는 일이라 생각
　　　한다.
　　ⓒ 미래 지향적 전문능력 중심의 직업관 : 자기 분야의 최
　　　고 전문가가 되겠다는 생각으로 최선을 다해 노력한다.
③ 올바른 직업윤리
　㉠ 소명의식 : 직업에 종사하는 사람이 어떠한 일을 하든지
　　자신이 하는 일에 전력을 다 하는 것이 하늘의 뜻에 따르
　　는 것이라고 생각하는 것이다.

㉡ 천직의식 : 자신이 하는 일보다 다른 사람의 직업이 수입
　도 많고 지위가 높더라도 자신의 직업에 긍지를 느끼며,
　그 일에 열성을 가지고 성실히 임하는 직업의식을 말한
　다.
㉢ 직분의식 : 사람은 각자의 직업을 통해서 사회의 각종 기
　능을 수행하고, 직접 또는 간접으로 사회구성원으로서 마
　땅히 해야 할 본분을 다해야 한다.
㉣ 봉사정신 : 현대 산업사회에서 직업 환경의 변화와 직업의
　식의 강화는 자신의 직무 수행과정에서 협동정신 등이 필
　요로 하게 되었다.
㉤ 전문의식 : 직업인은 자신의 직무를 수행하는데 필요한 전
　문적 지식과 기술을 갖추어야 한다.
㉥ 책임의식 : 직업에 대한 사회적 역할과 직무를 충실히 수
　행하고, 맡은 바 임무나 의무를 다해야 한다.

1. 직업의식을 바탕으로 서비스정신 고양.
2. 노력하고 개선하는 자세로 업무에 임하기.
3. 승객의 마음을 이해하고 행동하는 프로의식.
4. 조직 내 상호 간에 존경과 사랑의 마음 갖기

제4편 운송서비스
제2장 운수종사자 준수사항 및 운전예절

제1절 운송사업자 준수사항

(여객자동차 운수사업법 시행규칙 별표 4)

1. 일반적인 준수사항

① 운송사업자는 노약자·장애인 등에 대해서는 특별한 편의를 제공해야 한다.
② 운송사업자는 여객에 대한 서비스의 향상 등을 위하여 관할관청이 필요하다고 인정하는 경우에는 운수종사자로 하여금 단정한 복장 및 모자를 착용하게 해야 한다.
③ 운수종사자는 자동차를 항상 깨끗하게 유지해야 하며, 관할관청이 단독으로 실시하거나 관리관청과 조합이 합동으로 실시하는 청결상태 등의 검사에 대한 확인을 받아야 한다.
④ 운송사업자는 다음의 사항을 승객이 자동차 안에서 쉽게 볼 수 있는 위치에 게시하여야 한다.
  ㉠ 회사명, 자동차번호, 운전자 성명, 불편사항 연락처 및 차고지 등을 적은 표지판
  ㉡ 운행계통로(노선운송사업자(시내버스, 농어촌버스, 마을버스, 시외버스)만 해당)
⑤ 노선운송사업자는 다음의 사항을 일반인이 보기 쉬운 영업소 등의 장소에 사전에 게시하여야 한다.
  ㉠ 사업자 및 영업소 명칭
  ㉡ 운행시간표(운행횟수가 빈번한 운행계통에서는 첫차 및 마지막차의 출발시간과 운행 간격)
  ㉢ 정류소 및 목적지별 도착시간(시외버스운송사업자만 해당한다.)
  ㉣ 사업을 휴업 또는 폐업하려는 경우 그 내용의 예고
  ㉤ 영업소를 이전하려는 경우에는 그 이전의 예고
  ㉥ 그 밖에 이용자에게 알릴 필요가 있는 사항
⑥ 운송사업자는 운수종사자로 하여금 여객을 운송할 때에는 다음의 사항을 성실하게 지키도록 하고, 이를 항상 지도·감독해야 한다.
  ㉠ 정류소에서 주차 또는 정차할 때에는 질서를 문란하게 하는 일이 없도록 할 것
  ㉡ 정비가 불량한 사업용자동차를 운행하지 않도록 할 것
  ㉢ 위험방지를 위한 운송사업자·경찰공무원 또는 도로관리청 등의 조치에 응하도록 할 것
  ㉣ 교통사고를 일으켰을 때에는 긴급조치 및 신고의 의무를 충실하게 이행하도록 할 것
  ㉤ 자동차의 차체가 헐었거나 망가진 상태로 운행하지 않도록 할 것
⑦ 시외버스운송사업자(승차권의 판매를 위탁받은 자 포함)는 운임을 받을 때에는 다음의 사항을 적은 일정한 양식의 승차권을 발행해야 한다.
  ㉠ 사업자의 명칭
  ㉡ 사용구간
  ㉢ 사용기간
  ㉣ 운임액
  ㉤ 반환에 관한 사항
⑧ 시외버스운송사업자가 여객운송에 딸린 우편물·신문이나 여객의 휴대화물을 운송할 때에는 특약이 있는 경우를 제외하고 다음의 사항 중 필요한 사항을 적은 화물표를 우편물 등을 보내는 자나 휴대화물을 맡긴 여객에게 줘야 한다.
  ㉠ 운임·요금 및 운송구간
  ㉡ 접수연월일
  ㉢ 품명·개수와 용적 또는 중량
  ㉣ 보내는 사람과 받는 사람의 성명·명칭 및 주소
⑨ 우편물을 운송하는 시외버스운송사업자는 해당 영업소에 우편물 등의 보관에 필요한 시설을 갖춰야 한다.
⑩ 시외버스운송사업자는 우편물 등의 멸실·파손 등으로 인하여 그 우편물 등을 받을 사람에게 인도할 수 없을 때에는 우편물 등을 보낸 사람에게 지체 없이 그 사실을 통지해야 한다.
⑪ 전세버스운송사업자 및 특수여객자동차운송사업자는 운임 또는 요금을 받았을 때에는 영수증을 발급받아야 한다.
⑫ 운송사업자는 '자동차안전기준에 관한 규칙'에 따른 속도제한장치 또는 운행기록계가 장착된 운송사업용 자동차를 해당 장치 또는 기기가 정상적으로 작동되는 상태에서 운행되도록 해야 한다.
⑬ 시외버스운송사업자 및 전세버스운송사업자는 운수종사자로 하여금 자동차의 운행 전에 승객들에게 사고 시 대처요령과 비상망치·소화기 등 안전장치의 위치 및 사용방법 등이 포함된 안전사항에 관하여 안내 방송을 하도록 해야 한다.
⑭ 전세버스운송사업자는 운수종사자가 대열운행(같은 계약에 따라 같은 목적지로 이동하는 2대 이상의 차량이 고속도로, 자동차전용도로 등에서 「도로교통법」제19조에 따른 안전거리를 확보하지 않고 줄지어 운행하는 것을 말한다.)을 하지 않도록 지도·감독해야 한다.
⑮ 전세버스운송사업자는 운수종사자로 하여금 운행 중인 전세버스운송사업용 자동차 안에서 안전띠를 착용하지 않고 좌석을 이탈하여 돌아다니는 승객을 제지하고 필요한 사항을 안내하도록 지도·감독해야 한다.
⑯ 전세버스운송사업자는 운수종사자로 하여금 운행 중인 전세버스운송사업용 자동차 안에서 가요반주기·스피커·조명시설 등을 이용하여 안전운행에 현저히 장애가 될 정도로 춤과 노래 등 소란 행위를 하는 승객을 제지하고, 필요한 사항을 안내하도록 지도·감독해야 한다.
⑰ 수요응답형 여객자동차운송사업자는 여객의 운행요청이 있는 경우 이를 거부하여서는 안 된다.
⑱ 운송사업자는 차량 운행 전에 운수종사자의 건강상태, 음주

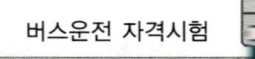

여부 및 운행경로 숙지 여부 등을 확인해야 하고, 확인 결과 운수종사자가 질병·피로·음주 또는 그 밖의 사유로 안전한 운전을 할 수 없다고 판단되는 경우에는 해당 운수종사자가 차량을 운행하도록 해서는 안 된다. 이 경우 노선 여객자동차 운송사업자는 대체 운수종사자를 투입하여 해당차량을 운행하도록 해야 한다.

⑲ 운송사업자는 운수종사자를 위한 휴게실 또는 대기실에 난방장치, 냉방장치 및 음수대 등 편의시설을 설치해야 한다.

2. 자동차의 장치 및 설비 등에 관한 준수사항

① 노선버스
  ㉠ 하차문이 있는 노선버스(시외버스, 시외고속 및 시외우등고속은 제외한다)는 여객이 하차 시 하차문이 닫힘으로써 여객에게 상해를 줄 수 있는 경우에 하차문의 동작이 멈추거나 열리도록 하는 압력감지기 또는 전자감응장치를 설치하고, 하차문이 열려 있으면 가속페달이 작동하지 않도록 하는 가속페달 잠금장치를 설치해야 한다.
  ㉡ 난방장치 및 냉각장치를 설치해야 한다. 다만, 농어촌버스의 경우 도지사가 운행노선상의 도로사정 등으로 냉방장치를 설치하는 것이 적합하지 않다고 인정할 때에는 그 차 안에 냉방장치를 설치하지 않을 수 있다.
  ㉢ 시내버스 및 농어촌버스의 차 안에는 안내방송장치를 갖춰야 하며, 정차신호용 버저를 작동시킬 수 있는 스위치를 설치해야 한다.
  ㉣ 시내버스, 농어촌버스, 마을버스 및 일반형시외버스의 차실에는 입석 여객의 안전을 위하여 손잡이대 또는 손잡이를 설치해야 한다. 다만, 냉방장치에 지장을 줄 우려가 있다고 인정되는 경우에는 그 손잡이대를 설치하지 않을 수 있다.
  ㉤ 버스의 앞바퀴에는 재생한 타이어를 사용해서는 안 된다.
  ㉥ 시외우등고속버스, 시외고속버스 및 시외직행버스의 앞바퀴의 타이어는 튜브리스 타이어를 사용해야 한다.
  ㉦ 버스의 차체에는 행선지를 표시할 수 있는 설비를 설치해야 한다.
  ㉧ 시외버스(시외중형버스는 제외한다)의 차 안에는 휴대물품을 둘 수 있는 선반(시외우등고속버스의 경우에는 적재함을 말한다)과 차 밑부분에 별도의 휴대물품 적재함을 설치해야 한다.
  ㉨ 시외버스의 경우에는 운행형태에 따라 원동기의 출력기준에 맞는 자동차를 운행해야 한다.
  ㉩ 시내버스운송사업용 자동차 중 시내일반버스의 경우에는 국토교통부장관이 정하여 고시하는 설치기준에 따라 운전자의 좌석 주변에 운전자를 보호할 수 있는 구조의 격벽시설을 설치하여야 한다.
  ㉪ 수요응답형 여객자동차에는 시·도지사가 정하는 수용응답 시스템을 갖추어야 한다.

② 전세버스
  ㉠ 난방장치 및 냉방장치를 설치해야 한다.
  ㉡ 앞바퀴는 재생한 타이어를 사용해서는 안 된다.
  ㉢ 앞바퀴의 타이어는 튜브리스 타이어를 사용해야 한다.
  ㉣ 13세 미만의 어린이의 통학을 위하여 학교 및 보육시설의 장과 운송계약을 체결하고 운행하는 전세버스의 경우에는

'도로교통법' 따른 어린이통학버스의 신고를 하여야 한다.

③ 장의자동차
  ㉠ 관은 차 외부에서 싣고 내릴 수 있도록 해야 한다.
  ㉡ 관을 싣는 장치는 차 내부에 있는 장례에 참여하는 사람이 접촉할 수 없도록 완전히 격리된 구조로 해야 한다.
  ㉢ 운구전용 장의자동차에는 운전자의 좌석 및 장례에 참여하는 사람이 이용하는 두 종류 이하의 좌석을 제외하고는 다른 좌석을 설치해서는 안 된다.
  ㉣ 차 안에는 난방장치를 설치해야 한다.
  ㉤ 일반장의자동차의 앞바퀴에는 재생한 타이어를 사용해서는 안 된다.

제2절 운수종사자 준수사항

① 정당한 사유없이 여객의 승차를 거부하거나 여객을 중도에 내리게 하는 행위를 하여서는 안 된다.
② 부당한 운임 또는 요금을 받아서는 안 된다.
③ 일정한 장소에 오랜 시간 정차하여 여객을 유치하는 행위를 하면 안 된다.
④ 문을 완전히 닫지 아니한 상태에서 자동차를 출발시키거나 운행하여서는 안 된다.
⑤ 여객이 승차하기 전에 자동차를 출발시키거나 승하차할 여객이 있는데도 정류소를 지나치면 안 된다.
⑥ 자동차 안내방송 시설이 설치되어 있는 경우 안내방송을 반드시 해야 한다.
⑦ 기점 및 경유지에서 승차하는 여객에게 자동차의 출발 전에 좌석안전띠를 착용하도록 음성방송이나 말로 안내하여야 한다.
⑧ 여객의 안전과 사고예방을 위하여 운행 전 사업용 자동차의 안전설비 및 등화장치 등의 이상 유무를 확인해야 한다.
⑨ 질병·피로·음주나 그 밖의 사유로 안전한 운전을 할 수 없을 때에는 그 사정을 해당 운송사업자에게 알려야 한다.
⑩ 자동차의 운행 중 중대한 고장을 발견하거나 사고가 발생할 우려가 있다고 인정될 때에는 즉시 운행을 중지하고 적절한 조치를 해야 한다.
⑪ 운전업무 중 해당 도로에 이상이 있었던 경우에는 운전업무를 마치고 교대할 때에 다음 운전자에게 알려야 한다.
⑫ 여객이 다른 행위를 할 때에는 안전운행과 다른 승객의 편의를 위하여 이를 제지하고 필요한 사항을 안내해야 한다.
  ㉠ 다른 여객에게 위해를 끼칠 우려가 있는 폭발성, 인화성 물질 등의 위험물을 자동차 안으로 가지고 들어오는 행위
  ㉡ 다른 여객에게 위해를 끼치거나 불쾌감을 줄 우려가 있는 동물(장애인 보조견 및 전용 운반 상자에 넣은 애완동물은 제외한다)을 자동차 안으로 데리고 들어오는 행위
  ㉢ 자동차의 출입구 또는 통로를 막을 우려가 있는 물품을 자동차 안으로 가지고 들어오는 행위
  ㉣ 운행 중인 전세버스운송사업용 자동차 안에서 안전띠를 착용하지 않고 좌석을 이탈하여 돌아다니는 행위
  ㉤ 운행 중인 전세버스운송사업용 자동차 안에서 주요반주기·스피커·조명시설 등을 이용하여 안전 운전에 현저히

제4편 운송서비스

장해가 될 정도로 춤과 노래를 하는 등 소란스럽게 하는 행위
⑬ 관계 공무원으로부터 운전면허증, 신분증 또는 자격증의 제시 요구를 받으면 즉시 이에 따라야 한다.
⑭ 여객자동차운송사업에 사용되는 자동차 안에서 담배를 피워서는 안 된다.
⑮ 사고로 인하여 사상자가 발생하거나 사업용자동차의 운행을 중단할 때에는 사고의 상황에 따라 적절한 조치를 취해야 한다.
⑯ 관할관청이 필요하다고 인정하여 복장 및 모자를 지정할 경우에는 그 지정된 복장과 모자를 착용하고, 용모를 항상 단정하게 해야 한다.
⑰ 전세버스운송사업의 운수종사자는 대열운행을 해서는 안 된다.
⑱ 노선 여객자동차운송사업 및 전세버스 운송사업의 운수종사자는 휴식시간을 준수하여 차량을 운행해야 한다.
⑲ 그 밖에 여객자동차 운수사업법 시행규칙에 따라 운송사업자가 지시하는 사항을 이행해야 한다.

제3절 운전예절

1. 교통질서의 중요성
① 제한된 도로 공간에서 많은 운전자가 안전한 운전을 하기 위해서는 운전자의 질서의식이 제고되어야 한다.
② 타인도 쾌적하고 자신도 쾌적한 운전을 하기 위해서는 모든 운전자가 교통질서를 준수해야 한다.
③ 교통사고로부터 국민의 생명 및 재산을 보호하고, 원활한 교통흐름을 유지하기 위해서는 운전자 스스로 교통질서를 준수해야 한다.

2. 사업용 운전자의 사명과 자세
① 운전자의 사명
  ㉠ 타인의 생명도 내 생명처럼 존중: 사람의 생명은 이 세상 다른 무엇보다도 존귀하고 소중하며, 안전운행을 통해 인명손실을 예방할 수 있다.
  ㉡ 사업용 운전자는 '공인' 이라는 사명감 필요: 승객의 소중한 생명을 보호할 의무가 있는 공인이라는 사명감이 수반되어야 한다.
② 운전자가 가져야 할 기본자세
  ㉠ 교통법규 이해와 준수
    ⓐ 교통법규나 규칙은 단지 아는 것으로 끝나는 것이 아니라 실천하는 것이 중요하다.
    ⓑ 운전자는 수시로 변하는 교통상황에 맞게 차를 운전하면서 그 상황에 맞는 적절한 판단으로 교통법규를 준수해야 한다.
  ㉡ 여유 있는 양보운전
    ⓐ 교통사고 원인에는 운전자의 조급성과 자기중심적인 사고가 깔려 있다.
    ⓑ 항상 마음의 여유를 가지고, 서로 양보하는 마음의 자세로 운전한다.
  ㉢ 주의력 집중
    ⓐ 운전은 한 순간의 방심도 허용되지 않은 복잡한 과정이다.
    ⓑ 운전 중에는 방심하지 않고, 운전에만 집중해야 돌발상황을 빨리 발견하여 적절한 조치를 취할 수 있다.
    ⓒ 전방주시 태만, 과속, 운전 부주의 등의 운전 중 부적절한 행동은 대형사고의 원인이 될 수 있다.
  ㉣ 심신상태 안정
    ⓐ 운전자의 몸과 마음이 안정되어 있어야 운전도 안전하게 할 수 있다.
    ⓑ 운전자는 운행 전에 심신 상태를 차분하게 진정시켜, 냉정하고 침착한 자세로 운전하여야 한다.
  ㉤ 추측운전 금지
    ⓐ 운전자는 운행 중 발생하는 각종 상황에 대해 자신에게만 유리한 판단이나 행동은 조심해야 한다.
    ⓑ 조그만 교통상황 변화에도 반드시 안전을 확인한 후 자동차를 조작하여야 한다.
  ㉥ 운전기술 과신은 금물
    ⓐ 운전이란 혼자 하는 것이 아니라 도로이용자인 다른 운전자, 보행자 등과 도로에서 상충될 수 있다.
    ⓑ 아무리 유능하고 자신 있는 운전자라 하더라도 자신의 판단 착오 등으로 사고가 발생할 수 있다.
  ㉦ 배출가스로 인한 대기오염 및 소음공해 최소화 노력 등

3. 올바른 운전예절
① 인성과 습관의 중요성
  ㉠ 운전자는 일반적으로 각 개인이 가지는 사고, 태도 및 행동특성인 인성의 영향을 받게된다.
  ㉡ 운전자의 운전형태를 보면 어떤 행위를 오랫동안 되풀이하는 과정에서 저절로 익혀진 운전습관을 살펴볼 수 있다.
    ⓐ 습관은 후천적으로 형성되는 조건반사 현상으로 무의식중에 어떤 것을 반복적으로 행할 때 자신도 모르게 생활화된 행동으로 나타나게 된다.
    ⓑ 습관은 본능에 가까운 강력한 힘을 발휘하게 되어 나쁜 운전습관이 몸에 배면 나중에 고치기 어려우며 잘못된 습관은 교통사고로 이어질 수 있다.
  ㉢ 올바른 운전 습관은 다른 사람들에게 자신의 인격을 표현하는 방법 중의 하나이다.
② 운전예절의 중요성
  ㉠ 사람의 일상생활의 대인관계에서 예의범절을 중시하고 있다.
  ㉡ 사람의 됨됨이는 그 사람이 얼마나 예의 바른가에 따라 가늠하기도 한다.
  ㉢ 예절바른 운전습관은 명랑한 교통질서를 유지하고, 교통사고를 예방할 뿐만 아니라 교통문화 선진화의 지름길이 될 수 있다.
③ 운전자가 지켜야 하는 행동
  ㉠ 횡단보도에서의 올바른 행동
    ⓐ 신호등이 없는 횡단보도를 통행하고 있는 보행자가 있으면 일시정지하여 보행자를 보호한다.
    ⓑ 보행자가 통행하고 있는 횡단보도 내로 차가 진입하지 않도록 정지선을 지킨다.
  ㉡ 전조등의 올바른 사용
    ⓐ 야간운행 중 반대차로에서 오는 차가 있으면 전조등을

변환빔(하향등)으로 조정하여 상대 운전자의 눈부심 현상을 방지한다.
ⓑ 야간에 커브 길을 진입하기 전에 상향등을 깜빡거리며 반대차로를 주행하고 있는 차에게 자신의 진입을 알린다.
ⓒ 차로변경에서의 올바른 행동
　　ⓐ 방향지시등을 작동시킨 후 차로를 변경하고 있는 차가 있는 경우에는 속도를 줄여 진입이 원활하도록 도와준다.
ⓓ 교차로 통과할 때의 올바른 행동
　　ⓐ 교차로 전방의 정체 현상으로 통과하지 못할 때에는 교차로에 진입하지 않고 대기한다.
　　ⓑ 앞 신호에 따라 진행하고 있는 경우에는 안전하게 통과하는 것을 확인하고 출발한다.
④ 운전자가 삼가야 하는 행동
　　㉠ 지그재그 운전으로 다른 운전자를 불안하게 만드는 행동은 하지 않는다.
　　㉡ 과속으로 운행하며 급브레이크를 밟는 행위는 하지 않는다.
　　㉢ 운행 중에 갑자기 끼어들거나 다른 운전자에게 욕설을 하지 않는다.
　　㉣ 도로상에서 사고가 발생한 경우 차량을 세워 둔 채로 시비, 다툼 등의 행위로 다른 차량의 통행을 방해하지 않는다.
　　㉤ 운행 중에 갑자기 오디오 볼륨을 크게 작동시켜 승객을 놀라게 하거나, 경음기 버튼을 작동시켜 다른 운전자를 놀라게 하지 않는다.
　　㉥ 신호등이 바뀌기 전에 빨리 출발하려고 전조등을 깜빡이거나 경음기로 재촉하는 행위를 하지 않는다.
　　㉦ 교통 경찰관의 단속에 불응하거나 항의하는 행위를 하지 않는다.
　　㉧ 갓길로 통행하지 않는다.

제4절 운전자 주의사항

1. 교통관련 법규 및 사내 안전관리 규정 준수
① 배차지시 없이 임의 운행금지
② 정당한 사유 없이 지시된 운행노선을 임의의 변경운행 금지
③ 승차 지시된 운전자 이외의 타인에게 대리운전 금지
④ 사전승인 없이 타인을 승차시키는 행위 금지
⑤ 운전에 악영향을 미치는 음주 및 약물복용 후 운전 금지
⑥ 철길건널목에서는 일시정지 준수 및 정차 금지
⑦ 도로교통법에 따라 취득한 운전면허로 운전할 수 있는 차종 이외의 차량 운전금지
⑧ 자동차 전용도로, 급한 경사길 등에서는 주·정차 금지
⑨ 기타 사회적인 물의를 일으키거나 회사의 신뢰를 추락시키는 난폭운전 등의 운전 금지
⑩ 차는 이동하는 회사 홍보도구로써 청결 유지. 차의 내·외부를 청결하게 관리하여 쾌적한 운행환경 유지

2. 운행 전 준비
① 용모 및 복장 확인(단정하게)
② 승객에게는 항상 친절하게 불쾌한 언행 금지
③ 차의 내·외부를 항상 청결하게 유지
④ 운행 전 일상점검을 철저히 하고 이상이 발견되면 관리자에게 즉시 보고하여 조치 받은 후 운행
⑤ 배차사항, 지시 및 전달사항 등을 확인한 후 운행

3. 운행 중 주의
① 주·정차 후 출발할 때에는 차량주변의 보행자, 승·하차자 및 노상취객 등을 확인한 후 안전하게 운행한다.
② 내리막길에서는 풋 브레이크 장시간 사용하지 않고 엔진 브레이크 등을 적절히 사용하여 안전하게 운행한다.
③ 보행자, 이륜차, 자전거 등과 교행, 병진할 때에는 서행하며 안전거리를 유지하면서 운행한다.
④ 후진할 때에는 유도요원을 배치하여 수신호에 따라 안전하게 후진한다.
⑤ 눈길, 빙판길 등은 체인이나 스노타이어를 장착한 후 안전하게 운행한다.
⑥ 뒤따라오는 차량이 추월하는 경우에는 감속 등을 통한 양보운전한다.
⑦ 후방카메라를 설치한 경우에는 카메라를 통해 후방의 이상 유무를 확인한 후 안전하게 후진한다.

4. 교통사고에 따른 조치
① 교통사고를 발생시켰을 때에는 도로교통법령에 따라 현장에서의 인명구호, 관할경찰서 신고 등의 의무를 성실히 이행한다.
② 어떤 사고라도 임의로 처리하지 말고, 사고발생 경위를 육하원칙에 따라 거짓 없이 정확하게 회사에 보고한다.
③ 사고처리 결과에 대해 개인적으로 통보를 받았을 때에는 회사에 보고한 후 회사의 지시에 따라 조치한다.

5. 운전자 신상변동 등에 따른 보고
① 결근, 지각, 조퇴가 필요하거나, 운전면허증 기재사항 변경, 질병, 등 신상변동이 발생한 때에는 즉시 회사에 보고한다.
② 운전면허 정지 및 취소 등의 행정처분을 받았을 때에는 즉시 회사에 보고하여야 하며, 어떠한 경우라도 운전을 해서는 아니 된다.

제3장 교통시스템에 대한 이해

제1절 버스준공영제

1. 개요

① 버스운영체제의 유형
  ㉠ 공영제는 정부가 버스노선의 계획에서부터 버스차량의 소유·공급, 노선의 조정, 버스의 운행에 따른 수입금 관리 등 버스 운영체계의 전반을 책임지는 방식이다.
  ㉡ 민영제는 민간이 버스노선의 결정, 버스운행 및 서비스의 공급 주체가 되고, 정부규제는 최소화하는 방식이다.
  ㉢ 버스준공영제는 노선버스 운영에 공공개념을 도입한 형태로 운영은 민간, 관리는 공공영역에서 담당하게 하는 운영체제를 말한다.

② 공영제와 민영제의 장단점 비교
  ㉠ 공영제의 장점
    ⓐ 종합적 도시교통계획 차원에서 운행서비스 공급이 가능
    ⓑ 노선의 공유화로 수요의 변화 및 교통수단간 연계차원에서 노선조정, 신설, 변경 등이 용이
    ⓒ 연계·환승시스템, 정기권 도입 등 효율적 운영체계의 시행이 용이
    ⓓ 서비스의 안정적 확보와 개선이 용이
    ⓔ 수익노선 및 비수익노선에 대해 동등한 양질의 서비스 제공이 용이
    ⓕ 저렴한 요금을 유지할 수 있어 서민대중을 보호하고 사회적 분배효과 고양
  ㉡ 공영제의 단점
    ⓐ 책임의식 결여로 생산성 저하
    ⓑ 요금인상에 대한 이용자들의 압력을 정부가 직접 받게 되어 요금조정이 어려움
    ⓒ 운전자 등 근로자들이 공무원화 될 경우 인건비 증가 우려
    ⓓ 노선 신설, 정류소 설치, 인사 청탁 등 외부간섭의 증가로 비효율성 증대
  ㉢ 민영화의 장점
    ⓐ 민간이 버스노선 결정 및 운행버스를 공급함으로 공급비용을 최소화 할 수 있음
    ⓑ 업무성적과 보상이 연관되어 있고 엄격한 지출통제에 제한받지 않기 때문에 민간회사가 보다 효율적임
    ⓒ 민간회사들이 보다 혁신적임
    ⓓ 버스시장의 수요·공급체계의 유연성
    ⓔ 정부규제 최소화로 행정비용 및 정부재정지원의 최소화
  ㉣ 민영화의 단점
    ⓐ 노선의 사유화로 합리적 개편이 적시적소에 이루어지기 어려움
    ⓑ 노선의 독점적 운영으로 업체 간 수입격차가 극심하여 서비스 개선 곤란
    ⓒ 비수익노선의 운행서비스 공급 애로
    ⓓ 타 교통수단과의 연계교통체계 구축이 어려움
    ⓔ 과도한 버스 운임의 상승

③ 준공영제의 특징
  ㉠ 버스의 소유·운영은 각 버스업체가 유지
  ㉡ 버스노선 및 요금의 조정, 버스운행 관리에 대해서는 지방자치단체가 개입
  ㉢ 지방자치단체의 판단에 의해 조정된 노선 및 요금으로 인해 발생된 운송수지적자에 대해서는 지방자치단체가 보전
  ㉣ 노선체계의 효율적인 운영
  ㉤ 표준운송원가를 통한 경영효율화 도모
  ㉥ 수준 높은 버스 서비스 제공

2. 버스준공영제의 유형

① 형태에 따른 분류
  ㉠ 노선 공동관리형
  ㉡ 수입금 공동관리형
  ㉢ 자동차 공동관리형

② 버스업체 지원형태에 의한 분류
  ㉠ 직접 지원형: 운영비용이나 자본비용을 보조하는 형태
  ㉡ 간접 지원형: 기반시설이나 수요증대를 지원하는 형태

> **국내 버스준공영제의 일반적 형태**
> 수입금 공동관리제를 바탕으로 표준운송원가 대비 운송수입금 부족분을 지원하는 직접 지원형

3. 주요 도입 배경

① 현행 민영체제 하에서 버스운영의 한계
  ㉠ 오랜 기간 동안 버스서비스를 민간 사업자에게 맡김으로 인해 노선이 사유화되고 이로 인해 적지 않은 문제점이 내재하고 있음
  ㉡ 버스노선의 사유화로 비효율적 운영
    ⓐ 도시구조의 변화, 수요의 변동 등으로 노선의 합리적 개편이 필요하나 적시적소에 이루어지지 못하고 있음
    ⓑ 노선의 독점적 운영으로 업체 간 수입격차가 극심하여 서비스개선이 곤란할 뿐만 아니라 서비스수준이 하향 평준화되고 있음
    ⓒ 버스수요에 적합한 버스운행서비스 공급구조 확보 곤란

제4편 운송서비스

ⓓ 특히 고령자의 급증에 따라 접근성 확보 시급
ⓒ 버스업체의 자발적 경영개선의 한계
  ⓐ 수요 감소로 인한 업체의 수익성 악화로 자발적 서비스 개선을 기대하기 어려움
  ⓑ 인건비, 유류비의 비중이 상대적으로 높아 비용절감에 한계
  ⓒ 급격한 자가용승용차 이용 증가에 따른 버스 수요 이탈로 버스업계의 자구적 경영개선에 한계
ⓔ 노·사 대립으로 인한 사회적 갈등
② 버스교통의 공공성에 따른 공공부문의 역할분담 필요
  ㉠ 버스서비스는 공공성이 강조되는 공공재의 성격이 강한 재화이고 운행중단 등의 사회적 문제발생 예방 필요
  ㉡ 타 운송수단과의 효율적 연계를 위해서는 일정 부분의 공격적 개입이 필요
③ 복지국가로서 보편적 버스교통 서비스 유지 필요
  ㉠ 기초적인 대중교통수단의 접근성과 이용 보장을 위해 정부의 기본적인 임무수행 필요
  ㉡ 사회적 형평성 확보
    ⓐ 경제적, 신체적 약자의 교통권 보장
    ⓑ 낙후지역의 생활여건 개선으로 지역균형과 사회적 안정성 제고
④ 교통효율성 제고를 위해 버스교통의 활성화 필요
  ⓐ 버스교통 활성화를 통해 도로교통 혼잡완화로 사회·경제적 비용 경감
  ⓑ 도로 등 교통시설 건설투자비 절감
  ⓒ 국가물류비 절감, 유류소비 절약 등

4. 주요 시행내용 및 목적

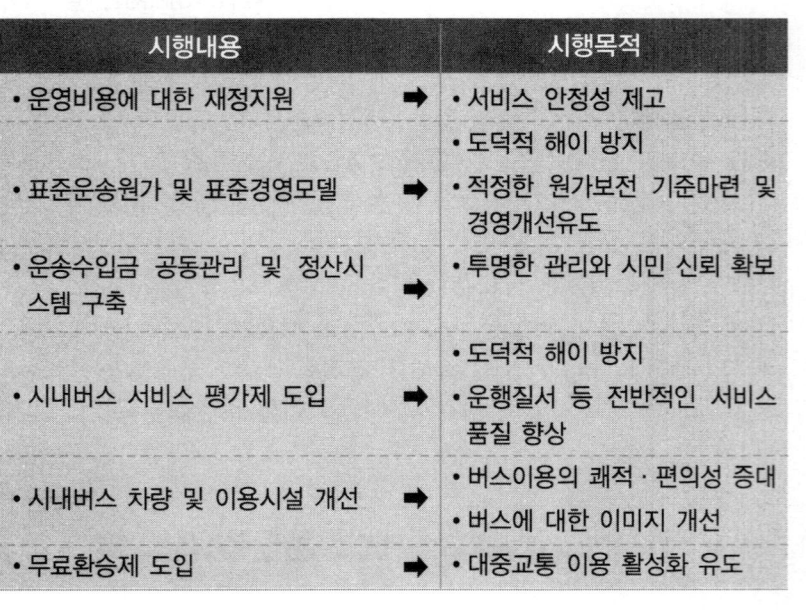

시행내용	시행목적
• 운영비용에 대한 재정지원 ➡	• 서비스 안정성 제고 • 도덕적 해이 방지
• 표준운송원가 및 표준경영모델 ➡	• 적정한 원가보전 기준마련 및 경영개선유도
• 운송수입금 공동관리 및 정산시스템 구축 ➡	• 투명한 관리와 시민 신뢰 확보
• 시내버스 서비스 평가제 도입 ➡	• 도덕적 해이 방지 • 운행질서 등 전반적인 서비스 품질 향상
• 시내버스 차량 및 이용시설 개선 ➡	• 버스이용의 쾌적·편의성 증대 • 버스에 대한 이미지 개선
• 무료환승제 도입 ➡	• 대중교통 이용 활성화 유도

제2절 버스요금제도

1. 버스요금의 관할관청

① 버스운임의 기준·요율 결정 및 신고의 관할관청은 다음과 같다.

구분		운임의 기준·요율결정	신고
노선 운송사업	시내버스	시·도지사 (광역급행형: 국토교통부장관)	시장·군수
	농어촌버스	시·도지사	시장·군수
	시외버스	국토교통부장관	시·도지사
	고속버스	국토교통부장관	시·도지사
	마을버스	시장·군수	시장·군수
구역 운송사업	전세버스	자율요금	
	특수여객	자율요금	

2. 버스요금체계

① 버스요금체계의 유형
  ㉠ 단일(균일)운임제: 이용거리와 관계없이 일정하게 설정된 요금을 부과하는 요금제이다.
  ㉡ 구역운임제: 운행구간을 몇 개의 구역으로 나누어 구역별로 요금을 설정하고, 동일 구역 내에서는 균일하게 요금을 설정하는 요금체계이다.
  ㉢ 거리운임요율제: 거리운임요율에 운행거리를 곱해 요금을 산정하는 요금체계이다.
  ㉣ 거리체감제: 이용거리가 증가함에 따라 단위당 운임이 낮아지는 요금체계이다.
② 업종별 요금체계
  ㉠ 시내·농촌버스: 동일 특별시·광역시·시·군 내에서는 단일운임제, 시(읍)계 외 지역에서는 구역제·구간제·거리비례제
  ㉡ 시외버스: 거리운임요율제(기본구간 10km 기준 최저 기본운임), 거리체감제
  ㉢ 고속버스: 거리체감제
  ㉣ 마을버스: 단일운임제
  ㉤ 전세버스: 자율요금
  ㉥ 특수여객: 자율요금

제3절 간선급행버스체계(BRT: Bus Rapid Transit)

1. 개념

① 도심과 외곽을 잇는 주요 간선도로에 버스전용차로를 설치하여 급행버스를 운행하게 하는 대중교통시스템을 말한다.
② 요금정보시스템과 승강장·환승정류소·환승터미널 정보체계 등 도시철도시스템을 버스운행에 적용한 것으로 '땅 위의 지하철'로도 불린다.

제4편 운송서비스

2. 간선급행버스체계의 도입 배경
① 도로와 교통시설의 증가 및 둔화
② 대중교통 이용률 하락
③ 교통체증의 지속
④ 도로 및 교통시설에 대한 투자비의 급격한 증가
⑤ 신속하고, 양질의 대량수송에 적합한 저렴한 비용의 대중교통 시스템 필요

3. 간선선급행버스체계의 특성
① 중앙버스차로와 같은 분리된 버스전용차로 제공
② 효율적인 사전 요금징수 시스템 채택
③ 신속한 승·하차 가능
④ 정류소 및 승차대의 쾌적성 향상
⑤ 지능형교통시스템(ITS: Intelligent Transportation system)을 활용한 첨단신호체계 운영
⑥ 실시간으로 승객에게 버스운행정보 제공 가능
⑦ 환승 정류소 및 터미널을 이용하여 다른 교통수단과의 연계 가능
⑧ 환경친화적인 고급버스를 제공함으로써 버스에 대한 이미지 혁신 가능
⑨ 대중교통에 대한 승객 서비스 수준 향상

4. 간행급행버스체계 운영을 위한 구성요소
① 통행권 확보: 독립된 전용도로 또는 차로 등을 활용한 이용통행권 확보
② 교차로 시설 개선: 버스우선신호, 버스전용 지하 또는 고가 등을 활용한 입체교차로 운영
③ 자동차 개선: 저공해, 저소음, 승객들의 수평 승하자 및 대량 수송
④ 환승시설 개선: 편리하고 안전한 환승시설 운영
⑤ 운행관리시스템: 지능형교통시스템을 활용한 운행관리

제4절 버스정보시스템 및 버스운행관리시스템

1. 버스정보시스템(BIS)/버스운행관리시스템(BMS) 개요
① 정의
　㉠ 버스정보시스템(BIS): 버스와 정류소에 무선 송수신기를 설치하여 버스의 위치를 실시간으로 파악하고, 이를 이용해 이용자에게 정류소에서 해당 노선버스의 도착예정시간을 안내하고 이와 동시에 인터넷 등을 통하여 운행정보를 제공하는 시스템이다.
　㉡ 버스운행관리시스템(BMS): 차내장치를 설치한 버스와 종합사령실을 유·무선 네트워크로 연결해 버스의 위치나 사고 정보 등을 승객, 버스회사, 운전자에게 실시간으로 보내주는 시스템이다.
　㉢ 버스정보시스템(BIS)과 버스운행관리시스템(BMS)의 비교

구분	버스정보시스템	버스운행관리시스템
정의	이용자에게 버스 운행상황 정보제공	버스 운행상황 관제
제공매체	정류소 설치 안내기, 인터넷, 모바일	버스회사 단말기, 상황판, 차량단말기
제공대상	버스이용승객	버스운전자, 버스회사, 시·군
기대효과	버스 이용승객에게 편의 제공	배차관리, 안전운행, 정시성 확보
데이터	정류소 출발·도착 데이터	일정 주기 데이터, 운행기록데이터

② 버스정보시스템(BIS) 운영
　㉠ 정류소: 대기승객에게 정류소 안내기를 통하여 도착예정시간 등을 제공
　㉡ 차내: 다음 정류소 안내, 도착예정시간 안내
　㉢ 그 외 장소: 유무선 인터넷을 통한 특정 정류소 버스도착예정시간 정보 제공
　㉣ 주목적: 버스이용자에게 편의 제공과 이를 통한 활성화
③ 버스운행관리시스템(BMS) 운영
　㉠ 버스운행관리센터 또는 버스회사에서 버스운행 상황과 사고 등 돌발적인 상황 감지
　㉡ 관계기관, 버스회사, 운수종사자를 대상으로 정시성 확보
　㉢ 버스운행관제, 운행상태(위치, 위반사항) 등 버스정책 수립 등을 위한 기초자료 제공
　㉣ 주목적: 버스운행관리, 이력관리 및 버스운행정보제공 등

2. 버스정보시스템 및 버스운행관리시스템의 주요 기능
① 버스도착 정보제공
　㉠ 버스도착 정보제공
　　ⓐ 정류소별 도착예정정보 표출
　　ⓑ 정류소간 주행시간 표출
　　ⓒ 버스운행 및 종료 정보 제공
② 버스운행관리시스템의 주요 기능
　㉠ 실시간 운행상태 파악
　　ⓐ 버스운행의 실시간 관제
　　ⓑ 정류소별 도착시간 관제
　　ⓒ 배차간격 미준수 버스 관제
　㉡ 전자지도 이용 실시간 관제
　　ⓐ 노선 임의변경 관제
　　ⓑ 버스위치표시 및 관리
　　ⓒ 실제 주행여부 관제
　㉢ 버스운행 및 통계관리
　　ⓐ 누적 운행시간 및 횟수 통계관리
　　ⓑ 기간별 운행통계관리
　　ⓒ 버스, 노선, 정류소별 통계관리

3. 버스정보시스템 및 버스운행관리시스템의 이용주체별 기대효과
① 버스정보시스템의 기대효과
　㉠ 이용자(승객)
　　ⓐ 버스운행정보 제공으로 만족도 향상

제4편 운송서비스

ⓑ 불규칙한 배차, 결행, 및 무정차 통과에 의한 불편해소
ⓒ 과속 및 난폭운전으로 인한 불안감 해소
ⓓ 버스도착 예정시간 사전확인으로 불필요한 대기시간 감소

② 버스운행관리시스템의 기대효과
　㉠ 운수종사자(버스 운전자)
　　ⓐ 운행정보 인지로 정시 운행
　　ⓑ 앞·뒤차 간의 간격차이로 차간 간격 조정 운행
　　ⓒ 운행상태 완전노출로 운행질서 확립
　㉡ 버스회사
　　ⓐ 서비스 개선에 따른 승객 증가로 수지개선
　　ⓑ 과속 및 난폭운전에 대한 통제로 교통사고율 감소 및 보험료 절감
　　ⓒ 정확한 배차관리, 운행간격 유지 등으로 경영합리화 가능
　㉢ 정부·지자체
　　ⓐ 자가용 이용자의 대중교통 흡수 활성화
　　ⓑ 대중교통정책 수립의 효율화
　　ⓒ 버스운행 관리감독의 과학화로 경제성, 정확성, 객관성 확보

제5절 버스전용차로 및 대중교통 전용 지구

1. 버스전용차로의 개념
① 버스전용차로는 일반차로와 구별되게 버스가 전용으로 신속하게 통행할 수 있도록 설계된 차로를 말한다.
② 버스전용차로는 통행방향과 차로의 위치에 따라 가로변버스전용차로, 역류버스전용차로, 중앙버스전용차로로 구분할 수 있다.
③ 버스전용차로의 설치는 일반차량의 차로수를 줄이기 때문에 일반차량의 교통상황이 나빠지는 문제가 발생할 수 있다.
④ 버스전용차로를 설치하여 효율적으로 운영하기 위해서는 다음과 같은 구간에 설치되는 것이 바람직하다.
　㉠ 전용차로를 설치하고자 하는 구간의 교통정체가 심한 곳
　㉡ 버스 통행량이 일정수준 이상이고, 승차인원이 한 명인 승용차의 비중이 높은 구간
　㉢ 편도 3차로 이상 등 도로 기하구조가 전용차로를 설치하기 적당한 구간
　㉣ 대중교통 이용자들의 폭넓은 지지를 받는 구간

2. 전용차로 유형별 특징
① 가로변버스전용차로
　㉠ 가로변버스전용차로는 일반통행로 또는 양방향 통행로에서 가로변 차로를 버스가 전용으로 통행할 수 있도록 제공하는 것을 말한다.
　㉡ 가로변버스전용차로는 종일 또는 출·퇴근 시간대 등을 지정하여 운영할 수 있다.
　㉢ 버스전용차로 운영시간대에는 가로변의 주·정차를 금지하고 있으며, 시행구간의 버스 이용자수가 승용차 이용자수보다 많아야 효과적이다.

　㉣ 가로변버스전용차로는 우회전하는 차량을 위해 교차로 부근에서는 일반차량의 버스전용차로 이용을 허용하여야 하며, 버스전용차로에 주·정차하는 차량을 근절시키기 어렵다.
　㉤ 가로변버스전용차로의 장·단점

장점	단점
• 시행이 간편하다.	• 시행효과가 바로 나타나지 않는다.
• 적은 비용으로 운영이 가능하다.	• 가로변 상업 활동과 상충된다.
• 기존의 가로망 체계에 미치는 영향이 적다.	• 전용차로 위반차량이 많이 발생한다.
• 시행 후 문제점 발생에 따른 보완 및 원상복귀가 용이하다.	• 우회전하는 차량과 충돌할 위험이 존재한다.

② 역류버스전용차로
　㉠ 역류버스전용차로는 일방통행에서 차량이 진행하는 반대방향으로 1~2개 차로를 버스전용차로로 제공하는 것을 말한다. 이는 일방통행로에서 양방향으로 대중교통 서비스를 유지하기 위한 방법이다.
　㉡ 역류버스전용차로는 일반 차량과 반대방향으로 운영하기 때문에 차로분리시설과 안내시설 등의 설치가 필요하며, 가로변 버스전용차로에 비해 시행비용이 많이 든다.
　㉢ 역류버스전용차로는 일방통행로에 대중교통수요 등으로 인해 버스노선이 필요한 경우에 설치한다.
　㉣ 대중교통 서비스는 계속 유지되면서 일방통행의 장점을 살릴 수 있지만, 시행준비가 까다롭고 투자비용이 많이 소요되는 단점이 있다.
　㉤ 역류버스전용차로의 장·단점

장점	단점
• 대중교통 서비스를 제공하면서 가로변에 설치된 일방통행의 장점을 유지할 수 있다.	• 일방통행로에서는 보행자가 버스전용차로의 진행방향만 확인하는 경향으로 인해 보행자 사고가 증가할 수 있다.
• 대중교통의 정시성이 제고된다.	• 잘못 진입한 차량으로 인해 교통 혼잡이 발생할 수 있다.

③ 중앙버스전용차로
　㉠ 중앙버스전용차로는 도로 중앙에 버스만 이용할 수 있는 전용차로를 지정함으로써 버스를 다른 차량과 분리하여 운영하는 방식을 말한다.
　㉡ 중앙버스전용차로는 버스의 운행속도를 높이는데 도움이 되며, 승용차를 포함한 다른 차량들은 버스의 정차로 인한 불편을 피할 수 있다. 버스의 잦은 정류소의 정차 및 갑작스런 차로 변경은 다른 차량의 교통흐름을 단절시키거나 사고 위험을 초래할 수 있다.
　㉢ 중앙버스전용차로는 일반 차량의 중앙버스전용차로 이용 및 주·정차를 막을 수 있어 차량의 운행속도 향상에 도움이 된다.
　㉣ 버스 이용객의 입장에서 볼 때 횡단보도를 통해 정류소로 이동함에 따라 정류소 접근시간이 늘어나고, 보행자사고 위험성이 증가할 수 있는 단점이 있다.
　㉤ 중앙버스전용차로는 일반적으로 편도 3차로 이상 되는 기존 도로의 중앙차로에 버스전용차로를 제공하는 것으로

제4편 운송서비스

다른 차량의 진입을 막기 위해 방호울타리 또는 연석 등의 물리적 분리시설 등의 안전시설이 필요하기 때문에 설치비용이 많은 비용이 소요되는 단점이 있다.
ⓑ 차로수가 많을수록 중앙버스전용차로 도입이 용이하고, 만성적인 교통 혼잡이 발생하는 구간 또는 좌회전하는 대중교통 버스노선이 많은 지점에 설치하면 효과가 크다.
ⓐ 중앙버스전용차로의 장·단점

장점	단점
• 일반 차량과의 마찰을 최소화 한다.	• 도로 중앙에 설치된 버스정류소로 인해 무단횡단 등 안전문제가 발생한다.
• 교통정체가 심한 구간에서 더욱 효과적이다.	• 여러 가지 안전시설 등의 설치 및 유지로 인한 비용이 많이 든다.
• 대중교통의 통행속도 제고 및 정시성 확보가 유리하다.	• 전용차로에서 우회전하는 버스와 일반차로에서 좌회전하는 차량에 대한 체계적인 관리가 필요하다.
• 대중교통 이용자의 증가를 도모할 수 있다.	• 일반 차로의 통행량이 다른 전용차로에 비해 많이 감소할 수 있다.
• 가로변 상업 활동이 보장된다.	• 승·하차 정류소에 대한 보행자의 접근거리가 길어진다.

ⓞ 중앙버스전용차로의 위험요소
ⓐ 대기 중인 버스를 타기 위한 보행자의 횡단보도 신호위반 및 버스정류소 부근의 무단횡단 가능성 증가
ⓑ 중앙버스전용차로가 시작하는 구간 및 끝나는 구간에서 일반차량과 버스간의 충돌위험 발생
ⓒ 좌회전하는 일반차량과 직진하는 버스 간의 충돌위험 발생
ⓓ 버스전용차로가 시작하는 구간에서 일반차량의 직진 차로수의 감소에 따른 교통혼잡 발생
ⓔ 폭이 좁은 정류소 추월차로로 인한 사고 위험 발생: 정류소에 설치된 추월차로는 정류소에 정차하지 않는 버스 또는 승객의 승·하자를 마친 버스가 대기 중인 버스를 추월하기 위한 차로로 폭이 좁아 중앙선을 침범하기 쉬운 문제를 안고 있다.

3. 고속도로 버스전용차로
① 시행근거
  ㉠ 경찰청 고시 제 2010-6호(2010.12.10): 양재 IC~오산 IC 또는 신탄진 IC
  ㉡ 서울특별시 고시 제 2010-460호(2010.12.16): 한남대교 남단~양재 IC
② 시행구간
  ㉠ 평일: 경부고속도로 오산 IC부터 한남대교 남단까지
  ㉡ 토요일, 공휴일 설날·추석 연휴 및 연휴 전날: 경부고속도로 신탄진 IC부터 한남대교 남단까지
  ※ 양재 IC~한남대교 남단은 서울특별시 관리 구간
③ 시행시간
  ㉠ 평일, 토요일·공휴일: 서울·부산 양방향 07:00부터 21:00까지
  ㉡ 설날·추석 연휴 및 연휴 전날: 서울·부산 양방향 07:00부터 다음날 01:00까지

④ 통행가능차량: 9인상 이상 승용자동차 및 승합자동차(승용자동차 또는 12인승 이하의 승합자동차는 6인 이상이 승차한 경우에 한한다.)

4. 대중교통 전용 지구
① 개념
  ㉠ 도시교통정비촉진법 제33조에 따라 도시의 교통수요를 감안해 승용차 등 일반 차량의 통행을 제한할 수 있는 지역 및 제도를 말한다.
  ㉡ 도심 상업지구 내로의 일반 차량의 통행을 제한하고 대중교통수단의 진입만을 허용하여 교통여건을 개선하여 쾌적한 보행과 쇼핑이 가능하도록 하는 대중교통 중심의 보행자 전용공간이다.
② 목적
  ㉠ 도심상업지구의 활성화
  ㉡ 쾌적한 보행자 공간의 확보
  ㉢ 대중교통의 원활한 운행 확보
  ㉣ 도심교통환경 개선
③ 운영내용
  ㉠ 버스 및 16인승 승합차, 긴급자동차만 통행 가능하며 심야 시간에 한해 택시의 통행 가능
  ㉡ 승용차 및 일반 승합차는 24시간 진입불가(화물차량은 허가 후 통행가능)
  ㉢ 보행자 보호를 위해 대중교통 전용 지구 내 30km/h로 속도제한

제6절 교통카드시스템

1. 교통카드시스템의 개요
① 교통카드는 대중교통수단의 운임이나 유료도로의 통행료를 지불할 때 주로 사용되는 일종의 전자화폐이다.
② 현금지불에 대한 불편 및 승차시간 지체문제 해소와 운송업체의 경영효율화 등을 위해 1996년 3월에 최초로 서울시가 버스카드제를 도입하였으며 1998년 6월부터는 지하철카드제를 도입하였다.
③ 교통카드시스템의 도입효과
  ㉠ 이용자 측면
    ⓐ 현금소지의 불편 해소
    ⓑ 소지의 편리성, 요금 지불 및 징수의 신속성
    ⓒ 하나의 카드로 다수의 교통수단 이용 가능
    ⓓ 요금할인 등으로 교통비 절감
  ㉡ 운영자 측면
    ⓐ 운송수입금 관리가 용이
    ⓑ 요금집계업무의 전산화를 통한 경영합리화
    ⓒ 대중교통 이용률 증가에 따른 운송수익의 증대
    ⓓ 정확한 전산실적자료에 근거한 운행 효율화
    ⓔ 다양한 요금체계에 대응(거리비례제, 구간요금제 등)
  ㉢ 정부측면
    ⓐ 대중교통 이용률 제고로 교통환경 개선
    ⓑ 첨단교통체계 기반 마련

ⓒ 교통정책 수립 및 교통요금 결정의 기초자료 확보

2. 교통카드시스템의 구성

① 교통카드시스템은 크게 사용자 카드, 단말기, 중앙처리시스템으로 구성된다.

※ 교통카드 → 단말기 → 집계시스템 → 정산시스템
       └───────→ 충전시스템 ───────┘

② 흔히 사용자가 접하게 되는 것은 교통카드와 단말기이며, 교통카드 발급자와 단말기 제조자, 중앙처리시스템 운영자는 사정에 따라 같을 수도 있으나 다른 경우가 대부분이다.

3. 교통카드의 종류

① 카드방식에 따른 분류
  ㉠ MS(Magnetic Strip)방식: 자기인식용으로 간단한 정보 기록이 가능하고, 정보를 저장하는 매체인 자성카드가 손상될 위험이 높고, 위·변조가 용이해 보안에 취약하다.
  ㉡ IC방식(스마트카드): 반도체 칩을 이용해 정보를 기록하는 방식으로 자기카드에 비해 수백배 이상의 정보 저장이 가능하고, 카드에 기록된 정보를 암호화할 수 있어, 자기카드에 비해 보안성이 높다.
② IC카드의 종류(내장하는 Chip의 종류에 따라)
  ㉠ 접촉식
  ㉡ 비접촉식(RF, Radio Frequency)
  ㉢ 하이브리드: 접촉식+비접촉식 2종의 칩을 함께하는 방식이나 2개 종류 간 연동이 안 된다.
  ㉣ 콤비: 접촉식+비접촉식 2종의 칩을 함께하는 방식으로 2개 종류 간 연동이 된다.
③ 지불방식에 따른 분류
  ㉠ 선불식
  ㉡ 후불식

4. 단말기

① 단말기는 카드를 판독하여 이용요금을 차감하고 잔액을 기록하는 기능을 한다.
② 구조: 카드인식장치, 정보처리장치, 킷값(Idcenter), 킷값관리장치, 정보저장장치

5. 집계시스템

① 단말기와 정산시스템을 연결하는 기능을 한다.
② 구성: 데이터 처리장치, 통신장치(유/무선), 인쇄장치, 무정전 전원공급장치

6. 충전시스템

① 금액이 소진된 교통카드에 금액을 재충전하는 기능을 한다.
② 종류: on line(은행과 연결하여 충전), off line(충전기에서 직접 충전)
③ 구조: 충전시스템과 전화선 등으로 정산센터와 연계

7. 정산시스템

① 각종 단말기 및 충전기와 네트워크로 연결하여 사용 거래기록을 수집, 정산 처리하고, 정산결과를 해당 은행으로 전송한다.
② 거래기록 정산처리 뿐만 아니라 정산 처리된 모든 거래기록을 데이터베이스화 하는 기능을 한다.

제4편 운송서비스
제4장 운수종사자가 알아야 할 응급처치법 등

제1절 운전자 상식

1. 교통관련 용어 정의

① 교통사고조사규칙(경찰청 훈령)에 따른 대형교통사고란 다음과 같은 사고를 말한다.
  ㉠ 3명 이상이 사망(교통사고 발생일로부터 30일 이내에 사망한 것을 말함)
  ㉡ 20명 이상의 사상자가 발생한 사고
② 여객자동차 운수사업법에 따른 중대한 교통사고는 다음과 같은 사고를 말한다.
  ㉠ 전복(顚覆)사고
  ㉡ 화재가 발생한 사고
  ㉢ 사망자 2명 이상 발생한 사고
  ㉣ 사망자 1명과 중상자 3명이 발생한 사고
  ㉤ 중상자 6명 이상이 발생한 사고
③ 교통사고규칙에 따른 교통사고의 용어는 다음과 같다.
  ㉠ 충돌사고: 차가 반대방향 또는 측방에서 진입하여 그 차의 정면으로 다른 차의 정면 또는 측면을 충격한 것을 말한다.
  ㉡ 추돌사고: 2대 이상의 차가 동일방향으로 주행 중 뒤차가 앞차의 후면을 충격한 것을 말한다.
  ㉢ 접촉사고: 차가 추월, 교행 등을 하려다가 차의 좌우측면을 서로 스친 것을 말한다.
  ㉣ 전도사고: 차가 주행 중 도로 또는 도로 이외의 장소에 차체의 측면이 지면에 접하고 있는 상태(좌측면이 지면에 접해 있으면 좌전도, 우측면이 지면에 접해 있으면 우전도)를 말한다.
  ㉤ 전복사고: 차가 주행 중 도로 또는 도로 이외의 장소에 뒤집혀 넘어진 것을 말한다.
  ㉥ 추락사고: 자동차가 도로의 절벽 등 높은 곳에서 떨어진 사고
④ 자동차 및 자동차부품의 성능과 기준에 관한 규칙에 따른 자동차와 관련된 용어
  ㉠ 공차상태: 자동차에 사람이 승차하지 아니하고 물품(예비부분품 및 공구 기타 휴대물품 포함한다)을 적재하지 아니한 상태로 연료·냉각수 및 윤활유를 만재하고 예비타이어(예비타이어를 장착한 자동차만 해당한다)를 설치하여 운행할 수 있는 상태를 말한다.
  ㉡ 차량중량: 공차상태의 자동차 중량을 말한다.
  ㉢ 적차상태: 공차상태에의 자동차에 승차정원의 인원이 승차하고 최대적재량의 물품이 적재된 상태를 말한다. 이 경우 승차정원 1인(13세 미만의 자는 1.5인을 승차정원 1인으로 본다)의 중량은 65킬로그램으로 계산하고, 좌석정원 인원은 정위치에, 입석정원의 인원은 입석에 균등하게 승차시키며, 물품은 물품적재장치에 균등하게 적재시킨 상태이어야 한다.
  ㉣ 차량 총중량: 적차상태의 자동차 중량을 말한다.
  ㉤ 승차정원: 자동차에 승차할 수 있도록 허용된 최대인원(운전자를 포함한다)을 말한다.
⑤ 버스 운전석의 위치나 승차정원에 따른 종류는 다음과 같다.
  ㉠ 보닛버스(Cab-behind-Engine Bus): 운전석이 엔진 뒤쪽에 있는 버스
  ㉡ 캡 오버 버스(Cab-over-Engine Bus): 운전석이 엔진의 위에 있는 버스
  ㉢ 코치버스(Coach Bus): 3~6인 정도의 승객이 승차 가능하며 화물실이 밀폐되어 있는 버스
  ㉣ 마이크로버스(Micro Bus): 승차정원이 15인 이하의 소형 버스
⑥ 버스차량 바닥의 높이에 따른 종류 및 용도는 다음과 같다
  ㉠ 고상버스(High Decker): 전고 3.4~3.5m 내외, 상면지상고 890mm 내외로 승객석 바닥을 높게 설계한 차량으로 가장 보편적으로 이용되고 있다.
  ㉡ 초고상버스(Super High Decker): 전고 3.6m 이상, 상면지상고 890mm 이상으로 승객석을 높게 하여 조망을 좋게 하고 바닥 밑의 공간을 활용하기 위해 설계 제작되어 관광용 버스에서 주로 이용되고 있다.
  ㉢ 저상버스: 상면지상고가 340mm 이하로 출입구에 계단이 없고, 차체 바닥이 낮으며, 경사판(슬로프)이 장착되어 있어 장애인이 휠체어를 타거나, 아기를 유모차에 태운 채 오르내릴 수 있을 뿐 아니라 노약자들도 쉽게 이용할 수 있는 버스로 주로 교통약자를 위한 시내버스에 이용되고 있다.

- 전고: 차체의 전체 높이로서 일반적으로 바퀴와 접지된 지면에서 차체의 가장 높은 부분 사이의 높이를 의미한다.
- 상면지상고: 지면으로부터 실내 승객석이 위치한 바닥의 최저 높이를 의미한다.

2. 교통사고 현장에서의 상황별 안전조치

① 교통사고 상황파악
  ㉠ 짧은 시간 안에 사고 정보를 수집하여 침착하고 신속하게 상황을 파악한다.
  ㉡ 피해자와 구조자 등에게 위험이 계속 발생하는지 파악한다.
  ㉢ 생명이 위독한 환자가 누구인지 파악한다.
  ㉣ 구조를 도와줄 사람이 주변에 있는지 파악한다.
  ㉤ 전문가의 도움이 필요한지 파악한다.
② 사고 현장의 안전관리
  ㉠ 피해자를 위험으로부터 보호하거나 피신시킨다.

제4편 운송서비스

ⓛ 사고위치에 노면표시를 한 후 도로 가장자리로 자동차를 이동시킨다.

3. 교통사고 현장에서의 원인조사

① 노면에 나타난 흔적조사
　㉠ 스키드마크, 요마크, 프린트자국 등 타이어자국의 위치 및 방향
　㉡ 차의 금속부분이 노면에 접촉하여 생긴 파인 흔적 또는 긁힌 흔적의 위치 및 방향
　㉢ 충돌 충격에 의한 차량파손품의 위치 및 방향
　㉣ 충돌 후에 떨어진 액체잔존물의 위치 및 방향
　㉤ 차량 적재물의 낙하위치 및 방향
　㉥ 피해자의 유류품 및 혈흔자국
　㉦ 도로구조물 및 안전시설물의 파손위치 및 방향

② 사고차량 및 피해자조사
　㉠ 사고차량의 손상부위 정도 및 손상방향
　㉡ 사고차량에 묻은 흔적, 마찰, 찰과흔
　㉢ 사고차량의 위치 및 방향
　㉣ 피해자의 상처 부위 및 정도
　㉤ 피해자의 위치 및 방향

③ 사고당사자 및 목격자조사
　㉠ 운전자에 대한 사고상황조사
　㉡ 탑승자에 대한 사고상황조사
　㉢ 목격자에 대한 사고상황조사

④ 사고현장 시설물조사
　㉠ 사고지점 부근의 가로등, 가로수, 전신주 등의 시설물 위치
　㉡ 신호등(신호기) 및 신호체계
　㉢ 차로, 중앙선, 중앙분리대, 갓길, 등 도로횡단구성요소
　㉣ 방호울타리, 충격흡수시설, 안전표지 등 안전시설요소
　㉤ 노면의 파손, 결빙, 배수불량 등 노면상태요소

⑤ 사고현장 측정 및 사진촬영
　㉠ 사고지점 부근의 도로선형(평면 및 교차로 등)
　㉡ 사고지점의 위치
　㉢ 차량 및 노면에 나타난 물리적 흔적 및 시설물 등의 위치
　㉣ 사고현장에 대한 가로방향 및 세로방향의 길이
　㉤ 곡선구간의 곡선반경, 노면의 경사도(종단구배 및 횡단구배)
　㉥ 도로의 시거 및 시설물의 위치 등
　㉦ 사고현장, 사고차량, 물리적 흔적 등에 대한 사진촬영

4. 버스승객의 주요 불만사항

① 버스가 정해진 시간에 오지 않는다.
② 정체로 시간이 많이 소요되고, 목적지에 도착할 시간을 알 수 있다.
③ 난폭, 과속운전을 한다.
④ 버스기사가 불친절하다.
⑤ 차내가 혼잡하다.
⑥ 안내방송이 미흡하다.(시내버스, 농어촌버스)
⑦ 차량의 청소, 정비 상태가 불량하다.
⑧ 정류소에 정차하지 않고 무정차 운행한다.(시내버스, 농어촌버스)

5. 버스에서 발생하기 쉬운 사고유형과 대책

① 버스는 불특정 다수를 대량으로 수송한다는 점과 운행거리 및 운행시간이 타 차량에 비해 긴 특성을 가지고 있어, 사고발생 확률이 높으며, 실제로 더 많은 사고가 발생하고 있다.
② 버스사고의 절반가량은 사람과 관련되어 발생하고 있으며, 전체 버스사고 중 약 1/3 정도는 차내 전도사고 이며, 승하차 중에도 사고가 빈발하고 있다.
③ 버스사고는 주행 중인 도로상, 버스정류소, 교차로 부근, 횡단보도 부근 순으로 많이 발생하고 있다.
④ 승객의 안락한 승차감과 차내사고를 예방하기 위해서는 안전운전습관을 몸에 익혀야 한다.
　㉠ 급출발이 되지 않도록 한다.
　㉡ 출발 시에는 차량탑승 승객이 좌석이나 입석공간에 완전히 위치한 상황을 파악한 후 출발해야 한다.
　㉢ 버스운전자는 안내방송을 통해 승객의 주의를 환기시켜 사고가 발생하지 않도록 사전예방에 노력을 기울여야 한다.
　〈예시〉
　　• "다음 정류소는 ○○입니다. 손님 안녕히 가십시오."
　　• "차가 출발합니다. 손잡이를 꼭 잡으세요."

제2절 응급처치방법

1. 부상자 의식 상태 확인

① 말을 걸거나 팔을 꼬집어 눈동자를 확인한 후 의식이 있으면 말로 안심시킨다.
② 의식이 없다면 기도를 확보한다. 머리를 뒤로 충분히 젖힌 뒤, 입안에 있는 피나 토한 음식물 등을 긁어내어 막힌 기도를 확보한다.
③ 의식이 없거나 구토할 때는 목이 오물로 막혀 질식하지 않도록 옆으로 눕힌다.
④ 목뼈 손상의 가능성이 있는 경우에는 목 뒤쪽을 한 손으로 받쳐준다.
⑤ 환자의 몸을 심하게 흔드는 것은 금지한다.

2. 심폐소생술

① 의식/호흡 확인 및 주변 도움 요청(119 신고. 자동제세동기)
　㉠ 성인, 소아 : 환자를 바로 눕힌 후 양쪽 어깨를 가볍게 두드리며 의식이 있는지, 숨을 정상적으로 쉬는지 확인, 주변 사람들에게 119 신고 및 자동제세동기를 가져올 것을 요청
　㉡ 영아 : 한쪽 발바닥을 가볍게 두드리며 의식이 있는지, 숨을 정상적으로 쉬는지 확인, 주변 사람들에게 119 신고 및 자동제세동기를 가져올 것을 요청
② 가슴 압박 30회
　㉠ 성인, 소아 : 가슴압박 30회(분당 100~120회/ 약 5cm 이상의 깊이)
　㉡ 영아 : 가슴압박 30회(분당 100~120회/ 약 4cm 이상의 깊이)

③ 기도개방 및 인공호흡 2회
  • 성인, 소아, 영아 : 가슴이 충분히 올라올 정도로 2회(1회당 1초간) 실시
④ 가슴압박 및 인공호흡 무한 반복 : 30회 가슴압박과 2회 인공호흡 반복(30:2)
  ㉠ 가슴압박 방법
    가. 성인(네모 칸 검은색바탕 가~다 까지)
      1. 가슴의 중앙인 흉골의 아래쪽 절반부위에 손바닥을 위치시킨다.
      2. 양손을 깍지 낀 상태로 손바닥의 아래 부위만을 환자의 흉골부위에 접촉시킨다.
      3. 시술자의 어깨는 환자의 흉골이 맞닿는 부위와 수직이 되게 위치시킨다.
      4. 양쪽 어깨 힘을 이용하여 분당 100~120회 정도의 속도로 5cm 이상 깊이로 강하고 빠르게 30회 눌러준다.
    나. 소아
      1. 압박할 위치는 양쪽 젖꼭지 부위를 잇는 선의 정중앙의 바로 아래 부분이다.
      2. 한 손으로 손바닥의 아래 부위만을 환자의 흉골 부위에 접촉시킨다.
      3. 시술자의 어깨는 환자의 흉골이 맞닿는 부위와 수직이 되게 위치시킨다.
      4. 한 손으로 1분당 100~120회 정도의 속도와 5cm 이상 깊이로 강하고 빠르게 30회 눌러준다.
    다. 영아
      1. 압박할 위치는 양쪽 젖꼭지 부위를 잇는 선 정 중앙의 바로 아래 부분이다.
      2. 검지와 중지 또는 중지와 약지 손가락을 모은 후 첫마디 부위를 환자의 흉골부위에 접촉시킨다.
      3. 시술자의 손가락은 환자의 흉골이 맞닿는 부위와 수직이 되게 위치한다.
      4. 1분당 100~120회의 속도와 4cm 이상의 깊이로 강하고 빠르게 30회 눌러준다.
  ㉡ 기도개방 및 인공호흡 방법
    가. 성인(네모 칸 검은색바탕 가~다 까지)
      1. 한 손으로 턱을 들어올리고, 다른 손으로 머리를 뒤로 젖혀 기도를 개방시킨다.
      2. 머리를 젖힌 손의 검지와 엄지로 코를 막는다.
      3. 가슴 상승이 눈으로 확인될 정도로 1초 동안 인공호흡을 2회 실시한다.
    나. 소아
      1. 한 손으로 턱을 들어 올리고, 다른 손으로 머리를 뒤로 젖혀 기도를 개방시킨다.
      2. 머리를 젖힌 손의 검지와 엄지로 코를 막는다.
      3. 가슴 상승이 눈으로 확인될 정도로 1초 동안 인공호흡을 2회 실시한다.
    다. 영아
      1. 한 손으로 귀와 바닥이 평행할 정도로 턱을 들어 올리고, 다른 손으로 머리를 뒤로 젖힌다.
      2. 환자의 입과 코에 동시에 숨을 불어 넣을 준비를 한다.
      3. 가슴 상승이 눈으로 확인될 정도로 1초 동안 인공호흡을 2회 실시한다.
⑤ 참고 : 2015한국형 심폐소생술 가이드라인(일반인용)에 따르면, 인공호흡 하는 방법을 모르거나 인공호흡을 꺼리는 일반인 구조자는 가슴압박소생술을 하도록 권장한다. 가슴압박소생술은 심폐소생술에서 인공호흡은 하지않고, 가슴 압박을 시행하는 소생술 방법이다.

3. 출혈 또는 골절
① 출혈이 심하다면 출혈 부위보다 심장에 가까운 부위를 헝겊 또는 손수건 등으로 지혈될 때까지 꽉 잡아맨다.
② 출혈이 적을 때에는 거즈나 깨끗한 손수건으로 상처를 꽉 누른다.
③ 가슴이나 배를 강하게 부딪쳐 내출혈이 발생하였을 때에는 얼굴이 창백해지며 핏기가 없어지고 식은땀을 흘리며 호흡이 얕고 빨라지는 쇼크증상이 발생한다.
  ㉠ 부상자가 입고 있는 옷의 단추를 푸는 등 옷을 헐렁하게 하고 하반신을 높게 한다.
  ㉡ 부상자가 춥지 않도록 모포 등을 덮어주지만, 햇볕은 직접 쬐지 않도록 한다.
④ 골절 부상자는 잘못 다루면 오히려 더 위험해질 수 있으므로 구급차가 올 때까지 가급적 기다리는 것이 바람직하다.
  ㉠ 지혈이 필요하다면 골절 부분은 건드리지 않도록 주의하여 지혈한다.
  ㉡ 팔이 골절되었다면 헝겊으로 띠를 만들어 팔을 매달도록 한다.

4. 차멀미
① 차멀미는 자동차를 타면 어지럽고 속이 매스꺼우며 토하는 증상이 나타나는 것을 말한다.
② 차멀미는 심한 경우 갑자기 쓰러지고 안색이 창백하며 사지가 차가우면서 땀이 나는 허탈증상이 나타나기도 한다.
③ 차멀미 승객에 대해서는 세심하게 배려한다.
  ㉠ 환자의 경우는 통풍이 잘되고 비교적 흔들림이 적은 앞쪽으로 앉도록 한다.
  ㉡ 심한 경우에는 휴게소 내지는 안전하게 정차할 수 있는 곳에 정차하여 차에서 내려 시원한 공기를 마시도록 한다.
  ㉢ 차멀미 승객이 토할 경우를 대비해 위생봉지를 준비한다.
  ㉣ 차멀미 승객이 토한 경우에는 주변 승객이 불쾌하지 않도록 신속히 처리한다.

제3절 응급상황 대처요령

1. 교통사고 발생 시 운전자의 조치사항
① 교통사고가 발생했을 때 운전자는 무엇보다도 사고피해를 최소화 하는 것과 제2차사고 방지를 위한 조치를 우선적으로 취해야 한다.
② 운전자는 이를 위해 마음의 평정을 찾아야 한다.
③ 사고발생시 운전자가 취할 조치과정은 다음과 같다.

제4편 운송서비스

ⓐ **탈출**: 교통사고 발생 시 우선 엔진을 멈추게 하고 연료가 인화되지 않도록 한다. 이 과정에서 무엇보다 안전하고 신속하게 사고차량으로부터 탈출해야 하며 침착해야 한다.

ⓒ **인명구조**: 부상자가 발생하여 인명구조를 해야 될 경우 다음과 같은 점에 유의한다.
　　ⓐ 승객이나 동승자가 있는 경우 적절한 유도로 승객의 혼란방지에 노력해야 한다. 아비규환의 상태에서의 피해가 더욱 증가할 수 있기 때문이다.
　　ⓑ 인명구출 시 부상자, 노인, 어린아이 및 부녀자 등 노약자를 우선적으로 구조한다.
　　ⓒ 정차위치가 차도, 노견 등과 같이 위험한 장소일 때에는 신속히 도로 밖의 안전장소로 유도하고 2차 피해가 일어나지 않도록 한다.
　　ⓓ 부상자가 있을 때에는 우선 응급조치를 한다.
　　ⓔ 야간에는 주변의 안전에 특히 주의를 하고 냉정하고 기민하게 구출유도를 해야 한다.

ⓒ **후방방호**: 고장발생 시와 마찬가지로 경황이 없는 중에 통과차량에 알리기 위해 차도로 뛰어나와 손을 흔드는 등의 위험한 행동을 삼가야한다.

ⓒ **연락**: 보험회사나 경찰 등에 다음 사항을 연락한다.
　　ⓐ 사고발생지점 및 상태
　　ⓑ 부상정도 및 부상지수
　　ⓒ 회사명
　　ⓓ 운전자 성명
　　ⓔ 우편물, 신문, 여객의 휴대 화물의 상태
　　ⓕ 연료 유출여부 등

ⓒ **대기**: 대기요령은 고장차량의 경우와 같이 하되, 특히 주의를 요하는 것은 부상자가 있는 경우 응급처치 등 부상자 구호에 필요한 조치를 한 후 후속차량에 긴급후송을 요청해야 한다. 부상자를 후송할 경우 위급한 환자부터 먼저 후송하도록 해야 한다.

2. 차량고장 시 운전자의 조치사항

① 교통사고는 고장과 연관될 가능성이 크며, 고장은 사고의 원인이 되기도 한다.

② 여러 가지 이유로 고장이 발생할 경우 다음과 같은 조치를 취해야 한다.
　ⓒ 정차 차량의 결함이 심할 때에는 비상등을 점멸시키면서 길어깨(갓길)에 바짝 차를 대서 정차한다.
　ⓒ 차에서 내릴 때에는 옆 차로의 차량 주행상황을 살핀 후 내린다.
　ⓒ 야간에는 밝은 색 옷이나 야광이 되는 옷을 착용하는 것이 좋다.
　ⓒ 비상전화를 하기 전에 차의 후방에 경고반사판을 설치해야 하며 특히 야간에는 주의를 기울인다.
　ⓒ 또 비상주차대에 정차할 때는 타 차량의 주행에 지장이 없도록 정차해야 한다.

③ 후방에 대한 안전조치를 취해야 한다.
　ⓒ 대기 장소에서는 통과차량의 접근에 따라 접촉이나 추돌이 생기지 않도록 하는 안전조취해야 한다.
　ⓒ 이를 위해 고장차를 즉시 알 수 있도록 표시 또는 눈에 띄게 한다.

ⓒ 도로교통법에 의하면 '자동차의 운전자는 고장이나 그 밖의 사유로 고속도로등에서 자동차를 운행할 수 없게 되었을 때에는 행정안전부령이 정하는 표지(고장자동차의 표지)를 하여야 하며, 그 자동차를 고속도로등이 아닌 다른 곳으로 옮겨 놓는 등의 필요한 조치를 하여야 한다.' 고 규정하고 있다.

④ 도로교통법 시행규칙에 따른 고장자동차의 표지는 후방에서 접근하는 자동차의 운전자가 확인할 수 있는 위치에 설치하여야 한다. 밤에는 고장자동차의 표지와 함께 사방 500미터 지점에서 식별할 수 있는 적색의 섬광신호 · 전기제동 또는 불꽃신호를 추가로 설치하여야 한다.

⑤ 구조차 또는 서비스차가 도착할 때까지 차량 내에 대기하는 것은 특히 위험하므로 반드시 후방 안전지대로 나가서 기다리도록 유도한다.

3. 재난발생 시 운전자의 조치사항

① 운행 중 재난이 발생한 경우에는 신속하게 차량을 안전지대로 이동한 후 즉각 회사 및 유관기관에 보고한다.

② 장시간 고립 시에는 유류, 비상식량, 구급환자발생 등을 즉시 신고, 한국도로공사 및 인근 유관기관 등에 협조를 요청한다.

③ 승객의 안전조치를 우선적으로 취한다.
　ⓒ 폭설 및 폭우로 운행이 불가능하게 된 경우에는 응급환자 및 노인, 어린이 승객을 우선적으로 안전지대로 대피시키고 유관기관에 협조를 요청한다.
　ⓒ 재난 시 차내에 유류를 확인 및 업체에 현재 위치를 알리고 도착 전까지 차내에 안전하게 승객을 보호한다.
　ⓒ 재난 시 차량 내에 이상 여부 확인 및 신속하게 안전지대로 차량을 대피한다.

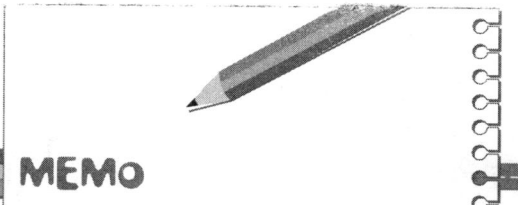

봄이라지

제1회
1교시
2교시

제2회
1교시
2교시

제3회
1교시
2교시

제4회
1교시
2교시

제1회 실전 모의고사

1교시 교통관련 법규 및 교통사고 유형, 자동차관리요령

01 국토교통부령으로 정하는 자동차의 마을버스운송사업 자동차는 무엇인가?
① 승용자동차 ② 원동기장치자전거
③ 중형승합자동차 ④ 도로보수트럭

02 시내버스운송사업 및 농어촌버스운송사업의 운행형태가 아닌 것은?
① 광역급행형 ② 도시형
③ 좌석형 ④ 일반형

03 자동차의 표시를 하는 위치는 어느 쪽인가?
① 자동차의 바깥쪽 ② 자동차의 안쪽
③ 자동차의 실내 ④ 자동차의 맨 앞

04 일정한 장소에서 장시간 정차하여 여객을 유치하는 행위를 했을 때의 처분기준은?
① 자격정지 3일 ② 자격정지 5일
③ 자격정지 10일 ④ 자격취소

05 다음 중 다른 차를 앞지르지 못하며, 앞으로 끼어들지 못하는 경우가 아닌 것은?
① 도로교통법이나 이 법에 따른 명령에 따라 정지하거나 서행하고 있는 차
② 경찰공무원의 지시에 따라 정지하거나 서행하고 있는 차
③ 위험을 방지하기 위하여 정지하거나 서행하고 있는 차
④ 앞차의 좌측에 다른 차가 앞차와 나란히 가고 있는 경우

06 다음 중 긴급자동차의 종류가 아닌 것은?
① 소방차 ② 구급차
③ 혈액 공급차량 ④ 레커

07 다음 중 비보호좌회전표지 또는 비보호좌회전표시가 있는 곳에서는 좌회전할 수 있는 신호는?
① 황색등화의 점멸 ② 녹색등화
③ 적색등화 ④ 황색등화

08 차로와 차로를 구분하기 위하여 그 경계지점을 안전표지로 표시한 선을 무엇이라 하는가?
① 차로 ② 차도
③ 차선 ④ 보도

09 다음 중 교통사고처리특례법의 중대과실 10개항의 주취운전 위반에서 주취의 기준이 되는 혈중알코올농도로 옳은 것은?
① 혈중알코올농도 0.03% 이상
② 혈중알코올농도 0.01% 이상
③ 혈중알코올농도 0.50% 이상
④ 혈중알코올농도 0.10% 이상

10 다음 중 차를 정차하거나 주차하여서는 아니 되는 곳 중 틀린 것은?
① 교차로·횡단보도·건널목이나 보도와 차도가 구분된 도로의 보도
② 교차로의 가장자리나 도로의 모퉁이로부터 10m 이내인 곳
③ 안전지대가 설치된 도로에서는 그 안전지대의 사방으로부터 각각 10m 이내인 곳
④ 건널목의 가장자리 또는 횡단보도로부터 10m 이내인 곳

11 다음 중 안전운전에 장애를 주지 아니하는 장치로서 대통령령으로 정하는 장치로 맞는 것은?
① 경찰관서에서 사용하는 무전기와 동일한 주파수의 무전기
② 긴급자동차가 아닌 자동차에 부착된 경광등, 사이렌 또는 비상등
③ 손으로 잡지 아니하고도 휴대용 전화를 사용할 수 있도록 해주는 장치
④ 자동차안전기준에 관한 규칙에서 정하지 아니한 것

정답 1.③ 2.② 3.① 4.④ 5.④ 6.④ 7.② 8.③ 9.① 10.② 11.③

12 다음 중 운전면허를 받을 수 없는 사람이 아닌 경우는?

① 18세 미만인 사람

② 듣지 못하는 사람

③ 양쪽 팔의 팔꿈치관절 이상을 잃은 사람

④ 감기약을 지속적으로 복용하는 사람

13 다음 중에서 벌점이 40점에 속하는 위반사항인 것은 어느 것인가?

① 60km/h를 초과한 속도위반

② 공동위험행위로 형사입건된 때

③ 철길건널목 통과방법위반

④ 앞지르기 금지시기·장소위반

14 운전 중 휴대전화를 이용했을 때의 범칙금액은 얼마인가?

① 3만원 　　　　　　② 5만원

③ 7만원 　　　　　　④ 10만원

15 도로상태가 위험하거나 도로 또는 그 부근에 위험물이 있는 경우에 필요한 안전조치를 할 수 있도록 이를 도로사용자에게 알리는 표지는?

① 주의표지 　　　　　② 규제표지

③ 지시표지 　　　　　④ 보조표지

16 다음 중 앞지르기 방법을 위반했을 때의 벌점은 몇 점인가?

① 5점 　　　　　　　② 10점

③ 15점 　　　　　　　④ 20점

17 다음 중 승객추락방지의무에 해당하는 것은?

① 승객이 임의로 차문을 열고 상체를 내밀어 차 밖으로 추락한 경우

② 운전자가 사고방지를 위해 취한 급제동으로 승객이 차 밖으로 추락한 경우

③ 화물자동차 적재함에 사람을 태우고 운행 중에 운전자의 급가속 또는 급제동으로 피해자가 추락한 경우

④ 승객이 타거나 또는 내리고 있을 때 갑자기 문을 닫아 문에 충격된 승객이 추락한 경우

18 차가 반대방향 또는 측방에서 진입하여 그 차의 정면으로 다른 차의 정면 또는 측면을 충격한 것은?

① 충돌 　　　　　　　② 추돌

③ 접촉 　　　　　　　④ 전도

19 운전자가 위험을 느끼고 브레이크를 밟았을 때 자동차가 제동되기 전까지 주행한 거리를 무엇이라 하는가?

① 정지거리 　　　　　② 안전거리

③ 제동거리 　　　　　④ 공주거리

20 후진사고의 성립요건에서 운전자 과실 중 일반사고로 처리하는 경우가 아닌 것은?

① 교통 혼잡으로 인해 후진이 금지된 곳에서 후진하는 경우

② 후방에 대한 주시를 소홀이 한 채 후진하는 경우

③ 뒷차의 전방주시나 안전거리 미확보로 앞차를 추돌하는 경우

④ 후방에 교통보조자를 세우고 보조자의 유도에 따라 후진하지 않은 경우

21 다음 중 고속도로에서 주행차로에 진입하기 위해 속도를 높이는 차로는?

① 주행차로 　　　　　② 가속차로

③ 감속차로 　　　　　④ 오르막차로

22 다음 중 횡단보도 보행자가 아닌 경우는 어느 것인가?

① 손수레를 끌고 횡단보도를 건너는 사람

② 횡단보도를 걸어가는 사람

③ 횡단보도에서 원동기장치자전거나 자전거를 끌고 가는 사람

④ 횡단보도에서 원동기장치자전거나 자전거를 타고 가는 사람

23 다음 중 신호등 없는 교차로 가해자 판독 방법 중 교차로 진입 전 일시정지 또는 서행하지 않은 경우는?

① 가해 차량의 진행방향으로 상대 차량을 밀고가거나, 전도(전복)시킨 경우

② 교차로에 진입할 때 상대 차량을 보지 못했다고 진술한 경우

③ 충돌직전에 상대 차량을 보았다고 진술한 경우

④ 교차로에 이미 진입하여 진행하고 있는 차량이 있거나, 교차로에 들어가고 있는 차량과 충돌한 경우

정답 ○ 12.④ 13.② 14.③ 15.① 16.② 17.④ 18.① 19.④ 20.③ 21.② 22.④ 23.①

제1회 실전 모의고사

24 다음 중 운전면허 행정처분 기준의 감경사유에 해당되는 것은?

① 혈중알코올농도 0.11% 상태로 주취 운전한 경우
② 모범운전자로서 처분 당시 3년 이상 교통봉사활동에 종사하고 있는 경우
③ 경찰관의 음주측정 요구에 불응한 경우
④ 과거 5년 이내에 3회 이상 인적피해 교통사고를 일으킨 전력이 있는 경우

25 다음 중 자동차 안에 게시하여야 할 사항을 게시하지 아니한 경우 업종별 과징금 부과기준이 맞는 것은?

① 시내버스: 5만원
② 시외버스: 30만원
③ 전세버스: 15만원
④ 특수여객: 20만원

26 다음 중 운행 전 점검사항에서 운전석에서 점검하는 것이 아닌 것은?

① 브레이크 페달 유격 및 작동상태
② 엔진오일의 이상 유무
③ 에어압력 게이지 상태
④ 스티어링휠(핸들) 및 운전석 조정

27 다음 중 자동차의 관리 중 내장손질에 해당하는 것은?

① 소금, 먼지, 진흙 또는 다른 이물질이 퇴적되지 않도록 깨끗이 제거하는 것
② 차체의 먼지나 오물을 마른 걸레로 닦아내는 것
③ 실내등을 청소할 때 실내등이 꺼져있는지 확인하는 것
④ 자동차 표면에 녹이 발생하거나, 부식되는 것을 방지하도록 깨끗이 세척하는 것

28 다음 중 압축천연가스 자동차 점검 시 주의사항이 아닌 것은?

① 압축천연가스를 사용하는 버스에서 가스누출 냄새가 나면 주변의 화재원인 물질을 제거하고 전기장치 작동을 피한다.
② 평소 차량에 승·하차 할 때 가스냄새를 확인하는 습관을 생활화한다.
③ 엔진시동이 걸린 상태에서 엔진오일 라인, 냉각수 라인, 가스연료 라인 등의 파이프나 호스를 조이거나 풀어서는 아니 된다.
④ 운전자는 가스라인과 용기밸브와의 연결부분의 이상 유무를 운행 전·후에 눈으로 직접 확인할 필요는 없다.

29 다음 중 경제적인 운행 방법에 해당하지 않는 것은?

① 화물을 가득 적재한 후 운행
② 급발진, 급가속 및 급제동 금지
③ 불필요한 공회전 금지
④ 목적지를 확실하게 파악한 후 운행

30 도어의 개폐 중 차 밖에서의 도어 개폐법은?

① 차내 개폐 버튼을 사용하여 도어를 열고 닫는다.
② 주행 중에는 도어를 개폐하지 않는다.
③ 키를 이용하여 도어를 닫는다.
④ 도어를 개폐할 때에는 후방으로부터 오는 보행자 등에 주의한다.

31 히터 사용 중 발열, 저온 및 화상 등의 위험이 발생할 수 있는 승객이 아닌 것은?

① 유아, 어린이, 노인, 신체가 불편하거나 기타 질병이 있는 승객
② 창밖에만 주시하는 승객
③ 졸음이 올 수 있는 수면제 또는 감기약 등을 복용한 승객
④ 술을 많이 마신 승객

32 다음 중 엔진 오일의 압력을 나타내는 계기판은?

① 수온계
② 공기 압력계
③ 엔진오일 압력계
④ 회전계

33 다음 중 마주오는 차가 있거나 앞 차를 따라갈 경우에 전조등 사용 방법은?

① 변환빔(하향)
② 하향점멸
③ 주행빔(상향)
④ 상향점멸

34 엔진 오버히트가 발생할 때의 안전조치로 틀린 것은?

① 엔진이 작동하는 상태에서 보닛을 열어 엔진을 냉각시킨다.
② 비상경고등을 작동한 후 도로 가장자리로 안전하게 이동하여 정차한다.
③ 여름에 에어컨의 작동을 증가시킨다.
④ 엔진을 충분히 냉각시킨 다음에는 냉각수의 양 점검, 라디에이터 호스 연결부위 등의 누수여부 등을 확인한다.

정답 ○ 24.② 25.④ 26.② 27.③ 28.④ 29.① 30.③ 31.② 32.③ 33.① 34.③

35 시동모터가 작동되나 연료필터가 막혀 있어 시동이 걸리지 않는 경우에 조치사항은?

① 접지 케이블을 단단하게 고정한다.
② 연료필터를 교환한다.
③ 에어클리너 필터를 청소 또는 교환한다.
④ 적정 공기압으로 조정한다.

36 다음 중 클러치가 하는 일이 아닌 것은?

① 엔진과 추진축 사이에 설치되어 엔진의 출력을 자동차 주행 속도에 알맞게 회전력과 속도로 바꾸어서 구동바퀴에 전달하는 장치이다.
② 엔진의 동력을 변속기에 전달하거나 차단하는 역할을 한다.
③ 엔진 시동을 작동시킬 때나 기어를 변속할 때에는 동력을 끊는다.
④ 출발할 때에는 엔진의 동력을 서서히 연결하는 일을 한다.

37 다음 중 변속기의 구비조건이 아닌 것은?

① 가볍고, 단단하며, 다루기 쉬워야 한다.
② 작동소음이 커야 한다.
③ 연속적으로 또는 자동적으로 변속이 되어야 한다.
④ 동력전달 효율이 좋아야 한다.

38 다음 중 판 스프링에 대한 설명으로 맞는 것은?

① 차축을 지지할 때는 링크기구나 쇽 업소바를 필요로 하고 구조가 복잡하다.
② 비틀었을 때 탄성에 의해 원위치하려는 성질을 이용한 스프링 강의 막대이다.
③ 승차감이 우수하기 때문에 장거리 주행 자동차 및 대형버스에 사용된다.
④ 스프링 자체의 강성으로 차축을 정해진 위치에 지지할 수 있어 구조가 간단하다.

39 다음 중 공기식 브레이크의 단점에 해당하는 것은?

① 자동차 중량에 제한을 받지 않는다.
② 공기가 다소 노출되어도 제동성능이 현저하게 저하되지 않아 안전도가 높다.
③ 베이퍼 록 현상이 발생할 염려가 없다.
④ 엔진출력을 사용하므로 연료소비량이 많다.

40 자동차종합검사를 받아야 하는 기간만료일부터 30일 이내인 경우의 과태료는 얼마인가?

① 1만원   ② 2만원
③ 3만원   ④ 4만원

정답 ▶ 35.② 36.① 37.② 38.④ 39.④ 40.②

2교시 안전운행, 운송서비스

01 다음 중 동체시력의 특성이 아닌 것은?

① 물체의 이동속도가 빠를수록 저하된다. 정지시력이 1.2인 사람이 시속 50km로 운전한다면 동체시력은 0.7 이하로 떨어지며, 시속 90km라면 동체시력은 0.5 이하로 떨어진다.
② 정지시력과 어느 정도 비례 관계를 갖는다. 즉, 정지시력이 저하되면 동체시력도 저하된다.
③ 조도(밝기)가 낮은 상황에서 쉽게 저하 된다.
④ 움직이는 상태에 있을 때에는 움직이는 속도에 따라 축소된다.

02 다음 중 운전 중의 스트레스와 흥분을 최소화 하는 방법이 아닌 것은?

① 기분이 좋아질 정도만 음주를 한다.
② 사전에 준비한다.
③ 타운전자의 실수를 예상한다.
④ 기분 나쁘거나 우울한 상태에서는 운전을 피한다.

03 다음 중 보행자의 주요 주의사항이 아닌 것은 어느 것인가?

① 시야가 차단된 상황에서 나타나는 보행자를 특히 조심해야 한다.
② 차량신호가 녹색으로 바뀌면 횡당보도에 바로 들어간다.
③ 신호에 따라 횡단하는 보행자의 앞뒤에서 그들을 압박하거나 재촉해서는 안된다.
④ 주거지역내에서는 어린이의 존재여부를 주의 깊게 관찰한다.

04 수막현상에 대한 설명으로 옳지 않은 것은 어느 것인가?

① 타이어의 마모가 심할 경우에 잘 일어난다.
② 타이어의 공기압이 부족할 때 잘 일어난다.
③ 저속주행 시에 잘 일어나는 현상이다.
④ 고속주행 시에 잘 일어나는 현상이다.

05 다음 중 언더스티어에 대한 설명으로 옳지 않은 것은 어느 것인가?

① 코너링 상태에서 구동력이 원심력보다 작아 타이어가 그립의 한계를 넘어서 핸들을 돌린 각도만큼 라인을 타지 못하고 코너 바깥쪽으로 밀려나가는 현상이다.
② 흔히 후륜구동 차량에서 주로 발생한다.
③ 핸들을 지나치게 꺾거나 과속, 브레이크 잠김 등이 원인이 되어 발생할 수 있다.
④ 타이어 그립이 더 떨어질수록 언더 스티어가 심하고 경우에 따라선 스핀이나 그와 유사한 사고를 초래한다.

06 운전자가 브레이크패달에 발을 올려 브레이크가 막 작동을 시작하는 순간부터 자동차가 완전히 정지할 때까지 이동한 거리를 무엇이라 하는가?

① 제동거리   ② 정지거리
③ 정지거리   ④ 주행거리

07 양방향 2차로 앞지르기 금지구간에서 자동차의 원활한 소통을 도모하고, 도로 안정성을 제고하기 위해 길어깨(갓길) 쪽으로 설치하는 저속 자동차의 주행차로를 무엇이라 하는가?

① 가변차로   ② 앞지르기차로
③ 오르막차로 ④ 양보차로

08 다음 중 방호울타리의 주요 기능이 아닌 것은?

① 자동차의 차도이탈을 방지하는 것
② 탑승자의 상해 및 자동차의 파손을 감소시키는 것
③ 도로표지 및 기타 교통관제시설 등을 설치할 수 있는 공간을 제공한다.
④ 운전자의 시선을 유도하는 것

09 시선유도시설 중 급한 곡선 도로에서 운전자의 시선을 명확히 유도하기 위해 설치하는 시설물은?

① 도로반사경 ② 방호울타리
③ 충격흡수시설 ④ 갈매기표지

10 버스승객의 승·하차를 위하여 본선 차로에서 분리하여 설치된 띠 모양의 공간을 무엇이라 하는가?

① 버스터미널 ② 버스정류장
③ 버스정류소 ④ 간이버스정류장

11 중앙버스전용차로의 버스정류소 위치 중 교차로 통과 전 정류소의 장점으로 알맞은 것은?

① 일반 운전자가 보행자 및 접근하려는 버스의 움직임 확인이 용이하다.
② 버스전용차로 상에 있는 자동차와 좌회전하려는 자동차의 상충이 최소화된다.
③ 교차로 통과 후 버스전용차로 상의 교통량이 많을 때 발생할 수 있는 혼잡을 최소화 할 수 있다.
④ 버스를 타려고 하는 사람이 진·출입 동선이 일원화되어, 가려고 하는 방향의 정류장으로 접근하기가 쉽다.

정답 ◐ 1.④ 2.① 3.② 4.③ 5.② 6.① 7.④ 8.③ 9.④ 10.② 11.③

제1회 실전 모의고사

12 안전운전의 5가지 기본 기술 중에 옳지 않은 것은 무엇인가?

① 운전 중에 전방 가까운 곳을 본다.

② 눈을 계속해서 움직인다.

③ 다른 사람이 자신을 볼 수 있게 한다.

④ 차가 빠져나갈 공간을 확보한다.

13 가장 흔한 사고의 형태로, 후미 추돌 사고를 피하는 방법으로 옳지 않은 것은?

① 앞차에 대한 주의를 늦추지 않는다.

② 상황을 멀리까지 본다.

③ 상대보다 더 빠르게 속도를 줄인다.

④ 앞차에 바짝 붙어서 간다.

14 다음 중 교차로에서의 방어운전에 대한 내용으로 옳지 않은 것은?

① 신호에 따라 진행하는 경우에도 신호를 무시하고 갑자기 달려드는 차 또는 보행자가 있다는 사실에 주의한다.

② 좌·우회전할 때에는 방향지시등을 정확히 점등한다.

③ 성급한 우회전은 횡단하는 보행자와 충돌할 위험이 증가한다.

④ 통과하는 앞차를 맹목적으로 따라간다.

15 다음 중 철길건널목에서의 방어운전 중 옳은 것은?

① 철길건널목에 접근할 때에는 속도를 높여 접근한다.

② 일시정지 후에는 철도 좌·우의 안전을 확인한다.

③ 건널목을 통과할 때에는 기어를 변속한다.

④ 건널목 건너편엔 여유 공간을 확인하지 않고 통과한다.

16 야간 운전을 할 때 가시거리가 100m 이내인 경우에는 최고 속도를 몇% 정도 감속하여 운행해야 하는가?

① 20% ② 30%

③ 40% ④ 50%

17 다음 중 운전 중에 접하는 여러 가지 외적요건에 포함되지 않는 것은?

① 운전자 성격 ② 도로

③ 차량 ④ 교통상황

18 다음 중 타이어의 공기압이 낮을 때 일어나는 현상은?

① 트레드가 구실을 못하게 된다.

② 접지력이 떨어진다.

③ 타이어 손상 가능성도 높아진다.

④ 제동거리가 최소화 된다.

19 다음은 출발하고자 할 때의 기본 운행 수칙에 대한 내용이다 옳지 않은 것은?

① 매일 운행을 시작할 때에는 후사경이 제대로 조정되어 있는지 확인한다.

② 주차브레이크가 채워진 상태에서는 출발하지 않는다.

③ 출발 후 진로변경이 끝나기 전에 신호를 중지한다.

④ 출발 할 때에는 자동차문을 완전히 닫은 상태에서 방향지시등을 작동시켜 도로주행 의사를 표시한 후 추발한다.

20 다음 중 시가지 도로에서의 방어 운전 중 시인성 다루기에 속하지 않는 것은?

① 1~2블록 전방의 상황과 길의 양쪽 부분을 모두 탐색한다.

② 교통체증으로 서로 접근하는 상황이라도 앞차와는 2초 정도 거리를 둔다.

③ 교차로에 접근할 때나 차의 속도를 늦추든지 멈추려고 할 때는 언제든지 후사경과 사이드 미러를 이용해서 차들을 살펴본다.

④ 전방 차량 후미의 등화에 지속적으로 주의하여, 제동과 회전여부 등을 예측한다.

21 다음 중 커브길 주행 시의 주의사항으로 옳지 않은 것은?

① 부득이한 경우가 아니면 급핸들 조작이나 급제동은 하지 않는다.

② 불가피한 경우가 아니면 가속이나 감속은 하지 않는다.

③ 주간에는 전조등, 야간에는 경음기를 사용한다.

④ 급커브길 등에서의 앞지르기는 전방의 안전이 확인 안 되는 경우에는 절대 하지 않는다.

22 고속도로에서의 방어운전 중 공간다루기의 설명 중 옳지 않은 것은?

① 차들이 고속도로에 진입해 들어 올 여지를 주지 않는다.

② 자신과 다른 차량이 주행하는 속도, 도로, 기상조건 등에 맞도록 차의 위치를 조절한다.

③ 차로를 변경하기 위해서는 핸들을 점진적으로 튼다.

④ 앞지르기를 마무리 할 때 앞지르기 한 차량의 앞으로 너무 일찍 들어가지 않도록 한다.

23 다음 중 앞지르기의 순서와 방법상의 주의 사항 중 틀린 것은?

① 앞지르기는 장소에 관계없이 아무데서나 한다.

② 전방의 안전을 확인하는 동시에 후사경으로 좌측 및 좌후방을 확인한다.

③ 좌측 방향지시등을 켠다.

④ 최고속도의 제한범위 내에서 가속하여 진로를 서서히 좌측으로 변경한다.

정답 ◐ 12.① 13.④ 14.④ 15.② 16.④ 17.① 18.① 19.③ 20.② 21.③ 22.① 23.①

제1회 실전 모의고사

24 교차로 통행 중 좌·우로 회전할 때의 설명으로 맞지 않은 것은?

① 회전이 허용된 차로에서만 회전하고, 회전하고자 하는 지점에 이르기까지 전 30m(고속도로에서는 100m) 이상의 지점에 이르렀을 때 방향지시등을 작동시킨다.
② 좌회전 차로가 2개 설치된 교차로에서 좌회전할 때에는 1차로(중·소형승합차), 2차로(대형승합자동차) 통행기준을 준수한다.
③ 대항차가 교차로를 통과하고 있을 때에는 완전히 통과시킨 후 좌회전한다.
④ 우회전할 때에는 외륜차 현상으로 인해 보도를 침범하지 않도록 주의한다.

25 여름철에 운전을 하는 운전자 중 불쾌지수가 높아지면 나타날 수 있는 현상이 아닌 것은?

① 차량 조작이 민첩하지 못하고, 난폭운전을 하기 쉽다.
② 사소한 일에도 언성을 높이고, 잘못을 전가하려는 신경질적인 반응을 보이기 쉽다.
③ 감정에 치우친 운전을 하지만 사고 위험은 감소한다.
④ 스트레스가 가중돼 운전이 손에 잡히지 않고, 두통, 소화불량 등 신체 이상이 나타날 수 있다.

26 다음 중 서비스의 특성이 아닌 것은?

① 무형성 ② 이질성
③ 소멸성 ④ 무소유권

27 승객만족을 위한 기본예절로 옳지 않은 것은 어느 것인가?

① 승객을 일일이 기억할 필요는 없다.
② 자신의 것만 챙기는 이기주의는 바람직한 인간관계형의 저해요소이다.
③ 승객의 결점을 지적할 때에는 진지한 충고와 격려로 한다.
④ 승객의 입장을 이해하고 존중한다.

28 다음 중 인사방법 중 올바른 인사방법은 어느 것인가?

① 턱을 쳐들거나 눈을 치켜뜨고 하는 인사
② 밝고 부드러운 미소를 지으며 하는 인사
③ 무표정한 인사
④ 머리만 까닥거리는 인사

29 다음은 악수에 대한 설명이다. 틀린 것은 어느 것인가?

① 상대방의 신체접촉을 통한 친밀감을 표현하는 방법이다.
② 악수하는 손을 흔들거나, 손을 꽉 잡거나, 손끝만 잡는 것은 좋은 태도가 아니다.
③ 악수하는 도중 상대방의 시선을 피하거나 다른 곳을 응시하여서는 아니 된다.
④ 악수는 후배가 선배에게 청하는 것이다.

30 다음 중 대화의 4원칙 중 옳지 않은 것은?

① 밝고 적극적으로 말한다. ② 공손하게 말한다.
③ 줄임말을 많이 쓴다. ④ 품위 있게 말한다.

31 시외버스운송사업자(승차권의 판매를 위탁받은 자 포함)는 운임을 받고 승차권을 발행할 때 기재되어 있어야 할 사항이 아닌 것은?

① 사업자의 명칭 ② 사용구간
③ 운임액 ④ 소요시간

32 사업자의 운전자가 가져야 할 사항으로 옳지 않은 것은?

① 운전기술 과신 ② 교통법규 이해와 준수
③ 주의력 집중 ④ 추측운전 금지

33 교통관련 법규 및 사내 안전관리 규정 준수에 대한 내용으로 틀린 것은?

① 배차지시 없이 임의 운행금지
② 승차 지시된 운전자 이외의 타인에게 대리운전이 가능
③ 사전승인 없이 타인을 승차시키는 행위 금지
④ 철길건널목에서는 일시정지 준수 및 정차 금지

34 버스공영체제 중 공영제의 장점에 대해 설명한 것은 어느 것인가?

① 민간이 버스노선 결정 및 운행버스를 공급함으로 공급비용을 최소화 할 수 있음
② 업무성적과 보상이 연관되어 있고 엄격한 지출통제에 제한받지 않기 때문에 민간회사가 보다 효율적임
③ 정부규제 최소화로 행정비용 및 정부재정지원의 최소화
④ 종합적 도시교통계획 차원에서 운행서비스 공급이 가능

35 다음 중 업종별 요금 체계 중 시외버스와 고속버스의 공통적으로 해당되는 요금체계는?

① 단일운임제 ② 자율요금
③ 거리체감제 ④ 거리비례제

정답 24.④ 25.③ 26.① 27.① 28.② 29.④ 30.③ 31.④ 32.① 33.② 34.④ 35.③

제1회
실전 모의고사

버스운전 자격시험

36 이용주체별 버스정보시스템의 기대효과 중 운수종사자가 갖는 기대효과에 대한 설명으로 맞는 것은?

① 불규칙한 배차, 결행, 및 무정차 통과에 의한 불편해소
② 운행상태 완전노출로 운행질서 확립
③ 서비스 개선에 따른 승객 증가로 수지개선
④ 대중교통정책 수립의 효율화

37 다음 중 중앙버스전용차로의 특징으로 옳은 것은 어느 것인가?

① 일반통행로 또는 양방향 통행로에서 가로변 차로를 버스가 전용으로 통행할 수 있도록 제공하는 것을 말한다.
② 도로 중앙에 버스만 이용할 수 있는 전용차로를 지정함으로써 버스를 다른 차량과 분리하여 운영하는 방식을 말한다.
③ 일방통행에서 차량이 진행하는 반대방향으로 1~2개 차로를 버스전용차로로 제공하는 것을 말한다.
④ 일방통행로에 대중교통수요 등으로 인해 버스노선이 필요한 경우에 설치한다.

38 다음 중 교통카드시스템의 구성이 아닌 것은 어느 것인가?

① 사용자카드   ② 단말기
③ 중앙처리시스템   ④ 충전시스템

39 교통사고규칙에 따른 교통사고 중 차가 주행 중 도로 또는 도로 이외의 장소에 차체의 측면이 지면에 접하고 있는 상태의 사고는?

① 전도사고   ② 충돌사고
③ 접촉사고   ④ 전복사고

40 다음 중 버스승객의 주요 불만사항이 아닌 것은?

① 버스가 정해진 시간에 오지 않는다.
② 난폭, 과음운전을 한다.
③ 여름에 에어컨을 너무 세게 튼다.
④ 안내방송이 미흡하다.

정답 ◐ 36.② 37.② 38.④ 39.① 40.③

제2회 실전 모의고사

1교시 ─ 교통관련 법규 및 교통사고 유형, 자동차관리요령

01 노선 여객자동차운송사업의 한정면허로 할 수 있는 경우가 아닌 것은?

① 여객의 특수성 또는 수요의 불규칙성 등으로 인하여 노선 여객자동차운송사업자가 노선버스를 운행하기 어려운 경우
② 수익성이 없어 노선운송사업자가 운행을 기피하는 노선으로 관할관청이 보조금을 지급하려는 경우
③ 버스전용차로의 설치 및 운행계통의 신설 등 버스교통체계 개선을 위하여 시·도의 조례로 정하는 경우
④ 신규노선에 대하여 운행형태가 마을버스형인 시내버스운송사업을 경영하려는 자의 경우

02 여객자동차운송사업(버스)의 운전업무에 종사하려는 사람이 갖추어야 할 요건들 중 틀린 것은?

① 사업용 자동차를 운전하기에 적합한 운전면허를 보유하고 있을 것
② 20세 이상으로서 운전경력이 6개월 이상일 것
③ 국토교통부장관이 정하는 운전 적성에 대한 정밀검사 기준에 적합할 것
④ 교통안전공단이 시행하는 버스운전 자격시험에 합격한 후 제55조(운전자의 등록 등)에 따라 국토교통부장관으로부터 자격 등을 취득할 것

03 운수종사자의 자격요건을 갖추지 아니한 사람을 운전업무에 종사하게 한 경우 1차 위반을 했을 때의 행정처분은?

① 사업일부정지 30일   ② 사업일부정지 60일
③ 사업일부정지 90일   ④ 사업일부정지 120일

04 운송업자는 새로 채용한 운수종사자에 대하여는 운전업무를 시작하기 전에 몇 시간의 교육을 받게 하여야 하는가?

① 12시간 이상   ② 14시간 이상
③ 16시간 이상   ④ 20시간 이상

05 다음 중 1종 대형면허로 운전할 수 있는 차량이 아닌 것은?

① 아스팔트살포기   ② 트레일러
③ 콘크리트 믹서트럭   ④ 원동기장치자전거

06 다음 중 차도를 통행할 수 있는 사람 또는 행렬이 아닌 경우는?

① 말·소 등의 큰 동물을 몰고 가는 사람
② 무거운 가방을 메고 가는 사람
③ 보행자의 통행에 지장을 줄 우려가 있는 물건을 운반 중인 사람
④ 군부대 그 밖에 준하는 단체의 행렬

07 일반도로의 편도 2차로 이상에서 자동차의 최고속도는 얼마인가?

① 매시 65km 이내   ② 매시 70km 이내
③ 매시 75km 이내   ④ 매시 80km 이내

08 도로교통법상 교통사고에 해당되지 않는 것은?

① 도로운전 중 언덕길에서 추락하여 부상당한 사고
② 차고에서 적재하던 화물이 전락하여 사람이 부상한 사고
③ 주행 중 브레이크 고장으로 도로변의 전주를 충돌한 사고
④ 도로주행 중 화물이 추락하여 사람이 부상당한 사고

09 교통사고를 야기한 도주차량 신고로 인한 벌점상계에 대한 특혜점수는?

① 40점   ② 특혜점수 없음
③ 30점   ④ 120점

10 다음 중 서행하여야 하는 장소가 아닌 곳은 어디인가?

① 교통정리를 하고 있는 곳의 교차로를 통행할 때
② 도로가 구부러진 부근
③ 비탈길의 고갯마루 부근
④ 가파른 비탈길의 내리막

11 대통령령이 정하는 운전이 금지되는 자동차 창유리 가시광선 투과율의 기준은?

① 앞면 창유리: 85% 미만
② 앞면 창유리: 80% 미만
③ 앞면 창유리: 75% 미만
④ 앞면 창유리: 70% 미만

정답 ◐ 1.④ 2.② 3.③ 4.③ 5.② 6.② 7.④ 8.② 9.① 10.① 11.④

제2회 실전 모의고사

12 다음 중에서 도주(뺑소니)에 속하는 경우는 어느 것인가?

① 사고운전자가 심한 부상을 입어 타인에게 의뢰하여 피해자를 후송 조치한 경우

② 사고 장소가 혼잡하여 불가피하게 일부 진행 후 정지하여 되돌아와 조치한 경우

③ 피해자가 이미 사망하였다고 사체 안치 후송 등의 조치 없이 가버린 경우

④ 사고운전자가 자기 차량 사고에 조치 없이 가버린 경우

13 신호·지시위반 사고의 성립요건 중 장소적요건의 예외사항이 아닌 것은?

① 진행방향에 신호기가 설치되어 있지 않은 경우

② 경찰공무원 등의 수신호 지역

③ 10가지 규제표지 외의 표지판이 설치된 구역

④ 신호기의 고장이나 황색, 적색 점멸 신호등의 경우

14 다음 중 중앙선 침범을 적용할 수 없는 경우는?

① 커브 길에서 과속으로 인한 중앙선침범의 경우

② 졸다가 뒤늦은 제동으로 중앙선을 침범한 경우

③ 차내 잡담 또는 휴대폰 통화 등의 부주의로 중앙선을 침범한 경우

④ 위험을 회피하기 위해 중앙선을 침범한 경우

15 다음 중 정지시간을 포함한 주행거리의 평균 주행속도를 무엇이라 하는가?

① 구간속도   ② 규제속도

③ 설계속도   ④ 주행속도

16 그림과 같은 교통안전표지의 설명으로 맞는 것은?

① 삼거리 표지   ② 우회로 표지

③ 회전형 교차로 표지   ④ 좌로 계속 굽은 도로표지

17 다음 중 과속사고에 따른 범칙금 중 맞는 것은?

① 20km/h 이하: 3만원

② 20km/h 초과~40km/h 이하: 8만원

③ 40km/h 초과~60km/h 이하: 15만원

④ 60km/h 초과: 17만원

18 도로상의 안전지대를 옳게 설명한 것은?

① 버스정류장 표지가 있는 장소

② 자동차가 주차할 수 있도록 설치된 장소

③ 도로를 횡단하는 보행자나 통행하는 차마의 안전을 위하여 안전표지 등으로 표시된 도로의 부분

④ 사고가 잦은 장소에 보행자의 안전을 위하여 설치된 장소

19 다음 중 음주운전이 아닌 경우는 어떤 경우인가?

① 불특정 다수인이 이용하는 도로와 특정인이 이용하는 주차장 또는 학교 경내 등에서의 음주운전

② 혈중알코올농도 0.03% 미만에서의 음주운전

③ 공개되지 않은 통행로에서의 음주운전

④ 술을 마시고 주차장(주차선 안 포함)에서 음주운전

20 다음 중 자동차관리법상 자동차가 아닌 것은?

① 궤도차   ② 덤프트럭

③ 콘크리트믹서트럭   ④ 25톤 이상의 화물차량

21 뒷차가 교차로에서 앞차의 측면을 통과한 후 앞차의 그 앞으로 들어가는 도중에 발생한 사고는?

① 교차로 통행방법위반 사고

② 후진 위반

③ 안전운전불이행

④ 앞지르기 금지 사고

22 다음 중 난폭운전에 해당하지 않는 것은?

① 고의나 의식할 수 있는 과실로 타인에게 현저한 의해를 초래하는 운전을 하는 경우

② 모든 자동차 장치를 정확히 조작하여 운전하는 경우

③ 타인의 통행을 현저히 방해하는 운전을 하는 경우

④ 지그재그로 운전을 하는 경우

23 다음 중 발광형 안전표지가 설치되어야 하는 장소가 아닌 곳은?

① 안개가 잦은 곳

② 야간교통사고가 많이 발생하거나 발생가능성이 높은 곳

③ 교통혼잡이 잦은 곳

④ 도로의 구조로 인하여 가시거리가 충분히 확보되지 않은 곳

정답 12.③ 13.② 14.④ 15.① 16.③ 17.① 18.③ 19.② 20.① 21.④ 22.② 23.③

제2회 실전 모의고사

24 긴급자동차에 대한 피양·일시 정지위반을 위반한 차량의 범칙금액은 얼마인가?
① 5만원　　② 2만원
③ 6만원　　④ 10만원

25 차로가 설치된 도로에서 통행방법 중 위반이 되는 경우는?
① 택시가 건설기계를 앞지르기를 하였다.
② 차로를 따라 통행하였다.
③ 경찰관의 지시에 따라 중앙 좌측으로 진행하였다.
④ 두 개의 차로에 걸쳐 운행하였다.

26 다음 중 스프링 연결부위의 손상이나 균열에 대해 점검하려면 어디를 점검해야 하는가?
① 트랜스미션　　② 램프
③ 배기가스　　④ 완충스프링

27 다음 중 운행 중 유의사항에 대해 설명한 것이다. 옳지 않은 것은?
① 제동장치는 잘 작동되며, 한쪽으로 쏠리지는 않는가?
② 엔진오일의 양은 적당하며 점도는 이상이 없는가?
③ 엔진소리에 이상이 없는지 유의하고 있는가?
④ 차내에 이상한 냄새가 나지는 않는가?

28 다음 중 주차할 때의 주의사항 중 틀린 것은 어느 것인가?
① 내리막길에서는 1단으로 놓고 바퀴에 고임목을 설치한다.
② 주차할 때에는 반드시 주차 브레이크 작동시킨다.
③ 급경사 길에는 가급적 주차하지 않는다.
④ 습기가 많고 통풍이 잘 되는 곳에 주차한다.

29 다음 중 자동차 연료로서 천연가스의 특징 중 맞는 것은?
① 메탄의 비등점은 162℃이고, 상온에서는 기체이다.
② 탄소량이 많으므로 발열량당 이산화탄소 배출량이 많다.
③ 부품 재료의 내식성 등의 재료 특성은 가솔린, 경유와 유사한 특성을 갖는다.
④ 유황분을 포함하고 있어 SO_2 가스를 많이 방출한다.

30 다음 중 운행 전 점검해야 할 사항이 아닌 것은 어느 것인가?
① 연료　　② 냉각수
③ 엔진오일　　④ 워셔액

31 다음 중 ABS조작에 대한 설명 중 틀린 것은?
① 급제동할 때 또는 미끄러운 도로에서 제동할 때에 구르던 바퀴가 잠기면서 노면 위에서 미끄러지는 현상을 방지하여 핸들의 조향성능을 유지시켜 주는 장치이다.
② ABS 차량은 급제동할 때 핸들조향이 불가능하다.
③ 급제동할 때 ABS가 정상적으로 작동하기 위해서는 브레이크 페달을 힘껏 밟고 버스가 완전히 정지할 때까지 계속 밟고 있어야 한다.
④ ABS 경고등은 키 스위치를 ON 하면 일반적으로 3초 동안 점등(자가진단)된 후 ABS가 정상이면 경고등은 소등된다.

32 머리지지대 조절 및 분리에 대한 내용 중 틀린 것은?
① 머리지지대는 자동차의 좌석에서 등받이 맨 위쪽의 머리를 받치는 부분을 말한다.
② 머리지지대는 주행 안락감과 충돌사고 발생 시 머리와 목을 보호하는 역할을 한다.
③ 머리지지대의 높이는 머리지지대 중심부분과 운전자의 귀 하단이 일치하도록 조절한다.
④ 머리지지대를 제거한 상태에서의 주행은 머리나 목의 상해를 초래할 수 있다.

33 다음 중 와이퍼에 대한 설명 중 옳지 않은 것은?
① 와셔액 탱크가 비어 있을 경우에 와이퍼를 작동시키면 모터가 손상된다.
② 겨울철에 와이퍼가 얼어 붙어있는 경우, 와이퍼를 모터의 힘으로 작동시키면 와이퍼 링크가 이탈하거나 모터가 손상될 수 있다.
③ 동절기에 와셔액을 사용하면 유리창에 와셔액이 얼어붙어 시야를 가릴 수 있다.
④ 엔진 냉각수 또는 부동액을 와셔액으로 사용해도 차량 도장 부분에 손상은 일어나지 않는다.

34 농후한 혼합 가스가 들어가 불완전 연소되는 경우에 배출가스의 색은 무슨 색인가?
① 검은색　　② 백색
③ 무색　　④ 청색

35 엔진 오버히트가 발생했을 때의 징후가 아닌 것은?
① 운행 중 수온계가 H 부분을 가리키는 경우
② 엔진 내부가 얼어 냉각수가 순환하지 않는 경우
③ 엔진출력이 갑자기 떨어지는 경우
④ 노킹소리가 들리는 경우

정답 ⊙ 24.① 25.④ 26.④ 27.② 28.① 29.③ 30.④ 31.② 32.③ 33.④ 34.① 35.②

제2회 실전 모의고사

버스운전 자격시험

36 다음 중 스노우 타이어의 특성에 속하는 것은 어느 것인가?

① 트레드가 하중에 의한 변형이 쉽다.

② 스탠딩웨이브 현상이 잘 일어나지 않는다.

③ 구동바퀴에 걸리는 하중을 크게 해야 한다.

④ 저속으로 주행할 때에는 조향 핸들이 다소 무겁다.

37 타이어가 회전하면 타이어의 원주에서는 변형과 복원을 반복하는데, 타이어의 회전속도가 빨라지면 접지부에서 받은 타이어의 주름이 다음 접지 시점이 되어도 복원되지 않고 접지의 뒤쪽에 진동의 물결이 일어나는 현상을 무엇이라 하는가?

① 수막현상

② 스탠딩 웨이브현상

③ 페이드 현상

④ 베이퍼 록 현상

38 다음 중 조향 장치의 구비조건 중 옳지 않은 것은?

① 조향 조작이 주행 중의 충격에 영향을 받지 않아야 한다.

② 조작이 쉽고, 방향 전환이 원활하게 이루어져야 한다.

③ 고속주행에서도 조향 조직이 안정적이어야 한다.

④ 조향 핸들의 회전과 바퀴 선화 차이가 커야 한다.

39 자동차를 앞에서 보았을 때 앞바퀴가 수직선에 대해 어떤 각도를 두고 설치되고 있는 것을 무엇이라 하는가?

① 캠버

② 캐스터

③ 토인

④ 토아웃

40 차령이 2년 초과인 사업용 승용자동차의 검사 유효기간은?

① 6개월

② 1년

③ 2년

④ 3년

정답 ○ 36.③ 37.② 38.④ 39.① 40.②

제2회 실전 모의고사

2교시 안전운행, 운송서비스

01 다음 중 인간에 의한 사고원인에 해당하지 않은 것은?
① 신체요인 ② 태도요인
③ 자동차요인 ④ 사회환경요인

02 우리나라의 제1종 운전면허를 취득하는데 필요한 동체시력기준은 어떻게 되는가?
① 두 눈을 동시에 뜨고 잰 시력이 0.6 이상이고, 양쪽 눈의 시력이 각각 0.5 이상이어야 한다.
② 두 눈을 동시에 뜨고 잰 시력이 0.8 이상이고, 양쪽 눈의 시력이 각각 0.5 이상이어야 한다.
③ 두 눈을 동시에 뜨고 잰 시력이 0.8 이상이고, 양쪽 눈의 시력이 각각 0.3 이상이어야 한다.
④ 두 눈을 동시에 뜨고 잰 시력이 0.5 이상이고, 양쪽 눈의 시력이 각각 0.5 이상이어야 한다.

03 야간에 대항차의 전조등 눈부심으로 인해 순간적으로 보행자를 볼 수 없게 도닌 현상으로 보행자가 교차하는 차량의 불빛 중간에 있게 되면 운전자가 순간적으로 보행자를 전혀 보지 못하는 현상은?
① 현혹현상 ② 착시현상
③ 자각현상 ④ 증발현상

04 다음 중 피로가 운전에 미치는 영향 중 정신적인 면에 속하는 것은?
① 의지력 ② 감각능력
③ 졸음 ④ 운동능력

05 다음 중 술에 대한 잘못된 상식에 대한 설명 중 옳지 않은 것은?
① 알코올은 음식이나 음료일 뿐이다.
② 술 마실 때는 담배 맛이 떨어진다.
③ 술을 마시면 생각이 더 명료해 진다.
④ 간장이 튼튼하면 아무리 술을 마셔도 괜찮다.

06 다음 중 음주운전 차량의 증후가 아닌 것은?
① 경찰관이 정차 명령을 하였을 때 제대로 정차하지 못하거나 급정차하는 자동차
② 단속현장을 보고 멈칫하거나 눈치를 보는 자동차
③ 전조등이 미세하게 좌·우로 왔다 갔다 하는 자동차
④ 야간에 아주 빨리 달리는 자동차

07 다음 중 노인이 보행할 때의 특징은?
① 흥미로운 것에 정신이 팔려 갑자기 도로위로 튀어나온다.
② 판단력이 미숙해 무리하게 도로를 횡단하려고 한다.
③ 신체기능이 떨어져 보행속도가 느리다.
④ 맹도견을 이용해 도로를 횡단한다.

08 타이어가 완전히 노면으로부터 떨어질 때의 속도를 무엇이라 하는가?
① 수막현상발생 정지속도 ② 수막현상발생 방어속도
③ 수막현상발생 임계속도 ④ 수막현상발생 위험속도

09 다음 중 워터 페이드 현상에 대한 설명이 아닌 것은?
① 비탈길을 내려갈 때 브레이크를 반복하여 사용하면 마찰열이 라이닝에 축적이 되면서 브레이크의 제동력이 저하되는 경우에 생기는 현상
② 브레이크 마찰제가 물에 젖으면 마찰계수가 작아져 브레이크의 제동력이 저하되는 현상
③ 이 현상이 발생하면 마찰열에 의해 브레이크가 회복되도록 브레이크 페달을 반복해 밟으면서 천천히 주행한다.
④ 물이 고인 도로에 자동차를 정차시켰거나 수중 주행을 하였을 때 이 현상이 일어날 수 있으며 브레이크가 전혀 작용되지 않을 수 있다.

10 다음 중 내륜차에 대한 설명 중 옳지 않은 것은?
① 앞바퀴의 궤적과 뒷바퀴의 궤적 간에는 차이가 발생하게 되며, 앞바퀴의 안쪽과 뒷바퀴의 안쪽 궤적 간의 차이를 말한다.
② 후진주차를 위해 주차공간으로 진입도중 차의 앞부분이 다른 차량이나 물체와 충돌할 수 있다.
③ 전진주차를 위해 주차공간으로 진입도중 차의 뒷부분이 주차되어있는 차와 충돌할 수 있다.
④ 커브길의 원활한 회전을 위해 확보한 공간으로 끼어든 이륜차나 소형승용차를 발견하지 못해 충돌사고가 발생할 수 있다.

11 다음 중 타이어의 마모에 영향을 주는 요소가 아닌 것은?
① 타이어의 공기압 ② 차의 하중
③ 운전 습관 ④ 차의 속도

정답 ◑ 1.③ 2.② 3.④ 4.① 5.② 6.④ 7.③ 8.③ 9.① 10.② 11.③

12 다음 중 가변차로에 대한 설명이 아닌 것은 어느 것인가?

① 방향별 교통량이 특정시간대에 현저하게 발생하는 도로에서 교통량이 많은 쪽의 차로수가 확대될 수 있도록 신호기에 의하여 차로의 진행방향을 지시하는 차로이다.

② 차량의 운행속도를 향상시켜 구간 통행시간을 줄여준다.

③ 차량의 지체를 감소시켜 에너지 소비량과 배기가스 배출량의 감소 효과를 기대할 수 있다.

④ 저속 자동차로 인해 동일 진행방향 뒤차의 속도감소를 유발시키고, 반대차로를 이용한 앞지르기가 불가능할 경우 원활한 소통을 위해 설치하게 된다.

13 교차로 등에서 자동차가 우회전, 좌회전 또는 유턴을 할 수 있도록 직진하는 차로와 분리하여 설치하는 차로는?

① 회전차로　　　　② 오르막차로
③ 변속차로　　　　④ 내리막차로

14 자동차의 안전하고 원활한 교통처리나 보행자 도로횡단의 안전을 확보하기 위하여 교차로 또는 차도의 분기점 등에 설치하는 섬 모양의 시설은?

① 교통섬　　　　② 시거
③ 상충　　　　　④ 측대

15 다음 중 길어깨(갓길)의 기능이 아닌 것은 어느 것인가?

① 고장차가 대피할 수 있는 공간을 제공하여 교통 혼잡을 방지하는 역할을 한다.

② 광폭분리대의 경우 사고 및 고장차량이 정지할 수 있는 여유 공간을 제공한다.

③ 도로 측방의 여유 폭은 교통의 안전성과 쾌적성을 확보할 수 있다.

④ 도로관리 작업공간이나 지하매설물 등을 설치할 수 있는 장소를 제공한다.

16 다음 중 로터리(교통서클)의 진입방식에 대한 설명으로 맞는 것은?

① 진입자동차가 양보
② 회전자동차에게 통행우선권
③ 저속 진입
④ 회전자동차가 양보

17 다음 중 예측회피 운전의 기본적 방법이 아닌 것은 어느 것인가?

① 속도 가, 감속　　　② 위치 바꾸기(진로변경)
③ 마음의 안정을 갖기　④ 다른 운전자에게 신호하기

18 시야 고정이 많은 운전자의 특성이 아닌 것은?

① 위험에 대응하기 위해 경적이나 전조등을 좀처럼 사용하지 않는다.

② 더러운 창이나 안개에 신경을 많이 쓴다.

③ 거울이 더럽거나 방향이 맞지 않는데도 개의치 않는다.

④ 정지선 등에서 정지 후, 다시 출발할 때 좌우를 확인하지 않는다.

19 시가지 이면도로에서 운전할 때 길가에서 뛰노는 어린이들이 많아 접촉사고가 발생할 가능성이 높은데, 항상 보행자의 출현 등 돌발 상황에 대비한 방어운전에 속하지 않는 것은?

① 차량의 속도를 줄인다.

② 자동차나 어린이가 갑자기 출현할 수 있다는 생각을 가지고 운전한다.

③ 돌출된 간판 등과 충돌하지 않도록 주의한다.

④ 언제라도 곧 정지할 수 있는 마음의 준비를 한다.

20 앞지르기를 해서는 아니 되는 경우 중 옳지 않은 것은?

① 앞차가 좌측으로 진로를 바꾸려고 하거나 다른 차를 앞지르려고 할 때

② 뒤차가 자기 차를 앞지르려고 할 때

③ 마주 오는 차의 진행을 방해하게 될 염려가 없을 때

④ 어린이통학버스가 어린이 또는 유아를 태우고 있다는 표시를 하고 도로를 통행할 때

21 다음 중 야간의 안전운전에 대한 설명 중 옳지 않은 것은?

① 장거리를 운행할 때에는 운행계획을 세울 때 빨리 도착할 수 있도록 계획을 세운다.

② 주간보다 시야가 제한되므로 속도를 줄여 운행한다.

③ 선글라스를 착용하고 운전하지 않는다.

④ 대항차의 전조등을 직접 바라보지 않는다.

22 다음 중 안개길 운전성의 위험성에 속하지 않는 것은?

① 안개로 인해 운전시야 확보가 곤란하다.

② 원근감과 속도감이 저하되어 과속으로 운행하는 경향이 있다.

③ 주변의 교통안전표지 등 교통정보 수집이 곤란하다.

④ 다른 차량 및 보행자의 위치 파악이 곤란하다.

23 다음 중 공격적 운전방식에 속하지 않는 것은 무엇인가?

① 급가속 급제동　　　② 급제동
③ 앞차량의 근접 추종　④ 부드러운 가속

정답 ○ 12.④ 13.① 14.① 15.② 16.④ 17.③ 18.② 19.③ 20.③ 21.① 22.② 23.④

제2회 실전 모의고사

24 기어변속을 할 때 가장 바람직한 상태는?
① 500~600RPM   ② 800~900RPM
③ 1000~1500RPM   ④ 2000~3000RPM

25 다음 중 가을철의 도로조건은?
① 내린 눈이 잘 녹지 않고 쌓이며, 적은 양의 눈이 내려도 바로 빙판길이 될 수 있기 때문에 자동차간의 충돌·추돌 또는 도로 이탈 등의 사고가 발생할 수 있다.
② 전국 도로가 교통량이 증가하여 지·정체가 발생하지만 다른 계절에 비하여 도로조건은 비교적 양호하다.
③ 갑작스런 악천후 및 무더위 등으로 운전자의 시각적 변화와 긴장·흥분·피로감이 복합적 요인으로 작용하여 교통사고를 일으킬 수 있으므로 기상변화에 잘 대비하여야 한다.
④ 날씨가 풀리면서 겨우내 얼어있던 땅이 녹아 지반 붕괴로 인한 도로의 균열이나 낙석 위험이 크다.

26 다음 중 승객의 요구에 해당하지 않는 것은?
① 자신의 불만 제기가 정당한 것이라는 것을 인정해 주기를
② 신속한 응대 및 성의있는 행동을 해 주기를
③ 잘못 된 점을 시정하도록 돕겠다는 말을 해주길
④ 피해를 입게 되었을 때 진정성 있는 사과와 보상을 기대

27 다음 중 승객만족 서비스에서 책임과 의무에 해당하지 않은 것은?
① 쾌적하고 안전한 버스 환경 점검
② 단정한 용모와 복장 확인
③ 개선할 의지의 말과 더불어 변화를 보여주길
④ 승·하차시 인사표현 연습

28 다음 중 긍정적인 이미지를 만들기 위한 3요소가 아닌 것은?
① 깨끗한 의복   ② 시선처리
③ 음성관리   ④ 표정관리

29 정중한 인사의 인사각도는 몇 도가 적당한가?
① 15도   ② 30도
③ 45도   ④ 60도

30 호감 받는 표정관리 중 표정의 중요성에 포함되지 않는 것은?
① 표정은 첫인상을 좋게 만든다.
② 상대방에 대한 호감도를 나타낸다.
③ 밝은 표정과 미소는 신체와 정신 건강을 향상시킨다.
④ 업무 효과와는 아무런 상관이 없다.

31 다음 중 승객 응대 마음가짐 10가지에 들지 않는 것은?
① 항상 긍정적으로 생각한다.
② 자연스럽고 부드러운 시선으로 상대를 본다.
③ 공사를 구분하고 공평하게 대한다.
④ 투철한 서비스 정신을 가진다.

32 다음 중 승객에게 불쾌감을 주는 몸가짐이 아닌 것은?
① 충혈되어 있는 눈
② 정리되지 않은 덥수룩한 수염
③ 통일감 있는 복장
④ 무표정한 얼굴

33 대화를 할 때의 듣는 입장에서의 주의사항은?
① 전문적인 용어나 외래어를 남용하지 않는다.
② 도전적으로 말하는 태도나 버릇은 조심한다.
③ 불평불만을 함부로 말하지 않는다.
④ 불가피한 경우를 제외하고 가급적 논쟁은 피한다.

34 다음 중 운수종사자 준수사항이 옳지 않은 것은?
① 여객의 안전과 사고예방을 위하여 운행 전 사업용 자동차의 안전설비 및 등화장치 등의 이상유무를 확인해야 한다.
② 다른 여객에게 위해를 끼칠 우려가 있는 폭발성 물질, 인화성 물질 등의 위험물을 자동차 안으로 들어오더라도 제지하지 않는다.
③ 여객자동차운송사업에 사용되는 자동차 안에서 담배를 피워서는 안 된다.
④ 기점 및 경유지에서 승차하는 여객에게 자동차의 출발 전에 좌석안전띠를 착용하도록 음성방송이나 말로 안내하여야 한다.

35 다음 중 운전자가 삼가야 하는 행동이 아닌 것은 어느 것인가?
① 지그재그 운전으로 다른 운전자를 불안하게 만드는 행동은 하지 않는다.
② 과속으로 운행하며 급브레이크를 밟는 행위를 하지 않는다.
③ 운전 중에 갑자기 끼어들거나 다른 운전자에게 욕설을 하지 않는다.
④ 갓길로 통행한다.

정답 24.④ 25.② 26.② 27.③ 28.① 29.③ 30.④ 31.② 32.③ 33.④ 34.② 35.④

제2회 실전 모의고사

36 운행 전 준비사항 중 올바르지 않은 것은?

① 배차사항, 지시 및 전달사항 등은 바쁘기 때문에 확인하지 않는다.
② 용모 및 복장을 확인한다.
③ 승객에게는 항상 친절하게 불쾌한 언행을 금지한다.
④ 차의 내·외부를 항상 청결하게 유지한다.

37 노선버스 운송사업 중 시내버스의 운임기준·요율결정을 하는 곳은?

① 시·도지사 ② 대통령
③ 시장·군수 ④ 교통안전공단

38 거리운임요율에 운행거리를 곱해 요금을 산정하는 요금체계는?

① 단일운임제 ② 구역운임제
③ 장거리체감제 ④ 거리운임요율제

39 간선급행버스체계 운영을 위한 구성요소에 포함되지 않은 것은?

① 통행권 확보 ② 정류장 개선
③ 자동차 개선 ④ 운행관리시스템

40 중앙버스 전용차로의 단점에 해당하는 것은 어느 것인가?

① 일반 차량과의 마찰을 최소화 한다.
② 승·하차 정류소에 대한 보행자의 접근거리가 길어진다.
③ 대중교통 이용자의 증가를 도모할 수 있다.
④ 대중교통의 통행속도 제고 및 정시성 확보가 유리하다.

정답 ◑ 36.① 37.① 38.④ 39.② 40.②

제3회 실전 모의고사

버스운전 자격시험

1교시 교통관련 법규 및 교통사고 유형, 자동차관리요령

01 다른 사람의 수요에 응하여 자동차를 사용하여 유상으로 여객을 운송하는 사업은?

① 화물운송사업 ② 해운업
③ 여객자동차운송사업 ④ 철도운송업

02 국토교통부령으로 정하는 시내버스운송사업 및 농어촌버스운송사업 자동차중 시내좌석버스에 속하는 것이 아닌 것은?

① 광역급행형 ② 직행좌석형
③ 좌석형 ④ 일반형

03 차마의 통행방법 중 옳지 않은 것은 어느 것인가?

① 차마의 운전자는 보도와 차도가 구분된 도로에서는 차도로 통행하여야 한다.
② 도로 외의 곳으로 출입할 때 차마의 운전자는 보도를 횡단하기 직전에 일시정지하여 좌측 및 우측 부분 등을 살핀 후 보행자의 통행을 방해하지 아니하도록 횡단하여야 한다.
③ 차마의 운전자는 도로의 중앙 좌측 부분을 통행하여야 한다.
④ 도로가 일방통행인 경우 차마의 운전자는 도로의 중앙이나 좌측부분을 통행할 수 있다.

04 운송사업자는 사업용 자동차에 의해 중대한 교통사고가 발생한 경우 지체 없이 국토교통부장관 또는 시·도지사에게 보고하여야 하는데 이 중대한 사고에 들지 않는 것은?

① 중상자가 1명인 사고
② 사망자가 2명인 이상인 사고
③ 전복사고
④ 화재가 발생한 사고

05 다음 중 교차로에 대한 설명으로 옳은 것은 어느 것인가?

① 도로를 횡단하는 보행자나 통행하는 차마의 안전을 위하여 안전표지나 그와 비슷한 인공구조물로 표시한 도로의 부분
② +자로, T자로나 그 밖에 둘 이상의 도로(보도와 차도가 구분되어 있는 도로에서는 차도)가 교차하는 부분
③ 보도와 차도가 구분되지 아니한 도로에서 보행자의 안전을 확보하기 위하여 안전표지 등으로 경계를 표시한 도로의 가장자리 부분
④ 차마가 한 줄로 도로의 정하여진 부분을 통행하도록 차선으로 구분한 도로의 부분

06 여객자동차운송사업용 자동차의 운전업무에 종사하는 사람이 퇴직하면 운전자 자격증을 누구에게 반납하여야 하는가?

① 대통령 ② 국토교통부장관
③ 시·도지사 ④ 해당 운송 사업자

07 버스전용차로에 있는 차마는 정지선이나 횡단보도가 있을 때에는 그 직전이나 교차로의 일시정지한 후 다른 교통에 주의하면서 진행할 수 있는 신호의 종류는?

① 녹색의 등화 ② 적색의 등화
③ 황색등의 점멸 ④ 적색등의 점멸

08 마을버스운송사업의 운행형태 및 노선구역이 아닌 것은?

① 고지대 마을 ② 시내 중심지
③ 외지마을 ④ 산업단지

09 다음 중 안전거리 확보 등에 대한 내용이다. 이 중 잘못된 것은?

① 모든 차의 운전자는 같은 방향으로 가고 있는 앞차의 뒤를 따르는 경우에는 앞차가 갑자기 정지하게 되는 경우 그 앞차와의 충돌을 피할 수 있는 필요한 거리를 확보하여야 한다.
② 자동차의 운전자는 같은 방향으로 가고 있는 자전거 옆을 지날 때에는 그 자전거와의 충돌을 피할 수 있는 필요한 거리를 확보하여야 한다.
③ 모든 차의 운전자는 차의 진로를 변경하려는 경우에 그 변경하려는 방향으로 오고 있는 다른 차의 정상적인 통행에 장애를 줄 우려가 있더라도 진로를 변경하여서는 아니 된다.
④ 모든 차의 운전자는 위험방지를 위한 경우와 그 밖의 부득이한 경우가 아니면 운전하는 차를 갑자기 정지시키거나 속도를 줄이는 등의 급제동을 하여서는 아니 된다.

정답 ➡ 1.③ 2.④ 3.③ 4.① 5.② 6.④ 7.④ 8.② 9.③

제3회 실전 모의고사

버스운전 자격시험

10 도로교통법상 주차금지 장소를 나타내는 것으로 틀린 것은?

① 소방용 방화물통으로부터 5m 이내의 지점

② 화재경보기로부터 3m 이내의 지점

③ 전신주로부터 12m 이내의 지점

④ 터널 안 및 다리 위

11 다음은 대통령령으로 정하는 바에 따라 켜야 하는 등화이다. 잘못된 것은?

① 자동차는 자동차안전기준에서 정하는 전조등·차폭등·미등·번호등과 실내조명등

② 실내조명등은 승합차와 여객자동차 운수사업법에 의한 여객자동차 운송사업용 승용자동차에 한한다.

③ 원동기장치자전거는 전조등 및 미등

④ 견인되는 차는 미등·차폭등은 켜야 하나 번호등은 킬 필요가 없다.

12 정차라 함은 주차 이외의 정지 상태로서 몇 분을 초과하지 아니하고 정지시키는 것을 말하는가?

① 3분

② 5분

③ 7분

④ 10분

13 어린이통학버스로 신고할 수 있는 자동차 중 대통령령으로 정하는 요건에 대하여 옳지 않은 것은?

① 제1단의 발판 높이는 30cm 이하, 발판 윗면은 가로 40cm 이상, 세로 20cm 이상

② 제2단 이상의 발판의 높이는 30cm 이하

③ 보조발판은 자동 돌출 등 작동 시 어린이 등의 신체에 상해를 주지 아니하도록 작동되는 구조일 것

④ 각 단의 발판은 표면을 거친 면으로 하거나 미끄러지지 아니하도록 마감할 것

14 고장 자동차의 표지는 밤의 경우 몇 미터 뒤쪽에 설치해야 하는가?

① 200m

② 150m

③ 100m

④ 50m

15 교통사고의 예방, 술에 취한 상태에서의 운전의 위험 및 안전 운전 요령 등에 관한 교육은?

① 교통소양교육

② 교통법규교육

③ 교통안전교육

④ 교통참여교육

16 다음은 자동차 운전에 필요한 적성의 기준이다 잘못된 것은?

① 제1종 운전면허: 두 눈을 동시에 뜨고 잰 시력이 0.8 이상이고, 양쪽 눈 시력이 각각 0.5 이상일 것

② 제2종 운전면허: 두 눈을 동시에 뜨고 잰 시력이 0.5 이상일 것. 다만, 한쪽 눈을 보지 못하는 사람은 다른 쪽 눈의 시력이 0.6 이상일 것

③ 붉은색·녹색 및 노란색을 구별할 수 있을 것

④ 청력(제1종 운전면허): 30데시벨의 소리를 들을 수 있을 것

17 벌점이 2년 동안 몇 점 이상이 되면 운전면허가 취소되는가?

① 188점

② 196점

③ 201점

④ 232점

18 도로교통의 안전을 위하여 각종 주의·규제·지시 등의 내용을 노면에 기호·문자 또는 선으로 도로사용자에게 알리는 표시는?

① 주의표지

② 노면표시

③ 규제표지

④ 보조표지

19 사고운전자가 피해자를 사망에 이르게 하고 도주한 경우 처벌의 범위는?

① 1년 이상의 유기징역

② 500만원 이상 3천 만원 이하의 벌금

③ 3년 이상의 유기징역

④ 무기 또는 5년 이하의 징역

20 도로교통법상 도로에 해당되지 않은 것은?

① 해상도로법에 의한 항로

② 농어촌도로 정비법에 따른 농어촌도로

③ 유료도로법에 의한 유료도로

④ 도로법에 의한 도로

21 교차로 또는 그 부근에서 긴급자동차가 접근하였을 때 피양 방법으로서 옳은 것은?

① 교차로 우측단에 일시정지하여 피양한다.

② 교차로를 피하여 도로의 우측 가장자리에 일시정지한다.

③ 서행하면서 앞지르기를 하라는 신호를 한다.

④ 그대로 진행방향으로 진행을 계속한다.

22 다음 중 신호·지시위반 사고에 따른 벌점은 몇점인가?

① 10점

② 15점

③ 20점

④ 25점

정답 ☞ 10.③ 11.④ 12.② 13.② 14.④ 15.① 16.④ 17.③ 18.② 19.④ 20.① 21.② 22.②

제3회 실전 모의고사

23 철길 건널목 중 교통안전표지만 설치되어 있는 경우는?
① 제1종 건널목　② 제2종 건널목
③ 제3종 건널목　④ 제4종 건널목

24 다음 무면허 운전의 유형 중 옳지 않은 것은?
① 제1종 보통면허로 승용자동차를 운전하는 행위
② 운전면허를 취득하지 않고 운전하는 행위
③ 운전면허 취소처분을 받은 후에 운전하는 행위
④ 운전면허 적성검사기간 만료일부터 1년간 취소유예기간이 지난 면허증으로 운전하는 행위

25 최고 속도의 100분의 50을 줄인 속도로 운행하여야 하는 경우로 맞지 않은 것은?
① 폭우, 폭설, 안개 등으로 가시거리가 100m 이내일 때
② 눈이 20mm 이상 쌓인 때
③ 눈이 20mm 미만 쌓인 때
④ 노면이 얼어 붙은 때

26 운행 후 점검사항 중 엔진점검에 포함되지 않은 것은?
① 엔진소리에 이상이 없는지 유의하고 있는가?
② 배터리액이 넘쳐 흐르지는 않았는가?
③ 냉각수, 엔진오일의 이상 소모는 없는가?
④ 오일이나 냉각수가 새는 곳은 없는가?

27 안전벨트의 착용에 대한 설명이다. 잘못된 것은?
① 가까운 거리라도 안전벨트를 착용한다.
② 안전벨트는 꼬이지 않도록 한다.
③ 안전벨트는 복부에 착용한다.
④ 허리부위 안전벨트는 골반 위치에 착용한다.

28 운행 전 좌석, 핸들, 미러 조정에 대한 설명 중 틀린 것은?
① 좌석은 출발 전에 조정하고, 주행 중에도 가끔 조정한다.
② 백미러를 조정하여 충분한 시계를 확보한다.
③ 모든 게이지 및 경고등이 소등되는지 점검한다.
④ 주차 브레이크를 해체하여 경고등이 소등되는지 점검한다.

29 운행 중 안전수칙에 관한 설명 중 잘못된 것은?
① 음주 · 과로한 상태에서의 운전금지
② 창문 밖으로 손이나 얼굴 등을 내밀지 않는다.
③ 도어 개방상태에서의 운행 금지
④ 높이 제한이 있는 도로를 주행할 때에는 차량의 높이에 신경을 쓰지 않는다.

30 다음 중 터보차져의 관리요령이 잘못된 것은?
① 터보 차져는 고속 회전운동(수만 rpm 이상)을 하는 부품으로 회전부의 원활한 윤활과 터보 차져에 이물질이 들어가지 않도록 하는 것이 중요하다.
② 시동 전 오일량을 확인하고 시동 후 오일압력이 정상적으로 상승되는지 확인한다.
③ 터보 차져는 운행 중 고온 상태에서 급속한 엔진 정지로 인한 열방출이 안되기 때문에 터보 차져 베어링부의 소착등이 발생할 수 있으므로 충분한 공회전을 실시하여 터보 차져의 온도를 식힌 후 엔진을 끄도록 한다.
④ 공회전 또는 워밍업 시의 무부하 상태에서 급가속을 해준다.

31 천연가스를 액화시켜 부피를 현저하게 작게 만들어 저장, 운반 등 사용상의 효용성을 높이기 위한 액화가스
① LPG　② LNG
③ CNG　④ 프로판 가스

32 천연자동차의 엔진과 일반 디젤엔진의 차이점은 어디에서 출발하는가?
① 제동장치　② 현가장치
③ 연료장치　④ 조향장치

33 다음 중 엔진 후드(보닛) 개폐에 대한 설명이 옳지 않은 것은?
① 대형버스의 경우 일반적으로 엔진계통의 점검 · 정비가 용이하도록 자동차 전방에 엔진룸이 있다.
② 도어를 닫은 후에는 확실히 닫혔는지 확인한다. 키 홈이 장착되어 있는 자동차는 키를 뽑고 나서 엔진룸을 점검한다.
③ 엔진 시동 상태에서 시스템 점검이 필요한 경우를 제외하고는 엔진 시동을 끄고 키를 뽑고나서 엔진룸을 점검한다.
④ 엔진 시동 상태에서 점검 및 작업을 해야 할 경우에는 넥타이, 손수건, 목도리, 옷소매 등이 엔진 또는 라디에이터 팬 가까이 닿지 않도록 주의한다.

34 그림과 같은 경고등 및 표시등의 명칭으로 맞는 것은?

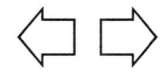

① 배기 브레이크 표시등
② 수온 경고등
③ 비상경고 표시등
④ 에어클리너 먼지 경고등

정답 ○ 23.③ 24.① 25.③ 26.② 27.③ 28.① 29.④ 30.④ 31.② 32.③ 33.① 34.③

제3회 실전 모의고사

35 가속 페달을 힘껏 밟는 순간 '끼익!' 하는 소리가 난다면 어떤 부분에 고장을 뜻하는 것일까?

① 클러치 부분
② 조향장치 부분
③ 바퀴부분
④ 팬벨트 부분

36 배터리가 방전되어 있을 때 취해야 하는 행동 중 옳지 않은 것은?

① 변속기는 '중립' 에 위치시킨다.
② 주차 브레이크를 작동시켜 차량이 움직이지 않도록 한다.
③ 시동이 걸린 후 배터리가 일부 충전되면 점프 케이블 '+' 단자를 분리한 후 '−' 단자를 분리 한다.
④ 방전된 배터리가 충분히 충전되도록 일정시간 시동을 걸어 둔다.

37 다음 중 잭을 사용했을 때의 주의사항으로 옳지 않은 것은?

① 잭을 사용할 때에는 평탄하고 안전한 장소에서 사용한다.
② 잭을 사용하는 동안에 시동을 걸면 위험하다.
③ 잭으로 차량을 올린 상태에서 차량 하부로 들어간다.
④ 잭을 사용할 때에 후륜의 경우에는 리어 액슬 아래 부분에 설치한다.

38 조향계통인 핸들이 무거울 때 앞바퀴의 공기압이 부족하다고 추정한다면 그에 대한 조치사항은?

① 밸브 간극을 조정한다.
② 적정 공기압으로 조정한다.
③ 써머스태트를 교환한다.
④ 팬벨트 장력을 조정한다.

39 다음 중 클러치가 미끄러지는 원인이 아닌 것은?

① 클러치 페달의 자유간극(유격)이 없다.
② 클러치 디스크의 마멸이 심하다.
③ 클러치 디스크에 오일이 묻어있다.
④ 클러치 스프링의 장력이 강하다.

40 다음 중 임시검사 신청서류에 포함되지 않은 것인?

① 자동차검사 신청서
② 자동차등록증
③ 출처증명서류
④ 원상복구명령서

정답 ○ 35.④ 36.③ 37.③ 38.② 39.④ 40.③

제3회 실전 모의고사

2교시 안전운행, 운송서비스

01 명순응과 암순응에 대한 설명 중 알맞지 않은 것은?
① 빛을 적게 받아들여 어두운 부분까지 볼 수 있게 하는 과정을 명순응이라 한다.
② 불빛이 사라지면 다시 동공은 어두운 곳을 잘 보려고 빛을 받아들이기 위해 확대되는데, 이 과정을 암순응이라 한다.
③ 명순응과 암순응 과정에서 동공이 충분히 축소 또는 확대되는 데까지는 약간의 시간이 필요하다.
④ 만약에 불빛에 의해 순간적으로 앞을 잘 볼 수 없다면, 속도를 높인다.

02 다음 중 운전상황에서 야기되는 감정을 통제하는 법이 아닌 것은?
① 다른 사람의 행위를 가급적이면 불가피한 상황에 의한 행동으로 이해하려고 노력한다.
② 자신도 상황에 따라서는 그와 같은 행위를 어쩔 수 없이 할 수도 있다고 인정함으로써, 너그러운 마음을 갖는다.
③ 운전자 자신이 불안반응이나 감정적 반응을 강화시키는 자기 암시적 사고를 하지 않도록 할 필요가 있다.
④ 감정이 야기된 상태와 운전 상황은 별개의 문제임을 확실히 하는 것이다.

03 운전을 하기 전 자신의 기분이 나쁘거나 우울한 상태를 최소화하는 방법으로 옳지 않은 것은?
① 운전을 하기 전에 두 번 더 생각한다.
② 사전에 주행계획을 세운다.
③ 감정이 진정되지 않았다면 진정될 때까지 기다린다.
④ 주변을 산책한다.

04 운전 중 피로를 낮추는 방법으로 옳지 않은 것은?
① 차안에는 항상 신선한 공기가 충분히 유입되도록 한다.
② 지루하게 느껴지거나 졸음이 올 때는 라디오를 틀거나, 노래 부르기, 휘파람 불기 또는 혼자 소리 내어 말하기 등의 방법을 써 본다.
③ 운전 중에 계속 피곤함을 느끼게 된다면, 선글라스를 착용한다.
④ 정기적으로 차를 멈추어 차에서 나와, 몇 분 동안 산책을 하거나 가벼운 체조를 한다.

05 다음 중 졸음운전의 징후가 아닌 것은?
① 앞차와 멀리 떨어진다던가 교통신호를 놓친다.
② 이 생각 저 생각이 나면서 생각이 단절된다.
③ 하품이 자주난다.
④ 눈이 스르르 감긴다든가 전방을 제대로 주시할 수 없다.

06 다음 중 건강한 성인 남성이 술을 3~5잔 정도 마셨을 때에 취한 상태는?
① 판단력이 조금 흐려짐 ② 체온상승
③ 갈지자 걸음 ④ 마음이 관대해짐

07 도취감을 낳아 위험 감행성을 높이는 약물은 어느 것인가?
① 진정제 ② 박카스
③ 흥분제 ④ 환각제

08 자전거와 이륜자동차와 도로를 공유하였을 때의 설명 중 잘못된 것은?
① 교차로에서는 자전거나 이륜자동차가 있는지 특별히 살피지 않아도 된다.
② 이륜차, 자전거를 앞지를 때에는 특별히 주의한다.
③ 이륜자동차나 자전거의 갑작스런 움직임에 대해 예측한다.
④ 야간에 가장자리 차로로 주행할 때에는 자전거의 주행여부에 주의한다.

09 대형차나 대형운전자에 대한 특징으로 옳지 않은 것은?
① 정지하는데 시간이 많이 걸린다.
② 움직이는 점유공간이 늘어난다.
③ 다른차를 앞지르는데 걸리는 시간이 길어진다.
④ 대형차 운전자들의 사각이 줄어든다.

10 긴 내리막길에서 브레이크를 지나치게 사용하면 차륜 부분의 마찰열 때문에 휠 실린더나 브레이크 파이프 속의 오일이 기화(액체가 끓으며 기체로 변하는 현상)되고, 브레이크 회로 내에 공기가 유입된 것처럼 기포가 형성되는데 이때 브레이크를 밟아도 스펀지를 밟듯이 푹푹 꺼지며, 브레이크가 작동되지 않아 생기는 현상은?
① 모닝 록 현상 ② 베이퍼 록 현상
③ 수막현상 ④ 페이드 현상

11 다음 설명이 잘못된 것은 어느 것인가?
① 제동거리: 운전자가 브레이크에 발을 올려 브레이크가 막 작동을 시작하는 순간부터 자동차가 완전히 정지할 때까지 이동한 거리를 말한다.
② 제동시간: 제동거리 동안 자동차가 진행한 시간을 말한다.
③ 정지거리: 공주시간과 제동시간을 합한 시간을 말한다.
④ 정지거리는 운전자 요인, 자동차 요인, 도로 요인에 따라 차이가 발생할 수 있다.

정답 ➊ 1.④ 2.④ 3.② 4.③ 5.① 6.② 7.③ 8.① 9.④ 10.② 11.③

제3회 실전 모의고사

12 다음 중 교통섬을 설치하는 목적이 아닌 것은?

① 도로교통의 흐름을 안전하게 유도

② 보행자가 도로를 횡단할 때 대피섬 제공

③ 신호등, 도로표지, 안전표지, 조명 등 노상시설의 설치장소 제공

④ 도로의 미관을 아름답게 하기 위해 설치

13 다음 중 중앙분리대의 기능으로 맞는 것은 어느 것인가?

① 고장차가 대피할 수 있는 공간을 제공하여 교통 혼잡을 방지하는 역할을 한다.

② 광폭분리대의 경우 사고 및 고장차량이 정지할 수 있는 여유 공간을 제공한다.

③ 도로 측방의 여유 폭은 교통의 안전성과 쾌적성을 확보할 수 있다.

④ 도로관리 작업공간이나 지하매설물 등을 설치할 수 있는 장소를 제공한다.

14 다음 중 회전차로의 일반적인 특징 중 옳지 않은 것은?

① 신호등이 없는 교차로에 비해 상충 횟수가 많다.

② 교차로 진입과 대기에 대한 운전자의 의사결정이 간단하다.

③ 교통상황의 변화로 인한 운전자 피로를 줄일 수 있다.

④ 지체시간이 감소되어 연료 소모와 배기가스를 줄일 수 있다.

15 야간 및 악천후에 운전자의 시선을 명확히 유도하기 위해 도로 표면에 설치하는 시설물은?

① 안전표지   ② 갈메기표지

③ 표지병   ④ 시선유도표지

16 사람과 자동차가 필요로 하는 서비스를 제공할 수 있는 시설로 주차장, 녹지공간, 화장실, 식당, 매점 등으로 되어 있는 휴게소는?

① 화물차 전용휴게소   ② 간이휴게소

③ 쉼터휴게소   ④ 일반휴게소

17 인지 판단의 기술 중 결정된 행동을 옮기는 단계에서 중요한 것을 요구되는 시간 안에 필요한 조작을, 가능한 부드럽고, 신속하게 해내는 과정은?

① 판단   ② 실행

③ 예측   ④ 확인

18 다음 중 운전하기 전의 준비사항으로 옳지 않은 것든?

① 차 안팎 유리창을 깨끗이 닦는다.

② 성애제거기, 와이퍼, 워셔 등이 제대로 작동되는지를 점검한다.

③ 후사경에 매다는 장식물이나 시야를 가리는 차내의 장식물은 치운다.

④ 차의 앞부분의 등화를 깨끗이 닦는다.

19 교차로 황색신호에서의 방어운전에 관한 설명으로 옳지 않은 것은?

① 황색신호일 때에는 멈출 수 있도록 감속하여 접근한다.

② 황색신호일 때 모든 차는 정지선 바로 앞에 정지하여야 한다.

③ 교차로 안으로 진입하기 전에 황색신호로 변경된 경우에는 신속히 교차로 밖으로 빠져 나간다.

④ 교차로 부근에는 무단 횡단하는 보행자 등 위험요인이 많으므로 돌발 상황에 대비한다.

20 지방도로에서의 시간 다루기의 설명이 아닌 것은?

① 왕복 2차선 도로상에서는 자신의 차와 대향차 간에 가능한 한 충분한 공간을 유지한다.

② 교차로, 특히 교통신호등이 설치되어 있지 않은 곳일수록, 접근하면서 속도를 줄인다. 언제든지 감속 또는 정지 준비를 한다.

③ 천천히 움직이는 차를 주시한다. 필요에 따라 속도를 조절한다.

④ 도로 상에 또는 근처에 있는 동물에 접근하거나 를 통과할 때, 동물이 주행로를 가로질러 건너갈 때는 속도를 줄인다.

21 다음 중 내리막길의 방어운전에 대한 설명으로 맞는 것은?

① 정차할 때는 앞차가 뒤로 밀려 충돌할 가능성이 있으므로 충분한 차간 거리를 유지한다.

② 오르막길의 정상 부근은 시야가 제한되는 사각지대로, 반대 차로의 차량이 앞에 다가올 때까지 보이지 않을 수 있으므로 서행하며 위험에 대처한다.

③ 뒤로 미끄러지는 것을 방지하기 위해 정지하였다가 출발할 때에 핸드 브레이크를 사용하면 도움이 된다.

④ 커브길을 주행할 때와 마찬가지로 경사길 주행 중간에 불필요하게 속도를 줄이거나 급제동하는 것은 주의해야 한다.

정답 ◯ 12.④ 13.② 14.① 15.③ 16.③ 17.② 18.④ 19.③ 20.① 21.④

제3회 실전 모의고사

22 다음 중 고속도로의 진입부에서의 안전운전에 대한 설명으로 알맞은 것은?

① 본선 진입의도를 다른 차량에게 방향지시등으로 알린다.
② 본선 진출의도를 다른 차량에게 방향지시등으로 알린다.
③ 본선 차로에서 천천히 진출부로 진입하여 출구로 이동한다.
④ 진출부 진입 전에 충분히 감속하여 진출이 용이하도록 한다.

23 자차가 다른 차를 앞지르기할 때 옳지 않은 것은?

① 앞지르기에 필요한 속도가 그 도로의 최고속도 범위 이내일 때 앞지르기를 시도한다.
② 앞지르기에 필요한 충분한 거리와 시야가 확보되었을 때 앞지르기를 시도한다.
③ 앞차가 앞지르기를 하고 있을 때는 같이 앞지르기를 시도한다.
④ 점선의 중앙선을 넘어 앞지르기 하는 때에는 대항차의 움직임에 주의한다.

24 진로변경 및 주행차로를 선택할 때의 기본 운행 수칙에 알맞은 것은?

① 미끄러운 노면에서는 제동으로 인해 차량이 회전하지 않도록 주의한다.
② 앞차가 급제동할 때 후미를 추돌하지 않도록 안전거리를 유지한다.
③ 적재상태가 불량하거나, 적재물이 떨어질 위험이 있는 자동차에 접근하여 주행하지 않는다.
④ 도로별 차로에 따른 통행차의 기준을 준수하여 주행차로를 선택한다.

25 다음 중 편도 1차로 도로 등에서 앞지르고자 할 때 옳지 않은 것은?

① 앞지르기 할 때에는 언제나 방향지시등을 작동시킨다.
② 제한속도를 넘겨서 시행한다.
③ 앞지르기한 후 본 차로로 진입할 때에는 뒤차와의 안전을 고려하여 진입한다.
④ 앞 차량의 좌측 차로를 통해 앞지르기를 한다.

26 다음 중 인사법에 대한 설명이다 바른 것은 어느 것인가?

① 표정: 밝고 부드러운 미소를 짓는다.
② 고개: 반듯하게 들되, 턱을 내민다.
③ 시선: 상대방의 눈을 보지 않고 엉뚱한 곳을 본다.
④ 머리와 상체: 일직선이 되도록 급히 숙인다.

27 다음 중 잘못된 표정이 아닌 것은?

① 갑자기 표정이 자주 변하는 얼굴
② 코웃음을 치는 것 같은 표정
③ 입은 가볍게 다문다.
④ 눈썹 사이에 세로 주름이 지는 찡그리는 표정

28 다음 중 복장의 기본원칙이 아닌 것은?

① 깨끗하게   ② 개성있게
③ 규정에 맞게   ④ 단정하게

29 다음 중 승객에 대한 호칭이나 지칭 등 연결이 잘못된 것은?

① 고객: 승객 또는 손님
② 할아버지, 할머니: 어르신
③ 아줌마 아저씨: 그대로 사용
④ 초등학생: ○○○어린이/학생

30 호감을 주는 화법 중에서 맞장구를 치는 상황에 쓰는 말로 적당한 것은?

① 정말 그렇습니다.
② 네 잘 알겠습니다.
③ 천만의 말씀입니다.
④ 폐를 끼쳐 드려 정말 죄송합니다.

31 노선운송사업자가 일반인이 보기 쉬운 영업소 등의 장소에 사전에 게시해야 하는 것이 아닌 것은?

① 사업자 및 영업소의 명칭
② 운행시간표
③ 영업소를 이전하려는 경우에는 그 이전의 예고
④ 자주 막히는 구간에 대한 정보

32 전세버스의 장치 및 설비 등에 관한 준수사항 중 잘못된 것은?

① 난방장치 및 냉방장치를 설치해야 한다.
② 앞바퀴는 재생한 타이어를 사용해서는 안된다.
③ 앞바퀴는 일반 타이어를 사용해야 한다.
④ 13세 미만의 어린이의 통학을 위하여 학교 및 보육시설의 장과 운송 계약을 체결하고 운행하는 전세버스의 경우 '도로교통법'에 따른 어린이 통학버스의 신고를 하여야 한다.

정답 ◎ 22.① 23.③ 24.④ 25.② 26.① 27.③ 28.② 29.③ 30.① 31.④ 32.③

제3회 실전 모의고사

버스운전 자격시험

33 다음 중 재난발생 시 운전자의 저치사항으로 잘못된 것은?

① 운행 중 재난이 발생한 경우에는 신속하게 차량을 안전지대로 이동한 후 즉각 회사 및 유관기관에 보고한다.

② 승객의 안전조치를 가장 늦게 취한다.

③ 앞바퀴는 일반 타이어를 사용해야 한다.

④ 13세 미만의 어린이의 통학을 위하여 학교 및 보육시설의 장과 운송 계약을 체결하고 운행하는 전세버스의 경우 '도로교통법'에 따른 어린이 통학버스의 신고를 하여야 한다.

34 차량고장 시 운전자의 조치사항 중 잘못된 것은?

① 야간에는 어두운 색 옷이나 야광이 되지 않는 옷을 착용하는 것이 좋다.

② 정차 차량의 결함이 심할 때에는 비상등을 점멸시키면서 갓길에 바짝 차를 대서 정차한다.

③ 차에서 내릴 때에는 옆 차로의 차량 주행상황을 살핀 후 내린다.

④ 비상전화를 하기 전에 차의 후방에 경고반사판을 설치해야 하며 특히 야간에는 주의를 기울인다.

35 출혈 또는 골절에 대한 응급처치 방법 중 잘못된 것은?

① 출혈이 적을 때에는 거즈나 깨끗한 손수건으로 상처를 꽉 누른다.

② 부상자가 춥지 않도록 모포 등을 덮어주지만, 햇볕은 직접 쬐지 않도록 한다.

③ 출혈이 심하다면 출현 부위보다 심장에서 먼 부위를 헝겊 또는 손수건 등으로 지혈될 때까지 꽉 잡아맨다.

④ 팔이 골절되었다면 헝겊으로 띠를 만들어 팔을 매달도록 한다.

36 다음 중 버스 운전석의 위치나 승차정원에 따른 종류 중 잘못된 것은?

① 마이크로버스: 승차정원이 10명 미만의 중형버스

② 보닛버스: 운전석이 엔진 뒤쪽에 있는 버스

③ 캡 오버 버스: 운전석이 엔진의 위에 있는 버스

④ 코치버스: 3~6인 정도의 승객이 승차 가능하며 화물실이 밀폐되어 있는 버스

37 교통조사규칙에 따른 대형사고란 어떤 것인가?

① 사망자가 2명 이상 발생한 사고

② 화재가 발생한 사고

③ 전복사고

④ 3명 이상이 사망한 사고로 교통사고 발생일로부터 30일 이내의 사망한 사고이다.

38 서울시가 최초로 버스카드제를 도입한 때는 언제인가?

① 1998년 5월

② 1996년 3월

③ 1997년 7월

④ 2000년 2월

39 고속도로 버스전용차로의 평일의 시행구간은?

① 경부고속도로 양재IC부터 대전 IC까지

② 양재 IC부터 신탄진 IC까지

③ 경부고속도로 양재IC부터 청주 IC까지

④ 경부고속도로 오산IC부터 한남대교 남단까지

40 다음 중 중앙버스전용차로의 위험요소가 아닌 것은?

① 대기 중인 버스를 타기 위한 보행자의 횡단보도 신호위반 및 버스정류소 부근의 무단횡단 가능성 증가

② 대중교통의 통행속도 제고 및 정시성 확보가 유리하다.

③ 좌회전하는 일반차량과 직진하는 버스 간의 충돌위험 발생

④ 버스전용차로기 시작하는 구간에서 일반차량의 직진 차로 수의 감소에 따른 교통혼잡 발생

정답 ◐ 33.② 34.① 35.③ 36.① 37.④ 38.② 39.④ 40.②

제4회 실전 모의고사

1교시 — 교통관련 법규 및 교통사고 유형, 자동차관리요령

01 다음 중 여객자동차 운수사업법의 목적이 아닌 것은 어느 것인가?
① 여객자동차 운수사업에 관한 질서 확립
② 여객의 원활한 운송
③ 여객자동차 운수사업의 종합적인 발달 도모
④ 정부기관의 이익 확대

02 운행계통을 정하지 아니하고 전국 사업구역으로 하여 1개의 운송계약에 따라 승차정원 16인승 이상의 승합자동차를 사용하여 여객을 운송하는 사업은?
① 구역 여객자동차운송사업
② 전세버스운송사업
③ 특수여객사업
④ 시외버스운송사업

03 운송사업자는 교통사고가 발생하였을 때 국토교통부령으로 정하는 조치사항 중 틀린 것은?
① 유류품은 보관하지 않음
② 가족이나 그 밖의 연고자에 대한 신속한 통지
③ 신속한 응급수송수단의 마련
④ 목적지까지 여객을 운송하기 위한 대체운송수단의 확보와 여객에 대한 편의 제공

04 운전적성정밀검사 중 특별 검사를 받아야 하는 자는 누구인가?
① 신규로 여객자동차 운송사업용 자동차를 운전하려는 자
② 여객자동차 운송사업용 자동차 또는 '화물자동차 운수사업법'에 따른 화물자동차 운수사업용 자동차의 운전업무에 종사하다가 퇴직한 자로서 신규검사를 받은 날부터 3년이 지난 후 재취업하려는 자. 다만, 재취업 일까지 무사고 운전한 경우는 제외
③ 과거 1년간 '도로교통법 시행규칙'에 따른 운전면허 행정처분기준에 따라 계산한 누산점수가 81점 이상인 자
④ 신규검사의 적합판정을 받은 자로서 운전적성정밀검사를 받은 날부터 3년 이내에 취업하지 아니한 자

05 운수종사자의 자격요건을 갖추지 아니한 사람을 시외버스 운전업무에 종사하게 한 경우의 과징금은 얼마인가?
① 130만원   ② 145만원
③ 160만원   ④ 180만원

06 어린이보호구역 및 노인·장애인보호구역에서 정차·주차 금지 위반을 했을 때의 범칙금액은 얼마인가?
① 9만원   ② 7만원
③ 6만원   ④ 5만원

07 고속도로 외의 도로에서 승용자동차 및 경형·소형·중형 승합자동차가 통행할 수 있는 차로는?
① 1차로   ② 2차로
③ 오른쪽 차로   ④ 왼쪽 차로

08 교통사고처리 특례법상의 특례가 적용되지 않는 10개항의 사고가 아닌 것은?
① 신호·지시위반사고
② 속도위반(20km/h 초과) 과속사고
③ 무면허운전사고
④ 주차위반

09 자동차전용도로에서 자동차의 법정 최고 속도는?
① 매시 60km/h   ② 매시 75km/h
③ 매시 85km/h   ④ 매시 90km/h

10 다음 중 서행하여야 하는 경우에 속하는 것은?
① 교통정리가 행하여지고 있지 아니하는 교차로 진입 시
② 안전지대에 보행자가 없을 때
③ 차로가 설치되어 있는 도로를 주행 시
④ 신호기가 설치되어 있는 교차로 진입 시

정답 ▶ 1.④ 2.② 3.① 4.③ 5.④ 6.① 7.④ 8.④ 9.④ 10.①

제4회 실전 모의고사

11 다음 중 안전지대에 대한 설명으로 옳은 것은?

① 보행자가 도로를 횡단할 수 있도록 안전표지로써 표시한 도로의 부분을 말한다.

② 도로를 횡단하는 보행자나 통행하는 차마의 안전을 위하여 안전표지 그밖의 이와 비슷한 공작물로서 표시한 도로의 부분을 말한다.

③ 十자로, T자로 그 밖에 둘 이상의 도로가 교차하는 경우에 그 둘 이상의 도로(보도와 차도가 구분되어 있는 도로에서는 차도)가 교차하는 부분을 말한다.

④ 차로와 차로를 구분하기 위하여 그 경계지점을 안전표지에 의하여 표시한 선을 말한다.

12 다음의 횡단보도 사고 중에서 보행자보호의무위반적용이 되지 않는 것은?

① 오토바이 끌고 횡단보도 보행 중 사고

② 이륜차를 타고가다 멈추고 한발을 페달에, 한발을 노면에 딛고 서 있던 중 사고

③ 이륜차를 끌고 횡단보도 보행 중

④ 이륜차를 타고 횡단보도 통행 중 사고

13 교차로 통행방법 중 설명이 틀린 것은?

① 교차로 내는 차선이 없으므로 진행방향을 임의로 바꿀 수 있다.

② 좌회전할 때에는 교차로 중심 안쪽으로 서행한다.

③ 교차로에서 직진하려는 차는 이미 교차로에 진입하여 좌회전하고 있는 차의 진로를 방해할 수 없다.

④ 교차로에서 우회전할 때에는 서행하여야 한다.

14 다음 중 이상 기후 시의 운행 속도 감속기준에 대한 설명으로 틀린 것은?

① 비가 내려 노면에 습기가 있는 때 최고 속도의 20/100을 줄인 속도

② 노면이 얼어붙는 때 최고 속도의 20/100을 줄인 속도

③ 폭우, 폭설, 안개 등으로 가시거리가 100m이내인 때 최고 속도의 50/100을 줄인 속도

④ 눈이 20mm미만 쌓인 때 최고 속도의 20/100을 줄인 속도

15 긴급자동차의 우선통행에 관한 설명이 잘못된 것은?

① 소방자동차, 구급 자동차는 항시 우선권과 특례의 적용을 받는다.

② 긴급 용무 중일 때에만 우선 통행 특례의 적용을 받는다.

③ 우선특례의 적용을 받으려면 경광등을 켜고 경음기를 울려야 한다.

④ 긴급 용무임을 표시할 때에는 제한속도 준수 및 앞지르기 금지, 끼어들기 금지 의무 등의 적용을 받지 않는다.

16 주행 중 앞지르기 금지장소가 아닌 것은?

① 교차로   ② 터널 내

③ 버스정류장 부근   ④ 급경사의 내리막

17 다음 중 서행에 대한 설명으로 옳은 것은?

① 15km/h 이하의 속도로 진행하는 것을 말한다.

② 차가 완전히 정지된 상태. 즉0km/h인 상태를 의미한다.

③ 차가 즉시 정지할 수 있는 느린 속도로 진행하는 것을 말한다.

④ 차가 반드시 멈추어야 하되 얼마간의 시간동안 정지상태를 유지해야 하는 교통상황적의의미이다.

18 다음 중 우리나라 교통사고 중 중대과실이 원인인 교통사고에서 발생빈도가 가장 높은 것은 어느 것인가?

① 중앙선 침범

② 횡단보도 보행자 보호의무 위반

③ 앞지르기 금지 또는 방법 위반

④ 과속 사고

19 앞 차외의 안전거리를 가장 바르게 설명한 것은?

① 앞차 속도의 0.3배 거리

② 앞차의 평균 8m 이상

③ 앞차의 진행방향을 확인할 수 있는 거리

④ 앞차가 갑자기 정지하였을 때 충돌을 피할 수 있는 필요하누 거리

20 도로교통법상 과태료를 부과할 수 있는 대상자는?

① 운전자가 현장에 없는 주, 정치 위반차의 고용주 등

② 무면허 운전을 한 운전자와 그 차의 사용자

③ 교통사고를 야기하고 손해배상을 하지 않은 운전자

④ 술에 취한 운전자로 하여금 운전하게 한 버스회사 사장

21 안전운전 불이행 사고 시 운전자 과실에 속하지 않는 것은?

① 자동차 장치 조작을 잘못한 경우

② 통행우선권을 양보해야 하는 상대 차량에게 충돌되어 피해를 입은 경우

③ 초보운전으로 인해 운전이 미숙한 경우

④ 전방 등 교통상황에 대한 파악 및 적절한 대처가 미흡한 경우

정답 11.② 12.④ 13.① 14.② 15.① 16.③ 17.③ 18.① 19.④ 20.① 21.②

제4회 실전 모의고사

22 서행·일시정지 위반 사고 시 피해자 요건에 해당하는 것은?
① 도로에서 발생
② 서행·일시정지 위반 차량에 충돌되어 피해를 입은 경우
③ 서행 장소에 안전표지 중 규제표지인 서행표지나 노면표시인 서행표시가 설치된 경우
④ 서행·일시정지 의무가 있는 곳에서 이를 위반한 경우

23 여객자동차 운수사업에 사용되는 승합자동차 중 특수여객용 자동차운수사업용의 차령은 얼마인가?
① 6년   ② 10년
③ 10년 6월   ④ 9년

24 다음 중 1종 철도건널목에 대한 설명으로 옳은 것은?
① 건널목 교통안전 표지만 설치하는 건널목
② 경보기와 건널목 교통안전 표지만 설치하는 건널목
③ 차단기, 경보기 및 건널목 교통안전 표지를 설치하고 차단기를 주야간 계속 작동시키거나 또는 건널목 안내원이 근무하는 건널목
④ 교통안전 표지도 설치되지 않은 건널목

25 다음 중 규제표지의 종류에 해당되는 것은?
① 횡단보도   ② 우측면통행
③ 차량한정   ④ 앞지르기금지

26 다음 중 감속 브레이크의 장점에 해당하는 것은?
① 자동차 중량에 제한을 받지 않는다.
② 풋 브레이크를 사용하는 횟수가 줄기 때문에 주행할 때의 안전도가 향상되고, 운전자의 피로를 줄일 수 있다.
③ 공기가 다소 노출되어도 제동성능이 현저하게 저하되지 않아 안전도가 높다.
④ 베이퍼 록 현상이 발생할 염려가 없다.

27 자동차 운행으로 다른 사람이 사망하거나 부상한 경우에 피해자(피해자가 사망한 경우에는 손해배상을 받을 권리를 가진 자)에게 책임보험금을 지급할 책임을 지는 책임보험이나 책임공제에 미가입한 경우 가입하지 아니한 기간이 10일 이내인 경우의 과태료는 얼마인가?
① 5천원   ② 1만원
③ 3만원   ④ 5만원

28 다음 중 임시검사를 받아야 하는 경우는?
① 불법튜닝 또는 불법정비 등에 대한 안전성 확보를 위한 검사
② 여객자동차 운수사업법에 의하여 면허, 등록, 인가 또는 신고가 실효하거나 취소되어 말소한 경우
③ 자동차를 교육·연구목적으로 사용하는 등 대통령령이 정하는 사유에 해당하는 경우
④ 자동차의 차대번호가 등록원부상의 차대번호와 달라 직권 말소된 자동차

29 다음 중 튜닝검사 신청서류가 아닌 것은?
① 자동차등록증
② 튜닝하려는 구조·장치변경승인서
③ 튜닝 전·후의 자동차의 외관도
④ 출처증명서류

30 자동차 정기검사를 받아야 하는 기간만료일부터 30일 이내인 경우의 과태료는 얼마인가?
① 2만원   ② 4만원
③ 6만원   ④ 8만원

31 다음 중 ABS의 특징으로 옳지 않은 것은?
① 앞바퀴의 고착에 의한 조향 능력 상실을 방지한다.
② 자동차의 방향 안정성, 조종성능을 확보해 준다.
③ 노면의 상태가 변하면 제동효과를 얻을 수 없다.
④ 바퀴의 미끄러짐이 없는 제동효과를 얻을 수 있다.

32 클러치의 구비조건으로 알맞은 것은 어느 것인가?
① 동력전달 효율이 좋아야 한다.
② 냉각이 잘 되어 과열하지 않아야 한다.
③ 연속적으로 또는 자동적으로 변속이 되어야 한다.
④ 가볍고, 단단하며, 다루기 쉬워야 한다.

33 다음 중 전자제어 현가장치 시스템(ECS)의 주요 기능 중 틀린 것은?
① 차량 주행 중에는 에어 소모가 감소하여 차량연비의 개선효과가 있다.
② 차량 하중 변화에 따른 차량 높이 조정이 자동으로 빠르게 이루어진다.
③ 안전성이 확보된 상태에서 차량의 높이 조정 및 닐링 기능을 할 수 있다.
④ 자기진단 기능을 보유하고 있지 않아 정비성이 용이하지 못하고 불안전하다.

정답 ⊙ 22.② 23.③ 24.③ 25.④ 26.② 27.③ 28.① 29.④ 30.① 31.③ 32.② 33.④

제4회 실전 모의고사

버스운전 자격시험

34 험한 도로주행 중 자동차 조작요령이 아닌 것은?

① 요철이 심한 도로에서 감속 주행하여 차체의 아래 부분이 충격을 받지 않도록 주의한다.

② 눈길, 진흙길, 모랫길인 경우에는 2단 기어를 사용하여 차바퀴가 헛돌지 않도록 천천히 가속한다.

③ 폭우가 내릴 경우에는 시야확보가 어려우므로 충분한 제동거리를 확보할 수 있도록 감속한다.

④ 비포장도로와 같은 험한 도로를 주행할 때에는 저단기어로 가속페달을 일정하게 밟고 기어변속이나 가속은 피한다.

35 자동차 키 사용 중 잘못된 것은?

① 차를 떠날 때 짧은 시간을 갈 때엔 차에 키를 꽂아두고 간다.

② 시동키를 꽂지 않았지만 키를 차 안에 두고 어린이들만 차 내에 남겨 두지 않는다.

③ 자동차 키에는 시동키와 화물실 전용키 2종류가 있다.

④ 시동키 스위치가 'ST' 'NO' 상태로 되돌아오지 않게 되면 시동 후에도 스타터가 계속 작동외어 스타터 송상 및 배선의 과부하로 화재의 원인이 된다.

36 다음 중 엔진 냉각수 온도가 과도하게 높아졌을 때 울리는 경고음은?

① 엔진오일 압력 경고음

② 냉각수량 경고음

③ 브레이크 에어 경고음

④ 수온 경고음

37 시동모터는 회전하나 시동이 걸리지 않을 때 점거해야 하는 것은?

① 배터리가 방전되었는지 점검

② 배터리 단자의 연결 상태 점검

③ 연료유무 점검

④ 파이프에서 배출되는 가스의 색 점검

38 자동차변속기의 오일에 수분이 다량으로 유입되었을 때의 색은?

① 흰색　　　　　　　② 붉은색

③ 검은색　　　　　　④ 푸른색

39 자동차의 주행과 주행에 필요한 보조 장치들을 작동시키기 위한 동력을 발생기키는 장치는 무엇인가?

① 현가장치　　　　　② 동력전달장치

③ 조향장치　　　　　④ 제동장치

40 차바퀴가 빠져 헛돌 때 자동차 조작 요령 중 잘못된 것은?

① 물웅덩이, 진흙길, 모래 위 또는 빙판길에서 차바퀴가 빠져 헛도는 경우에는 진행방향을 바꾸기 위해 핸들을 좌우로 빠르게 움직인다.

② 변속레버를 '1단' 과 'R(후진)' 위치로 번갈아 두면서 가속페달을 부드럽게 밟으면서 탈출을 시도한다.

③ 진흙이나 모래 속을 빠져나오기 위해 무리하게 엔진회전수를 올려준다.

④ 타이어 밑에 물건을 놓은 상태에서 갑자기 시동을 걸면 타이어 밑에 놓았던 물건이 튀어나오거나 타이어 획전 또는 갑작스런 움직임으로 자동차 주위에 서 있던 사람들이 다칠 수 있으므로 안전지대로 피한 다음 시동을 건다.

정답 ◆ 34.③ 35.① 36.④ 37.③ 38.① 39.② 40.①

제4회 실전 모의고사

2교시 — 안전운행, 운송서비스

01 브레이크 마찰재가 물에 젖어 마찰계수가 작아져 브레이크의 제동력이 저하되는 현상을 무엇이라 하는가?
① 워터 페이드 현상
② 스탠딩 웨이브 현상
③ 수막현상
④ 하이드로 플래닝 현상

02 우리나라 도로교통법령에 정한 교정시력에 대한 설명으로 옳지 않은 것은?
① 제1종 면허에 필요한 시력은 두 눈을 동시에 뜨고 잰 시력이 0.8이상 이어야 한다.
② 제2종 면허에 필요한 시력은 한쪽 눈을 보지 못하는 사람의 경우 다른 쪽 눈의 시력이 0.5이상이고 시야가 150도 이상 이어야 한다.
③ 제2종 면허에 필요한 시력은 두 눈을 동시에 뜨고 잰 시력이 0.7이상 이어야 한다.
④ 제1종 면허에 필요한 시력은 양쪽 눈의 시력이 각각 0.5이상 이어야 한다.

03 간에서 알코올을 1시간에 분해하는 양이 얼마나 되는가?
① 0.01% ② 0.015%
③ 0.02% ④ 0.025%

04 다음 중 보행자의 인지결함, 판단 착오, 동작 착오 중 교통사고와 가장 큰 관련이 있는 교통정보인지결함의 원인에 속하는 것이 아닌 것은?
① 횡단 중 전방과 좌·우 방향을 잘 확인 하였다.
② 술에 많이 취해 있었다.
③ 피곤한 상태여서 주의력이 저하되었다.
④ 다른 생각을 하면서 보행하고 있었다.

05 방어운전 요령에 대한 설명으로 옳지 않은 것은?
① 눈이나 비가 올 때는 가시거리 단축, 수막현상 등 위험요소를 염두에 두고 운전한다.
② 기상변화에 대비해 체인이나 스노타이어 등을 미리 준비한다.
③ 장애물이 나타나 앞차가 브레이크를 밟았을 때 즉시 브레이크를 밟을 수 있도록 준비태세를 갖춘다.
④ 교통이 혼잡할 때는 끼어들기 등으로 빨리 혼잡지역을 빠져 나간다.

06 고령자의 교통행동 특성에 대한 설명으로 틀린 것은?
① 시력·청력 등 감지기능이 약화되어 위급 시 회피능력이 둔화되는 연령층이다.
② 신체적인 면에서 운동능력이 떨어진다.
③ 오랜 사회생활을 통하여 풍부한 지식과 경험을 가지고 있어 위급 시 회피능력이 강화되는 연령층이다.
④ 움직이는 물체에 대한 판별능력이 저하되고 야간의 어두운 조명이나 대항차가 비추는 밝은 조명에 적응능력이 상대적으로 부족하다.

07 암순응에 대한 설명으로 맞는 것은?
① 대항차의 전조등의 빛이 눈에 비추면 일시적으로 시력의 장해를 일으키는 현상을 말한다.
② 어두운 조건에서 밝은 조건으로 변할 때 눈이 그 상황에 적응하여 시력을 회복하는 것을 말한다.
③ 밝은 조건에서 어두운 조건으로 변할 때 눈이 그 상황에 적응하여 시력을 회복하는 것을 말한다.
④ 정지 상태에서 한 물체에 눈을 고정시킨 자세로 양쪽 눈으로 볼 수 있는 좌, 우의 범위를 말한다.

08 다음 중 오버스티어에 대한 설명으로 옳지 않은 것은?
① 핸들을 지나치게 꺾거나 과속, 브레이크 잠김 등이 원인이 되어 발생할 수 있다.
② 후륜구동 차량에서 주로 발생한다.
③ 구동력을 가진 뒷타이어는 계속 앞으로 나아가려고 차량 앞은 이미 꺾인 핸들 각도로 인해 그 꺾인 쪽으로 빠르게 진행하게 되므로 코너 안쪽으로 말려들어오게 되는 현상이다.
④ 오버스티어 예방을 위해서는 커브길 진입 전에 충분히 감속하여야 한다.

09 비탈길을 내려갈 때 브레이크를 반복하여 사용하면 마찰열이 라이닝 축에 축적되면서 브레이크 제동력이 저하되는 현상이 생기는데 이러한 현상을 무엇이라 하는가?
① 수막현상 ② 페이드 현상
③ 베이퍼 록 현상 ④ 모닝 록 현상

10 우측 길어깨의 폭이 협소한 장소에서 고장난 차량이 도로에서 벗어나 대피할 수 있도록 제공되는 공간을 무엇이라 하는가?
① 휴게시설 ② 버스정류시설
③ 미끄럼방지시설 ④ 비상주차대

정답 ◐ 1.① 2.② 3.② 4.① 5.④ 6.③ 7.③ 8.① 9.② 10.④

제4회 실전 모의고사

버스운전 자격시험

11 가로변 버스정류장 또는 정류소 중 교차로 통과 전 정류장 또는 정류소의 장점은 어느 것인가?

① 우회전하려는 자동차 등과의 상충을 최소화 할 수 있다.

② 일반 운전자가 보행자 및 접근하려는 버스의 움직임 확인이 용이하다.

③ 교차로 통과 후 버스전용차로 상의 교통량이 많을 때 발생할 수 있는 혼잡을 최소화 할 수 있다.

④ 버스전용차로 상에 있는 자동차와 좌회전하려는 자동차의 상충이 최소화된다.

12 내리막 길 안전운전 및 방어운전의 요령에 대한 설명으로 적합하지 않은 것은?

① 엔진 브레이크를 사용하면 페이드 현상을 예방하여 운행 안전도를 더욱 높일 수 있다.

② 경사가 가파르지 않은 긴 내리막길을 내려갈 때 시선은 먼 곳을 바라보는 경향이 있기 때문에 무심코 가속페달을 밟게 되어 자신도 모르게 속도가 높아질 위험이 있다.

③ 내리막길에서 연료를 절약하기 위하여 기어를 중립에 놓고 내려가도 안전하다.

④ 내리막길을 내려가기 전에는 미리 감속하여 천천히 내려가며 엔진 브레이크로 속도를 조절하는 것이 바람직하다.

13 다음 중 운전피로의 3요인이 아닌 것은?

① 운전피로는 수면 · 생활환경 등 생활요인

② 차내환경 · 차외환경 · 운행조건 등 운전작업 중의 요인

③ 차량 노후화 및 자동차 설비에 따른 기능적 요인

④ 신체조건 · 경험조건 · 연령조건 · 성별조건 · 성격 · 질병 등의 운전자 요인

14 운전자의 시각특성에 대한 설명으로 옳지 않은 것은?

① 운전자는 운전에 필요한 정보의 대부분을 시각을 통하여 획득한다.

② 속도가 빨라질수록 전방주시점은 가까워진다.

③ 속도가 빨라질수록 시야의 범위가 좁아진다.

④ 속도가 빨라질수록 시력은 떨어진다.

15 자동차의 점검방법 중에서 오감에 의한 점검방법으로 옳지 않은 것은?

① 배기가스의 색깔 점검

② 엔진의 이음 발생 여부 확인

③ 타이어 공기압을 게이지로 점검

④ 계기판의 계기 확인

16 다음 중 자동차 점검방법 중 후각에 의해 점검할 수 있는 것으로 옳은 것은?

① 배기가스의 색깔

② 가, 감속 시 차체의 떨림

③ 연료의 누설, 전선의 타는 냄새, 클러치 디스크나 라이닝의 마찰로 인해 발생되는 타는 냄새.

④ 오일이나 냉각수의 누수

17 명순응에 대한 설명으로 맞는 것은?

① 밝은 장소에서 어두운 장소로 들어간 후 눈이 익숙해져 시력이 회복되는 것을 말한다.

② 어두운 장소에서 밝은 장소로 나온 후 눈이 익숙해져 시력이 회복되는 것을 말한다.

③ 주행 중 대향차량의 전조등 빛이 운전자의 눈에 비추면 일시적으로 시력의 장애를 일으키는 현상을 말한다.

④ 정지된 상태에서 한 물체에 눈을 고정시킨 자세로 양쪽 눈으로 볼 수 있는 시력의 좌. 우 범위를 말한다.

18 교통사고의 인적 요인이 아닌 것은?

① 정부의 교통정책

② 위험의 인지와 회피에 대한 판단

③ 운전자의 습관

④ 운전자 또는 보행자의 신체적 생리적 조건

19 일반적으로 주간에 비해 야간시력 저하율은 어느 정도인가?

① 35%   ② 40%

③ 50%   ④ 65%

20 다음 중 피로에 따른 운전착오에 대한 설명으로 옳지 않은 것은?

① 운전작업의 착오는 운전업무 개시 후 · 종료 시에 닿아진다. 개시직후의 착오는 정적 부조화, 종료 시의 착오는 운전피로가 그 배경이다

② 운전 피로에 정서적 부조나 신체적 부조가 가중되면 조잡하고 난폭하며 방만한 운전을 하게된다

③ 운전착오는 아침에서 저녁사이에 가장 많이 발생한다.

④ 피로가 쌓이면 졸음상태가 되어 차외, 차내의 정보를 효과적으로 입수하지 못한다.

21 비가 자주오거나 습도가 높은 날 또는 오랜 시간 주차한 후에는 브레이크 드럼에 미세한 녹이 발생하게 되는데 이러한 현상을 무엇이라 하는가?

① 페이드 현상   ② 베이퍼 록 현상

③ 슬라이드 현상   ④ 모닝 록현상

정답 ○ 11.② 12.③ 13.③ 14.② 15.③ 16.③ 17.② 18.① 19.③ 20.③ 21.④

제4회 실전 모의고사

22 다음 중 방어운전 요령에 대한 설명으로 옳은 것은?
① 대형차의 뒤를 소형차로 뒤 따라 진행할 때는 신속하게 앞지르기 하여 대형차의 뒤에서 이탈한다.
② 진로를 바꿀 때에는 상대방이 잘 알 수 있도록 여유 있게 신호를 보낸다.
③ 신호기가 설치되어 있지 않은 교차로에서는 주행하던 속도를 그대로 유지하고 좌. 우의 안전을 확인한 후 통과한다.
④ 다른 차의 옆을 통과할 때는 상대방 차가 진로를 변경하지 않으므로 미리 대비할 필요가 없다.

23 다음 중 원심력에 대한 설명으로 옳은 것은?
① 자동차가 감속하고 멈추게 하기 위한 힘을 말한다.
② 물체가 원운동을 하고 있을 때 그 물체가 작용하는 원의 중심에서 벗어나려고 하는 힘으로써 일명 구심력이라고도 한다.
③ 물체가 원운동을 할 때 그 물체가 작용하는 원의 중심에서 벗어나려는 힘을 말한다.
④ 자동차가 어떤 속도로 선회할 때 선회 중심의 방향에 작용하는 힘을 말한다.

24 다음 중 여름철 운전자에게 일어나는 현상으로 잘못된 것은?
① 대기의 온도와 습도의 상승으로 불쾌지수가 높아져 적절히 대응하지 못하면 주행 중에 변화하는 교통상황에 대한 인지가 늦어지고, 판단이 부정확해 질 수 있다.
② 수면부족과 피로로 인한 졸음운전 등도 집중력 저하 요인으로 작용한다.
③ 불필요한 경음기 사용, 감정에 치우친 운전으로 사고 위험이 증가한다.
④ 기온이 상승함에 따라 긴장이 풀리고 몸도 나른해진다.

25 어린이 교통 행동의 특성에 대한 설명으로 옳지 않은 것은?
① 판단력이 부족하고 모방 행동이 많다.
② 교통 상황에 대한 주의력이 풍부하다.
③ 추상적인 말은 잘 이해하지 못하는 경우가 많다.
④ 사고방식이 단순하다.

26 운전자가 지켜야 할 행동 중 전조등의 올바른 사용에 대해 설명한 것은?
① 보행자가 통행하고 있는 횡단보도 내로 차가 진입하지 않도록 정지선을 지킨다.
② 교차로 전방의 정체 현상으로 통화하지 못할 때에는 교차로에 진입하지 않고 대기한다.
③ 야간운행 중 반대차로에서 오는 차가 있으면 전조등을 하향등으로 조정하여 상대 운전자의 눈부심 현상을 방지한다.
④ 차로변경의 도움을 받았을 때에는 비상등을 2~3회 작동시켜 양보에 대한 고마움을 표현한다.

27 다음 중 운행 중 주의사항에 대해 옳지 않은 것은?
① 내리막길에서는 풋 브레이크 장시간 사용하지 않고, 엔진 브레이크 등을 적절하게 사용하여 안전하게 운행한다.
② 후진할 때에는 유도원을 배치하지 않고 혼자서 안전하게 한다.
③ 눈길, 빙판길 등은 체인이나 스노타이어를 장착한 후 안전하게 운행한다.
④ 뒤따라오는 차량이 추월하는 경우에는 감속 등을 통한 양보운전한다.

28 다음 중 민영제의 장점이 아닌 것은 어느 것인가?
① 연계·환승시스템, 정기권 도입 등 효율적 운영체계의 시행이 용이
② 민간이 버스노선 결정 및 운행버스를 공급함으로써 공급비용을 최소화할 수 있다.
③ 업무성과 보상이 연관되어 있고 엄격한 지출통제에 제한받기 않기 때문에 민간회사가 보다 효율적임
④ 민간회사들이 혁신적임

29 버스준공영제의 유형 중 형태에 의한 분류에 포함되는 것이 아닌 것은?
① 노선 공동관리형　② 스입금 공동관리형
③ 직접 지원형　　　④ 자동차 공동관리형

30 서비스의 유형 중 동시성에 대한 내용이 아닌 것은 어느 것인가?
① 서비스는 공급자에 의해 제공됨과 동시에 승객에 의해 소비되는 성질을 가지고 있다.
② 서비스는 제고가 없고, 불량 서비스가 나와도 다른 제품처럼 반품할 수도 없으며, 고치거나 수리할 수도 없다.
③ 불량서비스를 한 번 하게 되면 불량제품을 판매하는 경우보다 훨씬 나쁜 결과를 초래할 수 있다.
④ 서비스는 오래 남아있는 것이 아니라 제공이 끝나면 즉시 사라져 남지 않는다.

31 다음 중 중앙버스전용차로의 단점에 속하지 않는 것은?
① 도로 중앙에 설치된 버스정류소로 인해 무단횡단 등 안전문제가 발생한다.
② 잘못 진입한 차량으로 인해 고통혼잡이 발생할 수 있다.
③ 여러 가지 안전시설 등의 설치 및 유지로 인한 비용이 많이 든다.
④ 승·하자 정류소에 대한 보행자의 접근거리가 길어진다.

정답 22.② 23.③ 24.④ 25.② 26.③ 27.② 28.① 29.③ 30.④ 31.②

32 다음 중 교통카드시스템의 도입효과 중 운영자 측면에 대한 내용이 아닌 것은?

① 교통정책 수립 및 교통요금 결정의 지초자료 확보

② 정확한 전산실적자료에 근거한 운행 효율화

③ 다양한 요금체계에 대응(거리비례제, 구간요금제 등)

④ 운송수입금 관리가 용이

33 출입구에 계단이 없고, 차체 바닥이 낮으며, 경사판이 장착되어 있어 장애인이 휠체어를 타거나, 아기를 유모차에 태운 채 오르내릴 수 있는 버스는?

① 고상버스　　　② 고속버스

③ 초고상버스　　④ 저상버스

34 교통사고 현장조사의 원인조사에서 시고현장 시설물조사에 포함되지 않는 것은?

① 사고지점 부근의 가로등, 가로수, 전신주 등의 시설물 위치

② 방호울타리, 충격흡수시설, 안전표지 등 안전시설요소

③ 사고지점 부근의 도로선형(평면 및 교차로 등)

④ 노면의 파손, 결빙, 배수불량 등 노면상태요소

35 다음 중 인사의 개념이 아닌 것은?

① 상사나 동료에게 의무적으로 하는 것이다.

② 서비스의 첫 동작이자 마지막 동작이다.

③ 서로 만나거나 헤어질 때 말·태도 등으로 존경, 사랑, 우정을 표현하는 행동양식이다.

④ 상대의 인격을 존중하고 배려하며 경의를 표시하는 수단으로 마음, 행동, 말씨가 일치되어 승객에게 공경의 뜻을 전달하는 방식이다.

36 다음 중 올바른 시선처리가 아닌 것은 어느 것인가?

① 자연스럽고 부드러운 시선으로 상대방을 본다.

② 승객을 위·아래로 훑어본다.

③ 눈동자는 항상 중앙에 위치하도록 한다.

④ 가급적 승객의 눈높이와 맞춘다.

37 다음 중 차멀미 승객에 대한 응급처리 요령에 대해 틀린 것은?

① 환자의 경우 가급적 차 앞으로 앉도록 한다.

② 심한 경우에는 휴게소 내지는 안전하게 정차할 수 있는 곳에 정차하여 차에서 내려 시원한 공기를 마시도록 한다.

③ 차멀미 승객이 토할 경우를 대비해서 위생봉지를 준비한다.

④ 차멀미 승객이 토할 경우에는 주변 승객이 불쾌하지 않도록 신속히 처리한다.

38 담배꽁초를 처리하는 경우에 주의해야 할 사항으로 잘못된 것은?

① 담배꽁초는 반드시 재떨이에 버린다.

② 차창 밖으로 버리지 않는다.

③ 꽁초를 바닥에 버리고 발로 비빈다.

④ 꽁초를 손가락으로 튕겨 버리지 않는다.

39 다음 중 운전자가 지켜야 할 행동으로 잘못된 것은?

① 횡단보도에서의 올바른 행동

② 전조등의 올바른 사용

③ 다른 운전자를 위협하는 행동

④ 교차로를 통과할 때의 올바른 행동

40 다음 중 대중교통 전용 지구의 목적이 아닌 것은?

① 도심교통환경 개선

② 쾌적한 보행자 공간의 확보

③ 대중교통의 원활한 운행 확보

④ 도심공업지구의 활성화